Lesbar
Typografie in der Wissensvermittlung

Lesbar Typograf

Mit Beiträgen von
Martin Tiefenthaler
Jürgen Spitzmüller
Miriam Mayrhofer
Ulrike Borinski
Florian Adler
Saskia Kraft
René Spitz
Christina Bugge
Clemens-G. Göller
Sabina Sieghart
Rosalie Heinen
Susanne Heinicke
Silvia Werfel
Rudolf Paulus Gorbach
Michael Schlierbach
Verena Kiesel
Lisa Neuhalfen
Jan Filek
Antonia M. Cornelius
Björn Schumacher
Albert-Jan Pool
Sabine an Huef
Petra Wöhrmann
Roland Stieger

Internationale Arbeitsgemeinschaft
»Typografie in der Wissensvermittlung«
Forum Typografie e. V.
Typografische Gesellschaft München e. V. (tgm)
typographische gesellschaft austria (tga)
Forum für Entwerfen e. V.
Buchstadt St. Gallen, Zentrum für das Buch
Tÿpo St. Gallen

der Wissensvermittlung

Herausgegeben von
Ulrike Borinski und Rudolf Paulus Gorbach

Triest

Inhalt

Rudolf Paulus Gorbach

Entwicklung für eine didaktische Typografie. Wie es dazu kam

Hätte ich im Gespräch mit meinen Kunden den Begriff »Wissensvermittlung« statt »Didaktischer Typografie« verwendet, wäre manches vielleicht angstfrei abgelaufen. Oft löste der Begriff »didaktisch« wohl Erinnerungen an schlechte Schulzeit-Erlebnisse aus. Doch mir ging es immer um gut funktionierende Typografie.

Über Schulbuchgestaltung durfte ich ab 1978 nachdenken. Es ging um Sprach- und Lesebücher für den Oldenbourg Verlag und über Mathematik für den Mentor Verlag. Damals hatte ich sehr viele Bild-, Jugend- und Kinderbücher betreut oder gestaltet. Meine Sehnsucht danach, was »funktionierender« sein könnte, war permanent vorhanden. Gleichzeitig entwickelte ich Formulare für einen Verlag und war auch dort von den Funktionen fasziniert. Im Schulbuchverlag war die Aufgabensituation festgezurrt: Lektorin, Hersteller, Illustrator, eine sehr feste Genehmigungsbehörde. Was konnte ein Typograf noch erreichen?

Etwas anders lief das bei einem Verlag, der vor allem die Volkshochschulen bediente. Mit der Gestaltung der Serie des Englisch-Lehrbuchs »Welcome« (Max Hueber Verlag) erreichten wir sogar beim Internationalen Buchkunst-Wettbewerb in Leipzig eine »Lobende Anerkennung«. Wir versuchten, durch ein eindeutiges Farbkonzept, ein neues Bildkonzept sowie eine reduziertere Typografie eine größere Klarheit in der Gestaltung zu erreichen. Dabei stellte sich heraus, dass die Autoren bei den bisherigen Strukturen des Textes blieben; insgesamt ein unbefriedigendes Gefühl.

HANS PETER WILLBERG berichtete 1984 auf einer Hersteller-Tagung vom Internationalen Symposium »Didaktische Typografie« in der DDR. Der danach erschienene Tagungsband hat meine weitere gestalterische Arbeit sehr stark beeinflusst.

Nun konnte ich viele gestalterische Details in Hand- und Lehrbücher der eben erstarkenden Computerindustrie einbringen, wozu auch Technische Dokumentationen und ganz einfache Anleitungen gehörten (Borland Software, Markt & Technik-Verlag).

Diese Erkenntnisse und Erfahrungen wollte ich weitergeben, weshalb ich ab 1996 ein Seminar zur Didaktischen Typografie in Volterra/Italien veranstaltete. Didaktisch und pädagogisch wurde ich von der Diplom-Pädagogin ASTRID BALDAUF beraten. Die Ergebnisse der Teilnehmer waren noch nicht überwältigend, aber für viele bedeutete das einen neuen Weg und einen besseren Denkansatz für die Gestaltung.

Ab 1996 durfte ich mit PROF. HELMUT BALZERT (Ruhr Universität Bochum) seine Lehrbuchreihe der Softwaretechnik entwickeln (Balzert, 1999). Die Reihe mit einer sehr komplexen Textstruktur konnte so gut gelingen, weil Balzert nicht nur ein hervorragender Autor, sondern auch ein hervorragender Didaktiker ist (Balzert, 2016).

Für die Typographische Gesellschaft München organisierte ich 1998 das Symposium »Lesen Erkennen«, dessen Inhalte im gleichnamigen Tagungsband vorliegen (Gorbach, 2000). Die Erfahrungen daraus flossen wiederum in Seminare und Vorträge ein, die ich für Schul- und Lehrbuchverlage leiten durfte. Meine gesamte Vorstandstätigkeit in der tgm war von den Gedanken der Funktion und Didaktik beeinflusst. Ein weiteres Symposium zur Verwendung von Bildern folgte 2000 mit dem Titel »Bilder lesen« (Gorbach, 2006).

In zahlreichen Buchprojekten konnte ich die daraus enstandenen Ideen verwirklichen (Gorbach, 2013), insbesondere bei der kritischen Edition »Hitler, Mein Kampf« (Hartmann, Plöckinger, Töppel, & Vordermayer, 2016).

2009 begann ich, zusammen mit ULRIKE BORINSKI, Überlegungen für ein neues Symposium zur didaktischen Typografie anzustellen. Die Idee wurde verstärkt, da neben Persönlichkeiten aus verschiedenen Hochschulen inzwischen mehrere einschlägige Organisationen an diesem Projekt teilnehmen. Heute sind das:
- Typographische Gesellschaft, München
- Forum Typografie, Bochum
- typographische gesellschaft austria, Wien
- Zentrum für das Buch, St. Gallen
- Forum für Entwerfen, Ulm

Daraus bildete sich eine Arbeitsgemeinschaft, welche die Basis für den vorliegenden Band ermöglichte.

Initiative »lesbar«
Typografie in der Wissensvermittlung

Ob gedruckt oder digital, ob Verkehrsschild oder wissenschaftliche Arbeit: Gute Typografie ist grundlegend für die gute Lesbarkeit von Texten.

Besonders wichtig ist sie bei Texten in der Wissensvermittlung, Hier müssen Texte auch komplexe und komplizierte Inhalte vermitteln können. Exakte und präzise Visualisierung und Gestaltung von Text - gute Typografie - ermöglicht, das Gelesene schneller zu erfassen und besser zu verstehen. Vom Arbeitsblatt über eine App bis hin zur wissenschaftlichen Arbeit: Gerade Bildungsmedien müssen mit großem Fachwissen sorgfältig gestaltet werden.

Die internationale Arbeitsgemeinschaft »Typografie in der Wissensvermittlung« hat es sich zum Ziel gesetzt, die Qualität der Gestaltung von Texten in der Wissensvermittlung zu erhöhen:

- Die Gestaltung von Texten in allen Bereichen der Wissensvermittlung muss kompetenten Typografinnen und Typografen überlassen werden! Wir fordern daher eine breit aufgestellte typografische Ausbildung.
- Da es heute möglich ist, Texte am Computer selbst zu gestalten, muss eine »typografische Grundbildung« in allen Lehrplänen verankert sein.
- Auch für Lehrkräfte fordern wir eine profunde Ausbildung im Bereich Typografie, denn gerade bei Unterrichtsmaterialien ist eine gute Lesbarkeit äußerst wichtig!

Ulrike Borinski
Einführung

Was wäre, wenn wir spielend lernen könnten, alles Wissen als Film vorläge oder wenigstens Bilder wirklich mehr sagten als 1.000 Worte!

Schon oft wurde Ähnliches als heilsbringende Rettung in der Wissensvermittlung ausgerufen. Rettung vor – ja was eigentlich? Rettung vor der Anstrengung zu lernen und vor der Anstrengung zu lehren?

Schaut man genauer hin, entpuppt sich das Lob der Bilder als Werbeslogan. Er erscheint in den Zwanzigern des letzten Jahrhunderts im Magazin Printers' Ink als Anzeige[1], um »für den Gebrauch von Bildern in Werbeaufdrucken auf Straßenbahnen«[2] zu werben. Autor FRED R. BARNARD erzählt, er habe den Slogan als chinesisches Sprichwort getarnt, um die Wirkung zu erhöhen. Film, Fernsehen und Video waren Hoffnungsträger. Inzwischen sind es Moocs – Online-Kurse, die zum Beispiel aus gefilmten Vorlesungen bestehen. Gamification – als Anleihe bei Computerspielen – will das Lernen zum Vergnügen machen. Alle Beteiligten wären glücklich, wenn wir auf die 1.000 Worte – auf den Text verzichten könnten.

Und dennoch: Die Wissensvermittlung kommt bis heute ohne Text nicht aus. Das Medium kann sich ändern, Text aber bleibt eine feste Größe. Und immer ist es die Typografie, die den Inhalt strukturiert und weit darüber hinaus ihre Wirkung entfaltet.

Typografie sorgt für präzisen Transfer des Inhalts, für sichere Ergebnisse. Ihre Bedeutung in der Wissensvermittlung kann nicht hoch genug geschätzt werden und ist doch mit ihren Möglichkeiten und ihrer Wirkung ein tendenziell unterschätzter Einflussfaktor.

Schrift, und mit ihr die Leserlichkeit, ist *ein* großes und bedeutsames Thema der Typografie. Dieser Bereich ist in der Öffentlichkeit wahrnehmbar. Umgang und Einsatz von Schrift, die Anordnung von Text, die Verbindung von Inhalt und Medium, die Verdeutlichung des Inhalts durch die Form, die Arbeit an und mit visuellen Konventionen sind das *andere* – noch weitgehend unbekannte – Thema der Typografie. Ein Grund dafür ist sicherlich die alte Gewohnheit der Setzer- und Drucker-Zunft, Wissen nur intern und mündlich weiterzugeben. Die wesentliche Ursa-

1 (10 March 1927: Make a Cake for Bobby, 2018)

2 So schreibt Wikipedia: (»Ein Bild sagt mehr als tausend Worte«, 2018).

che ist jedoch in der Tatsache zu finden, dass gute Typografie nicht sichtbar ist. KURT WEIDEMANN beschreibt dies als Anforderung: »Die Kunst dabei ist, [...] sich nicht zwischen Autor und Leser zu drängen. Schriftkunst ist anonym; sie hat ihre Kenner, aber sie hat kein Publikum.« (Weidemann 1994)

WEIDEMANN beschreibt eine Charaktereigenschaft, die Typografinnen und Typografen eigen sein soll, er beschreibt nicht die Bedeutung von Typografie. Handwerkliches Fachwissen wird weiter bei den Typografinnen verbleiben können. Die Wirkung der Typografie jedoch, und durchaus auch die Wirkung typografischer Details, gilt es heute darzustellen und bekannt zu machen.

Dazu präsentieren wir Aufsätze von 25 Autorinnen und Autoren in den Bereichen *Grundlagen und Fundamente, Didaktische Typografie sowie Schrift und Typografie.* Disziplinübergreifend werden wissenschaftliche Ansätze und Positionen aus der Lesbarkeitsforschung dargestellt. Das Schulbuch rückt hier zu Recht in den Fokus. Lesen als Vorgang wird endlich auch aus Sicht von Typografinnen und Typografen beschrieben. Über wegweisende Projekte wird berichtet, in denen Typografie intensiv und hochkarätig eingesetzt oder auch vermittelt wird. Ergänzt wird die Reihe durch eine kleine Einführung in die Grundlagen.

Entstanden ist ein erstes Kompendium das erläutert, was genau zu einer guten Lesbarkeit führt. Es lotet aus, wo und wie Typografie wirken kann, und wie sie beschaffen sein muss, damit sie wirkt.

Wollen wir weiter behaupten, dass ein zentrales Element unserer Welt die Bildung ist, dann müssen wir alles tun, um Bildung – und damit auch die Wissensvermittlung – effektiv und erfolgreich zu machen. Lassen Sie uns alle verfügbaren Möglichkeiten ausschöpfen!

Rudolf Paulus Gorbach

Dieter Nadolskis Werk

Da wir uns immer wieder auf die berühmte Tagung »Didaktische Typografie« in Leipzig berufen, wollten wir mit dem Initiator dieser Tagung von 1982 sprechen, DIETER NADOLSKI. Ulrike Borinski und ich besuchten ihn für ein Interview im Frühjahr 2017 in Taucha bei Leipzig.

NADOLSKI studierte Chemie und Pädagogik. Da er seine Chemiebücher liebte, blieb er den Büchern treu und wurde Lektor im Deutschen Verlag für Grundstoffindustrie. Gleichzeitig wollte er untersuchen, »welche Ursachen es hatte, dass wir bestimmte Bücher mochten und andere Bücher nicht«. Daraus entstand 1966 NADOLSKIS Dissertation bei PROF. HANS KEUNE, der Methodik des Chemieunterrichts in Halle lehrte. Der Titel der Dissertation lautet: »Prinzipien für ein Standardlehrbuch der anorganischen Chemie«. In der gleichen Zeit entstand an der Leipziger Universität ein Institut für Verlagswesen und Buchhandel. NADOLSKI: »Dieses Institut machte gerade das, worunter ich in den vergangenen Jahren so gelitten hatte. Sie brachten in einem postgradualen Studium Ärzten, Chemikern und Physikern, die in Verlagen arbeiteten, bei, wie das Verlagswesen funktioniert. An diesem Institut erfolgte Nadolskis zweite Dissertation 1976: »Möglichkeiten und Probleme verbesserter Informationsdarstellung von naturwissenschaftlich-technischen Hochschullehrbüchern«.

Nach kurzer Zeit wurde NADOLSKI vom Institut für Verlagswesen als Oberassistent angeworben und schon wenige Jahre später bot man ihm die Leitung des Instituts an. Das Institut unterstand dem Ministerium für Hoch- und Fachschulwesen und gleichzeitig dem Ministerium für Kultur. Der stellvertretende Minister für Kultur, KLAUS HÖPKE, fragte NADOLSKI 1983, »ob er Lust hätte, zur Edition Leipzig zu gehen«, was NADOLSKIS Interesse an Geschichte sehr entgegenkam. Im Verlag unterstand ihm die Programmentscheidung für die Buchtitel. Außerdem war er verantwortlich für 79 Mitarbeiter. In dieser Zeit entstand eben auch das Symposium zur Didaktischen Typografie, welches während der Internationalen Buchkunstausstellung 1984 stattfand. Nach der Wende gründete NADOLSKI 1992 einen eigenen Verlag, den Tauchaer Verlag.

Schon 1979 war NADOLSKIS Buch »Lektorieren und Redigieren von Fachliteratur« erschienen, wobei wesentliche Teile dem sowjetischen Fachbuch von ARKADIJ MIL'ČIN »Methodik und Technik der redaktionellen Textbearbeitung« entnommen werden konnten (Nadolski & Mil'čin, 1979). Das von GERT WUNDERLICH vorbildlich gestaltete Buch war auch in der BRD hoch angesehen.

Rudolf Paulus Gorbach (RPG): Die Tagung über didaktische Typografie fand 1982 im Rahmen der Internationalen Buchkunstausstellung in Leipzig statt. Der dazugehörige Aufsatzband erschien 1984. Sie hatten aber zu diesem Thema schon, spätestens 1979, in der Zeitschrift »Papier und Druck« berichtet. Wie kam es dazu?

Dieter Nadolski (DN): Ich war zu jener Zeit schon am Institut für Verlagswesen und Buchhandel, und ich musste als Neuankömmling etwas Neues bringen. Darauf habe ich mich entschlossen, die psychologischen Aspekte in den Vordergrund zu stellen. Die Lesbarkeit der Schrift war ja am Institut untersucht. Außerdem musste ich auch etwas publizieren.

RPG: Hatten Sie Partner oder Mitstreiter zur Vorbereitung solch umfangreicher Veranstaltungen?

DN: Wir haben an diesem Institut einen Arbeitskreis gegründet, der vor allem aus Lektoren und Wissenschaftlern in Fachverlagen bestand. Ich gehörte darüber hinaus einem Arbeitskreis beim Ministerium an, der sich mit der Lehrbuchproduktion befasste. WERNER GRAF, Hochschullehrer an der Humboldt-Universität Berlin, hatte sich da ebenfalls stark eingebracht.

RPG: War die Veranstaltung Ihre Idee, und wie kam das beim Kulturministerium der DDR an?

DN: Das Kulturministerium ließ uns relativ freie Hand. Wir konnten dieses Symposium veranstalten, brauchten aber Geld dafür, da wir eine Reihe westlicher Autoren einladen wollten. Ich konnte ins westliche Ausland reisen und bin z. B. zu DIRK WENDT nach Kiel und zu RENATE MÖHRMANN nach Köln gefahren, um sie zu überreden, zum Symposium zu kommen. Das Ministerium für Kultur war von unserem Vorhaben sehr begeistert.

RPG: Sie haben sich auch mit Kriterien der Schönheit beschäftigt und diese für die Buchgestaltung definiert. Sie basieren auf der damaligen grafischen Technik. Wie sehen Sie das heute, angesichts der neuen Medien und Möglichkeiten?

DN: Ich bin sehr enttäuscht. Schönheit spielt, wie wir sie verstanden haben, überhaupt keine Rolle mehr. Als ich mit dem Tauchaer Verlag begann und mit namhaften Gestaltern zusam-

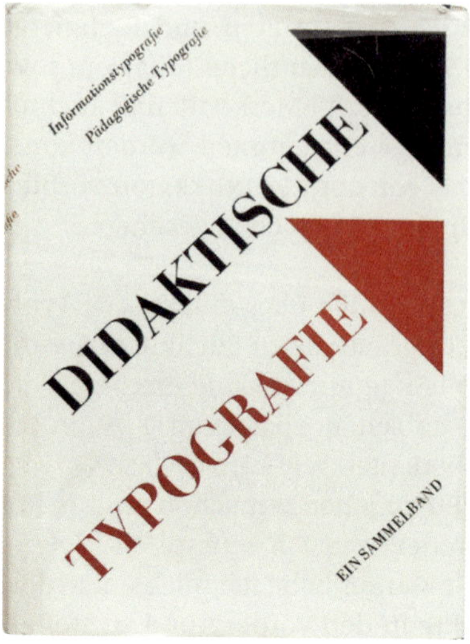

Abbildung 1: Covers der beiden von Dieter Nadolski herausgegebenen Bände.

menarbeitete, ging es noch um Details wie um einen halben Punkt mehr Durchschuss oder das Rot sollte vielleicht noch etwas dunkler werden. Das spielt heute alles keine Rolle mehr. Wir haben in der DDR mit primitivsten Mitteln schöne Bücher gemacht, was in den jährlich ausgewählten schönsten Büchern der DDR nachzuvollziehen ist. Wenn ich daran denke, wie wir bei der Edition Leipzig Kunststücke anstellen mussten, um 20 Zentner Papier für eine Exportproduktion zu erhalten! Es war wirklich erbärmlich. Aber schön war – und mit diesen Gedanken tausche ich mich ab und zu mit SONJA und GERT WUNDERLICH aus – dass wir eben so schöne Bücher machen durften.

RPG: Sie haben sich auch spezifisch zu Makro- und Mikrotypografie geäußert. Waren die damaligen technischen Möglichkeiten ausreichend?

DN: Ich glaube nicht. Wir haben bei der Edition häufig bei den Grafischen Werken Zwickau drucken lassen. Die haben uns das Blaue vom Himmel versprochen. Aber kaum waren wir aus dem Haus haben die alles ganz anders entschieden. Das war eine Katastrophe.

RPG: Wenn Sie nach so langer Zeit zurück blicken, was würden Sie als das Wichtigste für eine didaktische Typografie sehen?

DN: Man muss lange darüber nachdenken, welche Schrift man wählt, und dann sollte man darüber nachdenken, wie man Farbe einsetzt. Die farblichen Hervorhebungen im Buch sind sehr

massiv, und manchmal sind sie so massiv, dass sie relativ wenig bewirken, verglichen mit dem Aufwand.

RPG: Hat die Beschäftigung mit diesen Themen Ihre spätere Arbeit als Verlagsleiter in einem Kunstbuchverlag beeinflusst?

DN: Wahrscheinlich schon. Wir haben lange an unseren traditionellen Gestaltern festgehalten. Aber es wurde alles immer schneller.

RPG: Wenn wir als Arbeitskreis uns heute erneut mit der didaktischen Typografie beschäftigen: Gibt es eine Empfehlung von Ihnen, worauf wir achten sollten?

DN: Dafür bin ich zu lange vom Thema weg.

Ulrike Borinski (UB): Ich habe noch eine Frage zu den Forschungen, die Sie betrieben haben. Mir scheint, dass Sie mit dem Ansatz zur Informationsvermittlung und Informationspsychologie Zugänge zu Erkenntnissen hatten. Hat man darauf heute noch Zugriff?

DN: Im Grunde ist es zu bedauern, dass ich mich nicht mehr mit dieser Materie beschäftige. Meine Forschungen kamen zustande, indem ich an verschiedenen Hochschulen Studenten befragte, was sie an Büchern bevorzugten.

UB: Aus Ihrem Einführungsvortrag zum Tagungsband geht hervor, dass Sie sehr viele Studenten befragt hatten, und dass die Forschungen aussagefähig sind.

DN: Es waren tausende, und ich wollte, gemäß den Empfehlungen einer meiner Lehrer, PROF. ERNST ULLMANN, dass wir keine Hopphopp-Befragung machen, da wir signifikante Werte brauchten. Die Zeit war zudem günstig für didaktische Typografie. Ich weiß nicht, ob das heute noch so ist.

UB: Wir versuchen das wieder zu erreichen. Das schöne und gut gemachte Buch – vor allem, wenn es zum Lernen gedacht ist – braucht unbedingt eine hohe Qualität der Gestaltung.

Ulrike Borinski

Dieter Nadolski und das »Problemfeld didaktische Typografie«

1982 wird in Leipzig (DDR) zusammen mit der Internationalen Buchkunstausstellung (iba) das Internationale Symposium »Didaktische Typografie« veranstaltet – eine ausführliche Auseinandersetzung mit großer thematischer Bandbreite und wissenschaftlichen Methoden. Im Tagungsband »Didaktische Typografie« sind die Beiträge veröffentlicht. DIETER NADOLSKI eröffnet ihn mit seinem Aufsatz »Problemfeld ›didaktische Typografie‹« (Nadolski, 1984). Er führt den Begriff ein und erläutert ihn, indem er den Forschungsstand zum Thema darstellt und Möglichkeiten der Typografie anführt, die diesem Anspruch gerecht werden.

NADOLSKI setzt die didaktische Typografie mit Lernen[1] als auch mit Lehren[2] in Beziehung. Erfolgt Lehren und Lernen über das Buch, ist die Typografie dort eine didaktische – »wenn sie das Lernen und Lehren befördert«. Das stellt die Typografie auf zwei Seiten: die des Lernens und die des Lehrens. Sie unterstützt den lehrenden Autor und dient dem lernenden Leser. Sie muss

- die Beziehung der einzelnen Teile eines Textes zueinander sowie ihre jeweilige Wertigkeit deutlich sichtbar machen. Stimmt das Bild mit Lehr-Inhalt und Lehrabsichten überein, kann der Leser den Informationen vertrauen und seine Informationslandschaft aufbauen respektive erweitern.
- heranführen an den Stoff und die Zugriffszeiten[3] verringern. Sie schafft Lese- und Lernanreize, wenn »die Anordnung der Information deutlich wird und relevante Informationen mit angemessenem Aufwand gefunden und erfasst werden« können.
- Instrumentarien entwickeln, die den gesamten Stoff auffndbar machen durch Orientierungshilfen wie Inhaltsverzeichnis, lebende Kolumnentitel, Marginalien, Register.

Zu den didaktischen und pädagogischen kommen die lernpsychologischen Faktoren Aktivität und Motivation. Interessant für uns ist die Lernaktivität. Nicht das Höchstmaß an Aktivierung mit typografischen Mitteln ist das Ziel. »Zwischen Aktivierung und Leistung besteht wahrscheinlich eine kurvilineare, eine umgekehrt U-förmige Beziehung. Daraus folgt: Ein mittlerer Aktionsgrad ist am günstigsten für die Ausführung einer Leistung. Man

1 Lernen geschieht über informationsverarbeitende Prozesse, »durch die ein Individuum Erfahrungen erwirbt, die es beim künftigen Verhalten berücksichtigen und durch die es Umgebungsanforderungen zweckmäßig begegnen kann« (Nadolski, 1984). Gemeint sind hier Prozesse, die unabhängig von Institutionen stattfinden.

2 Lehren ist das Zusammenführen des Individuums mit den zu verarbeitenden Informationen, die Steuerung des Lernprozesses sowie das Wirksamwerden von Lernhilfen.

3 Die Zeit, die zur Aufnahme einer Information benötigt wird.

denke beispielsweise an die Wirkung der Farbe im Buch, um sich diese Auffassung zu veranschaulichen: Nicht ein Maximum farbiger Elemente fördert die Aufmerksamkeit« (Nadolski, 1984).

Für die Beurteilung der einzelnen Lösung sind stets mehrere Komponenten zu berücksichtigen. Es gilt das typografische Element mit seiner Wirkung zu benennen und immer auch: Wieviel davon erzeugt diese Wirkung und ab welcher Anzahl wird die Wirkung zerstört?

Der genaue Zusammenhang zwischen Lernen und didaktischer Typografie ist schwer darzustellen. In der Regel basieren typografische Lösungen auf der Intuition der Typografinnen und Typografen. Diese wird in jahrelanger Praxis vor allem durch ständige Selbstbeobachtung entwickelt, der Bereitschaft, der eigenen Lösung zu misstrauen und der daraus resultierenden Sicherheit, dass jede Lösung noch zu verbessern ist.

Unterstützung können wissenschaftliche Untersuchungen bieten, die typografische Wirkung überprüfen. NADOLSKI führt eine Reihe von Untersuchungen an:

- die Fachdefinition des Begriffs Lesbarkeit von EDGAR DALE und JEANNE CHALL (Dale & Chall, 1948)
- Anmutungsqualitäten von Druckschriften von DIRK WENDT (Wendt, 1971 und 1992)
- Wirkung mehrspaltigen Umbruchs von ROLF REHE (Rehe, 1971)
- die emotionale Wirkung von Schrift von ALBERT KAPR (Kapr, 1977)
- den optimalen Auszeichnungsanteil je Textseite finden (Rausendorff, 1978).
- BORIS FËDOROVIČ LOMOV untersuchte genauer: den besonderen Einfluss ikonischer Zeichen auf die Reduzierung der Latenzzeiten (Lomov, Geissler & Klemm, 1964)

NADOLSKI beschreibt für 1984: »Die Ergebnisse der Untersuchungen werden zu zögernd aufgegriffen – Versuche bewußter Einbeziehung bleiben in den Anfängen stecken.«

Heute stellt sich die Situation etwas verändert dar. Schrift wird breiter und systematischer erforscht, die Methoden entwickelt. Die Sprachwissenschaft hat – in einigen Bereichen – die Typografie entdeckt. Auch die Didaktik hat sich auf den Weg gemacht und beginnt, die Gestaltung von Schulbüchern als Größenordnung im Verständnis- und Lernprozess wahrzunehmen. Nicht zuletzt etabliert sich die Designforschung.

Dennoch: Die Situation der aus früherer Zeit vergleichbar: Nach wie vor gibt es wenige wissenschaftliche Untersuchungen. Die Ergebnisse werden nach wie vor kaum verwertet. Immer noch lässt sich in wissenschaftlichen Untersuchungen nur geringer typografischer Sachverstand finden.

Es ist an der Zeit, eine stärkere Anbindung der Typografie an die Wissenschaften herzustellen, ebenso wie es an der Zeit ist, die Typografie in die Wissenschaften zu bringen.

Grundlagen und Fundamente

Martin Tiefenthaler

Zuerst liest der Körper, dann der Geist

Entgegen der gängigen Stimmung, die alle Diskussionen beherrscht, wenn es den Umgang mit Schrift in pädagogischen, didaktischen, wissenschaftlichen und verwandten Umfeldern betrifft, ist Lesen erst in zweiter Linie eine geistige Fähigkeit. Lesen ist auch erst in zweiter Linie eine geistige Tätigkeit, denn Lesen ist zu allererst ein körperliches Vermögen. Zu dieser Verdrehung der Prioritäten kommt es, weil unter Lesen meistens nur Sinnerfassen verstanden wird.[1] Doch es ist der Körper, der in erster Linie liest: seine Netzhaut (Retina), sein visueller Kortex (Area striata) und die Nervenbahnen, die diese beiden Körperteile verbinden.

Wenn Lesen zu allererst eine körperliche Tätigkeit darstellt, müssen konsequenterweise sowohl Augen als auch Gehirn ergonomisch richtig bedient werden – vorausgesetzt, dass es ein Interesse daran gibt, dass überhaupt gelesen wird und Lesen als erstrebenswert erachtet wird. Damit das gewährleistet ist, benötigt der lesende Körper die bestmögliche Pflege und Erfüllung seiner physiologischen und ergonomischen Bedürfnisse. Nur dann können Textmengen, die relevante und gewichtige Inhalte zu transportieren imstande sind, optimal aufgenommen werden. Sollte es sich um sowohl geringe Textmengen als auch unwesentliche Inhalte (Boulevardblätter, Tweets ohne weiterführende Links, Facebook-Statusmeldungen, Werbeslogans, Sinnsprüche […]) handeln, ist eine Gestaltung zweitrangig und letztendlich egal. Geht es aber um die Vermittlung fortführender, erweiternder, für die Lesenden Neuland bietender, bereichernder und diskursiver Inhalte, gilt es, weit vor einer Sinnerfassung, dem Körper die Möglichkeit zu geben, das Textbild so zu verarbeiten, dass es optimal für die sinnerfassenden Bereiche des Großhirns aufbereitet werden kann.

Diese Forderung nach Ergonomie und physiologisch gerechter Gestaltung gilt umso mehr, je weniger eine Motivation zu lesen vorausgesetzt oder angenommen werden kann. Sollten Texte, die gelesen werden müssen, schlecht gestaltet sein, ist das zwar in hohem Maß unfreundlich, bei wesentlichen Texten aber, die nicht zwingend gelesen werden müssen, wäre das wirtschaftlich unklug, politisch unverantwortlich, pädagogisch bzw. didaktisch unbedarft, nachlässig und säumig.

1 Dazu zwei aktuelle Beispiele: »Während der Mensch liest, leistet sein Gehirn eine erstaunliche Abstraktions- und Generalisierungsarbeit: Zunächst erkennt es die Buchstaben als Repräsentation von Informationen und setzt sie zu höherwertigen Repräsentationen, z. B. Wörtern oder Sätzen, zusammen. In den Sätzen erkennt das Gehirn Repräsentationen von Dingen und verborgene Zusammenhänge zwischen diesen. Aus dieser bereits stark generalisierten Repräsentation leitet es weitere, sogenannte latente (verborgene) Merkmale ab, etwa: ›Interessant, wie geht es jetzt weiter?‹« (Herta & Löser, 2015) »Was machen Sie gerade? Ich möchte, dass Sie einmal *genau* darüber nachdenken. Während Ihre Augen über diese Zeilen fliegen und Informationen an ihr Gehirn weiterleiten, nehmen Sie an einem Gespräch mit mir teil. Ein Gespräch, das durch die Schrift, die Sie lesen, vermittelt wird.« (Santa Maria, 2016, S. 5). »Zwischen zwei Sakkaden liegt eine *Fixation*, wenn unsere Augen für den Bruchteil einer Sekunde auf einem Punkt verharren. Während dieser Pause sehen wir einige Buchstaben scharf und den umliegenden Rest verschwommen. Unser Gehirn fügt die Fixationen zusammen und entschlüsselt blitzschnell die Informationen. Das alles passiert reflexartig.« (Santa Maria, 2016, S. 9).

Die Körperlichkeit des Lesens kann in mehrere Ebenen unterteilt werden. Am Beginn, auf *erster Ebene*, steht die als Körper deutlichste und am wenigsten beachtete, nämlich die *muskuläre*. Jeder Augapfel wird von sechs Muskeln bewegt, deren Innervierung die feingliedrigste des gesamten Körpers darstellt. Hier werden von einem Nerv circa sechs Muskelfasern bewegt. In einem feinmotorisch hochbeanspruchten Körperteil wie dem vordersten Glied des Zeigefingers sind das zum Vergleich schon circa 600 Muskelfasern und in grobmotorischen Muskeln wie am Rücken oder im Oberschenkel sogar bis zu 1.500 Muskelfasern, die einem einzigen Nerv gehorchen. Die Aufgabe dieser unserer bestinnervierten Muskeln ist es, die Fovea als Stelle des schärfsten Sehens genau auf den Ort des Interesses der Sehenden auszurichten.

Die natürliche, will meinen: die im Laufe der Evolution als vorteilhaft erwiesene Bewegungsart der Augen, ist ein beständiges Abtasten der Umgebung mit Momenten kurzen Stillstands und Fixierung des dargebotenen Bildausschnitts sowie ein darauf folgendes Springen zum nächsten Fixationspunkt des Interesses. Dabei entsteht die Illusion eines scharfen Erfassens der gesamten Umgebung, obwohl das Auge nur in einem kleinen Bereich, in einem kleinen Sehwinkel von wenigen Graden, tatsächlich scharf sieht. Die neben einem Gesicht in Oberarmabstand hochgehaltene Handfläche eines in ungefähr drei Meter Entfernung stehenden Menschen kann schon nicht mehr scharf gesehen werden, sollte der Blick das Gesicht fixieren. Es ist das Gehirn, das die über das Sehfeld verteilten Fixationen (dem Verweilen des Blicks an einer Stelle für durchschnittlich 0,3 Sekunden) mit ihren umgebenden Unschärfen zu einem scharfen Gesamtbild verrechnet.

1965 demonstriert ALFRED LUKYANOVICH YARBUS in mehreren Versuchsreihen mit einer frühen Eyetracking-Methode, wie das Schauen den Blick das Gesichtsfeld abtasten lässt. Sie macht deutlich, welcher Bewegungsnatur das menschliche Sehen ist: Ohne zwingende Richtung wird in unterschiedlich großen Sakkaden (den Sprüngen von einer Fixation zur nächsten) das Gesichtsfeld abgetastet. Schauen verfolgt prinzipiell keine Richtung und scheint in der Art einer Brown'schen Bewegung abzulaufen. Nur bei gestellten Aufgaben, die selektive Aufmerksamkeit nach sich ziehen, ergibt sich ein Muster, das aber auch in sich unstetig und sprunghaft gestaltet ist und die Umgebung möglichst flächendeckend abtastet. Das Schauen erforscht und kontrolliert die Umgebung konstant, reagiert auf als markant eingeschätzte Formen und vor allem bewegte Reize und ist jederzeit bereit, diesen entsprechend, Richtungsänderungen des Blicks vorzunehmen. Dieses Schauen ist die einzige Art der Bewegung, die sich die Bauart unserer Augen in einer mehrmillionen jahrelangen Evolution angeeignet hat.

Lesen hingegen zwingt den Augen eine gänzlich andere Bewegungsart auf. Das Auge muss in eine Richtung und innerhalb eines linear eingeschränkten Bereichs bewegt werden, damit es in einem wohlorganisierten Wechsel von Fixation und Sakkade Zeile für Zeile abtasten kann. Lesen ist damit eine unnatürliche Bewegungsart für die Augen und funktional entgegengesetzt dem natürlichen Schauen.

Möchte man nun, dass Menschen einen Text zu lesen beginnen und dann auch noch, dass sie weiterlesen, müssen Bedingungen geschaffen werden, die die Augen der Lesenden in der Zeile zu halten vermögen. Es kann nicht genug betont werden, welche Verführungskunst auf die Augen ausgeübt werden muss, damit diese von ihrer natürlichen Bewegungsform ablassen. Hier steht ein Bewegungsmodus, der in einer millionenjahrelangen Evolution entwickelt und gepflegt wurde, einer neuen Bewegungsform, die, hoch gegriffen, 8.000 Jahre alt ist, gegenüber. Selbst bei der kleinsten Störung des Leseflusses, bei der kleinsten Störung der kulturell neu angelernten Bewegung, besteht ein unumgehbares Bedürfnis, reflexartig in den natürlichen Schaumodus umzuspringen. Die Arten möglicher Störungen werden noch zu behandeln und zu erklären sein.

Folgender Selbstversuch kann die muskuläre Tätigkeit während des Lesens deutlich ›vor Augen führen‹: Man schließe das rechte Auge, lege ganz leicht die Zeigefingerkuppe auf das geschlossene Lid (gilt für LinkshänderInnen umgekehrt) und versuche, vorliegenden Text mit dem linken Auge zu lesen. Sobald sich flüssiges, d. h. in Konsequenz auch verstehendes Lesen eingestellt hat, richtet man eine – nennen wir es in Ermangelung eines anderen Wortes – ›zweite Aufmerksamkeit‹ neben dem weiterhin verstehenden Lesen auf die Bewegungen oder das Bewegungsmuster unter der Zeigefingerkuppe. Dabei konzentriere man sich nicht so sehr auf den großen Sprung, den die Augen vollführen, wenn sie in die nächste Zeile gelangen, sondern auf die kleineren Bewegungen, die auftreten wenn sie innerhalb einer Zeile sich lesend vorwärts bewegen. Die Zeigefingerkuppe ist sensibel genug, die Bewegung des zwar verschlossenen, aber dennoch synchron mit dem offenen Auge mitbewegten Auges zu erspüren. Wenn beide Aufmerksamkeiten gegeben sind, kann man ein Bewegungsmuster wahrnehmen, das in seiner Gewaltigkeit und Vehemenz fast erschreckend ist: Mit ungeheuerer Wucht werden die Augen beschleunigt und sofort wieder abrupt abgebremst, verweilen ganz kurz (0,2 bis 0,4 Sekunden), um dann wieder ein weiteres Stück nach vorne gerissen zu werden, wo sie dann wiederum plötzlich abgebremst und nach kurzer Zeit nach vorn katapultiert werden. So dauert dieses Rucken und Zucken während der gesamten Lesedauer an und macht die Natur der Bewegung unserer Augen und die Arbeit der Augenmuskeln beim Lesen deutlich.

Während einer Fixation werden fünf bis acht Buchstaben in der Fovea, die über 147.000 Rezeptorzellen pro Quadratmillimeter verfügt, scharf gesehen, links davon circa vier und rechts in Leserichtung weitere maximal 12 Buchstaben parafoveal unscharf erfasst. Die Dichte der Rezeptorzellen der Netzhaut wird mit zunehmendem Abstand von der Fovea weniger und, je weiter von der Fovea entfernt, desto unschärfer wird gesehen. Im Moment der Fixation verarbeiten *rezeptive* Felder das dargebotene Bild und stellen die *zweite Ebene* der körperlichen Tätigkeit des Lesens dar.

Abgesehen von den unterschiedlichen Funktionsweisen der in Feldern organisierten rezeptiven Nervengruppen (On- und Off-Zellen, die sowohl auf Licht als auch auf Abwesenheit von Licht, auf den Beginn wie auf das Ende eines Lichtreizes spezifisch reagieren), besteht die Hauptaufgabe der Netzhaut mit ihren 128 Millionen wahrnehmenden, in Stäbchen und Zapfen unterschiedenen Rezeptorzellen (mit unterschiedlichen Aufgaben bei unterschiedlichen Lichtverhältnissen) darin, in vorgelagerten (!) drei Nervenschichten interagierend 128 Millionen Reize auf eine Million Reize zu reduzieren, die dann das Auge über den Sehnerv verlassen. Die Aufgabe der drei Nervenschichten, die das Licht erst durchdringen muss, bevor es die Stäbchen und Zapfen erregt, kann grob so zusammengefasst werden, dass Grenzen von Flächen und Richtungen bzw. Lagen von Formen kontrastreicher ver- oder herausgerechnet werden.

Diese Reize werden mittels zweier neuronaler Leitungsbahnen, die an der raumzeitlichen Auflösungsfähigkeit des Sehens beteiligt sind und mit unterschiedlichen Geschwindigkeiten arbeiten, zum visuellen Kortex transportiert. Diese beiden Arten von *Reizleitung* stellen eine weitere, *dritte Ebene* des körperlichen Lesens dar. Parvozelluläre Leitungsbahnen (P-Zellen) aus den fovealen und eher zentralen parafovealen Bereichen sprechen auf Reize mit hoher räumlicher Komplexität und niedriger zeitlicher Frequenz an. Das P-System verarbeitet die Bilder der Fixationen, während die magnozellulären Leitungsbahnen (M-Zellen), die über die ganze Retina verteilt sind und schneller als die P-Leitungsbahnen arbeiten, einen wesentlichen Anteil an der Kontrolle der Augenbewegungen haben. Sie unterbrechen als Stimulus das P-System während einer Fixation und verhindern eine zu lange Speicherung des Bildes, damit sich aufeinanderfolgende Fixationen nicht überlagern, und steuern so die Sakkaden.

Die Länge und Häufigkeit von Sakkaden ist abhängig von der Struktur der Buchstaben, aber auch vom Inhalt des Gelesenen. Sie werden durch ein im Gehirn weiträumig verteiltes okulomotorisches Netzwerk gesteuert. Die Fixationen werden durch das P-System verarbeitet, während das M-System Informationen über die Raumlage von Stimuli auf der Retina verwertet, um die nächste Fixation zu bestimmen. P- und M-System wirken so in Sakkade und Fixation abwechselnd, die korrekte zeitliche Abstimmung dieser beiden Prozesse ist offensichtlich wesentlich.

Auf der *kortikal repräsentativen* Ebene, der *vierten Ebene* des körperlichen Lesens, werden nun, entsprechend dem Input der je einen Million Reize des von je einem Auge kommenden Sehnervs, spezifische Regionen im visuellen Kortex im linken hinteren Großhirn aktiviert und zum ›Feuern‹, dem Leiten von Erregungen im Gehirn, gebracht. Hier sind wiederum tausende von Neuronen funktional zu Feldern zusammengefasst, die für bestimmte Lagen der von den Augen gelieferten Konturen, Flächengrenzen und Linien im Sehfeld zuständig sind.

Durch die auf dem visuellen Kortex in einem organischen Muster ineinander verschachtelten, vom linken und rechten Auge kommenden Reize sowie der Zuständigkeit von nur bestimmten Feldern des visuellen Kortex für horizontale, vertikale und dazwischen liegende Winkel ergibt sich ein komplexes Muster von angeregten, feuernden Neuronen, das jede wahrgenommene Form vollkommen fraktioniert und verteilt repräsentiert. So erscheint schon eine einfache Form wie z. B. eine Ecke im linken oberen Quadranten des Sehfeldes als eine zersprengte und weitläufig verstreute Anzahl feuernder Neuronen. Man kann sich vorstellen, wie komplex sich die Repräsentation von Buchstabenbildern und ganzen Texten durch aktivierte Neuronen darstellt.

Ab diesem in höchster Komplexität erscheinenden Muster verliert sich die Spur und somit die Nachvollziehbarkeit reizleitender Neuronen. Auf der *fünften Ebene* der körperlichen Prozesse beim Sehen, die die *kognitive* genannt werden könnte, kann nur mehr ein breiter Strom erregter Nervenbündel beobachtet und gemessen werden. Dieser Strom verbindet im Wesentlichen den visuellen Kortex mit assoziativen, sinnerkennenden und sinnzuordnenden Instanzen und Regionen des Großhirns.

Zwischenzeitlich haben die Initialreize der Netzhaut einen Weg von mindestens 20 Zentimetern zurückgelegt und dabei eine schwer zu verfolgende Anzahl von Synapsen übersprungen, bis zum visuellen Kortex mindestens acht. Dabei ist Zeit vergangen: erstens während der Reizleitung, die im menschlichen Körper nicht schneller als ein Meter pro Sekunde stattfinden kann, und zweitens während der wechselseitigen Umwandlung chemischer und physikalischer Prozesse in den Synapsen. Die Reizleitung als chemischer und elektrischer Prozess läuft mithilfe zellulärer ›Hardware‹ von unglaublicher Präzision in großen Geschwindigkeiten ab, und gerade deswegen stellt die kleinste Verzögerung dieses idealerweise reibungslosen Ablaufs eine wesentliche Störung dar.

Das körperliche Lesen ist im besten Fall ein unablässiger, rhythmisierter Strom von erfassten Wortbildmustern an den visuellen Kortex, der, während immerzu neue Wortbildmuster geliefert werden, diese Muster so verarbeitet, dass sie nach ihrem Transport in andere Regionen des Großhirns für die Lesenden Sinn ergeben. Die Koordination der sowohl zeitlich verschobenen als auch parallel ablaufenden Prozesse von Wortbildmustererstellung und deren Sinnzuordnung ist entscheidend für den Lesekomfort.

Je ungestörter die Koordination von Muskelarbeit der Augen und Bildverarbeitung im visuellen Kortex – noch nicht als sinnerfassendes Organ, sondern als Körperteil – mit den nachgeschalteten sinnerfassenden Instanzen des Großhirns abläuft, desto besser wird das unterstützt, was dann Lesbarkeit genannt werden wird. Lesbarkeit beruht auf einer im Medium vorliegenden materiellen und in der Rezeption körperlichen Grundlage. Diese Erfassung durch die Sinne ist das vorrangige körperliche Geschehen und erst in zweiter Linie eine Sinnerfassung, will meinen: ein Sinnverstehen.

Die für das Leseerlebnis, also für das *affektive* Geschehen, das beim Lesen nicht durch den Inhalt des Gelesenen, sondern durch das ausschließlich körperliche Erleben beim Lesen verursacht wird, entscheidende Ebene kann als *sechste Ebene* des körperlichen Leseprozesses aufgefasst werden. Sie regelt und regiert das Erleben des Textes und wird beeinflusst von der Qualität der Rückkoppelungsmechanismen zwischen der motorisch-muskulären Ebene und den sinnverfassenden Instanzen. Diese funktionelle Ebene wird bestimmt und geprägt durch einen ergonomisch günstigen oder ungünstigen Arbeitsaufwand, der von den Augenmuskeln zu leisten ist.

Die Augenmuskeln, ähnlich dem Herzmuskel, ermüden nicht. Wenn von ›müden Augen‹ gesprochen wird, sind z. B. die Augenlider gemeint, die durch eine hohe Blinzelrate (verursacht durch ungünstige Lichtverhältnisse, körperliche Müdigkeit) erschöpft werden. Was den Lesefluss stört, also schlechte Lesbarkeit bedeutet, ist der Mehraufwand in der Koordination von Augenbewegungen und dem Sinnerfassen. Dieses unnötige Mehr an Koordinationsarbeit wird vom Körper aber nicht wegen seiner muskulären Mehrarbeit abgelehnt, sondern wegen seiner unergonomischen Behandlung. Jede durch mangelhafte Ergonomie erzwungene Zusatzbelastung von Muskeln wird von Körpern verweigert, sei es bewusst oder unbewusst. Unnötige Arbeit wird vermieden, indem zusätzliche Bewegungen oder Bewegungsaufwände abgelehnt werden – und es ist einsichtig, dass das mit gutem Grund geschieht.

Regressionssakkaden sind das einzige dem Körper zur Verfügung stehende Mittel, sowohl bei mangelhaftem visuellem Wahrnehmen von Text (das folglich das Sinnerfassen verunmöglicht) als auch für das Sinnerfassen selbst von nicht gleich verständlichem Inhalt. Für die körperliche Ebene des Lesens, in der motorische, sensorische und kognitive Prozesse untrennbar verbunden sind und einander bedingen, ist diese Störung des getakteten Rhythmus' von Fixationen und Sakkaden ausschlaggebend. Wenn erfasste Buchstaben, Wortbildteile und Wortbilder nicht ausreichend klare und leicht entzifferbare, d.h. vergleichbare Muster für die sinnerkennenden Instanzen des Großhirns darstellen, müssen durch Rückkoppelungen an die muskuläre Motorik sogenannte Regressionssakkaden ausgeführt werden. Dabei wird das Auge gezwungen, Sprünge entgegen der Leserichtung auszuführen und bereits – allerdings nicht deutlich genug – Wahrgenommenes nochmals zu fixieren.

Der Impuls zu einer Regressionssakkade und die Regressionssakkade selbst unterbrechen nicht nur einfach den Bilderfluss von Netzhaut zu visuellem Kortex, sondern verursachen auch durch die beschränkte Geschwindigkeit der Reizleitungen eine Irritation im vorgängigen und nachgängigen Strom der Impulse der Bildverarbeitung. Im Verein mit der gegenläufigen Vehemenz der dadurch erzwungenen muskulären Mehrbewegungen erlebt der Körper bei zu häufigen Regressionssakkaden eine Art ergonomischer Misshandlung, auf die er unbewusst mit undifferenzierter Leseunlust reagiert. Bei diesem Unbehagen spielt der nur minimale Zeitunterschied zwischen sensorischer Texterfassung und kognitivem Textverstehen eine wesentliche Rolle.

Ergonomie entscheidet alles: Ein Küchenoberschrank, der nur der aus früherer Zeit vergleichbar: ein wenig zu hoch hängt, wird nicht mehr verwendet, weil die Armlänge nicht ausreicht, Gläser in der hinteren Reihe bequem zu erreichen. Diese Gläser werden dann, meistens unbewusst (›nehmen wir doch die anderen‹), nicht mehr verwendet werden. Eine Stufe unter vielen, die nur unwesentlich höher ist als alle anderen, lässt einen stolpern, weil die Füße zuvor, auch unbewusst, genau die richtige Höhe der Stufen erlernt haben. Der einzige verfügbare Arbeitstisch, der nur ein wenig zu niedrig istund die Rückenmuskulatur über Gebühr beansprucht, muss zwar verwendet werden, wird die Arbeitsstimmung aber, höchstwahrscheinlich unbemerkt, negativ beeinflussen. Hier gilt, was auf psychologischer Ebene immer gilt: Je unbewusster, desto wirkungsvoller.

Dies ist nicht mit sportlichen Tätigkeiten zu vergleichen, deren Sinn es ja ist, den Körper zu beanspruchen. Bei alltäglichen Tätigkeiten lehnt der Körper zu Recht unnötige Mehrbelastungen ab. Es gibt kaum etwas Alltäglicheres als Lesen und es wird unbewusst und zwingend zu lesen begonnen. So ist es unmöglich, ein Wort nicht zu lesen, so wie es unmöglich ist, ein gehörtes Wort nicht nicht zu verstehen.[2] Die entscheidende Frage ist, ob und wie lange das Lesen beibehalten und fortgeführt wird oder nicht.

Regressionssakkaden können zwar selbst nicht als solche bewusst wahrgenommen werden, kosten aber unmerklich Zeit und erfordern vermehrten Muskeleinsatz in den Augen. Sollten sie mehr als zehn Prozent der Lesezeit ausmachen, wird das Ausmaß an tolerierbaren Störungen überschritten und der Körper stellt höchstwahrscheinlich seine lesende Arbeit ein. Was verursacht nun diese Störungen in der Abstimmung von Wortbildlieferung und Sinnverstehen?

Nichtverstehen kann typografisch dreifach verursacht werden. Erstens durch eine nicht der Physiologie von Netzhaut und visuellem Kortex entsprechende Gestaltung der Buchstabenformen selbst (damit beschäftigt sich die Nanotypografie, vgl. (Bergerhausen, 2017). Zweitens durch eine physiologisch nachteilig wirkende, aber auch semantisch unklare Organisation von

2 Es sei denn, man hört oder sagt ein Wort (egal welches, z. B. ›Liebe‹ oder ›aber‹) mehrmals hintereinander, dann trennt sich ab der circa zwanzigsten Wiederholung der Signifikant vom Signifikat, und das reine Sprechgeräusch bleibt übrig und vermag ziemliche Befremdung auszulösen (semantic satiation).

vornehmlich Weißräumen innerhalb und zwischen Zeilen (damit beschäftigt sich die Mikrotypografie (vgl. Hochuli, 2015). Und drittens durch Makrotypografie (dem Layout und Gesamterscheinungsbild von Texten auf Displays, Screens und als Print), die schlechte Leseführung, unzureichende Weißräume, unvorteilhafte Bild-Text-Kombinationen u. ä. aufweist (dies wird in allen Publikationen, die sich mit Typografie beschäftigen, mit unterschiedlicher Fachkenntnis, auf unterschiedlichem Niveau und mit unterschiedlicher Brauchbarkeit behandelt).

Um Qualitätseigenschaften angewandter Schrift zu beschreiben, stellt die deutsche Sprache zwei Wörter zur Verfügung: Leserlichkeit und Lesbarkeit (entsprechend das Englische mit ›readability‹ und ›legibility‹). Diese werden in der Fachliteratur leicht unterschiedlich definiert. In unserem Fall könnten sie so eingesetzt werden, dass Leserlichkeit beschreibt, inwiefern Buchstaben in ihrer Form ausreichend different gestaltet sind wie z. B. ein versales O mit der Ziffer 0 in Passwörtern auf Displays oder dass sie von Ferne oder in kleinen Größen nicht miteinander verwechselt werden können, wie z. B. ein versales I mit einem gemeinen l und der Ziffer 1 in der Schrift Gill oder die Ziffern 6, 9 und 8 untereinander und mit den Versalien O und B in der Schrift Helvetica. Gute oder schlechte Lesbarkeit wäre dann das Kriterium für die sogenannte Zurichtung einer Schrift, soll heißen, wie regelmäßig der Rhythmus der schwarzen und weißen Portionen in Wortteilen, Wörtern und Zeilen sich darstellt. Leserlichkeit wäre dann ein Kriterium der Nanotypografie, Lesbarkeit eines der Mikrotypografie.

Die Physiologie der lesenden Körper bestimmt, wie die Wahl einer brauchbaren Schrift und die daraus folgende Textgestaltung auszusehen haben. Für das Lesen längerer zusammenhängender Texte, dem Nachvollziehen von Gedankengängen oder Handlungen, wird ein Zusammenspiel von weißen und schwarzen Formen in den Buchstaben benötigt, das einen maximal ruhigen Grundraster bietet. Dieser Grundraster wird von den vertikalen Formen in den Buchstaben und den weißen Räumen innerhalb der und zwischen den Buchstaben etabliert und muss in seinem Rhythmus möglichst gleichmäßig optisch (d.i. nicht mathematisch gemessen, sondern visuell empfunden) einander ähnlich große Portionen von Schwarz mit optisch einander ähnlich großen Portionen von Weiß abwechselnd aufeinander folgen lassen.[3] Je ausgeprägter die Gleichmäßigkeit dieses Rasters gegeben ist, desto deutlicher können distinkte Buchstabenmerkmale wie

3 Im Wort ›und‹ folgt auf die linke Vertikale (typografisch: Stamm) des ›u‹ ein Weißraum zwischen den beiden Stämmen (typografisch: offene Punze; in Ergänzung zu einer geschlossenen Punze, wie dem Binnenraum eines ›o‹ oder ›d‹), dann der rechte Stamm, dann ein Buchstabenabstand zwischen ›u‹ und ›n‹, der optisch der Punze des ›u‹ nahekommen soll, dann der linke Stamm des ›n‹, der in Schwarz die optische Ausdehnung der Stämme des ›u‹ hat, dann die Punze des ›n‹ in der optischen Größe der Punze des ›u‹ oder des Buchstabenabstands zwischen den beiden, dann ein optisch gleich großer Buchstabenabstand wie alle Weißräume, gefolgt vom linken Bogen des ›d‹ im optischen Schwarzwert wie die vorhergehenden Stämme, die geschlossene Punze im optisch gleich großen Ausmaß wie die vorhergehenden offenen Punzen, dann der rechte Stamm. Damit ist ein Raster von aufeinanderfolgenden gleich großen schwarzen unterbrochen von gleich großen weißen Portionen (oder gleich großen weißen unterbrochen von gleich großen schwarzen) gegeben.

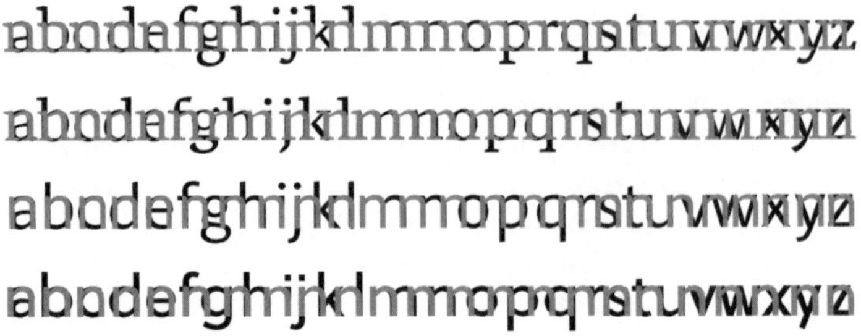

Abbildung 1: Grundraster von mengensatztauglichen Schriften: maximal gleichmäßiger vertikaler Raster auf dem sich signifikante Buchstabenmerkmale umso deutlicher abheben (von oben nach unten: gesetzt in Premièra von THOMAS GABRIEL, *Nassim von* TITUS NEMETH, *Acorde von* STEFAN WILLERSTORFER *und Soleil von* WOLFGANG HOMOLA*)*

Ober- und Unterlängen, diagonale Formen, Bögen oder kleine Details den Raster so sinnvoll stören, dass sich daraus ein charakteristisches Wortbild ergibt.[4]

Das Verhältnis von Schwarz und Weiß wird in seiner Summe als Grauwert bezeichnet (auf Englisch ausdrucksstärker ›colour‹). Es ist die Funktionsweise der drei der Netzhaut vorgelagerten Schichten Ganglienzellen, die das maximale Ausmaß des Kontrasts zwischen den schwarzen und weißen Portionen im Wortbild bestimmt. Durch ihre kontrastverstärkende Verrechnung sind extreme Ungleichheiten, also entweder zu viel Schwarz und zu wenig Weiß und vice versa, unvorteilhaft, sie liefern ein schlecht verwertbares Erregungsmuster (›Bild‹) an den visuellen Kortex. Das ist die körperliche Grundlage, warum maximal fette und maximal magere Schnitte schlecht für Mengensatz sind. Der weiße (bei fetten Schnitten extrem dunkler Grauwert) oder der schwarze (bei mageren Schnitten extrem heller Grauwert) Anteil ist nicht deutlich genug, um an der Wortbildbildung mitzuwirken, weil durch den unklaren Rhythmus kein brauchbares Wortbild gebildet werden kann.

Abbildung 2: Rhythmus im Wort ›und‹. Optisch ungefähr gleich groß wirkende schwarze Portionen wechseln sich mit optisch ungefähr gleich groß wirkenden weißen Portionen ab (gesetzt in Premièra von THOMAS GABRIEL*). Die Unregelmäßigkeit durch den Bogen des ›d‹ ist als wortbild-bildende Störung des Rasters zu betrachten.*

Die sogenannte Zurichtung einer Schrift gehört ebenfalls zur Gestaltungsarbeit, die von SchriftdesignerInnen geleistet werden muss. Sie gewährt die Qualität der Regelmäßigkeit von Buchstaben untereinander[5], ergänzt durch Sonderwerte für formal problematische Buchstabenkombinationen, die diese Regelmäßigkeit stören könnten. Im Gesamten gilt es, überdurchschnittlich große schwarze Flecken und weiße Löcher im Schriftmusterbild zu vermeiden. Dies vor allem deshalb, weil die Augen während einer Sakkade so gut wie nichts wahrnehmen. Das bedeutet, dass während einer Fixation bestimmt werden muss, wo die nächste Fixa-

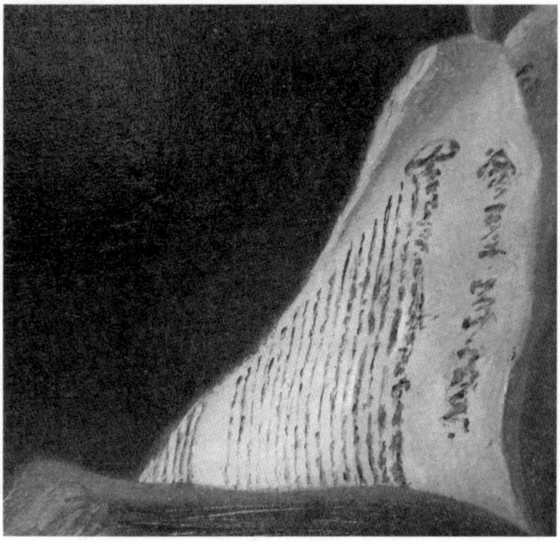

Abbildung 3: Rembrandts ›Anatomie des Dr. Tulp‹ (1632) zeigt ein aufgeschlagenes Buch und sein Schriftbild in malerisch exzellent nachempfundener Darstellung retinaler Unschärfe.

tion stattfinden soll. Das wiederum erfordert, dass ein Wortbild, selbst parafoveal unscharf gesehen, ausreichend deutlich zu sein hat. Zu große schwarze Flecken und weiße Löcher im Text stören diesen Prozess und verursachen entweder zusätzliche Regressionssakkaden oder zu viele Fixationen.

Die Tatsache, dass das Gehirn während einer Sakkade erstens nicht(s) sieht und zweitens im wahren Sinn des Wortes die Zeit anhält, um das unbemerkt bleiben zu lassen, kann durch Beobachten eines Sekundenzeigers einer Uhr überprüft werden: Wenn man nach einem Sekundenschritt kurz wegblickt und dann wieder den Sekundenzeiger fixiert, scheint er länger auf der Stelle zu verweilen, bevor er den nächsten Schritt macht. In dieser Art überbrückt das Gehirn seine blinde Phase. So ist es auch nicht möglich, eigene Augenbewegungen im Spiegel zu beobachten. Dieser Umstand macht besonders deutlich, dass während einer Fixation im parafovealen Bereich entschieden werden muss, wo eine nächste Fixation günstig wäre.

Gute Lesbarkeit erweist eine gesetzte Schrift also vor allem in der parafovealen Wahrnehmung. Versuche, das Bild von parafoveal wahrgenommener Schrift zu simulieren, erscheinen in Typografiebüchern meistens als unscharf, ›geblurrt‹ dargestellte Buchstaben. Dies ist eine unzulässige, weil zu stark vereinfachte Methode, da Buchstaben nicht einfach nur unscharf erscheinen, ihr Bild ist viel verschränkter. In der bildenden Kunst können eher Darstellungen gefunden werden, die unfixierte Buchstaben- und Worterscheinungen annähernd simulieren.

4 Die Beschaffenheit dieses Rasters mit seinen spezifischen Störungen erklärt auch das Phänomen, dass die obere und untere Hälfte einer Zeile unterschiedlich leicht gelesen werden kann. Die untere Buchstabenhälfte installiert mit ihren Formen vorrangig den Raster, die obere weist eher distinkte Formmerkmale einzelner Buchstaben auf. Das erklärt, warum die obere Hälfte einer Zeile bei abgedeckter unterer Hälfte leichter zu entschlüsseln ist als die untere bei abgedeckter oberer Hälfte.

5 Im Wort ›und‹ folgt auf die linke Vertikale (typografisch: Stamm) des ›u‹ ein Weißraum zwischen den beiden Stämmen (typografisch: offene Punze; in Ergänzung zu einer geschlossenen Punze, wie dem Binnenraum eines ›o‹ oder ›d‹), dann der rechte Stamm, dann ein Buchstabenabstand zwischen ›u‹ und ›n‹, der optisch der Punze des ›u‹ nahe kommen soll, dann der linke Stamm des ›n‹, der in Schwarz die optische Ausdehnung der Stämme des ›u‹ hat, dann die Punze des ›n‹ in der

Sinnzuordnung geschieht bei fortgeschrittener Lesefähigkeit[6], indem die im visuellen Kortex ankommenden Signale in weiterer Folge mit eingelernten und abgespeicherten Wortbildteilen und Wortbildmustern verglichen werden. Solche Muster stellen z. B. Bigramme dar: die für unterschiedliche Sprachen charakteristischen, weil am häufigsten vorkommenden Buchstabenkombinationen. Die Qualität der Verteilung von Schwarz und Weiß in den Buchstaben, Buchstabenpaaren und Buchstabengruppen/Wortteilen und Wörtern ist die materielle Grundlage für eine ausreichend schnelle Worterkennung, damit im Leseprozess die ankommenden Reize störungsfrei, d. h. ununterbrochen, den sinnzuordnenden Instanzen des Großhirns übermittelt werden können.

Je distinkter Wortbilder sind, desto leichter können sie zum späteren Vergleichen abgespeichert[7] werden und desto weniger müssen sie fixiert werden. Erfahrene LeserInnen haben Wörter wie Artikel oder häufige Vor- und Nachsilben seit Jahren nur mehr parafoveal erfasst und mit Sakkaden übersprungen. Ein Abgleichen der Wortbildmuster geschieht umso reibungsloser, je formal vielfältiger und daher einprägsamer die von Schwarz und Weiß gebildeten Muster sind. Dies erklärt, warum mehr als vier Zeilen in Großbuchstaben zwar gelesen werden könnten, aber aufgrund ihrer im Vergleich zu den Kleinbuchstaben eher einfachen und daher unspezifischeren Weißräume letztendlich vielleicht mit Vergnügen angeschaut und eben nicht gelesen werden. Die Architektur der Großbuchstaben besteht abstrahiert gesehen aus Geraden, Diagonalen und Bögen, was den Weißräumen zwischen den Buchstaben wenig Formvarianten zulässt. Zusätzlich haben Versalien keine Ober- und Unterlängen (abgesehen von eher seltenen Buchstaben wie J und Q), was auch ein distinktes Wortbild nicht unterstützt.

Aufgrund ihrer vielfältigen architektonischen Gestaltung ermöglichen Kleinbuchstaben, anders als die Großbuchstaben, ein reiches Formenspiel, das einprägsame Wortbildmuster unabhängig von Schrifttype und -größe zulässt, sodass sinnerkennende Instanzen leichten Zugriff auf sie nehmen können. Bei mengentexttauglichen Schriften geht das sogar so weit, dass Buchstaben in ihrer Reihenfolge im Wort vertauscht werden können und dennoch ihre Musterbildungen ungestört erscheinen (was Korrekturlesen zu einem eigenen Beruf macht, bei dem gelernt werden muss, diesen Mechanismus der Wortbilderkennung zu unterdrücken). Es ist erwähnenswert, dass die hohe Kunst der

optischen Größe der Punze des ›u‹ oder des Buchstaben-abstands zwischen den beiden, dann ein optisch gleich großer Buchstabenabstand wie alle Weißräume, gefolgt vom linken Bogen des ›d‹ im optische Schwarzwert wie die vorhergehenden Stämme, die geschlossene Punze im optisch gleich großen Ausmaß wie die vorhergehenden offenen Punzen, dann der rechte Stamm. Damit ist ein Raster von aufeinanderfolgenden gleich großen schwarzen unterbrochen von gleich großen weißen Portionen (oder gleich großen weißen unterbrochen von gleich großen schwarzen) gegeben.

6 Bei ungeübten LeserInnen und bei unbekannten Worten (die ja geübte LeserInnen in den Zustand ungeübter LeserInnen versetzen) arbeitet die Sinnerkennung auch mit phonetischen Referenzen (phonologisches Lesen). Das kann beim ›Mitsprechen‹ von LeseanfängerInnen deutlich beobachtet werden, bei Leseerfahreneren ist der Umweg über den Wortlaut nicht mehr notwendig (lexikalisches Lesen).

7 Eine abgespeicherte Form manifestiert sich im Gehirn als stabile Verbindung von mehreren tausend Neuronen mittels zigtausender synaptischer Verbindungen untereinander.

Schriftgestaltung zusätzlich auch darin besteht, neben einem physiologisch bestens benützbaren Grauwert, mehr als 20 unterschiedliche Buchstaben sowohl mit maximaler Unterscheidbarkeit als auch mit stilistischer Geschlossenheit auszustatten.

Eine optisch regelmäßige Laufweite (so die typografische Bezeichnung für die Buchstabenabstände in ihrer Gesamtheit) garantiert das subtile Spiel der individuellen Buchstabenformen auf dem rhythmischen Buchstabenraster. Dazu gehört auch ein physiologisch dienlicher Wortabstand, der weder zu groß noch zu klein sein darf, um parafoveales Lesen zu unterstützen. Hier kann ein Übergang von Nano- zu Mikrotypografie definiert werden. Besonders Blocksatz stellt hohe Anforderungen an richtige Voreinstellungen in Bezug auf Laufweite und Wortabstände und erfordert zusätzlich Überarbeitung und Kontrolle jeder einzelnen Zeile, sollen unwägsame Rhythmusstörungen vermieden und dadurch vermehrte Regressionssakkaden verhindert werden. Es ist typografisch zweifelhaft, wie erstens unnotwendig oft und zweitens gleichzeitig mangelhaft Blocksatz in diskursiven Texten verwendet wird und folglich die Lesemotivation strapaziert.

Jeder Text verlangt, entsprechend dem im jeweiligen Medium gegebenen Format (Folder, Broschüre, Smartphone ...) und seiner Verwendung, nach bestimmten Schriftgrößen (Leseabstand, Texthierarchie, Leseführung) und seinem Inhalt entsprechend nach einer spezifischen Schriftwahl (Schriftcharakter und Schriftmischungen). Aus der Kombination von Schriftgröße und Schrifttype ergeben sich, ihrer jeweiligen Funktion im Text entsprechend, Laufweite und Wortabstand (verringert in Displaygrößen/Überschriften und leicht erhöht in Konsultationsgrößen/Fußnoten, Indizes ...).

Aus diesen Parametern resultiert eine ideale Textbreite. Während des Lesens einer typografisch gesehen optimal langen Zeile werden im Schnitt fünf bis sieben Fixationen ausgeführt. Das entspricht etwa fünf bis sieben Millionen Bildinformationen, die von der Netzhaut an das Gehirn geliefert werden. Diese Datenmenge gilt es reibungslos zu prozessieren, indem erforderliche Regressionssakkaden auf ein Minimum reduziert werden. Zu lange Zeilen stören den Lesefluss, weil das Auffinden der nächsten Zeile erschwert ist und mehrere zusätzliche Augensprünge erfordert. Andererseits verunmöglichen zu kurze Zeilen flüssiges Lesen, weil nicht ausreichend Fixationen in einer Zeile untergebracht werden können und Zeilensprünge zu oft den erforderlichen Rhythmus von Fixation und Sakkade unterbrechen – man also nicht ›ins Lesen kommt‹. Bei manchen Textsorten ist es, eine entsprechende Gestaltung vorausgesetzt, genrespezifisch möglich, Textbreiten größer zu wählen.

Aus der gefundenen idealen Textbreite ergibt sich ein physiologisch notwendiger Zeilenabstand, der optisch nicht kleiner als die Wortabstände sein darf, weil sonst die Augen aus der Zeile abgelenkt werden und die Zeile als Sinneinheit verloren geht. Bei der Wahl des Zeilenabstands findet der Übergang von durch Physiologie des lesenden Körpers erzwungenen Erfordernissen und Vorgaben zu stilistisch entschiedenen Gestaltungen statt. Die Physiologie verlangt nach einer ergonomisch richtigen Gestaltung für Augen und Gehirn, ein gestalterischer Stil hingegen hat funktional richtig in Bezug auf eine bestimmte Zielgruppe zu wirken. Allerdings immer mit Bedacht darauf, dass die Lesemotivation, egal welcher Zielgruppe, primär von der ergonomisch richtigen Behandlung ihrer Körper bestimmt wird.

Gestalterischer Stil ist also – im Gegensatz zu den unveränderlichen Erfordernissen der Körper – orts- und zeitgebunden und Konventionen unterworfen, die nie gleichbleibend und unterschiedlich schnelllebig sind. So kann ein eher groß gewählter Zeilenabstand stilbildend wirken, ohne die von der Physiologie vorgegebenen Regeln zu sehr zu verletzen. Hier kann ein Übergang von Mikro- zu Makrotypografie definiert werden. Während im nano- und mikrotypografischen Bereich körperliche Bedürfnisse erfüllt werden müssen und Gestaltung nur kleinen Spielraum hat, entfaltet sich in der Makrotypografie die ganze Bandbreite kultureller Textgestaltung und eröffnet eine unerschöpfliche Vielzahl typografischer Phänomene.

Nano- und Mikrotypografie (also Gestaltung von Schrift und Gestaltung mit Schrift) stellen ein Handwerk dar, das von der Pike auf und über sicher mehr als einem Jahr erlernt und mit ausreichender Zeit eingeübt werden muss. Erfahrung in der Beurteilung ihrer Wirkung auf den lesenden Körper kann nicht in kurzer Zeit errungen werden. Mikrotypografie erfordert professionelles Wissen und Erfahrung in der Bewältigung der Gleichung mit all den vorerst Unbekannten Schriftart/Schriftgröße, Laufweite/Wortabstand, Spaltenbreite und Zeilenabstand, damit diese in ein harmonisches Zusammenspiel gebracht werden können. Der gekonnte Umgang und das Beherrschen von Makrotypografie erfordern neben der Schulung konzeptuellen und redaktionellen Denkens ein zusätzliches Abarbeiten an der Geschichte des

Grafikdesigns besonders in Hinblick auf ein Vokabular, das den von Laien unbemerkten Einfluss von Schriftformen und Gestaltung zu Bewusstsein bringen kann. Nur wenn vorerst begriffliche Leerformeln wie ›gut lesbar‹ und assoziierte typografische Regeln bzw. Rezepte aufgrund ihrer physiologischen Basis verstanden werden, ist es möglich, den Einfluss von Schriftformen auf Lesende zu erkennen, zu benennen und damit gezielt umzugehen. Das ist es, was in einer fundierten Typografieausbildung sowohl von lehrender als auch von lernender Seite zu leisten ist. Unnötig zu erwähnen, dass das genauso zeitaufwändig und mit Mühe verbunden ist wie jede andere handwerkliche oder künstlerische Ausbildung.

Bei der Gestaltung von Text setzt gekonnte Typografie das ein, was man ›semantische Trigger‹ nennen könnte. Das sind diejenigen Formen, die den Augen bedeuten, dass sie sich jetzt lesend und nicht schauend zu bewegen haben. Konfrontiert mit Text wird Lesen selten bewusst begonnen und beendet. Lesen wird umso leichter begonnen und fortgesetzt, will meinen: Zu Lesen kann umso leichter eingeladen oder verführt werden, je deutlicher die semantischen Trigger ausgeprägt sind. Diese dienen dazu, den lesenden Augen Signale zu setzen, damit klar wird, dass von der natürlichen Art zu Schauen auf die akkulturierte Tätigkeit des Lesens umzuschalten ist. Wie gezeigt wurde, verfügen die Augen muskulär gesehen über diese zwei Bewegungsarten, die sich funktional gegensätzlich verhalten. Einerseits das Schauen, das die Umgebung als Bild flächendeckend und in alle Richtungen sprunghaft mit verteilten Schwerpunkten des Interesses abtastet, andererseits das Lesen, das entlang aufeinanderfolgender Zeilen geradlinig und gleichförmig Text linear zu erfassen hat.[8]

Die Abfolge von Wortbilderfassung, Reizleitung, Verarbeitung und Sinnzuordnung wird nicht nur durch unergonomisch angeordnete Verteilungen von Schwarz und Weiß in Wort oder Zeile gestört, sondern auch durch Ablenkung des Auges aus der Zeile verursacht. Da das ›Bildschauen‹ evolutionär wesentlich älter ist als das ›Textlesen‹, hat das Auge die Tendenz, bei der kleinsten Störung des Leseflusses vom kulturell eingelernten Lesen in das biologisch ältere Schauen umzuspringen. Mit Eyetracking kann gut beobachtet werden, wie ein zu knapp neben einem Text stehendes Bild das Auge das Lesen unterbrechen und in das Schauen wechseln lässt (Tiefenthaler, 2016).

Eine Gestaltung, die beispielsweise annimmt, dass ein Lehrbuch besser seine didaktischen Aufgaben erfüllen kann, wenn

8 Eine qualitätsferne Zeitung Österreichs lieferte in einem Werbespruch im Dezember 2009 ein gutes Beispiel für die Gegensätzlichkeit von Lesen und Schauen und zeigt deutlich, wie sehr wesentliche Inhalte lese- und nicht schauabhängig sind: ›Es heißt die Menschen lesen nicht mehr gerne. Fast drei Millionen Leser der Kronenzeitung beweisen täglich das Gegenteil – Schau [sic!] in die Krone!‹

Text und Bild ›unterhaltsam‹ und ›auflockernd‹ gemischt werden, wirkt einschränkend bis verhindernd auf das Lesen, weil das Auge geneigt ist, vom Text abzuschweifen und anlässlich des Bildes ins Schauen zu verfallen. Das Auge dann wieder in den Textlesemodus umzuschalten, macht mehr Mühe als es gemacht hätte, im Lesemodus zu verbleiben.

Auch Text, der zu nahe an den Rand gesetzt wird, fördert die Tendenz der Augen, das Umfeld unorientiert abzutasten zu beginnen und das Lesen zu unterbrechen. Dabei gleitet das Auge unweigerlich aus dem Zeilenverband und springt im Bild, sei es auch nur auf einer Schreibtischoberfläche oder bekannten Gegenstände, die darauf herumliegen.[9] Gleiches geschieht auch mit unterhaltsamen oder heimeligen Computerbildschirm-Hintergründen, auf denen Textdokumente erstellt oder bearbeitet werden, egal, ob es sich dabei um Motorräder, Kätzchen, bedeutsame Kunstwerke oder schöne Landschaften handelt. Ihre Nachbarschaft zu Text erschwert unbemerkt konzentriertes Lesen und Arbeiten mit Texten.

Es gilt auch alles Bildhafte in Texten selbst zu vermeiden und den Text ausreichend mit semantischen Triggern auszustatten, die den Augen klare Hinweise geben, dass jetzt die kulturelle Tätigkeit des unnatürlichen Lesens auszuüben ist. Dies erklärt, warum Formsatz gerne angeschaut, möglicherweise angelesen, aber kaum durchgelesen wird. Sobald Text einer Silhouette eingeschrieben oder eine Form damit umflossen wird, degradiert das den Text zum Bild und verhindert unbemerkbar eine Lesetätigkeit der Augen. Der wirkungsvollste Trigger, Lesen zu induzieren, ist eine Zeilenabfolge, in der kürzere und längere Zeilen sich abwechseln. Der daraus resultierende gezahnte Rand signalisiert als Form am ehesten Textnatur und hilft, den Lesemodus der Augen zu aktivieren. Deswegen gilt es auch, jede Formbildung wie Treppen, kontinuierliche Schrägen und konvexe oder konkave Rundungen in aufeinanderfolgenden Zeilen innerhalb eines Absatzes zu vermeiden. Alleine schon solche minimalen Konturformen signalisieren ›Bild‹ und behindern eine geordnete Abfolge von Fixationen und Sakkaden.

Auch mangelhaft gestalteter Text erzeugt bildähnliche Phänomene. Dazu gehören schlechter, d. h. fleckiger Blocksatz mit unregelmäßigen Grauwerten durch unterschiedliche Buchstaben- und Wortabstände in aufeinanderfolgenden Zeilen, unverhältnismäßig viele Hervorhebungen von Textstellen (typografisch: Auszeichnungen), ausufernde Farbigkeit in Texten sowie das

9 Dieses sprunghafte Scannen dient auch der unmittelbaren Wahrnehmung von schnellen Bewegungen, auf die sofort fixiert wird, damit darauf reagiert werden kann. Das zu vermögen war und ist von großem evolutionärem Vorteil, da lebensgefährdende Bedrohungen in den meisten Fällen schnell erfolgen. Allerdings sollte nicht unerwähnt bleiben, dass diese Natur des unvermeidlichen Fokussierens auf plötzliche Bewegungen auch Implikationen für eine andere Art von Problemwahrnehmung bzw. Einschätzung von Gefahren bedeutet: Sich langsam nähernde Gefahren, wie die Klimakatastrophe, zunehmende radioaktive Verseuchung von Landstrichen, steigende Feinstaubbelastung, Luft- und Wasserverseuchung, Aussterben der Arten, Verarmung an Sorten und Austrocknung des genetischen Pools, Verschwinden von Sprachen und menschlicher handwerklicher Fähigkeiten können in ihrer Gefährlichkeit und Brisanz nicht richtig eingeschätzt werden, sodass darauf nicht rechtzeitig reagiert werden kann (abgesehen von politischen, religiösen und wirtschaftlichen Agenden, die aus diesen Gefahren Kapital schlagen und notwendige Reaktionen mittels unterschiedlicher Methoden aktiv verhindern).

Stören von Wortbildern durch von Computerprogrammen vorgefertigte Unterstreichungen, Schlagschatten und dreidimensionalen Effekten. Streng genommen macht auch Blocksatz aus Text ein Bild, hier überwiegen aber in manchen Fällen makrotypografisch motivierte Kriterien wie Leseführung in ruhiger Unaufgeregtheit und durch Gleichförmigkeit garantierte Orientierung in extremen Textmengen wie in Sachbüchern oder Romanen.

Es hängt grundsätzlich von der Leseerfahrung, also der Lesegeübtheit, und von der Vertrautheit mit dem Inhalt des Gelesenen (dazu gehören der Schreibstil der AutorIn oder die Fachkenntnis zum Thema, die antizipierendes, voraussehendes Lesen ermöglicht), in welcher Mühelosigkeit und Geschwindigkeit gelesen werden kann. Diese jeweilige Leichtigkeit wird aber immer dort beschränkt und verhindert, wo auf nano-, mikro- und makrotypografischer Ebene der Körper mit seinen lesenden Organen Augen und Gehirn nicht optimal bedient wird.

Lesen kann erst dann eine Kulturtechnologie genannt werden, wenn während des Lesevorgangs nicht nur der Inhalt erfasst, sondern auch schon über den Inhalt nachgedacht, Widerspruch und Zustimmung abgewogen, Assoziationen und verwandte Gedankengänge aufgerufen und das Gelesene mit anderen Texten in Zusammenhang gebracht werden kann – mit einem Wort, wenn nicht erst nach, sondern schon während des Lesens Diskurs stattfindet.[10] Soll das gewährleistet sein, darf kein muskulärer Mehraufwand aufgebracht werden müssen – ein Mehraufwand, der vom Körper zu Recht als sinnlos empfunden wird, weil die Koordination zwischen Augen und Großhirn durch Unterbrechungen und Ablaufstörungen erschwert wird. Es ist dieses körperliche Wahrnehmen und Empfinden, das wesentlichen Einfluss auf das nachfolgende Leseerlebnis ausübt und Lesemotivation unabhängig von den gelesenen Inhalten ausmacht. Typografie ist daher vor allem Arbeit am und für den Körper.

Sowohl Schriftwahl als auch typografische Gestaltung üben eine ungeahnte und direkte Rückwirkung auf den Inhalt aus. Das Unglaubliche dabei ist, dass die Lesenden in den seltensten Fällen wissen, wie ihnen geschieht. Unsere Körper sind – und das noch weit vor unserem Geist – unglaublich sensible Wesen, die sich sinnvollerweise jeder unergonomischen Mehrarbeit verweigern. Das Lesen kann nach nur kurzem Anlesen eingestellt werden, ohne dass die lesende Person in der Lage wäre, das nicht auf den Text zurückzuführen. Statt zu erkennen, dass der Text schwer lesbar ist, wird der Text selbst als inhaltlich nicht relevant, unin-

10 ›An active reader asks questions, considers alternatives, questions assumptions, and even questions the trustworthiness of the author. An active reader triesto generalize specific examples, and devise specific examples for generalities. An active reader doesn't passively sponge up information, but uses the author's argument as a springboard for critical thought and deep understanding.‹ (Bret, 2011).

teressant oder sogar unangenehm empfunden. Man kann sich vorstellen, welcher Schaden so verursacht wird: Entweder wird ein mühevoll erstellter Text nur an- oder erst gar nicht gelesen oder der Text wird in seinem Inhalt nachteilig beurteilt.

In der sogenannten westlichen Kultur ist es durchaus üblich, dass viele physiologische Bedürfnisse unserer Körper mit großer Selbstverständlichkeit missachtet werden. In vielen sozialen Umfeldern herrschen daher auch widrige typografische Zustände. Beginnend bei Missständen in der Kinder- und Schulbuchtypografie bis zu den Formen, in die akademische Arbeiten gepresst werden (müssen) – und wer schon einmal parlamentarische Papiere, Lehrpläne von Schulen, e-teaching-Handouts oder Rechtsunterlagen in Händen hielt, Schulungs-pdfs, Powerpoint-Präsentationen und Rundmails vor Augen geführt bekam, sollte lieber nicht von dieser typografischen Kultur auf die so vertretene Kultur schließen. Dabei handelt es sich meistens um Unterlagen, die von Rechts wegen gelesen werden sollten, und eben weil das so ist, wird paradoxerweise wenig Aufmerksamkeit auf die leichte Hand(Augen)habbarkeit dieser Unterlagen gelegt. Befremdlich auch, dass Texten mit wesentlichen Inhalten nicht eine entsprechende Sorge um und Sorgfalt für ihre Präsentation zuteil wird, abgesehen davon, wie unfreundlich es gegenüber den Körpern derer ist, die sich mit diesen Texten beschäftigen müssen oder wollen.

Dass Lesen vor allem eine körperliche Tätigkeit ist, wird in Gesellschaften, die die Tendenz haben, den Körper aus wirtschaftlichen Interessen zu missbrauchen und/oder aus religiöser Motivation zu missachten, leicht und gerne übersehen. So haben wir als Körper zu wenig Chancen auf entsprechende und passende Behandlung – Umgang mit und Gestaltungen von Text in beobachtbarer Achtlosigkeit, Gleichgültigkeit und mangelnder Sachkenntnis sind dafür nur ein Symptom.

Nano-, Mikro- und Makrotypografie müssen nach allen Regeln des Handwerks und der Kunst aufeinander abgestimmt und eingesetzt werden, denn nur dann wird gerne und nachhaltig gelesen – das Einzige, was im Umfeld von Lehren und Lernen unabdingbar ist und unbedingt und ununterbrochen zu geschehen hat, damit leichter, lieber und nachhaltiger gelernt werden kann.

Jürgen Spitzmüller

Lesbarkeit und Typografie
Soziolinguistische Überlegungen

›Lesbarkeit‹: linguistisch/typographisch

> [...] Lesbarkeit [ist] Dreh- und Angelpunkt von Textkommunikation [...]. Was am Text textlinguistisch interessant ist, ist seine Lesbarkeit. (Hausendorf, Kesselheim, Kato & Breitholz, 2017, S. XIII)

Dieses Zitat entstammt einer kürzlich erschienenen sprachwissenschaftlichen Publikation mit dem Titel *Textkommunikation. Ein textlinguistischer Neuansatz zur Theorie und Empirie der Kommunikation mit und durch Schrift*. Die hier getätigte Aussage, die Textgestaltern als banal erscheinen mag, ist aus Sicht der Linguistik alles andere als selbstverständlich, denn das Konzept ›Lesbarkeit‹ hat in der Sprachwissenschaft – im Gegensatz zur Typografie – traditionell keine zentrale Bedeutung, so wie auch die Typografie selbst – mit anderen Aspekten der ›Materialität‹ von Texten – erst seit wenigen Jahren das Interesse der Disziplin gefunden hat.[1]

Liest man allerdings weiter, dann ist man, wenn man das in der Typografie gängige Lesbarkeitskonzept vor Augen hat, möglicherweise irritiert. Die Autorinnen und Autoren des Buchs führen nämlich aus:

> *Lesbarkeit* verstehen wir dabei nicht im normativen Sinn, in der von ihr in zumeist kritisch-evaluativer Weise die Rede ist, wenn es darum geht, über ein Gütekriterium von Texten zu reflektieren oder die Qualität eines Textes unter bestimmten Aspekten mit einer »Lesbarkeitsformel« [...] erfassen zu wollen. Von all dem ist in diesem Buch genau so wenig die Rede wie von einem typographischen Leitprinzip der Textgestaltung, das unter der Chiffre der »Lesbarkeit« bis in die frühe Neuzeit zurückreicht. Lesbarkeit mag wohl unter allen möglichen Aspekten eine optimierbare Eigenschaft von Texten sein. Viel grundlegender aber ist, dass Lesbarkeit die *conditio sine qua non* schriftsprachlicher Kommunikation ist. Lesen, könnte man sagen, ist nichts anderes als die fortlaufende Herstellung von Lesbarkeit aufgrund von Lesbarkeitshinweisen, die wir längst schon verstanden und ›ausgewertet‹ haben, wann immer wir beginnen mögen, uns über die mangelnde ›Lesbarkeit‹ eines Textes zu mokieren. Lesbarkeit ist unter dieser Perspektive für

1 Vgl. (Stöckl, 2004; Spitzmüller, 2016).

> die schriftbasierte Kommunikation das, was Anwesenheit für die Face-to-face-Interaktion ist: die fortlaufend sicherzustellende Bedingung des Kommunizierens. Diesem Gedanken ist das vorliegende Buch gewidmet. (Hausendorf u. a., 2017, S. XIII–IX)

Was hier unter ›Lesbarkeit‹ verstanden wird, ist also ein in der schriftlichen Kommunikation hergestellter ›Modus‹, in dem ein *Artefakt*, etwas ›Geschriebenes‹, erst zu einem *Text* wird – zu etwas, das gelesen wird. ›Lesbarkeit‹ in dem hier gemeinten Sinne entsteht, wie die Autoren betonen, mithin erst »im Moment der Lektüre (also beim und mit dem Lesen von Texten)«[2]. Voraussetzung dafür sei, dass etwas für ›lesbar‹ gehalten werde (die Autoren nennen dies den *Lesbarkeitsverdacht*).

In der Konsequenz kann es, da Texte *per definitionem* durch ›Lesbarkeit‹ charakterisiert sind, für HAUSENDORF et al. gar keine ›unlesbaren Texte‹ geben:

> Lesbarkeit ist also nicht als eine gegebene oder nicht gegebene Kommunikationsbedingung zu verstehen, die der Kommunikation gegenüber äusserlich wäre. Insofern ist auch der *Text* nicht einfach gegeben; als physisches Substrat in Gestalt eines kleinen gelben Heftchens mag Goethes *Werther* auf dem Tisch liegen und damit für die, die an diesem Tisch sitzen, als ›gegeben‹ erscheinen. Als Erscheinungsform von Kommunikation und als Ensemble von Lesbarkeitshinweisen [...] ist der fragliche Text dessen ungeachtet keineswegs ›gegeben‹. Man vergegenwärtige sich, was passiert, wenn ein Kleinkind an den Tisch gelangt und das gelbe Heftchen nicht einmal einen Lesbarkeitsverdacht auszulösen vermag (sondern stattdessen vielleicht einen Zerreiss- und Essbarkeitsverdacht). Man kann die Evidenz dieses Beispiels verallgemeinern, indem man betont, dass die Lesbarkeit eines Textes erst und nur *im Moment der Lektüre* entsteht. Lesbarkeit ist also ein emergentes Phänomen, das beim Lesen hervorgebracht und zugleich in einer spezifischen Ausprägung realisiert wird – schon das Aufkommen eines Lesbarkeitsverdachtes fällt deshalb mit dem Beginn des Lesens zusammen. Mit dieser Betonung der kommunikativen Hervorbringung von Lesbarkeit im Moment der Lektüre kann man schliesslich erklären, dass Lesbarkeit notwendig an eine konkrete Lektüresituation und an einen konkreten Lektürekontext gebunden ist und entsprechend immer auch wahrnehmungs- und vertrautheitsabhängig zustande kommt [...]. (Hausendorf u. a., 2017, S. 46)

2 (Hausendorf, Kesselheim, Kato & Breitholz, 2017), S. 22.

Die ›Materialität‹ des Textes – und zu dieser zählt die Linguistik inzwischen wie gesagt auch die typographische Gestaltung (von der in dem Buch übrigens vielfach die Rede ist[3]) – spielt für die Herstellung dieser ›Lesbarkeit‹ durchaus eine Rolle. Sie gehört zu den von HAUSENDORF et al. so genannten *Lesbarkeitshinweisen*[4], die erstens signalisieren, dass etwas gelesen werden *kann* (also ein Text *ist*) und zweitens, wie es gelesen werden *sollte*.

Dieses Lesbarkeitskonzept ist davon, was in der Textgestaltungstheorie gemeinhin als ›Lesbarkeit‹ verstanden wird, auf den ersten Blick sehr weit entfernt. Aber, wie im Folgenden begründet werden soll, durchaus nicht zu weit. Denn zwar handelt es sich hier um ein Konzept, das die praktische Gestaltung von Texten – oder wie die Autor*innen sagen würden: von ›Geschriebenem‹ – nicht unmittelbar im Blick hat, sondern mehr auf eine Kommunikationstheorie des Geschriebenen abzielt. Aber es wird ein zentraler Aspekt in den Mittelpunkt gerückt, der auch für die Diskussion typografischer Lesbarkeit wichtig ist: Die Tatsache nämlich, dass Lesbarkeit *Leserinnen* und *Leser* voraussetzt. Und zwar nicht nur als konsultierende Empfänger einer vorgegebenen Information, sondern als aktive Mitgestalterinnen und -gestalter von *gelesenem Sinn*.

Genau dieser Punkt nämlich rückt in klassischen Lesbarkeitskonzeptionen häufig deutlich in den Hintergrund. Zwar wird vielfach betont, dass es verschiedene Arten des Lesens gebe, denen die Gestaltung jeweils gerecht werden müsse (*lineares Lesen, konsultierendes Lesen, selektierendes Lesen* usw.[5]), aber dennoch wird Lesbarkeit häufig auf die Fähigkeit beschränkt, einem Text vorgegebene Information möglichst ›problemlos‹ (und klassischerweise heißt das zumeist: möglichst schnell) ›entnehmen‹ zu können. Beispielhaft zitiert sei dafür aus einem ebenfalls aktuellen Text von RALF DE JONG aus dem *Handbuch Lesen* von RAUTENBERG und SCHNEIDER.[6] DE JONG differenziert dort mit Bezug auf die DIN 1450 *Erkennbarkeit, Leserlichkeit* und *Lesbarkeit* als Eigenschaften von Einzelzeichen und Zeichenfolgen, die ein Erkennen, Erfassen und Verstehen ermöglichen, mit dem ultimativen Ziel, eine – nein: *die* – »Information« eines Textes – »*zweifelsfrei* zu verstehen«:

> Die *DIN 1450 Schriften – Leserlichkeit* schlägt für die lesbarkeitsrelevanten Aspekte der Textgestaltung [...] folgende Bezeichnungen vor:
>
> - Erkennbarkeit: »Eigenschaft von Einzelzeichen, die es ermöglicht, die Zeichen zu erfassen und zu unterscheiden«;

3 Vgl. etwa (Hausendorf u. a., 2017, Seiten 16 f., 91–93, 118, 137–138, 143, 148–159, 220); vgl. auch bereits (Hausendorf & Kesselheim, 2008, passim).

4 Vgl. (Hausendorf u. a., 2017, S. 45–68.)

5 Vgl. etwa (Willberg & Forssman, 2005).

6 (Rautenberg & Schneider, 2015).

> - Leserlichkeit: »Eigenschaft einer Folge erkennbarer Zeichen, die es ermöglicht, diese Zeichen im Zusammenhang zu erfassen«;
> - Lesbarkeit: »Eigenschaft erkennbarer Zeichen und leserlich angeordneter Zeichenfolgen, die es ermöglicht, die Information zweifelsfrei zu verstehen« [...]
> - In der englischsprachigen Fachliteratur wird dieses praxisorientierte Verständnis von Lesbarkeit mit den Begriffen ›perceptibility‹, ›legibility‹ und ›readability‹ ausgedrückt. (de Jong, 2015, S. 234–235)

Zwar beeilt sich der Autor nach diesem Zitat aus dem Normtext gleich zu betonen, dass »die Definitionen unter praktischen Gesichtspunkten wenig hilfreich und hinsichtlich aktueller semiotischer und lesephysiologischer Positionen und Erkenntnisse [...] kaum zu verteidigen sind«[7], er hält aber an der Vorstellung fest, dass Lesen ein ›Dekodieren‹ von im Text fest verankerten Informationen sei; das folgende Zitat verdeutlicht das:

> Erkennbarkeit setzt die sichere Identifikation der typografischen Einzelzeichen voraus, Leserlichkeit deren Wahrnehmung im Bedeutungszusammenhang. Lesbarkeit bezieht sich auf das *zweifelsfreie Verständnis der Textinformation.* (de Jong, 2015, S. 243; Herv. J.S.)

Das Transparenzdispositiv

Diesem Lesbarkeitskonzept liegt ein Kommunikationsmodell zugrunde, das in der Sprachtheorie das ›Rohrpostmodell‹ genannt wird[8]: die Vorstellung, Kommunikation bestünde darin, dass jemand eine Nachricht wie in einen Behälter verpacke – der ›Text‹ wäre so ein Behälter – und über ein Medium zu einem Empfänger ›verschicke‹, der diesen Behälter (und damit die Nachricht) dann nur ›auspacken‹ müsse.

Erfolgreiche Kommunikation wäre dann dadurch bestimmt, dass die Nachricht ›sicher‹ und ›unverändert‹ beim Empfänger ankommt (das *Medienproblem*) und der Empfänger in der Lage ist, dem ›Behälter‹ die Nachricht zu ›entnehmen‹ (das *Dekodierungsproblem*).[9] Bedeutung wird dabei strikt *auktorial* bestimmt: Der *Verfasser* ist es, der die Bedeutung vorgibt, der Leser muss einfach nur möglichst genau erkennen, was der Verfasser meint. Und das *Medium*, inklusive der materiellen Gestaltung, hat diese Nachricht möglichst unbeschadet zu ›transportieren‹, ohne sie zu ›stören‹.

7 (de Jong, 2015, S. 235).

8 Siehe (Reddy, 1995).

9 (Shannon & Weaver, 1949, S. 4) sprechen in ihrer weiter unten kurz diskutierten kybernetisch-mathematischen Kommunikationstheorie, die von vielen als Prototyp des Rohrpostmodells angesehen wird, vom *technical problem* (»How accurately can the symbols of communication be transmitted?«) und vom *semantic problem* (»How precisely do the transmitted symbols convey the desired meaning?«).

In der typografischen Literatur manifestiert sich dieses Kommunikationsmodell in dem, was ich das ›Transparenzdispositiv‹ nenne[10]: der Vorstellung, dass die Textgestaltung den Inhalt nicht ›stören‹ dürfe, metaphorisch häufig ausgedrückt durch die Metapher einer Fensterscheibe, als die die Textgestalt mit Blick auf den Textinhalt dienen solle – einer Metapher übrigens, die ihren Ursprung im *Perspicuitas*-Ideal der antiken Rhetorik hat und die vor allem ab dem 17. Jahrhundert auch in der Sprachtheorie beliebt war (sog. *Window Pane Theory of Language*).[11]

Dieses ab etwa 1800 sich entwickelnde und bis in die zweite Hälfte des 20. Jahrhunderts dominierende Dispositiv findet sich vielfach in der typografischen Literatur belegt. Im Folgenden werden dafür einige einschlägige Zitate gegeben. So schreibt etwa STANLEY MORISON (hier in der deutschen Übersetzung von CAFLISCH und GSCHWEND):

> Die Typografie hat im Wesentlichen ein praktisches und nur beiläufig ein ästhetisches Ziel, denn nur selten will sich der Leser vornehmlich an einem gefälligen Druckbild erfreuen. Daher ist jede Satzgestaltung falsch, die sich, gleichviel aus welcher Absicht, *zwischen* Autor und Leser stellt. (Morison, 1930, S. 61; Herv. J.S.)

Hier wird die Textgestalt ganz offensichtlich als etwas wahrgenommen, was *zwischen* Autor und Leser stehen kann (und dort dann die Kommunikation *stört*). Noch deutlicher wird das Konzept bei BEATRICE WARDE, die von 1929 bis 1960 Pressesprecherin der *(Lanston) Monotype Corporation*, deren typografischer Berater wiederum MORISON war.[12] In ihrem berühmt gewordenen, auf einen Vortrag vor der *British Typographers' Guild* in London (7. Oktober 1930) zurückgehenden Text mit dem bezeichnenden imperativen Titel *Printing should be invisible!* bezieht sich Warde unmittelbar auf das seinerzeit (etwa in der Kommunikationstheorie von CLAUDE SHANNON[13]) vorherrschende Rohrpostmodell, wenn sie schreibt:

> Talking, broadcasting, writing and printing are all quite literally forms of *thought transference*, and it is this ability and eagerness to transfer and to receive the contents of the mind that is almost alone responsible for human civilization. If you agree with this, you will agree with my one main idea: *i.e.*, that the most important thing about printing is that it conveys thought, ideas, images, from one mind to other minds. This statement is what you might call the front door of the science of typography. (Warde, 1991, S. 110; Herv. i. Orig.)

10 Vgl. (Spitzmüller, 2013, S. 29); vgl. auch (Spitzmüller, 2010).

11 Siehe (Eubanks, 2017); (Kretzenbacher, 1995).

12 Vgl. zu den Hintergründen (Kinross, 2004, S. 78–81).

13 Vgl. (Shannon, 1948); (Shannon & Weaver, 1949). Vgl. auch oben Anm. 22.

Hier wird also Kommunikation mit Ideen- oder Gedankenübertragung gleichgesetzt. Entsprechend fällt WARDES Schlussfolgerung für die Gestaltung aus:

> The book typographer has the job of erecting a window between the reader inside the room and that landscape which is the author's words. (Warde, 1991, S. 113)

Auch in der deutschsprachigen Gestaltungstheorie findet man dieses Transparenzdispositiv sehr dezidiert. Zwei gleichermaßen einflussreiche wie streitbare Theoretiker kann man hier als Beispiel heranziehen, nämlich JAN TSCHICHOLD und OTL AICHER. Tschichold schreibt:

> Gute Typographie ist, wie ein idealer Diener gewesen sein mag: da und doch *nicht bemerkbar;* unauffällig, aber eine Voraussetzung des Wohlbefindens; lautlos, geschmeidig. (Tschichold, 2001, S. 16; Herv. J.S.)

Und Aicher:

> [...] die wahre kunst [besteht] darin, die schwierigkeiten auszuräumen, die einer lesbaren typographie, einer typographie als kommunikation, im wege stehen. (Aicher, 2005, S. 14)

Zwar wurden diese Positionen in der Gestaltungstheorie vielfach kontrovers diskutiert und auch angegriffen. So haben etwa ALBERT KAPR und WALTER SCHILLER[14], GERARD UNGER[15], ERIK SPIEKERMANN[16] und nicht zuletzt HANS PETER WILLBERG[17] immer wieder darauf hingewiesen, dass es eine ›neutrale Typographie‹ nicht geben könne. Lesbarkeit als Leitprinzip wurde dabei aber nicht in Frage gestellt, und Lesbarkeit wurde auch weiterhin als ›Dekodierung‹ von Informationen, die im Text liegen, verstanden – auch wenn die Gestaltung hier zusätzliche Interpretationshinweise liefern mag.[18] Das sieht man schon daran, wenn man darauf achtet, wie oft im Zusammenhang dieser Diskussion von *Manipulation* die Rede ist. So schreibt etwa Spiekermann:

> Selbst wenn man eine »neutrale« Schrift wählt, hat man damit eine Wahl getroffen, die dem Leser sagt, dass diese Mitteilung »neutral« ist. Oder sein will. Jede Gestaltung fügt eine Interpretation hinzu. [...] Allein die Wahl der Schrift kann den Inhalt eines Wortes manipulieren. (Spiekermann, 2004, S. 103)

Textgestaltung wird somit im schlimmsten Fall als eine *Manipulation* der ›eigentlichen Bedeutung‹ betrachtet, also als Verfälschen

14 (Kapr & Schiller, 1977, S. 20).

15 (Unger, 2003, S. 110)

16 (Spiekermann, 2004, S. 103).

17 (Hans Peter Willberg, 2000, S. 50–51); (Hans Peter Willberg & Forssman, 2005, S. 72).

18 Vgl. dazu ausführlich (König, 2004); (Spitzmüller, 2013, S. 30–58).

eines ›richtigen‹ Inhalts. Auf die Rohrpostmetapher übertragen könnte man das so paraphrasieren: Zwar kann man die ›Verpackung‹ nicht ignorieren, und daher sollte sie auch beachtet werden, aber die Verpackung darf keinesfalls den ›Inhalt‹ berühren. Wie WILLBERG und FORSSMAN es ausdrücken:

> Wenn die Typographie vom Inhalt *ablenkt*, wird sie zur *störenden* Dekoration. (Hans Peter Willberg & Forssman, 2005, S. 89; Herv. J.S.)

Lesen – mehr als ›Dekodieren‹

Aus kommunikationstheoretischer Sicht sind das Rohrpostmodell und die darauf basierenden Konzeptionen von *Lesbarkeit* und *Verständlichkeit* aus mehreren Gründen problematisch. Zunächst deswegen, weil sie Kommunikation über Gebühr simplifizieren. Denn Kommunikation ist keine Einbahnstraße von einem Ursprung (dem *Autor*) zu einem Ziel (dem *Leser*), und Rezipienten ›dekodieren‹ nicht einfach eine ›fertig verpackte‹ Nachricht, sondern sie interpretieren diese aufgrund ihres Vorwissens und ihrer Annahmen in einer spezifischen Art und Weise (die nicht mit der des Autors identisch sein muss).

Menschliche Kommunikation ist also ein viel komplexerer Prozess, als es das Rohrpostmodell darstellt – vor allem ist sie ein wechselseitiger Prozess. Genauer: Kommunikation ist ein *interaktiver* Prozess, in dem *verschiedene* Beteiligte auf der Grundlage ihrer Vorannahmen und ihrer Erfahrungen Verständigung suchen und dabei Sinn *aushandeln*.

Verstehen heißt dabei nicht, dass ich als Hörer oder Leser genau das ›dekodieren‹ kann, was der Sprecher oder Schreiber ›kodiert‹ hat, sondern dass ich seine sprachliche Handlung *sinnvoll deuten* kann. Und das kann auch in einer Art und Weise geschehen, die sicher an der vom Sprecher/Schreiber gewünschten Interpretation vorbeigeht (etwa wenn eine sinnvolle Deutung für mich die ist, dass mich der Sprecher/Schreiber bloß beeindrucken will). Das heißt: Ich habe einen Text nicht dann ›verstanden‹, wenn ich genau das ›herausgeholt‹ habe, was der Autor ›hineingesteckt‹ hat, sondern dann, wenn ich ihn sinnvoll in meine Lebenswelt *einordnen* kann – aufgrund meines Wissens also sinnvoll *deuten* kann.[19]

Dass Texte verschiedene gleichberechtigte ›Lesarten‹ haben – das gilt, wie wir wissen, selbst für so strikt darstellende Texte wie es Gesetzestexte sind (wie die Gesetzes*kommentare* zeigen) – ist nur deshalb möglich. Schließlich geht es bei Kommunikation

19 Vgl. dazu grundsätzlich (Bär, 2016, S. 283–287).

nicht ausschließlich um einen Austausch von Gedanken, sondern um verhandelte Weltdeutung. Dazu gehört auch die Bewertung des kommunizierenden Gegenübers und die Darstellung der eigenen Person als Subjekt in der Welt, wie der Sprachpsychologe KARL BÜHLER in seiner fundamentalen *Sprachtheorie* bereits 1934 deutlich gemacht hat. Kommunikation ist also, in BÜHLERS Worten, mehr als »ein Organon [= Werkzeug], um einer dem anderen etwas mitzuteilen über die Dinge«.[20] Aufgrund dieser Einsichten spricht man in der modernen Kommunikationstheorie davon, dass Bedeutung in der Interaktion ›gemeinschaftlich hergestellt‹ werde, also nicht schon vor der Kommunikation existiere und nur durch diese ›vermittelt‹ werden müsse.[21]

Dass dies auch für Schriftkommunikation gilt, wissen wir aus der kognitiven Linguistik und Wahrnehmungspsychologie, in deren Forschungen die Rolle der Leser*in ihr Vorwissen beim Aufbau eines Textverständnisses vielfach betont und empirisch fundiert wurde.[22] Zusammenfassend dazu schreibt etwa WOLFGANG SCHNOTZ:

> [Psychologie und kognitive Linguistik] gehen davon aus, dass ein Leser einem Text keine Bedeutungen entnimmt. Er konstruiert vielmehr diese Bedeutungen anhand des Texts unter Rückgriff auf sein Vorwissen. Je nach Vorwissen, aber auch Zielsetzungen und Erwartungen des Lesers kann das Konstruktionsergebnis unterschiedlich sein. [...] Ein Text ist demnach nicht Träger von Bedeutungen. Er dient vielmehr als Auslöser für mentale Konstruktionsprozesse, die teils von der externen Textinformation und teils von der internen (im semantischen Gedächtnis gespeicherten) Vorwissensinformation angeleitet werden. Diese Konstruktionsprozesse führen zum Aufbau einer mentalen Repräsentation des im Text beschriebenen Sachverhalts, was subjektiv als »Erfassen der Textbedeutung« erlebt wird. (Schnotz, 2006, S. 223–224)

Dieser inferentielle Prozess des Textverständnisaufbaus wird von dem, was HAUSENDORF et al. *Lesbarkeitshinweise* nennen, gesteuert. Diese Hinweise, zu denen auch die typografische Gestaltung gehört, aktivieren bestimmte Wissensvorräte der Leser*innen und gehen so in die Hypothesenbildung mit ein. Ein ›gut lesbarer Text‹ wäre demnach kein möglichst ›leicht zu dekodierender‹ Text, sondern einer, der eine bestimmte Leser*in einen bestimmten Leser dazu bringt, sinnvolle Hypothesen bilden zu können bzw. in bestimmter Art und Weise mit dem Text in einen Dialog

20 (Bühler, 1999, S. 24).

21 Vgl. dazu (Deppermann & Spranz-Fogasy, 2002).

22 Vgl. etwa (Groeben, 1982); (Christmann & Groeben, 1996); (Groß, 1994).

treten zu können. Und das heißt manchmal durchaus auch: ihm zu widersprechen. Ganz fundamental ist dies etwa bei wissenschaftlichen Texten der Fall, die im Sinne des Wissenschaftstheoretikers KARL POPPER nur dann gut sind, wenn sie zum Widerspruch einladen.[23]

Die Aktivierung durch Lesbarkeitshinweise geschieht aber in sehr komplexer Art und Weise, die nicht auf einfache Formeln zu bringen ist. Das hängt damit zusammen, dass erstens das Zusammenspiel verschiedener Gestaltungselemente und der Textargumentation sehr komplex ist, und zweitens damit, dass die Person des Lesers, die Situation, in der gelesen wird, die Vorerwartung, die eingeschlagenen bzw. zur Verfügung stehenden Lektürestrategien usw. eine gewichtige Rolle spielen.[24] Der Psychologe NORBERT GROEBEN etwa hat bereits in den 1980er Jahren darauf hingewiesen, dass die Behaltensleistungen weniger kompetenter Leser mit zunehmender verbaler Vorstrukturierung, einfachen Satzstrukturen und abnehmender lexikalischer Varianz (d. h. keine Fremdwörter, kurze Sätze usw.) zwar zunimmt, dass der Effekt bei kompetenten Lesern aber genau umgekehrt ist, möglicherweise weil die dominante Vorstrukturierung und die einfachen Strukturen den Aufbau eigener kognitiver Strukturierungen hemmen.[25] Das heißt, dass mitunter gerade formal herausfordernde Texte die Lesbarkeit im Sinne der aktiven Verarbeitung des Textes steigern können, weil sie die Leser – sofern sie sie nicht überfordern – stärker aktivieren. So genannte ›Lesbarkeitstests‹, wie sie vor allem in der ersten Hälfte des 20. Jahrhunderts durchgeführt wurden[26], konnten also zwar vielleicht zeigen, dass bestimmte Gestaltungsformen eine ›schnelle‹ Lektüre befördern; daraus lässt sich aber nicht kausal schließen, dass diese Gestaltungsformen auch die ›Lesbarkeit‹ erhöhen. Wie GROEBEN festhält, messen diese Tests letztlich auch gar nicht ›Lesbarkeit‹, sondern im Sinne der oben zitierten DIN 1450 höchstens ›Leserlichkeit‹.[27]

Mit Blick auf Textauszeichnungen vermutet Groeben übrigens ähnlich gegenläufige Effekte: Zu starke Auszeichnungen können die kognitive Aktivierung von Lesern hemmen – abhängig ist aber auch dies wiederum von den Voraussetzungen, die Leserinnen und Leser mitbringen.[28] Das heißt, ›Lesbarkeit‹ kann man, jedenfalls wenn man sie nicht auf einen mechanischen Prozess der ›Dekodierung‹ von Schrift reduzieren möchte, sondern als Bedingung für einen kommunikativen Prozess, in dem Bedeutung generiert wird, nicht unabhängig von den Leserinnen und Lesern und damit auch nicht unabhängig vom Kontext und den

23 »Wer seine Gedanken der Widerlegung nicht aussetzt, der spielt nicht mit in dem Spiel Wissenschaft« (Popper, 2005, S. 224).

24 Vgl. (Ballstaedt, Mandl, Schnotz, & Tergan, 1981, S. 133); (Groeben, 1982, S. 103–108); (McCarthy & Mothersbaugh, 2002, S. 687).

25 Vgl. (Groeben, 1982, S. 9–10).

26 Vgl. dazu (Bloodsworth, 1993); (R. Waller, 1987, S. 341–346).

27 Vgl. (Groeben, 1982, S. 147).

28 Vgl. (Groeben, 1982, S. 246–249); vgl. auch (Christmann & Groeben, 1996, S. 146).

Bedingungen der jeweiligen Lektüre denken. Und die Leserinnen und Leser darf man dabei auch nicht auf ›scannende Automaten‹ reduzieren.

Das macht ›Lesbarkeit‹ als Gegenstand und gestalterische Aufgabe freilich nicht einfacher – denn Patentrezepte im Sinne von ›weniger ist mehr‹ oder ›je schlichter, desto besser‹ kann es demzufolge nicht geben: Solche Rezepte können allenfalls in spezifischen Kontexten Gültigkeit haben. Lesbarkeit bleibt somit immer eine Herausforderung, die mit Blick auf eine bestimmte kommunikative Konstellation reflektiert werden muss. Sie muss sich stets auf konkrete Leserinnen und Leser *einstellen*, sie speist sich aus ihrem Wissen und ihrer Lebenswelt und wird von ihnen aufgrund ihrer Vorannahmen und Erfahrungen *mitgestaltet*.

Konsequenzen und Differenzierungen

Trotz dieser Komplexität kann man, wie ich meine, ein auch für die Gestaltungspraktik brauchbares Lesbarkeitskonzept entwickeln. Das soll in diesem abschließenden Abschnitt wenigstens kurz skizziert werden. Hierzu sind aber noch einige terminologische Differenzierungen nötig.

Hilfreich erscheint zunächst die Unterscheidung von *Komplexität* und *Kompliziertheit* von Texten, die der Textlinguist und Verständlichkeitsforscher BENEDIKT LUTZ vorgeschlagen hat. Unter *Komplexität* versteht LUTZ die inhaltliche Differenzierungs- und Elaborierungsnotwendigkeit von Texten, unter *Kompliziertheit* die Differenzierung und Elaborierung auf der Ebene der Gestaltung (inklusive der Typografie). Zum Zusammenhang von *Komplexität* und *Kompliziertheit* führt LUTZ aus:

> Für die Gestaltung verständlicher Texte bedeutet das nun nicht, dass man immer eine Reduktion von Komplexität anstreben sollte. Man sollte stattdessen die Komplexität je nach sachlicher Notwendigkeit, Zielpublikum und kommunikativem Bedarf situationsangemessen austarieren. [...] Erst daran anschließend sollte man sich mit Fragen der **Kompliziertheit** (auf der Gestaltungsebene) beschäftigen. Hohe Komplexität führt allerdings auch zu einer Erhöhung der Kompliziertheit, denn komplexe Sachverhalte benötigen aufwendigere Mittel für ihre Darstellung. [...] Um die richtige Balance hinsichtlich der Dimension Komplexität zu finden, ist die Analyse der kommunikativen Ziele sowohl bei Textproduzenten als auch -rezipienten besonders wichtig. Doch auch weitere Randbedingungen sind zu berücksichtigen, wie etwa die Sprachkompetenz der Rezipienten,

> deren Vorwissen und kognitive Fähigkeiten sowie deren Kompetenz hinsichtlich zu verwendender oder auszuschließender Fachsprache und Terminologie. (Lutz, 2015, S. 244–245)

Wichtig ist also, dass man immer fragt: komplex bzw. kompliziert *für wen*? Denn ein Text ist nicht *per se* komplex oder kompliziert, sondern er ist es für bestimmte Leserinnen und Leser.

Diese beiden Ebenen korrelieren sehr schön mit einer Unterscheidung des Bibliographs und Bibliothekswissenschaftlers JULIUS RODENBERG. Bereits Ende der 1950er Jahre betont RODENBERG, der sich selbst in der Tradition der Buchkunst-Bewegung verortet, dass es die Aufgabe des Buchtypografen nicht nur sei, eine Gestaltung vorzunehmen, die den Blick in die Gedanken des Autors gestattet, sondern dass dieser auch das »Urteil des Lesers unbewusst, selbst wenn er wenig oder, wie meist, nichts von typografischen Dingen versteht, in einer dem Verfasser günstigen Weise beeinflussen« solle.[29]

In diesem Zusammenhang schlägt RODENBERG eine Unterscheidung von *Leserlichkeit* und *Lesbarkeit* vor, die sich nun aber nicht mit der eingangs erwähnten Terminologie der DIN 1450 deckt: Unter *Leserlichkeit* fasst Rodenberg nämlich die materiell-visuellen Qualitäten eines Textes, die das Lesen als *Wahrnehmungsprozess* möglichst erleichtern (geeignete Schriftwahl, Schriftgröße, Zurichtung, geeignetes Layout, Trägermaterial usw.). *Lesbarkeit* dagegen bezeichnet alle Gestaltungsmerkmale, die das Lesen als *Interpretationsprozess* unterstützen. Der Textgestalter mache demzufolge einen Text dadurch *lesbar*, dass er (dezente) Interpretationshilfen gebe bzw. Lektüreanreize setze, womit er »das Wort, dem er dient, mit Hilfe seiner Kunst in das richtige Licht setzt«[30]:

> Leserlichkeit ist das Ergebnis jahrelanger typographischer Übung; sie ist in dem Aufbau des Buches einbegriffen. Sie gehört damit zu den vielen unwägbaren Dingen, die den Herstellungsprozess des Buches erschweren, aber zugleich dem ernsthaft und mit Hingabe Arbeitenden die Möglichkeit bieten, zu zeigen, was er kann. So wird der Meister seines Fachs aus dem leserlichen ein *lesbares* Buch machen. Darunter verstehe ich ein Buch, das man gern zur Hand nimmt, weil es in seiner Anlage, seiner Aufmachung den Weg in die Geisteswelt des Verfassers ebnet und in einer nach außen meist kaum bemerkbaren Weise zur Lektüre anregt. Auch dazu bedarf eines keiner bibliophilen Ausstattung; jedes schlichte Buch kann uns durch seine

29 (Rodenberg, 1959, S. 68).

30 (Rodenberg, 1959, S. 70).

Lesbarkeit den Zutritt in die geistige Welt des Autors erleichtern. (Rodenberg, 1959, S. 80; Herv. i. Orig.)

Auch RODENBERGS Konzept ist, wie das Zitat verdeutlicht, noch stark von der Vorstellung geprägt, dass Lesen ein Blicken ›in die Welt des Autors‹ sei. Die Differenzierung betont aber, und darauf kommt es hier an, dass die Erleichterung der Aufnahme der Information noch lange nicht ›Lesbarkeit‹ garantiert. Für diese ist ein *Interesse* der Leser, eine *Motivation*, unabdingbar – ein ›guter‹ Text muss also auch das schaffen. Das setzt allerdings voraus, dass Typograph*innen mehr sind als dienstleistende Handwerker*innen[31], denn als solche könnten sie höchstens *leserliche* Texte produzieren. Um *lesbare* Texte zu gestalten, müssen sie darüber hinaus auch Interpret*innen – und hierzu zunächst einmal selbst *Leser*innen* – sein.

In einem ganz ähnlichen Sinn differenziert der bereits erwähnte NORBERT GROEBEN (1982) aus wahrnehmungspsychologischer Sicht zwischen *Textverständlichkeit* (den Einflüssen der Text- bzw. Gestaltungsmerkmale auf den Interpretationsprozess) und *Textverständnis* (allen leserseitigen Faktoren, die den Rezeptionsprozess beeinflussen: die Kompetenzen der Leser, ihr Vorwissen, ihre spezifischen Interessen, die ihnen zu Gebote stehenden bzw. die konkret eingeschlagenen Lektürestrategien usw.). Textverständlichkeit (die Zugänglichkeit, die ein Text zu den repräsentierten Aussagen gewährt) schaffe, wie GROEBEN argumentiert, allein noch kein Textverständnis (also eine sinnhafte Interpretation des Textes). Dieses sei abhängig vom Vorwissen, den Erwartungen und Annahmen der Leserinnen und Leser.

Mit Blick zurück auf RODENBERG könnte man demzufolge argumentieren, dass jemand, der einen Text nicht nur *leserlich*, sondern auch *lesbar* gestalten möchte, nicht nur *Textverständlichkeit*, sondern auch *Textverständnis* im Blick haben muss. Und er muss, mit LUTZ gesprochen, bei der Frage, wie *komplex* ein Text sein darf (oder muss), dessen *Kompliziertheit* vor Augen haben. Das geht aber nicht unabhängig vom Kontext, in dem gelesen wird, und von den Personen, die lesen.

Und damit schließt sich der Kreis der Argumentation dieses Beitrags: Lesbarkeit gibt es nicht ohne Leserinnen und Leser.

31 Wie (Weidemann, 1997, S. 164–165) auf zwei Seiten vierzehn Mal betont »Typographen sind Dienstleute«.

Miriam Mayrhofer

Bilder. Lesen. Können.

Ein Blick auf Visual Literacy als Chance in der Wissensvermittlung

Wir befinden uns inmitten eines Zeitalters großflächiger Internetnutzung, sozialer Netzwerke und smarter Technologie, in dem Menschen täglich Unmengen verschiedenster Daten wahrnehmen, teilen und kreieren. Die letzten Jahrzehnte, das sogenannte »digital age«[1], brachten durch ihre technologischen Errungenschaften viele Veränderungen in der Medienlandschaft und in unserem Umgang mit derselben mit sich. Vor allem durch die vielseitige Beschaffenheit medialer Inhalte, weit über das geschriebene Wort hinausgehend und klar dominiert von Bildern, entstehen neue Möglichkeiten sowie Herausforderungen.

Bereits seit den 1970er Jahren beschäftigen sich Wissenschaftler verschiedenster Forschungsfelder mit der Frage, wie vor allem junge Menschen lernen können, kritisch mit medialen Inhalten umzugehen, und welche Rolle Bildungsinstitutionen beim Erlernen dieser Fähigkeiten spielen sollen[2], Vor allem die Bewältigung einer von Bildern dominierten Medienlandschaft stellte hierbei ein zentrales Thema dar. Denn *Visual Literacy*, oder die Fähigkeit, visuelle Inhalte verstehen, selbst produzieren und kritisch hinterfragen zu können, entsteht nicht einfach von selbst.[3]

Es ist kompliziert ... – Das Entstehen von *Visual Literacy*

Im Gegensatz zur Alphabetisierung, die nur durch das explizite Erlernen von komplexen schriftlichen »Codes« ermöglicht wird, verfügt im Grunde jeder sehende Mensch alleine durch alltägliche Erfahrungen über ein grundsätzliches visuelles Verständnis seiner Umgebung.[4] Durch frühkindliche Begegnungen mit Lebewesen und Objekten verknüpfen wir sinnliche Erfahrungen mit visuellen Informationen. So lernen wir, dass runde Formen als weich, vertikale Geraden als stabil und spitze Ecken als potentiell gefährlich einzustufen sind – und konnotieren wiederum reduzierte, zweidimensionale Formen mit ebendiesen Qualitäten.[5] Hierbei handelt es sich jedoch um eine automatisch erlernte, sehr einfache Form der *Visual Literacy*, die von einer kritischen, reflektierten Auseinandersetzung mit visuellen Inhalten weit entfernt ist[6].

1 (Learning Point Associates, 2008).

2 New London Group – (Cazden u. a., 1996); (Barthes, 1977); (Kress & Leeuwen, 1996); (Messaris, 1994) in (Newfield, 2011, S. 82).

3 (Avgerinou, 2009).

4 (Gombrich, 1960, Messaris, 1994)

5 (Gombrich, 1960).

6 (Bang, 2000). Ähnliches gilt für Farben, die z. B. mit Temperaturen, und Bildkompositionen, die z. B. mit der Priorisierung von Inhalten und der Andeutung von Beziehungen zwischen Bildteilen verbunden werden.

Dies wird verständlich, wenn man sich der Bandbreite an Lernprozessen bewusst wird, die mit Bildliteralität direkt verbunden sind. MESSARIS formuliert hierzu vier Hauptaspekte die *Visual Literacy* als Bildungsziel abdecken sollte. *Visual Literacy* soll (1) das Verstehen einer großen Vielfalt visueller Medien, (2) kognitive Fähigkeiten wie räumliche Vorstellungskraft, (3) ein generelles Bewusstsein für potentielle Manipulation visueller Inhalte, zum Beispiel zu Propagandazwecken, und (4) die Wertschätzung des ästhetischen Wertes bildlicher Kunst in allen Formen visueller Kommunikation fördern[7]. Hehre Ziele, die eindeutig unterstützenswert scheinen. Wenig überraschend also, dass auch unter Forschern, die sich aus den verschiedensten Disziplinen kommend seit den 1970ern mit dem Phänomen *Visual Literacy* intensiv auseinandersetzen, große Einigkeit darüber herrscht, dass eine tiefergehende visuelle Intelligenz explizit erlernt und durch Bildungsinstitutionen kontinuierlich gefördert werden müsse. Nun wo wir wissen, dass *Visual Literacy* wichtig ist, wie sollen wir diese »lehren«?

Visuelle Kultur und Klassenzimmer

Die oben beschriebenen Thematiken spiegeln weitgreifende gesellschaftliche Prozesse wieder, die in der Wissensvermittlung und in Bildungsinstitutionen besonders sichtbar werden. Die Präsenz von smarten Technologien und sozialen Netzwerken, die parallel zum Klassenverband existieren, sind nur zwei Phänomene, die stellvertretend für den »iconic turn«[8], die Ausrichtung unserer Gesellschaft am Bild eher als am Wort, stehen und eine grundlegende Veränderung hin zur »visual culture« markieren[9], die neben ungeahnten Möglichkeiten auch Risiken birgt. Sicher ist, dass es sich hierbei um permanente Veränderungen handelt, die nicht zu ignorieren, sondern vor allem in der Wissensvermittlung zum größtmöglichen Vorteil zu nutzen und kritisch zu betrachten sind. Dies zum Zwecke der Förderung einer visuellen Kultur, die nicht nur für eine Ausrichtung zum Bild, sondern auch für eine Kultur der Kritik am Bild steht.[10]

Um die Eigenständigkeit und vor allem kritische Grundhaltung von Jugendlichen im Medienzeitalter großflächig zu fördern, bedarf es des aktiven Einsatzes der Bildungsinstitutionen, um die Entwicklung einer soliden Basis für *Visual Literacy* zu ermöglichen. Wie bereits erwähnt, ist die Nutzung von visuellen Medien alleine unzureichend für die Entwicklung einer kriti-

7 (Newfield, 2011, S. 82).

8 (Seidl, 2007, S. 3).

9 (Rose, 2001, S. 4).

10 Vgl. (Newfield, 2011, S. 92).

schen Grundhaltung. Vielmehr braucht es eine beständige kritische Auseinandersetzung mit bildlichen Inhalten, um Lernende nicht zur passiven Konsumation bildlicher Inhalte, sondern zu einer reflektierten und kritischen Teilnahme am Mediengeschehen zu befähigen.

Die scheinbare Leichtigkeit des Unterrichtens mit Bildern
Im Gegensatz zu verbalen Texten verfügen Bilder und visuelle Inhalte über eine gewisse Unmittelbarkeit, was ihre sensorische Verarbeitung im menschlichen Gehirn betrifft.[11] Visuelle Information bildet die Grundlage, die Grundeinheit des menschlichen Gedächtnisses, was die Wahrnehmung und Verarbeitung bildlicher Inhalte zu einem direkten, wenn auch komplexen Vorgang macht[12]. Unser sensorisches Gehirn nimmt visuelle Impulse so wahr, als würden sie tatsächlich erlebt, weshalb wir zum Beispiel beim Betrachten der Fotografie eines Raubfisches Angst oder Angespanntheit empfinden können, auch wenn uns auf rationaler Ebene durchaus bewusst ist, dass wir uns zum Beispiel nicht, wie auf einem Bild dargestellt, auf dem Meeresgrund befinden, sondern in einem Unterrichtsraum. In dieser fast schwellenlosen Wirkung auf die menschliche Wahrnehmung liegt der Reiz, aber auch die große Herausforderung von Bildern im Unterricht. Wenn Bilder unsere Emotionen und unser Gedächtnis auf diese unmittelbare Weise beeinflussen können, sollte ihr Einsatz im Bereich der Wissensvermittlung wohlüberlegt sein.

Erkenntnisse aus den postmodernen Kommunikations- und Kulturtheorien sprechen dafür, dass Bilder und unser Umgang mit ihnen gesellschaftlich konstruiert und kodifiziert sind[13], was bildliche Inhalte zu Konstruktionen macht, die in ihrer Komplexität mit verbalen Texten vergleichbar sind und deshalb in der Folge auch als visuelle »Texte« bezeichnet werden. Als solche sind sie nicht nur lesbar, sondern auch *de*konstruierbar und analysierbar.

Es ist jedoch fraglich, ob Bilder als Unterrichtsmittel bisher zu Zwecken der bewussten Dekonstruktion und Analyse von visuellen Texten, oder, überspitzt formuliert, zu Dekorationszwecken in Lehrbüchern und Unterrichtsmaterialien herangezogen wurden. Bilder haben bereits seit einigen Jahren, wenn nicht Jahrzehnten, im Unterrichtsalltag westlicher Schulen an Präsenz gewonnen und werden im Unterrichtsgeschehen regelmäßig als Einstieg in Themengebiete oder längere Aufgaben verwendet.[14] Diese Allgegenwärtigkeit visueller Inhalte steht allerdings im Gegensatz

11 (Barry, 2004, S. 56).

12 (Barry, 2004, S. 53).

13 (Rose, 2001, S. 2 ff.).

14 (Britsch, 2012, S. 13).

zu dem limitierten Verständnis, dass Lehrende wie Lernende oft vom Aufbau und der Komplexität von Bildern im Allgemeinen haben. Digitale Medien haben es erleichtert, visuelle Informationen in den Unterricht einzubinden, aber nicht automatisch dazu geführt, dass Unterrichtende wie Lernende mehr über die Wirkungsmechanismen von Bildern wissen. Viele Fragen, die eine Dekonstruktion eines kulturellen Textes mit sich bringen würde, bleiben so im Unterricht oft offen. Welche Effekte können Bilder auf die Betrachter haben, und weshalb? Warum transportieren Bilder Informationen nicht immer gleich effektiv, und wie wirken sich Bildkompositionen darauf aus, wie wir visuelle Inhalte wahrnehmen? Die Beantwortung dieser und anderer Fragen erfordert ein Verständnis von Wahrnehmungsvorgängen, das über ein passives »Konsumieren« von Bildern weit hinausgeht. Wir müssen Bilder nicht nur sehen, sondern aktiv wahrnehmen und »lesen« lernen, um diese Mechanismen verstehen und auch beeinflussen zu können - in anderen Worten, eine *Visual Literacy* entwickeln, die uns dazu befähigt, eine entscheidende Rolle in der Wahrnehmung und Gestaltung unserer visuell dominierten Medienwelt zu spielen, und diese Fähigkeiten wiederum an die nächste Generation weitergeben zu können.

Wie aber sollen Lehrkräfte, womöglich auch noch in Unterrichtsgegenständen, die nicht explizit mit künstlerisch-gestalterischen Inhalten im Zusammenhang stehen, an diese Herausforderung herangehen? Viele Unterrichtende haben gehörigen Respekt vor der Aufgabe, sich diese Kenntnisse erst selbst anzueignen, um diese im Unterricht weiterzugeben.[15] Zum einen fehlt es Unterrichtenden oft an expliziten Kenntnissen in diesen Bereichen, zum anderen konzentrieren sich viele fachdidaktische Publikationen und begleitende Unterrichtsmaterialien in Bezug auf Unterricht mit Bildern nach wie vor ausschließlich auf den Grund- und Vorschulbereich, was die Relevanz der Thematik für jugendliche bzw. erwachsene Bevölkerungsgruppen ausklammert. Es ist unumstritten, dass eine Erziehung hin zur visuellen Kompetenz früh beginnen muss.[16] Es wäre jedoch fatal, anzunehmen, dass alleine durch diese frühkindliche Prägung die oben zitierten Ziele einer umfassenden *Visual Literacy* erreicht werden könnten. Bildliteralität bildet sich, ähnlich der Fähigkeit, verbale Texte kritisch zu lesen, nur durch wiederholte, regelmäßige, und vor allem geleitete Auseinandersetzung mit »Texten« verschiedenster Art.[17] Jugendliche, die sich in formativen Lebensphasen befinden, stehen zudem unter noch stärkerem Einfluss visuell dominier-

15 (O'Neil, 2011, S. 214).

16 (Nikolajeva & Scott, 2001).

17 (Hedge, 2000, S. 199).

ter Medien und sozialer Netzwerke: Diese sogenannten »digital natives« verfügen meist durch ihre zeitintensive Nutzung dieser »smarten« Technologien über bemerkenswertes technisches Wissen über die Komponenten und Funktionen derselben, entwickeln jedoch selten ein tiefes Verständnis der potentiellen Wirkungsmechanismen und Manipulationen von bildlichen Inhalten.[18] Deshalb stehen Unterrichtende oft vor einem paradoxen Problem: Wie Jugendliche, die enormes medial geprägtes Wissen und Können angesammelt haben, das jenes der unterrichtenden Person zwangsläufig in gewissen Hinsichten übersteigt, auf die Tücken dieser Medien vorbereiten, ohne dabei rückschrittlich, medienfeindlich oder uninformiert zu wirken?

Im österreichischen Bildungskontext sind Bemühungen feststellbar, die Thematik der allgemeinen Medienerziehung als fächerübergreifendes Bildungsziel in den offiziellen Leitlinien der öffentlichen Bildung festzulegen. Im »Unterrichtserlass Medienerziehung« des Bundesministeriums für Bildung und Frauen (2014) wird jedoch auch eingeräumt, dass es sich hierbei um einen ersten Schritt handelt und die Medienerziehung als Unterrichtsprinzip nur »langsam Eingang in die einzelnen Fachdidaktiken« findet. Fest steht, dass die Lehrenden einzelner Unterrichtsfächer und -bereiche nicht im Alleingang die ihnen anvertrauten Jugendlichen zu visuell versierten Individuen erziehen können, sondern dies immer auf der Zusammenarbeit verschiedenster Bildungsbereiche fußt.[19] Zudem sollten Lehrende über Bewusstseinsbildung hinausgehend bei der aktiven Einbindung von zeitgenössischen digitalen Medien angeleitet und nicht sich selbst überlassen werden. Die Ausbildung von *Visual Literacy* und einem Bewusstsein für die Wichtigkeit gewisser Fähigkeiten im Medienzeitalter braucht Zeit und Anleitung – nicht nur auf Seiten der Lernenden.

Prinzipien des *Visual Literacy Teaching*

Wenn Bilder solch komplexe kulturelle Konstrukte sind wie bisher angedeutet, stellt sich die Frage, welche Aspekte ihrer Wirkungsmechanismen im Bereich der Wissensvermittlung besonders im Vordergrund stehen sollten. Kulturwissenschaftlerin GILLIAN ROSE unterscheidet in ihrem Hauptwerk »Visual Methodologies« zwischen drei Hauptbereichen der sozialen, technologischen und kompositionellen Wirkungsfelder von Bildern, die für die reflektierte und kritische Beschäftigung von Bedeutung sein können: die Produktion des Bildes (Herstellungsprozesse

18 (Grammel & Leitgeb, 2016, S. 2).

19 (Bundesministerium für Bildung und Frauen Österreich, 2014, S. 5).

und Bildmedien), das Konstrukt des Bildes selbst (Beschaffenheit, Komposition und Genre) und die Betrachtung des Bildes (Rezeption und Intertextualität) (*production, image, audiencing*).[20] Diese Einteilung, so allgemein sie auf den ersten Blick auch scheint, bietet einen ersten Eindruck der unzähligen Möglichkeiten, die komplexe Beschaffenheit von Bildern zu analysieren und für Unterrichtszwecke zu nutzen. Auf welchen Bereich sich in der spezifischen Situation konzentriert wird, hängt selbstverständlich von übergeordneten Unterrichtszielen ab, die mithilfe einer Einbindung des Bildes als gesellschaftlich konstruierter Text erreicht werden können.

Jegliche Bemühungen, jungen Heranwachsenden zu einer ausgeprägten *Visual Literacy* zu verhelfen, stützen sich zwangsläufig auf gewisse Grundsätze, die dieses Konzept beschreibt. Durch die Interdisziplinarität des Konzeptes bedingt gab es in der Vergangenheit viele verschiedene Ansätze, *Visual Literacy* als Kompetenz konkret zu definieren.[21] Basierend auf dieser Grundlage umreißt die Herausgeberin des *Journal of Visual Literacy*, MARIA D. AVGERINOU, das Konzept als Sammlung von Fähigkeiten, die folgende visuelle Kompetenzen zusammenfasst[22]:

- Über sprachliche Mittel und Vokabular verfügen, um visuelle Texte und ihre ästhetischen Charakteristika beschreiben zu können
- Visuelle Konventionen, Zeichen, Symbole kennen und sich deren sozial und kulturell konstruierter Bedeutung bewusst sein
- Informationen jeglicher Art in visuelle Texte transferieren/übersetzen
- Logische Denkvorgänge mithilfe visueller Information durchführen
- Betrachtung visueller Texte mithilfe kritischen Denkens
- Unterschiede zwischen zwei oder mehreren visuellen Texten erkennen
- Unvollständige visuelle Texte oder Narrative vervollständigen
- Ähnlichkeiten zwischen verschiedenen visuellen Texten feststellen und diese unter ein gemeinsames Thema stellen.

Diese noch immer sehr offen gehaltene Kompetenzsammlung gibt eine erste Zielsetzung vor, an der sich visuelle Medienerziehung fächerübergreifend orientieren kann. Diese verschiedenen Kompetenzen können wiederum weiter abstrahiert und auf vier Kernbereiche konzentriert werden:

20 (Rose, 2001, S. 19 ff.).

21 Vgl. (Avgerinou, 2009, S. 29).

22 (Avgerinou, 2009, S. 29).

1. Analyse: Untersuchung der bildlichen Inhalte mittels vorhandenem Wissen, vorhandener Information in verbaler Form
2. Transfer: Überführung des visuellen Textes in andere Genres oder andere Modi (z. B. auditive, performative oder verbale Repräsentationsformen)[23]
3. Interpretation/Hypothese: Erweiterung der durch den visuellen Text erhaltenen Information mithilfe begründeter Annahmen (zum Beispiel Diskussionen in Bezug auf die Herkunft oder Bedeutung des Bildes)
4. Sequenzierung: Verbindung zweier oder mehrerer visueller Texte zur Erstellung eines narrativen Textes (vgl. eines Comics)

Vor allem im kommunikativen Erst- und Fremdsprachenunterricht eröffnen sich durch diese Vorgehensweisen bereits vielseitige Anwendungsgebiete. Ob Bildbeschreibungen, Diskussionen, Rekonstruktionen, Interpretationen bzw. Herstellung multimodaler (visueller, szenischer, auditiver, verbaler) Variationen von visuellen Inhalten; der fachdidaktischen Fantasie sind hier wenige Grenzen gesetzt, wie einige Publikationen der letzten Jahre zeigen.[24]

Kommunikative Bilder

Neben der genauen Formulierung von Zielsetzungen ist für die effektive Nutzung von Bildern in der Wissensvermittlung auch die Auswahl des eigentlichen Bildmaterials entscheidend. Welche Bilder als besonders geeignet für den Einsatz im Unterricht und Unterrichtsmaterial eingestuft werden können, ist zum einen von generellen Lernzielen, aber auch von den Eigenschaften des visuellen Textes abhängig. Für alle verschiedenen Nutzungsarten von Bildern in der Wissensvermittlung die gleichen Kriterien aufzustellen mag anmaßend anmuten, und dennoch gibt es einige Anhaltspunkte aus der Kunst- und Medientheorie, die allgemeingültige Schlüsse zulassen.

Ein Aspekt, der eine Einschätzung für Unterrichtszwecke zulässt, ist sicherlich die Art und Weise, wie Bilder durch ihre Beschaffenheit, ihre Produktion oder ihre Betrachtungsweisen (vgl. ROSE, siehe oben) ihre Betrachter zum Hinsehen (und Verweilen) motivieren. Der Psychologe DANIEL BERLYNE formulierte in seiner Arbeit über experimentelle Ästhetik eine Auflistung von Qualitäten, sogenannten »collative properties«, die das Entstehen von Neugierde und Motivation zur Bildbetrachtung bedingen.

23 (Rowsell, 2013, S. 3 f.).

24 (Burks, 2016); (Pircher, 2016); (Maine, 2015); (Rettenbacher, 2015); (Mayrhofer, 2014); (Mayrhofer & Reichl, 2017); (Thier, 2014).

Diese Liste umfasst Eigenschaften wie Komplexität, Ambiguität, Inkongruenz, Unbestimmtheit, Überraschung, Neuartigkeit und Undeutlichkeit (»complexity, ambiguity, incongruity, uncertainty, surprise, novelty, and indistinctness«).[25] Diese Eigenschaften können sich auf alle oben erwähnten Aspekte des visuellen Textes beziehen, und je nachdem, welche davon für das jeweilige Lernziel entscheidend (oder vernachlässigbar) sind, sind diese wiederum ausschlaggebend für die Verwendung des Bildes.

Von der Wichtigkeit anfänglicher Motivation zur Bildbetrachtung abgesehen, spielen jedoch auch andere Faktoren eine Rolle bei der Wirkung von Bildern in der Wissensvermittlung. Wie können wir uns für ein Bild nicht nur kurzfristig interessieren, sondern diesem auch für längere Zeit unsere Aufmerksamkeit widmen? Hierzu lohnt der Blick in die Welt der visuellen Narrative. In seinem Werk »Understanding Comics«, erläutert Comiczeichner und -theoretiker SCOTT MCCLOUD, warum für unsere Involviertheit mit Bildern entscheidend ist, wie realistisch oder abstrahiert visuelle Inhalte sind. Unser Verstand kann durch die Nähe des Bildes zur wahrgenommenen Realität in unserer unmittelbaren Reaktion nicht umhin, eine Verbindung zwischen den visuellen Inhalten und der eigenen Erfahrungswelt zu erstellen.[26] Ein Bild muss also nicht realistisch sein, um für die menschliche Wahrnehmung anregend zu sein, im Gegenteil: In vielen der beliebtesten (visuellen und verbalen) Narrative dient vor allem eine vereinfachte Darstellung oft dazu, den Vorgang des Geschichtenerzählens zu intensivieren und die Hauptgegenstände einer Erzählung oder eines Textes freizulegen.[27] Darüber hinaus sind vereinfachte, oder laut MCCLOUDS Terminologie, ikonische Texte eher dazu geeignet, beim Ansehen mit eigenen Vorstellungen und Assoziationen »beladen« zu werden als eher realistische, und ermöglichen so intensivere Identifikationsprozesse von Seiten der Betrachter.

Kann man also von einem kommunikativen Bild sprechen, wenn dieses eine oder mehrere »collative properties« aufweist, und eine gewisse visuelle Flexibilität durch Vereinfachung des Bildinhaltes ermöglicht, um den Betrachtern (und nicht zuletzt den Unterrichtenden) assoziativen und interpretativen Spielraum zu lassen?

An diesem Punkt ist zu bemerken, dass ein Bild, sobald es als Basis oder Input für Unterrichtszwecke verwendet wird, genauso wie ein verbaler, auditiver oder szenischer Text, keine ausschließlich textinhärente Komplexität, Ambiguität etc. besitzt, sondern

25 (Berlyne, 1974 in Dake, 2005, S. 5).

26 (McCloud, 1993, S. 31).

27 Man denke hierbei nur an e.o. plauens berühmte »Vater und Sohn« Geschichten oder, aus der digitalisierten Welt, visuell sehr vereinfacht dargestellte und oft immer wieder neu assoziierte Figuren in »Memes« (Plauen, 1994).

diese Faktoren vielmehr vom kulturellen, historischen und sozialen Kontext der Unterrichtssituation, der Unterrichteten und nicht zuletzt von der Aufgabenstellung abhängt, in der das Bild verwendet wird[28]. In dieser ständigen Wechselwirkung zwischen Text und Kontext, Bild und Aufgabe besteht eine der größten Herausforderungen im Unterricht mit Bildern, und im kommunikativen Unterricht ganz allgemein (vgl. Hedge 36 f.). Die, ebenso wie *Visual Literacy* auf der Seite der Lernenden, nur durch beständige, kritische Auseinandersetzung und aktive Erprobung auf der Seite der Lehrenden gemeistert werden kann.[29]

Bild und Text in Unterrichtsmaterialien

Wie bereits oben erwähnt, sind Bilder zu stetigen Begleitern in verschiedensten Unterrichtskontexten geworden und aus diesen, auch aufgrund der gesteigerten Einsatzmöglichkeiten durch digitale Medien, kaum mehr wegzudenken. Umso wichtiger also, dass die Wirkung von visuellen Texten in der Wissensvermittlung, vor allem in Verbindung mit verbalem Text, kritisch betrachtet wird.

Generell können visuelle Texte im Zusammenspiel mit verbalen Inhalten in Unterrichtsmaterialien verschiedene Funktionen erfüllen, die auch in Bilderbüchern und anderen multimodalen Texten zu finden sind. O'NEIL fasst diese als vier Hauptfunktionen zusammen[30]:

- Beschreibung des verbalen Textes durch gleichlautende, komplementäre Information (*Reinforcing*)
- Verstärkung zur Unterstützung des Verstehens durch Mehrinformation im Bild (*Description*)
- Gleichwertigkeit der Information durch gegenseitige Bedingung von visuellem und verbalem Text; Erzählung findet nur mithilfe beider Informationskanäle statt (*Reciprocal*)
- Erstellung der Geschichte erst durch visuelle Inhalte, die die verbal erzählte Geschichte oftmals erweitern bzw. dieser widersprechen (*Establishing*)

Die Reihung dieser Funktionen stellt auch ihre jeweiligen Anforderungen an die *Visual Literacy* der Betrachter in aufsteigender Reihenfolge dar. Während für das Verstehen einer Illustration, die verbalen Text wiederspiegelt und erklärt (Reinforcing), wenig bis kaum Unterstützung durch eine Lehrkraft oder Lesehilfe vonnöten sein wird, beansprucht eine Erzählung, die durch inkongruente Bilder und Texte erst entsteht, die kritischen Lesefähigkeiten der Betrachter enorm.[31] Wenn Bilder so verschieden in

28 Vgl. (Müller-Hartmann & Dithfurt Schocker-von, 2009, S. 86); (Hedge, 2000, S. 37).

29 Vgl. (Rowsell, 2013, S. 12).

30 (O'Neil, 2011, S. 215 f.).

31 (O'Neil, 2011, S. 216).

ihrer Funktion in Unterrichtsmaterialien sein können, sind uns diese Wirkungen beim Erstellen und Verwenden derselben auch bewusst?

Ikonische wie auch realistische Bilder ähneln den Inhalten, die sie repräsentieren, was uns als Betrachter tendenziell leichter vergessen lässt, dass auch visuelle Texte soziale, kulturelle und künstlerische Konstrukte sind. Vor allem Fotografien veranlassen durch ihre Nähe zu unserer unmittelbaren Wahrnehmung dazu, die Kontexte der Produktion und der Rezeption des Bildes außer Acht zu lassen und ihnen fast bedingungslos eine wahrheitsgetreue Darstellung der Realität zuzuschreiben.[32] Besonders im Zusammenspiel mit Text in Unterrichtsmaterialien werden so soziale, historische und kulturelle Kontexte von Bildern oft verzerrt, beschönigt oder zementiert, die es mit der Einbindung von visuellem Material auf komplexeren Ebenen zu dekonstruieren gilt.[33] Durch die Uneindeutigkeit, Wandelbarkeit und Offenheit von ikonischen Bildern im Speziellen besteht eine Tendenz des verbalen Textes, den visuellen Text in einer gemeinsamen Komposition in Unterrichtsmaterialien interpretativ und assoziativ zu »verankern« (»anchor[ing] the image«), was die Wirkung eines Bildes fördern und für Lernende zugänglich machen kann, oftmals jedoch auch zu einer historisch und kulturell einseitigen Lesart von visuellen Texten und deren Ursprung führen kann.[34]

Um dieser potentiellen Manipulation durch bildliche Inhalte beizukommen und deren Präsentation in Unterrichtsmedien nicht als gegeben hinzunehmen, braucht es vor allem kritische Lesefähigkeiten und ein Bewusstsein für solche Prozesse.[35] Hierbei spielt, wie in allen kritischen Leseprozessen, auch eine Rolle, welche Informationen (verbaler oder visueller Natur) nicht im Unterrichtsmaterial bzw. in anderen visuellen Medien vertreten sind und durch ihre Abwesenheit ebenso ein womöglich verzerrtes Bild unserer Lebenswelten abbilden – und dieses wegen der ungemeinen menschlichen Lernfähigkeit, speziell in punkto visueller Wahrnehmung, wiederum zur Normalität werden lassen.[36]

Es ist auch fraglich, ob Bilder in Unterrichtsmaterialien und Aufgaben Positionen innehaben, die ihrer potentiell starken Wirkung auf Betrachter gerecht werden. Bilder können zwar durch die Inhalte eines verbalen Textes in ihrem Bedeutungskontext fixiert werden, bilden durch ihre Unmittelbarkeit jedoch oft einen unbewussten Einfluss aus.[37] Als solche sollten sie, entgegen gängiger Praxis, bewusst gewählt und eingesetzt, und falls nötig, auch weggelassen werden. Sollte keine konkrete Funktion eines

32 (Newfield, 2011, S. 82).

33 Vgl. (Avgerinou, 2009).

34 (Newfield, 2011, S. 85).

35 (Newfield, 2011, S. 81).

36 Vgl. (Newfield, 2011, S. 85 f.): Denise Newfield beschreibt beispielsweise die Problematik der Nicht-Repräsentation von schwarzer urbaner Kultur in gängigen englischsprachigen Medien zur Zeit der Apartheid in Südafrika, abgesehen von deren Erwähnung in expliziten Gewaltkontexten.

37 (McCloud, 1993, S. 49).

Bildes vorhanden sein[38], liegt der Verdacht nahe, dass es sich bei diesem visuellen Inhalt um reine Dekoration, um eine verzichtbare Hinzufügung handelt, die das Bild in seinem komplexen Aufbau herabsetzt und zu einem Text »zweiter Klasse« degradiert. Während gegen definitiv illustrative Zwecke eines Bildes nichts auch nur im Geringsten einzuwenden ist (bildet die Illustration doch Teile verschiedener oben genannten Bild-Text-Interaktionen), gilt es, diese oft auch einfach durch die unbegrenzte Verfügbarkeit von Bildern bedingte »Bilderflut« in Unterrichtsmaterialien einzudämmen und dem Bild somit wieder eine Position mitten im Fokus der kritischen Betrachtung zukommen zu lassen. Ist das Bild auch in Unterrichtsmaterialien ohne konkrete Funktion allgegenwärtig, wird es durch die Anpassungsfähigkeit der menschlichen Wahrnehmung unweigerlich ausgeblendet werden, was den Verlust wertvoller Bildinhalte für Zwecke der Wissensvermittlung bedeuten kann.

Als weitere mögliche Prüfung für die Berechtigung eines visuellen Textes in Unterrichtsmaterialien und -aktivitäten sei an dieser Stelle der sogenannte »Sexy Lamp Test« zitiert, der, aus der Welt der Comics bzw. Comicadaptationen kommend, insbesondere die Positionierung weiblicher Charaktere in filmischen bzw. künstlerischen Produktionen thematisiert. Die Schöpferin des Terminus, Schriftstellerin und Künstlerin KELLY SUE DECONNICK beschreibt diesen einfachen Test folgendermaßen: »Wenn du einen weiblichen Charakter problemlos durch eine sexy Stehlampe austauschen könntest, und die Erzählung dadurch nicht beeinträchtigt wird, solltest du das Ganze nochmal überarbeiten.« (»[I]f you can replace your female character with a sexy lamp and the story still basically works, maybe you need another draft.«).[39] Was für weibliche Charaktere in visuellen Narrativen gilt, kann auf Bildmaterial ähnlich angewandt werden: Wenn die Übung, die Aufgabe, das Material ohne die Hinzufügung der bildlichen Information in der Gesamtheit ebenso (oder sogar effektiver) funktioniert, kann vermutet werden, dass es sich bei diesem Bild um eine rein dekorative Maßnahme handelt, die zum Beispiel im Sprachenunterricht keine kommunikative Funktion erfüllt.

In diesem Sinne ist bei der Herstellung von bild- und textbasierten Unterrichtsmaterialien darauf zu achten, dass visuelle Inhalte bewusst in den gewünschten Funktionen eingesetzt werden, und nicht unter dem Deckmantel der Modernität bzw. der Medienerziehung mit Bildern dekoriert, sondern aktiv und dezidiert gearbeitet wird.

38 Es versteht sich, dass Bilder und Symbole in Lehrbüchern oft auch als generelle Orientierungshilfe bzw. als Identifikationssymbole abseits von spezifischen Aufgaben und Verwendungszwecken im Unterricht fungieren, und somit von diesem Anspruch ausgenommen sind.

39 (Vgl. Helvie, 2013).

Herausforderungen und Chancen

In diesem Beitrag wurden einige Herausforderungen und Möglichkeiten, die durch die Einbindung von Bildern ins Unterrichtsgeschehen entstehen können, beleuchtet. Dass eine generelle Bildliteralität oder *Visual Literacy* eine unterstützenswerte Fähigkeit ist, ist durchaus erkennbar – die Kür besteht sicherlich darin, dieses Ziel im Rahmen einer generellen Medienerziehung in das bestehende Unterrichtssystem einzubinden und fächerübergreifend und in Zusammenarbeit mit anderen Lehrenden als Fixum des eigenen Unterrichts zu etablieren. Lehrpläne und Erlasse haben in Österreich zumindest die Priorität von Medienerziehung offiziell bestätigt; nun ist es an den einzelnen Bildungsinstitutionen und den politischen Entscheidungsträgern, Worten auch Zusatzausbildungen, Förderungen und Vernetzungsmöglichkeiten folgen zu lassen.

Neben der Implementierung von *Visual Literacy*, stellt auch die Veränderung von Grundeinstellungen eine Herausforderung dar. Bilder sind in ihrer Wirkung und ihrer Lesbarkeit unmittelbar und (scheinbar) eindeutig, da ein oberflächlicher Leseprozess keiner expliziten Ausbildung bedarf.[40] Was für die einzelne Person unumstritten und klar wahrgenommen wird, ist in Wirklichkeit ein höchst individuelles sozial, historisch und kulturell kontextualisiertes Erlebnis, ohne Allgemeingültigkeit.

Die Chancen von *Visual Literacy* wiegen die Herausforderungen jedoch deutlich auf. Eine Inkludierung dieser Sammlung an Fähigkeiten in generelle Unterrichtsziele steht für den Willen, zukünftige Generationen an einen kritischen Umgang mit der alltäglichen Bilderflut einer digitalen Welt heranzuführen. Eine bewusste, kritische Einbindung von Bildern in Unterrichtskontexten bedeutet gleichzeitig die Erschaffung einer ganzheitlichen, interdisziplinären Lernumgebung, die unsere multimodale Umwelt auch realistisch widerspiegelt und so ihre Relevanz und ihre Verbindung mit der Außenwelt sichert.

Darüber hinaus liegt, bei aller Relativierung durch die oben erwähnten potenziellen Missstände, generell ein großer Reiz und enormes Potenzial in der Verwendung von Bildern. Durch bildbasierte Unterhaltungsmedien, wie zum Beispiel die zu großer Popularität gelangte Graphic Novel, gelangen neue Wege, Inhalte zu erschließen und auf sehr individuelle Weise erlebbar zu machen, in den Unterricht und ebnen den Weg für weitere Innovationen, die die kommenden Jahre bringen werden. Das Bild wird, in was für einer Form auch immer, ein Teil davon sein.

40 (McCloud, 1993, S. 49).

Visual Literacy soll, schließlich, nicht nur ein weiterer Pflichtpunkt auf der Agenda von Lehrenden und Lernenden sein, sondern eine Sammlung an Fähigkeiten, die im Eigentlichen zwei Hauptziele zu erreichen sucht: Zum einen, ein Bewusstsein dafür zu entwickeln, dass jegliche Texte, die uns begegnen, konstruiert sind und somit nicht als »gegeben« hingenommen, sondern bewusst dekonstruiert, analysiert, interpretiert und kritisch betrachtet werden sollen. Zum anderen, dass wir als Konsequenz durch unsere eigene Konstruktion von Texten, in welcher Form auch immer, unsere Umwelt auch selbst gestalten und (mit)konstruieren können – und so von Betrachtern zu Produzenten unserer Umgebung werden. Wenn Lehrende und Lernende diese Befähigung zum kritischen Betrachten und Handeln erleben, hat *Visual Literacy* Teaching sein Ziel mehr als erreicht.

Ulrike Borinski
Lesen und Lesevorbereitung

Die These: Eine wesentliche Aktivität beim Lesen liegt in der Vorbereitung.
Lesen ist Arbeit, diese soll flüssig vonstatten gehen. Arbeit will vorbereitet werden – will strukturiert, organisiert sein, damit sie auch zu Ende gehen kann. Wird Arbeit geplant, nennt man das Arbeitsvorbereitung.

Man schlägt ein Buch auf, schaut die ersten Seiten an. Dabei stellen sich die Fragen: Was ist los im Buch? Was steht wo? Was muss ich zuerst lesen? Was kann warten? Was ist wichtig, was unwichtig? Was lese ich linear, was muss ich studieren, vergleichen, nachschauen? Gibt es Verzeichnisse, wo muss ich sie einbinden? Welche Elemente kommen vor: Tabellen, Grafiken, Marginalien? Die typografischen Maßnahmen werden ermittelt. Die visuellen – typografischen – Reize werden bestimmten semantischen Bedeutungen zugeordnet und abgespeichert. Man weiß nun, wie die Überschrift aussieht oder dass ein Kolumnentitel zu erwarten ist.

Man lernt die typografischen Maßnahmen und benutzt sie für spätere Prognosen: Nun erwartet man konkrete Formen für konkrete semantische Textarten.

Typografische Figuren
Dies ist der große Moment der Typografie. Hier wird sie gebraucht, wie sonst nicht beim Lesen. Das Ordnen, die Navigation, die Darstellung der Ebenen und Hierarchien machen aus der Inhaltsaufnahme einen komplexen, mehrdimensionalen Vorgang, der stark verdichtet ist. Verdichtung geschieht durch Typografie, vor allem durch typografische Figuren.[1] Diese sind visuelle Konventionen im Umgang mit Text. Bestimmte Textelemente werden inhaltlich zusammengefasst und als Gruppe visualisiert. Funktioniert diese Gruppe gut im Austausch der Informationen zwischen Autor und Leser, wird sie zur Konvention – es entwickelt sich eine typografische Figur. Typografische Figuren können allgemeines Kulturgut sein, wie Überschriften oder Fußnoten. Oder sie sind einem speziellen Kontext vorbehalten – Hinweise und Tipps in Handbüchern, Literaturverzeichnisse in wissenschaftlichen Texten, Spitzmarken in Lexika.

1 Vgl. dazu (Alsleben, 1962) und (Borinski, 2016).

Lineares Lesen

Unsere Schreibweise – und damit unsere Textdarstellung – beginnt links oben und endet rechts unten[2]. Die Zeichen folgen aufeinander. Ist die Zeile rechts zu Ende, beginnt links darunter eine neue. Auf eine Seite folgt eine neue. Die Folge der Zeichen unterliegt Orthografie und Grammatik. Wort und Satz bilden die inhaltliche Struktur. Zeile und Seite sind formale Strukturierungen, die dem Medium entstammen. Beim Lesen werden die Buchstaben der Zeilen und die Zeilen der Seiten aufgenommen – von links nach rechts und von oben nach unten. Dabei wird der Inhalt gelesen.

Vorbereitung

Zu Beginn werden Schrift, Schriftgröße, Zeilenlänge etc. wahrgenommen und analysiert. Die visuelle Erscheinung wird mit der Semantik des Textes in Einklang gebracht. Das Abbild der Seite wird zum Schlüssel und gespeichert. Jede neue Seite wird mit diesem Schlüssel verglichen. Findet sich keine wesentliche Veränderung im Vergleich zu diesem Bild, ist kein weiteres Engagement fürs Lesen nötig.

Einfache Textstruktur

Mit wenig Struktur kommt der Roman aus. Einige sind mit Anfang und Ende genügend strukturiert, andere benötigen Zäsuren – Absätze oder auch Abschnitte. Stellen wir den Absatz durch einen Zeilenumbruch und den Abschnitt durch eine leere Zeile dar, entsteht eine hierarchische Struktur mit zwei Ebenen. Mehr oder weniger Weißraum zwischen den Zeilen wird als mehr oder weniger gewichtig eingestuft. Gibt man Kapitel dazu – indem man eine Überschrift einsetzt – befindet man sich in der dritten Ebene. Bis hierhin kommt der Text mit wenigen typografischen Elementen aus, die Struktur ist einfach und mit einem linearen Lesevorgang erfassbar.

Komplexe Textstruktur

Sach- und wissenschaftliche Texte werden nicht ausschließlich linear gelesen. (Groeben & Hurrelmann, 2006). Sie enthalten neben oft umfangreicher Gliederung eine Vielzahl semantischer Textelemente und typografischer Figuren. Das ergibt einerseits die hierarchische Struktur der Überschriften und gleichzeitig eine Parallelstruktur – da die semantischen Elemente in jeder Ebene vorkommen können. In dieser Parallelstruktur wechselt man

2 Gemeint ist das lateinische Schriftsystem mit rechtsläufiger, waagerechter Schreibrichtung (Kapr, 1983). Andere Schriftsysteme haben andere Richtungen. Dies lasse ich, ebenso wie Sakkaden (Filek, 2013) und andere Augenbewegungen außer Acht.

aus dem Text heraus in die typografische Figur. Zuerst, um den Aufbau der Figur und den Zusammenhang zum Text zu erfahren. Anschließend werden gezielt Antworten auf Fragen gesucht, respektive gefunden – mitunter im häufigen Wechsel zwischen Text und Element.

Dieser Wechsel hat zwei Richtungen: der Sprung vom Text in die Figur und der Weg zurück. Beide müssen gelingen. Dazu muss er leicht von der Hand gehen, flüssig sein.

Zwei Beispiele

Die *Tabelle* enthält Informationen, die mittels Zeilen und Spalten strukturiert sind. Sie wird nicht linear gelesen. Der Leser folgt seinen Absichten, die nach PATRICIA WRIGHT[3] so umschrieben werden können: Suchen und Ablesen einzelner Informationen, Entwicklung eines allgemeinen Informationsbildes und Vergleich verschiedener Informationen der Tabelle. Die *Marginalie* ist ein sehr kurzer Text neben der Absatzstelle, auf die sie sich bezieht. Sie kann Inhalt wiederholen – zum Repetieren auffordern – dann liest man sie von innen heraus. Sie erfüllt gliedernde Aufgaben, enthält dann strukturierenden Text und wird nun von außen gelesen. Oder sie stellt einen Ort für spezielle Textgruppen dar: Fußnoten, Lesehinweise, Beschriftungen. Dann enthält sie Zusatztexte und weist aus dem Text heraus in ganz andere Welten.

Lesevorbereitung

Lesen ist so verschieden wie die Textelemente es erfordern. Das Lesen eines Textes mit komplexer Textstruktur ist eine ebenso komplexe, vielschichtige Angelegenheit. Indem die Textelemente typografisch regelgerecht visualisiert werden, entstehen Hinweise und Informationen auf der Metaebene – ebenso regelgerecht. Sie erzählen, um welche Textgruppe es sich handelt und wo sich welche Elemente befinden. Der Leser erfährt, mit welcher Lesemethode er sich dieses Stück Text aneignen kann, und er kann sich – respektive seinen Leseprozess – mit diesem Wissen organisieren im Sinne einer Lesevorbereitung. Er kann entscheiden, was er auf einer Seite zuerst liest, wann er die Tabelle einbindet – ob jetzt oder später.

Je komplexer der Text, desto umfangreicher ist das nötige Regelwerk für die Visualisierung der einzelnen Textanforderung und desto umfangreicher der typografische Maßnahmenkatalog. Der Katalog muss vom Leser überschaut werden können, muss sich ihm erschließen, so dass er in der Lage ist, die nötigen

3 Vergleiche dazu: Die Funktion bestimmt die Struktur bei der Gestaltung von Tabellen in technischer Literatur (Wright, 1984).

Schlüsselbilder anzulegen. Nur wenn er in der Lage ist, dies zu tun, und wenn die Bilder in der Folge als Schlüssel wirklich dienlich sind, kann die Typografie nützlich und hilfreich sein.

Also muss der Maßnahmenkatalog komplex sein, um den Text beschreiben zu können, und er muss gleichzeitig schlicht sein, damit die Typografie ihren Dienst erweisen kann.

Fazit

Der Leser braucht eine gesicherte typografische Umgebung, die Botschaften müssen eindeutig sein. Man könnte das als typografische Binsenweisheit betrachten, gäbe es nicht die Schwierigkeit in komplexen Texten eine solche gesicherte Umgebung zu visualisieren.

Jede Zweideutigkeit ist Unsicherheit, die der Leser mit dem Inhalt auskämpft. Der Nachteil dieser Unsicherheit lässt sich gut nachvollziehen an Texten der Wissensvermittlung, die präzisen didaktischen Anforderungen genügen müssen. Der Leser ist gefordert, in Lernprozesse einzusteigen. Er lernt am Text und eignet sich über das Lesen Wissen an, das er in einer Prüfung nachweisen muss. Das bedeutet, er benötigt all seine Energie und Kraft für die Aufnahme des Wissens. Jede Verunsicherung kostet Energie, und das geht zulasten der Aufnahmekapazität. Unklarheiten lassen sich nicht lernen.

Ulrike Borinski

Typografie in der Wissensvermittlung: Was macht sie besonders?

Typografie ist ein sehr komplexes, mitunter hoch aufwändiges Geschäft. Ursache ist die große Bandbreite der Texte und die Anforderungen, die diese stellen. Um diesen Zusammenhang zu erläutern, stelle ich eine Übersicht der Texte nach typografischer Komplexität vor. Dazu beschreibe ich einige grundsätzliche Aspekte der Typografie. So will ich belegen, warum angemessene Typografie auf hochausgebildete Experten angewiesen ist.

Was ist Typografie?

Schrift macht aus Gedanken Text. Mit den Buchstaben kommen unmittelbar Wortabstände, Satzzeichen und verschiedene Zäsuren ins Spiel. Sie sind mannigfaltige Bedeutungsträger und verantwortlich für den Unterschied zwischen gesprochener und geschriebener Sprache.[1] Aus einer Abfolge von Buchstaben wird ein Roman, ein Straßenschild oder eine wissenschaftliche Veröffentlichung.

Text ist Typografie und Typografie ist Text. Ein Text wird geschrieben, getippt, gesetzt, auch gedruckt oder anderweitig präsentiert. Sein Ziel ist immer die Veröffentlichung und: Er ist immer eine Form von Kommunikation.

Wenn Gedanken Text werden, sprechen wir außerdem über Autor und Leser, Intentionen, Kommunikation und Medium. Das heißt, wir sprechen über Texte, die in vielfältiger medialer Gestalt ihren Weg vom Autor zum Leser machen. Für die es einen diffizilen visuellen – besser typografischen – Kodex gibt, der kulturell verabredet ist. Diese Verabredungen gehen weit über Schrift hinaus, sie betreffen Form und Ausstattung des Mediums ebenso wie die Detail-Typografie der Texte. Sowohl Leser als auch Autor kennen diese Metaebene und verlassen sich auf die Verabredungen.

Die typografischen Aktivitäten

Die Art der Typografie ist bestimmt durch die Art der Texte.[2] Aus typografischer Sicht lassen sich Texte in Gruppen unterteilen. Hier die Hauptgruppen, nach ansteigender Komplexität sortiert:

1. sehr kurzer Text ohne Struktur – Beispiel: Schild
2. kurzer bis längerer Text mit paralleler Struktur; Beispiel: Lexikon, Wörterbuch

1 Typografinnen und Typografen wissen um die Unterschiede zwischen Sprache und Schrift, es ist ihr Erfahrungsschatz. Aus meiner Praxis leite ich ab, dass Text sich von Sprache gelöst hat und ein Eigenleben führt. Sprachwissenschaftler sehen diesen Unterschied auch, obwohl sie sich nicht einig sind über die Details. Vgl. dazu (Dürscheid, 2006).

2 Robert Waller schreibt: »If you were to compare an educational textbook and a novel, both in a language you don't know, you would probably be able to tell them apart just by appearance«. (R. H. Waller, 1979).

3. längerer bis langer Text mit einfacher Struktur: Kapitel, keine weitere Gliederung; Beispiel: Roman, Artikel, Instruktion
4. langer Text mit intensiver hierarchischer und paralleler Struktur: stark gegliederte Kapitel, semantische Elemente; Beispiel: Lehrbuch, Sachbuch, wissenschaftlicher Text

Zu 1: Der kürzeste Text findet sich auf Schildern. Die kleinste typografische Einheit auf einem Schild ist ein Buchstabe. Die Anforderungen an die typografische Arbeit leitet sich nicht aus dem Text an sich ab. Der Raum ist bedeutsam: Entfernung, Bewegung, Sprachlichkeit sind die Faktoren, die das Lesen bestimmen.

Zu 2: Der kurze bis längere Text mit paralleler Struktur enthält eine Textgliederung ohne hierarchische Struktur. Lexikon und Wörterbuch enthalten ihre Texte in Form von Spitzmarken. Diese sind seriell angelegt. Der Umfang einer solchen Sammlung kann gering sein oder Buchregale füllen. Der Text selbst beginnt, Anforderungen an die Typografie zu stellen.

Zu 3: Eine schlichte hierarchische Gliederung ist in Romanen oder auch Artikeln enthalten. Der Text ist in Kapitel unterteilt, ohne weitere Gliederung. Er kann dazu einzelne parallele Strukturelemente enthalten in Form von typografischen Figuren – verschiedene Textelemente, die als Gruppe visualisiert sind (Fußnote, Spitzmarke).

Zu 4: Ein längerer oder langer Text mit komplexer – hierarchischer und paralleler – Struktur enthält gegliederte (z. B. nummerierte) Kapitel, parallele Elemente, die didaktischen, rhetorischen oder semantischen Absichten folgen, dazu Medien wie Tabellen, Gleichungen, Diagramme. Der Verzeichnisbereich ist ausgebaut zu Erschließungshilfen. Beispiele sind Lehrbücher, Schulbücher, Sachbücher, wissenschaftliche Veröffentlichungen, Instruktionstexte.

Lesen in Texten 1–4

Das Lesen eines Schildes (1.) mit Buchstaben oder wenigen Worten ist auf Tempo angelegt. Es steht wenig Zeit zur Verfügung, die Informationen aufzunehmen und zu verarbeiten. Hier muss der Text auf einen Blick lesbar und unmittelbar in Handlung zu überführen sein. Die Umgebung, der Raum spielt die wesentliche Rolle. Schilder dienen der Navigation und der Orientierung.
Ein Lexikon (2.) wird konsultiert.[3] Auslöser für die Konsultation ist eine präzise Fragestellung des Lesers, die eine schnelle Antwort benötigt. Er liest den ausgewählten Text und verlässt ihn

3 Das konsultierende Lesen – neben einigen anderen Arten – beschreiben Hans Peter Willberg und Friedrich Forssman. (Hans P. Willberg & Forssman, 2010).

dann. Die Dauer der Benutzung kann sehr kurz sein. Leser von Lexika, Wörterbücher und Glossaren sind auf Gleichheit der Elemente und auf optische Hilfen zu guter Orientierung angewiesen.

Der Roman (3.) wird linear gelesen – die simple Struktur erlaubt ein Sich-Versenken und Verschwinden in der Geschichte. Strukturinformationen müssen nicht verarbeitet werden, man kann sich der Geschichte widmen.

Sach- und wissenschaftliche Texte, Lern- und Instruktionstexte (4.) stellen große Herausforderungen an den Leser. Hier sind Lesestrategien aus allen Gruppen gefragt. Tabellen und Abbildungen wechseln den Fokus oder die Informationsebene, Fußnoten werden konsultiert, in Übungen wird gearbeitet, Definitionen werden auswendig gelernt.

Instruktionstexte wollen eine konkrete Aktivität auslösen, das Gelesene soll in eine Handlung münden. Der Leseprozess lässt sich in die folgenden Schritte unterteilen: Zuerst findet das Leseverstehen[4] statt. Anschließend wird aus dem bisher Gelesenen ein Modell erstellt – der Leser stellt sich die Handlung vor. Im nächsten Schritt werden Regeln konstruiert, Ziele formuliert und Handlungsfolgen festgelegt. Anschließend wird der Plan mit bekannten Regeln verglichen. Abschließend findet ein Monitoring statt, in dem der Leser überprüft, ob die neue Regel gelernt ist.

Elemente des Textes und der Typografie

Texte, die in der Wissensvermittlung eingesetzt sind, enthalten oft eine Vielzahl an Elementen. Das zeigt eine Untersuchung der Lerneinheit – ein Text, der im Verbundstudium zur Inhaltsvermittlung eingesetzt wird.[5]

Auf der Kapitelebene finden sich: Vorwort, Einführung, Lernziele, Index, Glossar, Wiederholungsfragen, Übungen, Lösungen, Anhang, Inhalts-, Abkürzungs-, Literatur-, Tabellen-, Abbildungsverzeichnis.

Auf der Textebene: Merksatz, Beispiel, Fall, Tipp, Hinweis, Lernhinweis, Rechtshinweis, Lesehinweis, Checkliste, Wiederholungsfrage, Übung, Akzent, Leitsatz, Liste, Spitzmarke, Reihung, Definition, Zitat, Quellcode, Satz, Beweis, Abbildung, Tabelle, Gleichung, Fußnoten.

Aus Sicht des Autors lassen sich diese Elemente semantisch, rhetorisch, didaktisch oder strukturell gruppieren. Visualisiert werden sie mit den Mitteln der Typografie.

4 Ich folge hier einem Modell von Ursula Christmann und Norbert Groeben. Vgl. dazu (Christmann & Groeben, 2009).

5 Eine Untersuchung von Lerneinheiten (Studienmaterial im Verbund-, resp. Fernstudium) im Jahre 2009 ergab ein eindeutiges Modell für diese Textsorte (Borinski, 2010).

Diese lassen sich – etwas gruppiert – so umreißen:
Raum: Positionen auf Fläche, Layout, Abstand, Einzug
Form: Buchstabe, Schriftart, Schriftschnitt, Schriftgröße
Farbe: Struktur, Semantik

Jede typografische Maßnahme besteht aus mehreren dieser typografischen Elemente, die miteinander kombiniert werden. Alle Textelemente eines Lehr- oder Instruktionstextes werden mit einer Auswahl dieser typografischen Elemente dargestellt. Enthält ein Text viele Inhaltselemente, potenziert sich die Menge der typografischen Maßnahmen. Die einzelnen typografischen Maßnahmen geraten in Beziehung zueinander. Es müssen Gleichheiten geschaffen werden und Abgrenzungen. Ähnlichkeiten spielen eine Rolle, die Visualisierung semantischer und rhetorischer Beziehungen erstreckt sich über alle Gliederungsebenen. Nichts darf beim Lesen, Lernen, Nachschlagen verwechselt werden, nichts darf die Aufmerksamkeit stören, alles muss aufs Einfachste erfasst werden können.

Fazit
Ein Text ist ein inhaltlich hochkomplexes Gefüge. Damit der Anforderungskatalog, der aus dem Lese- und Lernprozess erwächst, vom Leser erfolgreich bewältigt werden kann, ist eine erfolgreiche und exzellente Typografie unabdingbar. Das erfordert Typografinnen und Typografen mit ausgewiesener Fachexpertise.

Florian Adler

leserlich.info – Schritte zu einem inklusiven Kommunikationsdesign

In einem knapp zweijährigen Entwicklungsprojekt haben Designer gemeinsam mit Betroffenen und Expertinnen des Deutschen Blinden- und Sehbehindertenverbands (DBSV) untersucht, wie Publikationen und Webseiten gestaltet sein müssen, damit sie für Menschen mit und ohne Seheinschränkungen gleichermaßen gut lesbar und attraktiv sind. Aus dieser Zusammenarbeit ging mit »leserlich.info« eine Online-Plattform zu inklusivem Kommunikationsdesign hervor.

Kommunikation ist ein Lebens-Mittel. Sie bildet die Voraussetzung dafür, sich in der Welt zurechtzufinden und am gesellschaftlichen Leben teilzuhaben. Freier Zugang zu Informationen ist daher auch eine zentrale Forderung der UN-Behindertenrechtskonvention, die 2009 in Kraft trat. In Deutschland leben nach WHO-Zahlen rund eine Million sehbehinderte Menschen, die selbst mit Sehhilfen über weniger als 30 Prozent des normalen Sehvermögens verfügen. Im Zuge der demografischen Alterung wird die Zahl derer, die nur noch über ein eingeschränktes Sehvermögen verfügen, weiter wachsen. Ein Text, den Normalsichtige aus 40 Zentimetern Entfernung gut lesen können, ist für Menschen mit Sehbehinderung im günstigen Fall erst aus einem Abstand von rund zehn Zentimetern lesbar. Wenn überhaupt: denn unser gewöhnlich durch Sakkadensprünge und Fixationen geprägter Leseprozess ist bei einem so geringen Abstand kaum noch möglich. Einschränkend wirken sich bei sehbehinderten Menschen außerdem die Verringerung der Kontrastwahrnehmung sowie periphere oder zentrale Gesichtsfeldausfälle aus. Es gibt zwar gezielte Hinweise zu lesbarer Gestaltung, insbesondere in der 2013 aktualisierten DIN 1450, doch viele Designer empfinden solche Normen eher als Bevormundung oder Kreativitätskiller – gefühlte 90 Prozent kennen oder nutzen sie nicht. So kommt es, dass weite Teile der über Text vermittelten Kommunikation – ganz gleich, ob in Druckerzeugnissen, im Web oder im öffentlichen Raum – für viele Menschen nur eingeschränkt oder gar nicht zugänglich sind.

Von exklusiven Krücken zum Design für Alle

Wer sich mit dem freien Zugang zu Informationen als Voraussetzung gesellschaftlicher und kommunikativer Teilhabe beschäftigt, kommt nicht umhin, sich mit dem Begriff der Barrierefreiheit auseinanderzusetzen. Damit verbinden die meisten zunächst Rampen und Behinderten-WCs, Seniorentelefone und Drucksachen in Arial 18 Punkt – also meist unansehnliche Hilfsmittel für körperlich Versehrte. Dieser traditionelle Ansatz von exklusiven Sonderlösungen für wenige Betroffene wurde in den vergangenen Jahrzehnten durch das Konzept der Inklusion abgelöst. Im Zuge dieser paradigmatischen Wende hat sich auch eine neue Gestaltungsauffassung durchgesetzt. »Universal Design« oder auch »Design für Alle« bezeichnen eine Produktgestaltung, die möglichst vielen Menschen Zugänglichkeit verschafft, unabhängig von individuellen Fähigkeiten und körperlichen Einschränkungen. Barrierefreies Design in diesem inklusiven Verständnis vermeidet die häufig als stigmatisierend empfundenen Sonderlösungen für die Betroffenen und sucht nach Lösungen, von denen möglichst viele, am besten alle, profitieren. Das Konzept »Design für Alle« beruht nicht zuletzt auf der expliziten Einbindung von Betroffenen in den Planungs- und Entwicklungsprozess. Denn die Betroffenen sind Spezialisten in eigener Sache. Sie können erklären, worauf es ihnen ankommt, welche Hindernisse zu überwinden sind und welche Hilfsmittel sie nutzen.

Inklusives Design sollte jedoch nicht mit dem Verzicht auf das verbunden sein, was wir gemeinhin mit Ästhetik umschreiben. Ästhetik entscheidet darüber, wie wir ein Objekt wahrnehmen und bewerten, ob wir etwas als anziehend oder abstoßend, interessant oder langweilig, sympathisch oder befremdend empfinden.[1] Damit bildet Ästhetik einen wesentlichen Aspekt von Zugänglichkeit, der in der Diskussion um Barrierefreiheit bisher weitgehend ausgeblendet wurde. Denn selbstverständlich empfinden und bewerten auch Menschen mit eingeschränkter Sinneswahrnehmung die Objekte ihrer Umgebung.

Inklusives Kommunikationsdesign

Inklusion als gesellschaftliche Aufgabe stellt auch das Kommunikationsdesign vor neue Herausforderungen. Von leserlichen Schriften und komfortabel lesbaren Texten sollen nicht nur Sehbehinderte profitieren, sondern auch Normalsichtige und ältere Menschen, die bei geringer Beleuchtung, unter Stress oder bei Leseschwächen häufig Probleme haben, Texte zu erfassen. Wer

1 Ästhetik, griech.: Aisthesis, die Lehre von der Wahrnehmung und vom sinnlichen Anschauen, ist nicht zu verwechseln mit Kallistik, der Lehre von den schönen Dingen.

Abbildung 1: Titelentwürfe für das neue Mitgliedermagazin »Sichtweisen«.

sich im Hotel schon mal mit Shampoo aus diesen ununterscheidbaren kleinen Tuben eingecremt hat oder mit einer 85-Jährigen die Gebrauchsanleitung ihres Mobiltelefons lesen wollte, weiß, wovon die Rede ist.

Im Auftrag des DBSV, der auch im DIN Normenausschuss Schrift vertreten war, haben wir gemeinsam mit Betroffenen der häufigsten Augenerkrankungen sowie mit Experten für Barrierefreiheit untersucht, wie sich die verschiedenen und teils widersprüchlichen Anforderungen von Barrierefreiheit, Lesbarkeit und guter Typografie integrieren lassen. Gleichzeitig ging es auch darum, Barrieren zur Welt der Sehenden – Angehörige, Freunde, Öffentlichkeit – abzubauen. Denn von Inklusion kann nur die Rede sein, wenn sie in beide Richtungen funktioniert. Deshalb bestand die Herausforderung darin, ein inklusives Kommunikationsdesign zu entwickeln, das für möglichst viele Menschen zugänglich, verständlich und gleichermaßen attraktiv gestaltet ist. Als konkrete Anwendungsbeispiele sollten das DBSV-Mitgliedermagazin unter dem neuen Titel »Sichtweisen« und die Verbands-Website dbsv.org neu gestaltet werden. Außerdem war geplant, auf Basis der gewonnenen Erkenntnisse die Fachbroschüre »Klartext« zu überarbeiten, die sämtliche Empfehlungen des DBSV für die barrierearme Gestaltung von Drucksachen enthält.

Methodische und empirische Ansätze

Der methodische Ansatz von »Design für Alle« setzte von Anfang an auf die Mitwirkung von Betroffenen und bestimmte auch den Planungs- und Entwicklungsprozess für die Neugestaltung der DBSV-Medien. Dem Selbstverständnis des DBSV »Nichts für uns ohne uns« entsprechend wurden zunächst theoretische, methodische und empirische Arbeitsschritte definiert und aufeinander

Abbildung 2: Inhaltsverzeichnis des neu gestalteten DBSV-Mitgliedermagazins »Sichtweisen« mit Farbcode und Piktogrammen zur Kennzeichnung der Rubriken.

abgestimmt. Den Auftakt bildete eine Sensibilisierungsphase, die in der ethnografischen Forschung auch als *sinnesgeleitete Erhebung* bezeichnet wird. Hier ging es zunächst darum, ein Bewusstsein für die im Alltag vorhandenen Barrieren und Einschränkungen aus der Perspektive der Betroffenen zu entwickeln und deren Wahrnehmung auch für Nicht-Betroffene zu schärfen. Es folgte eine umfassende Literaturrecherche. Aus der Analyse gingen in einer Operationalisierungsphase konkrete Entwürfe hervor, die schließlich in qualitativen Tests empirisch überprüft wurden.

Sensibilisierung

Was Wahrnehmung unter den Bedingungen von Sehbehinderung bedeutet, war in einem Workshop zu Beginn des Projekts eindrucksvoll zu erfahren. Eine Rehabilitationstrainerin des DBSV erläuterte nicht nur die wesentlichen Ursachen und Symptome der verschiedenen Augenerkrankungen, sondern schickte die Teilnehmer mit Simulationsbrillen und weißem Langstock durch Berlin-Mitte. So ließ sich auf dem U-Bahnhof Jannowitzbrücke unmittelbar nachvollziehen, welche Bedeutung der Begriff »Leitsystem« bei einem auf 30 Prozent eingeschränkten Sehvermögen erhält und warum unmarkierte Treppenstufen zur existenziellen Bedrohung werden. Einen Überblick über optisch und elektronisch vergrößernde Sehhilfen, von Lupen über Bildschirmlesesysteme bis hin zu digitalen Vorlesegeräten, vermittelte ein Fachhändler.

Im Zentrum des zweiten gemeinsamen Workshops stand neben der Rolle der Ästhetik im Design auch eine Gestaltungsanalyse des Verbandsmagazins und der Website des DBSV. Die Zielsetzung »Inklusion in beide Richtungen« bedeutete für alle Beteiligten nicht nur einen Wechsel der Perspektive, sondern auch einen intensiven Austausch, der mit einem gemeinsamen Kreativexperiment abgerundet wurde: Drei gemischte Gruppen von Blinden, Sehbehinderten und Sehenden erarbeiteten multisensuelle Collagen aus taktilen, olfaktorischen und auditiven Elementen, die als Identitätsattribute des DBSV identifiziert werden konnten und darüber hinaus nachhaltig die Bedingtheit von Wahrnehmung durch ästhetische Konnotationen vermittelten. Zu diesem Zeitpunkt war allerdings noch weitgehend unklar, ob und wie sich auf Grundlage dieser Erkenntnisse ein Ansatz ergeben könnte, der dem Anspruch »barrierefrei und gut gestaltet« gerecht wird.

Recherche

Design beginnt mit dem Betrachten der Wirklichkeit. In diesem Fall stand zu Beginn eine mehrmonatige Recherche, Sichtung und Auswertung der einschlägigen Fachliteratur zu Leserlichkeit, Lesbarkeit[2] und Barrierefreiheit an, aus der am Ende über 30 Normen und Literaturquellen zur Auswertung herangezogen wurden. Ausschlaggebend für eine Berücksichtigung waren folgende Kriterien: die Eindeutigkeit von Empfehlungen, die Angabe von Nenngrößen und Maßen, Aussagen zur Barrierefreiheit und die Reliabilität der Quellen. Rund die Hälfte der gesichteten Literatur lieferte hinreichend konkrete Angaben, die in eine Matrix aufgenommen und miteinander verglichen werden konnten. 15 Einflussgrößen wurden nach zeichen-, text-, kontrast-, farb-, bild- und materialbezogenen Faktoren sortiert, analysiert und auf Kohärenz geprüft. Die DIN 1450 erwies sich dabei als die ergiebigste Quelle, die zu fast allen Einflussgrößen konkrete Empfehlungen bietet, differenziert nach Lese-, Konsultations- und Signalisationstext.[3] Andere Normen und Fachberichte beziehen sich ihrerseits auf die DIN 1450, allerdings häufig noch auf die alte Fassung von 1993. Das führt zu einer epidemischen Empfehlung der Textschriften Helvetica oder Arial in 12 bis 14 Punkt, obgleich die aktuelle Norm hier längst andere Lösungen nahelegt.

Aus den Ergebnissen dieser Recherche kristallisierten sich 15 vorläufige mikro- und makrotypografische Empfehlungen für ein inklusives Kommunikationsdesign heraus, die im darauf folgenden Operationalisierungsschritt als Grundlage einer Reihe von Test-Layouts dienten.

2 Leserlichkeit wird in der DIN 1450 definiert als »Eigenschaft einer Folge erkennbarer Zeichen, die es ermöglicht, diese Zeichen im Zusammenhang zu erfassen«. Dabei geht es zunächst um das Wahrnehmen, Erkennen und Unterscheiden einzelner Buchstaben und Wörter, was vor allem durch mikrotypografische Faktoren beeinflusst wird. Demgegenüber steht Lesbarkeit als die »Eigenschaft leserlich angeordneter Zeichenfolgen, die es ermöglicht, die Information zweifelsfrei zu verstehen«. Damit ist die Verständlichkeit von zusammenhängenden Texten gemeint. Sie wird – neben der sprachlichen Form sowie personen- und situationsbedingten Einflüssen – durch die makrotypografische Gestaltung geprägt.

3 In der DIN 1450 werden vier Textarten mit jeweils unterschiedlichen Anforderungen an die Typografie definiert: Lesetext ist fortlaufender Mengentext, der komfortabel gelesen werden soll, z. B. in Büchern, Zeitschriften und Gebrauchsinformationen oder als Saaltext in Ausstellungen. Konsultationstext erläutert oder ergänzt Lesetext, z. B. in Marginalien, Fußnoten, Indizes oder Bildunterschriften, und kann in kleineren Größen als Lesetext gesetzt werden. Signalisationstext dient zur Orientierung im öffentlichen Raum, z. B. in Leitsystemen. Er muss bereits aus weiten Entfernungen sowie in unterschiedlichen

Empirie

In der Fachliteratur wie auch in der DIN 1450 wird darauf verwiesen, dass humanistische Groteskschriften besser unterscheidbare und offenere Buchstabenformen bei gleichzeitig geringerem Strichstärkenkontrast aufweisen als andere Schriften.[4] Daher werden Schriften dieses Formprinzips in der DIN 1450 insbesondere für Signalisationstext empfohlen, weil hier aufgrund von situationsbedingten Einflüssen die höchsten Anforderungen an die Leserlichkeit gestellt werden. Da für Menschen mit Sehbehinderungen grundsätzlich erhöhte Anforderungen an die Leserlichkeit gelten, wurden vier humanistische Groteskschriften sowie die bisher verwendete »klassizistische« Helvetica in einer vergleichenden Bewertung untersucht - auch wenn es berechtigte Stimmen gibt, die die grundsätzliche Festlegung der Sehbehindertenverbände auf serifenlose Schriften kritisch sehen.[5] Die Schriften Neue Frutiger 1450 Book, Neue Frutiger 1450 Regular, Calibri Regular, Wayfinding Sans Regular und Neue Helvetica Regular wurden sowohl den Expertinnen des DBSV sowie - in postalischen Befragungen - einer Gruppe von Lesern des Mitgliedermagazins auf jeweils einer Doppelseite mit identischem Layout zur Bewertung vorgelegt. Zur Gewährleistung einer gleichen Mittellänge von 2,4 mm, die nach dem DIN-Berechnungsfaktor für einen Visus bis 0,45 ausreichen soll, ergaben sich Schriftgrößen zwischen 13,2 und 14,7 Punkt. Die Workshop-Teilnehmerinnen sowie die postalisch Befragten sollten - nach einer kurzen Einführung zu unterschiedlichen Schriftformprinzipien - ihre jeweilige Präferenz für die vorliegenden Schriftmuster in Noten von 1 (sehr gut) bis 5 (mangelhaft) notieren. Anhand weiterer Testseiten waren außerdem unterschiedliche Rand- und Stegbreiten, Ein- und Zweispaltigkeit, Block- und Flattersatz sowie verschiedene grafische Elemente zur Textauszeichnung zu bewerten. Insgesamt nahmen 34 Personen an den Befragungen teil. Als Ergebnis wurden die Schriften Wayfindig Regular und Neue Frutiger 1450 Regular nahezu gleichauf am besten bewertet; an dritter Stelle rangierte immerhin noch die Helvetica, was möglicherweise auf einen Gewöhnungseffekt zurückgeführt werden kann. Deutlich am schlechtesten wiederum schnitt die Neue Frutiger 1450 *Book* ab, hier wurde die zu feine Strichstärke beanstandet. Insgesamt lagen die durchschnittlichen Bewertungen für alle Schriften mit Werten zwischen 2,3 und 3,0 jedoch relativ nah beieinander. Die meisten Bestnoten erhielt die Frutiger (zehnmal sehr gut), gefolgt von der Wayfinding (achtmal sehr gut). Eine Korre-

Beleuchtungssituationen und Betrachtungswinkeln gelesen werden können. Als Schautext werden Überschriften und Hervorhebungen bezeichnet, die der Gestaltung und Gliederung von Texten dienen. Für Schautext gelten keine gesonderten Vorgaben - außer einer größeren Schriftgröße.

4 Vgl. (Kupferschmid, 2003), (Hans Peter Willberg, 2001), (Herrmann, 2010), (Adler & Neumann, 2013).

5 Vgl. (Beck, 2014). In dieser Studie kommt der Autor zu dem Schluss, dass eine bessere Lesbarkeit von Serifenlosen gegenüber Serifenschriften bei sehbehinderten Schülern aus vierten bis achten Klassen nicht nachweisbar ist.

Abbildung 3: Die neue Website dbsv.org in responsivem Design.

Abbildung 4: Startseite leserlich.info.

lation zwischen Augenerkrankung und Schriftpräferenz ließ sich nicht feststellen.

Die Auswertung der weiteren Test-Layouts ergab, dass eine zweispaltige Anordnung auf einem DIN A4-Format (Zeilenlänge bis 40 Zeichen) eindeutig einer breiteren Textspalte mit Marginalspalte vorgezogen wurde. Grafische Elemente wie Trennlinien zwischen linksbündigen Flattersatzspalten, Pfeile als Hinweis auf Artikelfortsetzung auf der Folgeseite, abschließende Quadrate am Artikelende sowie Piktogramme als Symbole für Adressdaten, Medien oder Infokästen wurden positiv und als hilfreich bewertet.

Aufgrund der sehr unterschiedlichen Symptome, der komplexen Fragestellung und der geringen Teilnehmerzahl können die ermittelten Bewertungen nicht unbedingt Anspruch auf Validität erheben, jedoch fanden die final definierten Gestaltungsparameter trotz der heterogenen Anforderungen der Betroffenen

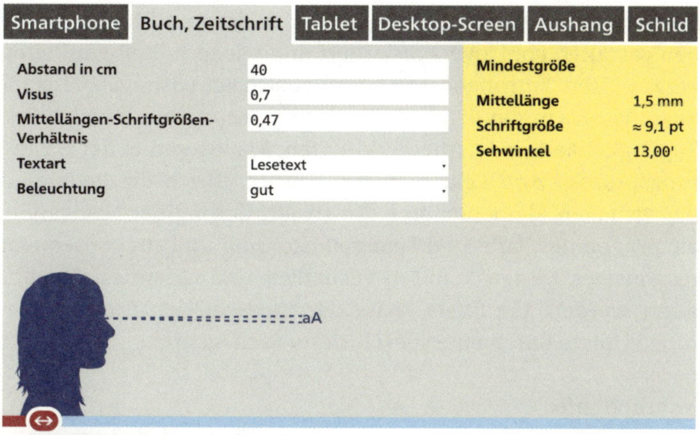

Abbildung 5: Mit dem Schriftgrößenrechner auf leserlich.info lassen sich für verschiedene Anwendungsbereiche und Sichtbedingungen individuelle Maße ermitteln.

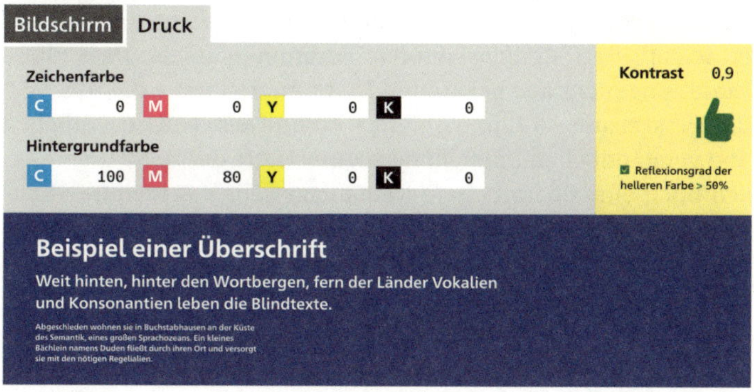

Abbildung 6: Im Kontrastrechner auf leserlich.info lassen sich im CMYK- oder RGB-Modus die Kontrastverhältnisse für Zeichen- und Hintergrundfarben berechnen.

eine sehr hohe Zustimmungsrate und können im Ergebnis dieser explorativen Studie als derzeit vertretbarer Standard gelten. Gleichwohl bleibt eine wissenschaftliche Vertiefung wünschenswert.

Ergebnis Relaunch von DBSV-Medien

Auf der Grundlage der Quellenrecherche und Befragungen entwickelten wir schließlich Vorschläge für ein neues Layout des DBSV-Mitgliedermagazins. Neben der Ausgabe in Brailleschrift und als Audiodatei wird das Magazin auch als Druckexemplar im Format DIN A4 publiziert. Aufgrund technischer Lesehilfen, in die das Lesegut eingelegt wird, wäre ein größeres Format nicht nur versandtechnisch problematisch. Auch die eingeführte Schriftgröße von 2,4 mm Mittellänge (13,3 Punkt bei Neuer Frutiger 1450) sollte unverändert bleiben. Alles andere, von der Titelgestaltung über Satzanordnung, Rubriken- und Artikelauszeichnungen bis zum Umgang mit Farben, Bildern und Icons, wurde neu gestaltet, kontrovers diskutiert und wiederholt überarbeitet, bis Experten, Betroffene und Designer sich auf Lösungen verständigen konnten, die den verschiedenen Ansprüchen hinsichtlich Zugänglichkeit und Ästhetik genügten. Analog verlief der Gestaltungsprozess zum Relaunch der Website. Durch die Reduktion der visuellen Elemente, eine Neustrukturierung der Navigation, ein prägnantes Farb- und Typografiekonzept und ein konsequent responsives Design konnten Lesbarkeit und Orientierung optimiert werden. Die finale Phase der barrierefreien Programmierung erfolgte durch eine spezialisierte Fachagentur.

leserlich.info

Parallel zum Designprozess wurden auf Basis der ausgewerteten Erkenntnisse Leitlinien formuliert, die in sechs Kapiteln die 15 wichtigsten Einflussfaktoren zusammenfassen. Dass diese Sammlung nicht alle bekannten Faktoren umfasst - die DIN 1450 zählt insgesamt 43 Einflüsse auf - kommt einer übersichtlichen und verständlichen Darstellung zugute. Hatte der DBSV ursprünglich noch eine überarbeitete Neuauflage seiner Broschüre »Klartext« geplant, lag im Hinblick auf eine höhere Reichweite sowie einfachere Aktualisierungs- und Ergänzungsmöglichkeiten ein Online-Medium nahe, welches auch erklärende Animationen und interaktive Elemente integriert. Die Plattform leserlich.info bietet zudem ein anwendungsorientiertes Tool für die Berechnung von Schriftgrößen. Denn die Schriftgrößenempfehlungen der DIN 1450 berücksichtigen unterschiedliche Textarten, den Betrachtungsabstand sowie die Sehschärfe bzw. die Qualität der Sichtverhältnisse. Sie beziehen sich auf die Mittellänge, die in Millimetern angegeben wird, und nennen Punktgrößen lediglich als ungefähren Vergleichswert. Da die Berechnung von Schriftgrößen durch diese unterschiedlichen Faktoren mehrere Rechenschritte erfordert, bot es sich an, eine digitale Lösung zu entwickeln, bei der die konkreten Einflussgrößen und Medien individuell eingegeben werden können. Für digitale Anwendungen werden die Schriftgrößen dann, unter Berücksichtigung der Auflösung des jeweiligen Endgeräts, gleich in Pixel ausgegeben. Entstanden ist eine »einfache« Version und eine »Expertenversion« mit erweiterten Eingabefeldern für das Mittellängen-Schriftgrößenverhältnis und die Beleuchtungssituation mit Ausgabe des jeweiligen Sehwinkels.

Ein wesentliches Hemmnis für Menschen mit Seheinschränkungen bilden zu geringe Kontraste zwischen Text und Unter-

6 »Kontrast ist der relative Leuchtdichteunterschied zwischen benachbarten Feldern, hier dem Sehobjekt und dem Umfeld«, definiert die DIN 32975. In der DIN 1450 wird ein »Leuchtdichtekontrast ≥ 0,7 nach Michelson« verlangt. Laut DIN Fachbericht 124 soll der »Leuchtdichtekontrast größer als 4 : 1 sein. Für Bildschirme werden Werte zwischen 6 : 1 und 10 : 1 empfohlen.«
Die BITV 2.0 verlangt hingegen ein »Kontrastverhältnis zwischen Vordergrund- und Hintergrundfarbe von mindestens 4,5 : 1«. Und das Bundesministerium für Gesundheit wünscht »maximale Werte zwischen - 1,0 und + 1,0«. Wer möchte auf der Grundlage dieser Vorgaben Entscheidungen fällen?

grund, insbesondere bei farbigen Flächen oder Verläufen. Unbedenklich sind Schwarzweißkontraste, jedoch ist die Einschätzung von ausreichenden Kontrasten bei farbiger Schrift oder farbigen Untergründen für einen Mediengestalter ohne physikalisches Vorwissen ziemlich herausfordernd.[6] Daher wurde auch für die Kontrastberechnung ein Algorithmus entwickelt, der es ermöglicht, wahlweise im CMYK- oder RGB-Modus konkrete Farbwerte für Text und Untergrund einzugeben, den jeweiligen Kontrastwert nach MICHELSON zu ermitteln und bezüglich der Barrierefreiheit zu überprüfen.

Mit dem Schriftgrößen- und dem Kontrastrechner liefert leserlich.info über die mikro- und makrotypografischen Erläuterungen hinaus zwei neuartige interaktive Werkzeuge zur praxisnahen Unterstützung von Designern und Mediengestaltern.

Schluss

Durch inklusives Kommunikationsdesign werden Informationen für möglichst viele Menschen zugänglich, verständlich und attraktiv gestaltet.

Eine typografische Gestaltung, die für alle Leser und Anwendungsbereiche gleichermaßen gut und schön ist, gibt es jedoch nicht. Die auf leserlich.info formulierten Empfehlungen sind daher auch nicht als Anweisungen für ein »richtiges Design« zu verstehen. Vielmehr möchten die Autoren für Zusammenhänge sensibilisieren und Entscheidungshilfen anbieten. Die gestalterische Kompetenz und Empathie des Designers sowie das Prüfen und Hinterfragen des einzelnen Entwurfs bleiben hiervon unberührt und unverzichtbar.

Saskia Kraft

Barrierefreie Typografie für ältere Zielgruppen: Neue Perspektiven für die Lesbarkeitsforschung

Einleitung

Mit den aktuellen Debatten um den demografischen Wandel werden ältere Menschen immer mehr als wirtschaftliche Zielgruppe wahrgenommen. Dadurch werden Fragen hinsichtlich eines gleichberechtigten Zugangs zu Kommunikation und Information in der Designbranche zunehmend thematisiert. Gleichzeitig stellt die Digitalisierung der Arbeits- und Lebenswelten für viele Designer eine besondere Herausforderung dar. Mit der Verbreitung und Vernetzung von Medien entstehen immer wieder neue Möglichkeiten der Artikulation und Teilhabe, die zunehmend auch von älteren Menschen genutzt werden. Auch in der Typografie haben technologische Veränderungen in den letzten Jahren nicht nur zu einer enormen Vielfalt neuer Schriften beigetragen, sondern stellen etablierte Regeln zur Leserlichkeit und Lesbarkeit immer wieder neu in Frage. Gesetzliche Regelungen zur Barrierefreiheit und Designempfehlungen, wie die DIN 1450 zur Leserlichkeit, sollen vor diesem Hintergrund Designern eine Orientierungsmöglichkeit bieten.

Barrierefreie Typografie

Seit den 1990er Jahren setzen sich diverse Vereine und Verbände für einen barrierefreien Zugang zu allen Bereichen des öffentlichen Lebens ein. In Deutschland sind nach der »Barrierefreie Informationstechnik-Verordnung« (BITV, bzw. seit 2011 BITV 2.0) öffentliche Institutionen dazu verpflichtet, ihre Informationen so aufzubereiten, dass sie für alle Menschen zugänglich sind. Die BITV beinhaltet zahlreiche Kriterien an eine barrierefreie bzw. barrierearme Gestaltung, die die Wahrnehmbarkeit, Bedienbarkeit, Verständlichkeit und Robustheit eines Designs betreffen. Typografische Anforderungen sollen die visuelle Erkennbarkeit eines Textes (Leserlichkeit) auch für seheingeschränkte Menschen garantieren. Betrachtet man diese Empfehlungen, fallen zunächst die oft sehr allgemeinen Formulierungen auf. Besonders deutlich wird dies bezüglich der Wahl geeigneter Schriftarten. Beispielsweise werden in der BITV 2.0 »[...] klare Schriftarten [...]« (BITV 2.0, 2011) empfohlen, ohne genauer zu spezifizieren, was darunter zu verstehen ist.

Aus gestalterischer Sicht muss gute Typografie dem Zweck und der Funktion eines Textes entsprechen, um eine optimale Leserlichkeit und Lesbarkeit zu garantieren. Hierfür unterscheidet die Typografie verschiedene Lese- und Textarten, die jeweils bestimmte Anforderungen an ein Design stellen. Eine Orientierungsmöglichkeit bietet hierfür beispielsweise die DIN 1450 zur Leserlichkeit von Schriften (2013). Unter Leserlichkeit wird hier die visuelle Wahrnehmbarkeit und Erkennbarkeit eines Textes verstanden. Sie bildet damit die Voraussetzung für die Lesbarkeit, also zur Verständlichkeit (DIN 1450, 2013). Die DIN 1450 beinhaltet einen umfassenden Kriterienkatalog, der anhand von verschiedenen Textarten, und unter Berücksichtigung unterschiedlicher Lesebedingungen, kategorisiert wird.

Die Empfehlungen der DIN basieren zum Teil auf Untersuchungen der Lese- und Lesbarkeitsforschung. Im Folgenden soll ein Überblick über diesen Forschungsbereich mit Fokus auf Studien mit älteren Probanden gegeben werden.

Stand der Lese- und Lesbarkeitsforschung unter besonderer Berücksichtigung älterer Zielgruppen

Bereits seit Jahrzehnten wird im Bereich der psychologischen Leseforschung der Leseprozess und die Lesbarkeit von Texten erforscht. Aus psychologischer Perspektive beginnt der Leseprozess mit der Rezeption des auf die Netzhaut treffenden Lichts. Unter Rezeption wird hier insbesondere die visuelle Wahrnehmung und Interpretation der Reizsignale verstanden. Aus wahrnehmungspsychologischer Sicht kann die typografische Gestaltung erheblich die Intensität des Signals und damit die visuelle Erkennbarkeit und Lesbarkeit von Texten beeinflussen (Legge, 2007).

Die ersten psychologischen Studien, die wesentliche Erkenntnisse zum Einfluss typografischer Faktoren auf die Lesbarkeit lieferten, sind die 1928 von PATERSON und TINKER verfassten Studien: »Studies of Typografical Factors Influencing Speed of Reading« (Tinker & Paterson, 1928). Weitere Forscher, wie OVINK (1938) und ZACHRISSON (1965), untersuchten die Lesbarkeit in Abhängigkeit von Alter, Bildung und anderen Aspekten. In Folge dieser und weiterführender Studien haben sich bestimmte Empfehlungen herauskristallisiert, die unter anderem JAMES HARTLEY (1994) mit Blick auf ältere Leser im Überblick dargestellt hat. Hartley stellte generell fest, dass Texte leichter verständlich sind, wenn die Verarbeitungskapazität gering gehalten wird (Hartley, 1994, S. 173). Dabei kann eine kognitive Mehrbelastung für ältere

1 Einen detaillierten Überblick über Lesbarkeitsforschung in unterschiedlichen Wissenschaftsdisziplinen bieten (Spitzmüller, 2013) und (König, 2004).

Leser vor allem durch größere Schriftgrößen, eine leicht verständliche Sprache, ein klares Layout und eine übersichtliche Textstruktur vermieden werden (Hartley, 1994, S. 173). Neben visuellen Veränderungen können vor allem kognitive Beeinträchtigungen im Alter auftreten, wodurch die Leistung des Kurzzeit- und Langzeitgedächtnisses nachlassen kann. In der Folge können Inhalte langsamer verarbeitet und schlechter erinnert werden, sodass sich beispielsweise die Informationssuche zeitintensiver gestaltet. Jedoch relativiert Hartley die Annahme, dass sehr große Schriftgrößen allgemein zu einer besseren Lesbarkeit beitragen. Im Gegenteil: Wie auch andere psychologische Untersuchungen zeigen, können zu große Schriftgrößen sogar das Lesen erschweren (Legge, Akutsu, Ross, & Schuebel, 1991, S. 325). Denn je größer der Schriftgrad, desto weniger Buchstaben können auf der Netzhaut abgebildet und somit verarbeitet werden (vgl. Dehaene, 2010, S. 24). Daher muss die allgemeine Empfehlung, dass ältere Menschen (sehr) große Schriftgrößen brauchen, in Frage gestellt werden.

Was jedoch unter einer großen oder kleinen Schrift zu verstehen ist, kann nur in Abhängigkeit des jeweiligen Lesekontextes beurteilt werden – also ob es sich beispielsweise um einen linearen Lesetext, wie in einem Roman, oder einen Schautext, wie auf einer Werbetafel, handelt (vgl. DIN 1450, 2013).

Jedoch wurden in den vergangenen psychologischen Untersuchungen die jeweilige Lesart und der Lesekontext nicht hinreichend berücksichtigt, sodass die Ergebnisse dieser Studien nicht generalisiert werden dürfen. Aber nicht nur in dieser Hinsicht sind Studien zur Lesbarkeit nur schwer vergleichbar. Ein zweiter Kritikpunkt stellt die Verwendung unterschiedlicher Messsysteme dar. Während beispielsweise die DIN 1450 die x-Höhe als Maß empfiehlt, wird die Schriftgröße in vielen Studien beispielsweise anhand der Kegelgröße in Punkt oder in Bogenminuten gemessen (Legge & Bigelow, 2011, S. 4). Die Untersuchungsergebnisse können daher kaum miteinander verglichen werden. Ein Grund für diese Versäumnisse in der bisherigen vorwiegend psychologisch orientieren Lesbarkeitsforschung ist, dass die Forscher kaum Fachwissen über das komplexe Zusammenspiel typografischer Elemente verfügen.

Abgesehen von den genannten Kritikpunkten lässt sich generell konstatieren, dass bislang nur wenige Lese- und Lesbarkeitsstudien mit älteren Probanden existieren. Zwar wurden in vergangenen Untersuchungen auch ältere Menschen einbezogen, jedoch sind die Forschungserkenntnisse äußerst lückenhaft. Denn schon früh wurde festgestellt, dass die individuellen Unterschiede, z. B. mit Blick auf die Messung der Lesegeschwindigkeit, bei weitem größer waren als solche, die von typographischen Faktoren verursacht wurden (Heller & Radach, 2005). Zwar wurde durch eine möglichst große Anzahl von Versuchspersonen versucht, dies *auszugleichen*, dagegen wurde die Erforschung nach den Ursachen dieser Unterschiede, oder die von interindividuellen Zusammenhängen, leider nicht weiter verfolgt.

Zudem orientiert sich die bisherige Forschung zum Leseverhalten älterer Menschen überwiegend am kalendarischen Alter, was der komplexen und ausgesprochen vielfältigen Lebenswelt Älterer kaum gerecht wird.

Befunde der Altersmedienforschung

Wie Studien aus dem Bereich der Altersmedienforschung zeigen, tragen die Lebensjahre eines Menschen am wenigsten zu einer Differenzierung seines Nutzungsverhaltens bei: »Bei älteren Menschen spielen ebenso wie bei den im Zusammenhang mit Medien vergleichsweise gut untersuchten jungen Menschen die Bedingungen des Alltags wie Bildung, Wohnumfeld, soziale Einbindung und kommunikative Anregung, das Geschlecht und die aus der eigenen Biografie gewonnenen Erfahrungen eine entscheidende Rolle.« (Hartung, Schorb, Küllertz, & Reißmann, 2009, S. 12) Vor allem in Hinblick auf die Untersuchung des Leseverhaltens kann daher nur ein differenzierter Zugang der Vielschichtigkeit des Alters gerecht werden. Dies verdeutlicht eine Studie des Geragogen WALTER WITTKÄMPER. Wittkämper untersuchte in einer Studie die Lese- und Medienbiografien Älterer. Dabei konnte er eine sehr enge Bindung der über 60-Jährigen zu speziellen Lesemedien sowie ein stark habitualisiertes Leseverhalten beobachten. Beispielsweise stellt die tägliche Lektüre der Zeitung ein wichtiges Element der Tagesstruktur vieler älterer Menschen dar und ist als Ritual in den Tagesablauf integriert. Wittkämpers und weitere Befunde aus der Leseforschung deuten darauf hin, dass Lesegewohnheiten schon in frühen Lebensphasen geprägt werden und im späteren Lebensalter, in manchen Fällen verstärkt, fortgeführt werden (Wittkämper, 2009). Deshalb ist es sinnvoll, Lesepräferenzen und -gewohnheiten nicht nur in einem bestimmten Lebensabschnitt, sondern über die gesamte Biografie hinweg zu betrachten. Des Weiteren können bestimmte Lebensphasen, z. B. der Renteneintritt oder altersbedingte körperliche und kognitive Einschränkungen das Leseverhalten im Verlauf des Lebens prägen. Nahezu jeder Mensch ist ab dem 50. Lebensjahr von Sehbeeinträchtigung betroffen (Berke, 2007, S 169). Insbesondere die Altersweitsichtigkeit, oder altersbedingte Erkrankungen, können für viele Menschen das Lesen längerer Fließtexte erschweren. Jedoch handelt es sich, wie bei den meisten biologischen Altersveränderungen, um graduelle, schleichende Prozesse, die ihrerseits erst bei Konflikten oder Problemen wahrgenommen werden. Kognitive Kompensationsleistungen, die unter anderem mit den persönlichen Leseerfahrungen und der Lesemotivation zusammenhängen, gleichen diese Prozesse zum Teil aus und werden daher von manchen erst später oder zum Teil gar nicht wahrgenommen (Wittkämper, 2006, S. 260) .

Zusammenfassend kann festgestellt werden, dass sich die Lesbarkeitsforschung bisher auf die quantitative Erfassung von Wirkungsmechanismen bestimmter typografischer Parameter konzentrierte. Subjektive Aspekte, wie Leseerfahrungen und -gewohnheiten wurden dagegen bisher kaum untersucht. Dabei scheinen diese Aspekte mit Blick auf die Untersuchung älterer Zielgruppen von besonderer Relevanz, wie die Befunde aus der Altersmedienforschung zeigen.

Subjektive Lesbarkeit

Die Annahme, dass Lesbarkeit vor allem subjektiv bestimmt ist, wird von der Buchwissenschaftlerin ANNE ROSE KÖNIG (2004) untermauert. König analysierte in ihrer Arbeit verschiedene theoretische Konzepte und Auffassungen zur Lesbarkeit und stellt unter anderem fest, dass diese aufgrund der hohen interindividuellen Unterschiede zwischen den Lesern eine hohe Subjektivität aufweist: »Der individuelle Leser stellt einen der wichtigsten Faktoren der Lesbarkeit dar. Neben den für (fast) alle Leser in gleichem Maße geltenden Wahrnehmungsbedingungen [...] spielen spezifische Charakteristika des Individuums für die Lesbarkeit eines gedruckten Textes eine Rolle. Diese persönlichen Eigenschaften machen Lesbarkeit zu einer subjektiven Größe.« (König, 2004, S. 121). Zusammenfassend ist unter Lesbarkeit also das Zusammenspiel bestimmter typographischer Faktoren unter Berücksichtigung der Lesesituation und des individuellen Lesers zu verstehen (König, 2004, S. 73). Allerdings existieren zur Bedeutung dieser subjektiven Aspekte bisher kaum Studien.

Erst in den letzten Jahren haben sich zunehmend andere Wissenschaftsdisziplinen außerhalb der Kognitionswissenschaften mit der Lesbarkeit im Sinne der Typografie beschäftigt. Vor allem im Bereich der Kultur- und Sprachwissenschaften setzt man sich zunehmend mit der Typografie auseinander. Lange Zeit wurde in diesen Wissenschaftsbereichen die Gestaltung von und mit Schrift als *Trivialitäten* abgetan (vgl. Günther et al., 1996). Erst jüngere Studien, wie von der Kulturwissenschaftlerin SUSANNE WEHDE mit dem Titel *Typographische Kultur*, haben die Bedeutung von Typografie und ihre Verknüpfung mit der sprachlich-kognitiven Ebene eines Textes mehr in den Fokus gerückt (Wehde, 2000, S. 50). Nach Wehde ist unter Typografie ein sekundäres Zeichensystem zu verstehen, welches primäre Zeichen (Laut-Sprache) abbildet bzw. visualisiert. Dabei betont Wehde die Bedeutung des Zeichens in seiner Form, d. h. Typografie visualisiert nicht nur sprachliche Zeichen, sondern trägt in seiner physischen Form bzw. Materialität zur Bedeutungskonstruktion bei. Typografie kann demnach dem Text eine weitere Bedeutungsebene hinzufügen, sofern diese wahrgenommen und *entschlüsselt* werden kann. Dabei beruht die Entschlüsselung typografischer Zeichen auf konventionellen Übereinkünften und ist kontextabhängig (ebd. S. 64–91). D. h. eine typografische Gestaltung wird von jedem Menschen anders wahrgenommen, dabei ändern sich die individuellen Wahrnehmungsgewohnheiten aufgrund kultureller, gesellschaftlicher und technologischer Veränderungen stetig. Dies betrifft auch, was der Einzelne als (nicht) lesbar interpretiert: »Viele Typografen haben behauptet, es gebe in der Typografie keine Undeutlichkeit, denn eine nicht entzifferbare Schrift sei eben keine Schrift. Diese Ansicht unterstellt jedoch, dass alle Leser zu allen Zeiten eine gemeinsame und unveränderliche Vorstellung von den Buchstabenformen gehabt hätten. Man übersieht damit die subtilen Veränderungen, die sich in jeder Lesergeneration vollziehen, indem sie durch vermehrte Konfrontation mit neuen Schriften mit diesen vertraut werden. Unsere kollektive Haltung dazu, was als eine lesbare Schrift zu bezeichnen sei, ist kein konstanter Wert: Mit jeder neuen Lektüre wird das Unvertraute vertraut.« (ebd. S. 117) Beispielsweise galten früher Antiquaschriften im Vergleich zu gebrochenen Schriften als schwer lesbar. Heute können Vertreter jüngerer Generationen diese kaum noch lesen.

Typografie und Schrift waren in den letzten Jahrzehnten einem enormen Wandel unterworfen, der u.a. durch stetige technische Innovationen geprägt war. Dabei hat nicht nur die Vielfalt der verwendeten Schriftarten erheblich zugenommen. Auch eine immer größere Vielfalt medialer Präsentationsformen stellt bisher erlernte Wahrnehmungsmuster in Frage. Gerade für ältere Menschen stellt der rasante mediale Wandel eine große Herausforderung dar, wenn sie weiterhin gesellschaftlich partizipieren wollen. Doch inwiefern prägen diese Veränderungsprozesse Wahrnehmung und Lesegewohnheiten?

Der Soziolinguist JÜRGEN SPITZMÜLLER hat hierzu eine Theorie formuliert, die untersucht, wie Kommunikationsakteure im Alltag mit grafischer Variabilität, vor allem im Bereich Typografie, umgehen. Spitzmüller geht davon aus, dass die Wahrnehmung einer typografischen Textgestaltung und ihre Bedeutung für die Lesbarkeit immer auch kulturellen sowie sozialen Veränderungsprozessen unterliegen (Spitzmüller, 2013, S. 57). Ob der typografischen Gestaltung eines Textes kommunikativer Sinn zugeschrieben, er beispielsweise als lesbar oder unlesbar empfunden wird, ist dabei abhängig von den individuellen (typo-)biografischen Erfahrungen und dem Lesekontext. Zum Beispiel werden bestimmte (ältere) Generationen mit einer typografischen Gestaltung etwas anderes assoziieren als jüngere. Menschen, die zum Beispiel mit gebrochenen Schriften lesen gelernt haben, werden diesen Schriften heute eine andere Bedeutung zuweisen als Vertreter jüngerer Generationen.

Spitzmüller fasst dieses Phänomen als *grafisches Wissen* zusammen. Demnach sind typografische Textgestaltungen sowohl in der Kommunikationsbiografie als auch in den für sie lebensweltlich relevanten kommunikativen Kontexten eines Menschen bedeutsam, sofern diesen kommunikativer Sinn zugeschrieben wird (Spitzmüller, 2013, S. 207). Er geht davon aus, dass die subjektive Bedeutung von Typografie im Kommunikationsprozess auf Basis eines geteilten kommunikativen Wissens ausgehandelt wird (ebd. S. 186—187). Dieses Wissen dient dazu, bestimmte Rezeptionskontexte zu erschließen, Werte und Einstellungen zu kommunizieren sowie gesellschaftliche Position zu beziehen.

Subjektivität als neue Perspektive für die Lesbarkeitsforschung

Jeder Mensch hat im Laufe seines Lebens Erfahrungen darüber gesammelt, wie bestimmte Texte hinsichtlich ihrer Typografie erscheinen. In der Diskussion um eine barrierefreie oder barrierearme Typografie wird dieses Wissen jedoch oft nicht berücksichtigt. In der Konsequenz werden Texte für ältere Leser gestaltet, die zwar hinsichtlich der typografischen Parameter gut leserlich sind, jedoch bisherige Lesegewohnheiten ignorieren.

Sind Schriften mit Serifen oder ohne Serifen besser leserlich? Wird die Times schneller gelesen als die Arial? Vielmehr sollte die Lesbarkeitsforschung fragen: Welche Erfahrungen bzw. welches Wissen besitzen die Leser in bestimmten Lesekontexten?

Technologische und gesellschaftliche Wandlungsprozesse haben zu Veränderungen bisheriger Wahrnehmungswelten geführt. Aus Design-Sicht stellt in diesem Wandlungsprozess, ein barriere freies Design oder »Design for all« eine konkrete Utopie bzw. Zielvorstellung dar. Standards, wie beispielsweise die DIN 1450, können Designern eine Orientierungsmöglichkeit bieten, um gut leserliche Texte zu gestalten. Allerdings können Standardisierungen gleichzeitig auch zu einer relativ pauschalen Betrachtungsweise von Nutzergruppen, insbesondere älteren Menschen, beitragen, da diese die kontextuellen und individuellen Anforderungen nicht berücksichtigen. Schließlich gilt es nicht allein, verstärkt barrierefreie Zugangs- und Nutzungsmöglichkeiten zu schaffen, um älteren Menschen einen gesellschaftlichen Anschluss zu ermöglichen. Bestimmte Assoziationen und auch Emotionen sind für die Lesbarkeit eines Textes genau so bedeutsam wie eine barrierefreie Typografie. Die empirische Lesbarkeitsforschung könnte hierfür wichtige Hinweise liefern. Jedoch setzt dies voraus, dass bisherige Ansätze um subjektive Aspekte zu erweitert werden müssen, die den Menschen mit seinen Leseerfahrungen und -gewohnheiten mehr in den Fokus rückt.

René Spitz

Die HfG Ulm und Typografie zur Wissensvermittlung

Der Typografie an der HfG Ulm wurde leider bisher noch keine erschöpfende Darstellung gewidmet. Auf den ersten Blick könnte der Eindruck entstehen, dass mit dem Verweis auf Gestaltungsraster für linksbündigen Rauhsatz mit Kleinbuchstaben aus der Akzidenz Grotesk eigentlich alles zu diesem Thema gesagt sei. Auf den zweiten Blick ergeben sich jedoch rasch Anzeichen dafür, dass die historische Wirklichkeit durch mehr Nuancen geprägt war.

Der folgende Beitrag soll einige Hinweise benennen, im Sinne einer programmatischen Skizze, die nur die Umrisse für eine an anderer Stelle zu leistende, umfassende Analyse der Typografie an der HfG Ulm formuliert.

Ein zweiter Aspekt des Beitrags wird durch das in diesem Band übergeordnete Interesse an Typografie als Instrument zur Wissensvermittlung bestimmt. Damit kommt ein charakteristisches Merkmal der HfG Ulm zur Sprache: Das Verständnis von Wissen und Wissenschaft, welches die einzelnen HfG-Akteure vertreten haben. Dass hier nicht von einer einzigen HfG-Position gesprochen werden kann, ist offenkundig, denn die Auseinandersetzungen über das Verhältnis von Design und Wissenschaft bildeten einen roten Faden der HfG-internen Kämpfe um die Ausrichtung der Institution, um ihren Lehrkörper, ihre Lehrpläne, ihre innere Organisation und ihre Außendarstellung.

Gesellschaftspolitische Grundlage: Das Ethos vernunftbasierter Wissensvermittlung

Die Hochschule für Gestaltung (HfG) Ulm oder »Ulmer Schule«, wie ihre Gründer MAX BILL, OTL AICHER und INGE AICHER-SCHOLL sie oft nannten, wurde nicht errichtet, um ein ästhetisches Defizit zu beheben. Die HfG wurde gegründet, um ein gesellschaftspolitisches Defizit zu beheben (Spitz, 2014). Es ging den »Ulmern«, über alle Differenzen und zeitliche Phasen hinweg, in erster Linie nicht darum, die von Menschen geschaffene dingliche Umwelt zu verschönern, sondern die Gesellschaft zu verbessern.

Die HfG Ulm ist nur vor dem Hintergrund dieser Motivation verständlich. Ihre Akteure haben die Konsequenzen des deutschen Nationalsozialismus und des europäischen Faschismus am eigenen Leibe erlebt. Viele Intellektuelle riefen deshalb unmittelbar nach dem Ende des Zweiten Weltkriegs die »Stunde Null« aus, den radikalen Neuanfang, der nötig sei, um eine tatsächlich neue Gesellschaft in Deutschland entstehen zu lassen: Eine Gesellschaft freier, gleichberechtigter, friedlicher Individuen. Deshalb war auch das Verhältnis der HfG-Gründer zum Bauhaus differenzierter als die Rede von der HfG als »Bauhaus-Nachfolge« ahnen lässt. Als Vehikel zur Überzeugung von Entscheidungsträgern in der Politik und Wirtschaft war die Vokabel »Bauhaus« hilfreich, weil sie eine ungefähre Vorstellung davon transportierte, mit welchen Themen sich die HfG auseinandersetzen wollte und warum dies nicht an einer bestehenden staatlichen Hochschule realisiert werden könne. MAX BILL hatte dort selbst studiert, er pflegte gute Kontakte zu einigen einflussreichen Bauhaus-Akteuren, unter anderem zu WALTER GROPIUS und JOSEF ALBERS. BILLS Position zum Bauhaus könnte als respektvolle Distanz beschrieben werden. BILL lehnte ein künstlerisch dominiertes Konzept wie am Bauhaus ab: Der Alltag sollte nicht zur Kunst erhoben bzw. in Kunst verwandelt werden, sondern die Kunst sollte aus seiner Sicht dazu dienen, den Alltag zu verbessern.

Diese Formel wurde vielfach missverstanden, offensichtlich genügte allein die Benennung der Kunst als Bezugspunkt der Auseinandersetzung mit gestalterischen Fragen, um Interpretation auszulösen, die nicht der Absicht BILLS entsprachen. Schon am 11.9.1951, also fast zwei Jahre vor dem Beginn des Lehrbetriebs in provisorischen Räumen, veröffentlichte MAX BILL seine »Gedanken zu einer Hochschule für Gestaltung« unter der Überschrift: »Bei uns kann man nicht Maler werden« in der überregionalen Tageszeitung *Die Neue Zeitung*. In einem späteren Beitrag präzisierte er: »Die Generation der ›Bauhaus‹-Meister war noch in Künstler und Techniker gespalten. Meine Generation hat jenen Typ des Gestalters hervorgebracht, für den die Kunst eine Lebensfrage ist, aber dem die Mitarbeit an den Aufgaben der Gesellschaft, an den täglich zu lösenden Problemen mit zur Lebensaufgabe geworden ist. Die Hochschule für Gestaltung in Ulm betrachtet sich als die wirkliche Fortsetzung des ›Bauhauses‹. [...] Wenn wir heute etwas weiter gehen als damals, indem wir in Ulm der Gestaltung von Gegenständen noch mehr Wert beimessen, den Stadtbau und die Planung weiter ausbauen, die Abteilung ›Visuelle Gestaltung‹ auf den heutigen Stand bringen, und schließlich eine Abteilung Information angliedern, so kommt dies aus den natürlichen Bedürfnissen unserer Zeit« (Bill, 1953, S. 59 f.).

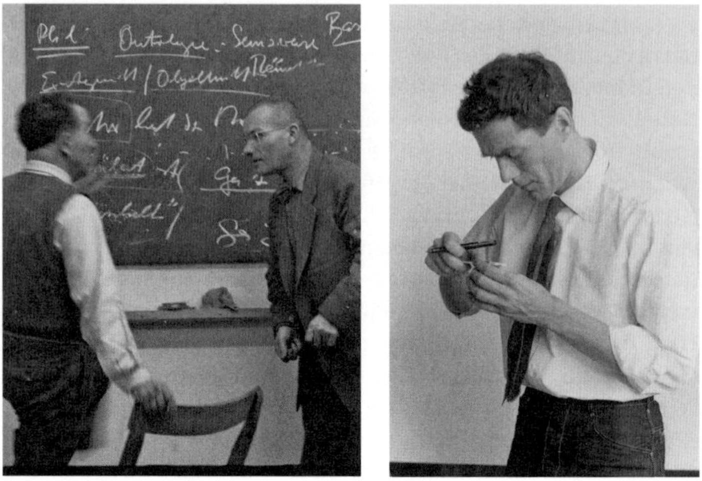

Abbildung 1: Max Bense (links) und Max Bill im Gespräch während einer Vorlesung Benses, 31. März 1954.

Diese Überzeugung teilte Bill anfangs mit Otl Aicher. Sie gingen beide von der Idee aus, dass die Vernunft die Basis aller gestalterischen Tätigkeiten sein müsse, um neue Sprache, neue Bilder, neue Botschaften und Gerätschaften für eine neue Gesellschaft hervorzubringen. Jeder Appell an das Gefühl war in ihren Augen völlig diskreditiert, weil die propagandistischen Nazi-Inszenierungen so perfide die emotionale Überwältigung der Menschen ausgenutzt hatten.

Insofern kann behauptet werden, dass jegliche typografische Aktivität der HfG zumindest tendenziell, meist aber explizit, Wissensvermittlung zum Ziel hatte, um die freiheitliche, demokratische, friedliche und emanzipierte Zivilgesellschaft in Europa zu stärken. Ulmer Themen sind aufklärerische Themen: das gesunde Frühstück, die vernünftige Fahrweise, die komplexen volkswirtschaftlichen Zusammenhänge, eine sachliche Wegführung.

Epistemische und epistemologische Dimensionen: Das Wissen und die Lehre vom Wissen

Weil die HfG auf das Ziel ausgerichtet war, einen Beitrag zur Verbesserung der Wissensvermittlung zu leisten, um vernünftige Entscheidungen in Gestaltungsfragen zu ermöglichen, lenkt dies die Aufmerksamkeit unmittelbar auf die Frage, was mit Wissen gemeint sei. Daher rührt das Interesse der Ulmer Akteure an Theorien, die sich mit dem Wissen wissenschaftlich beschäftigen, vor allem Semiotik, Informationstheorie, Kommunikationstheorie und Kybernetik. Aus dem Rückblick erläutern dies die

Abbildung 2: Otl Aicher, 18. Mai 1954. Foto: Hans G. Conrad, Copyright: René Spitz

HfG-Studenten PETER VON KORNATZKI und ROLF MÜLLER: »Ausgangspunkt der typischen Ulmer ›visuellen Didaktik‹ ist der Ansatz, Gestaltung immer als Organisation von Zeichenwelten zu begreifen. Visuelle Gegenstände wirken nach semiotischer Denkweise aber nur dann als ›Zeichen‹, wenn sie in dreifacher Weise funktionieren: syntaktisch, semantisch und pragmatisch« (von Kornatzki & Müller, 1994, S. 65).

Die Auseinandersetzung mit der Beziehung zwischen dem Sagen und Zeigen, dem Benennen und Verweisen, der Rede und dem Bild zählt deshalb zu den thematischen Konstanten in der HfG-Geschichte. Dazu nochmals prägnant VON KORNATZKI und MÜLLER: »Charakteristisch für die HfG ist auch ihr sprachlicher Apparat zur eindeutigen Kennzeichnung von Merkmalen, Sachverhalten und Tätigkeiten innerhalb der Gestaltung. Die entsprechenden Begriffe sind zum Teil der Soziologie und Philosophie, Linguistik oder Nachrichtentechnik entlehnt und spiegeln den Willen zu interdisziplinärer Denkstruktur. Vor allem aber signalisieren sie das Bemühen, Elemente wie Prozesse der traditionell subjektiven Gestaltung über klärende Bezeichnungen objektivierbar zu machen. Die HfG prägt den Begriff der visuellen Kommunikation und findet damit zugleich die Abgrenzung und das Programm innerhalb verschiedener Arten, Formen und Schwerpunkte visueller Gestaltung. Propaganda und Information, Reklame und Gebrauchsgrafik sind die Bereiche, in denen Grafik, Typographie, Fotografie, Farbe und Zeichen unterschiedliche Rollen spielen« (von Kornatzki & Müller, 1994, S. 62).

Als einer der ersten Dozenten unterrichtete der Philosoph MAX BENSE an der HfG. Er kam Anfang 1954 nach Ulm, um am Aufbau der Abteilung Information mitzuwirken.

Wenn sich Typografie auf die visuelle Gestaltung von bereits als Text vorliegenden Wörtern konzentriert, so lag BENSES Interesse auf der verbalen Gestaltung durch und mit Wörtern selbst. Dazu ELISABETH WALTHER-BENSE, die ebenfalls an der HfG unterrichtete: »Diese Vorstellung, daß das Ästhetische am Gebrauchsgegenstand verifiziert werden kann, das hatte MAX BENSE sehr interessiert. Er sagte: ›Im Grunde ist der Journalismus ja nur ein Design mit Wörtern, man wendet die Wörter genau so an, wie die anderen ihre stofflichen Materialien.‹ Und da er nun selbst sehr viel geschrieben und viele Techniken ausprobiert hat und dann die Texttheorie entwickelte, fand er das ein sehr schönes Experimentierfeld« (Wachsmann, 1991, S. 55). Die Informationstheorie Shannons und Weavers, wonach Information als Verringerung von Unsicherheit definiert wird, diente BENSE als Ausgangspunkt für die Frage, welche Konsequenzen sich daraus für die Gestaltung von verbalen Informationen ergeben.

Eine weitere wichtige Quelle bildete die Kybernetik. Mit dem Begriff der Kybernetik bringt der Wissenschaftler NORBERT WIENER Erfahrung, Wissen, Experiment in einigen Aspekten der Kommunikations- und der Informationstheorie, der Harmonieanalyse und der Neurologie zusammen. Kybernetik liefert auch eine Theorie der Maschinen. Sie untersucht diese nicht als Objekte, sondern sie untersucht das Verhalten dieser Objekte: Kybernetik fragt nicht danach, was das Ding ist, sondern was es macht. Wegen ihres Interesses am Verhalten sind für sie Aspekte der Materialbeschaffenheit irrelevant. Für Theorien zur Wissensvermittlung trägt die Kybernetik die Überlegung bei, Lernen könne dadurch erforscht werden, dass ein Ausgangs-Zustand mit einem späteren Zustand verglichen wird, um die Veränderung eines beabsichtigten Wissensstands zu messen. Weil diese Veränderung von vielfältigen Einflüssen abhängt, die nicht sämtlich gleichzeitiger und gleich starker Kontrolle unterliegen, also nicht zentral beeinflussbar sind, sei Lernen nicht linear planbar und abwickelbar – es erfordere hingegen permanente Rückmeldungen, die zu Anpassungen führen, so dass sich eher eine zirkuläre Entwicklung aus Wiederholungs- und Kontrollschleifen ergibt. Das sinnbildliche Leitmotiv zeichnet einen Steuermann am Ruder eines Schiffs, der permanent auf die nur teilweise vorhersehbaren Impulse bzw. das Feedback der Umwelt reagieren muss, um sein

Ziel dennoch zu erreichen. Er arbeitet mit begrenzten Informationen. Er trifft Entscheidungen auf der Grundlage dessen, was ihm zur Verfügung steht, um seinen Kurs zu halten. Er braucht Urteilsvermögen, um seine Entscheidungen zu treffen.

BENSE führte den dafür notwendigen Diskurs an der HfG ein: »Angeregt durch NORBERT WIENERS Buch Cybernetics (1948) hat MAX BENSE Begriffe wie Information, Kommunikation, Ordnung, Chaos und Redundanz auf ästhetische Begriffe wie Innovation und Originalität übertragen« (Walther, 2003, S. 91). BENSE erweiterte den Horizont der HfG in dieser Hinsicht nicht nur intellektuell, sondern auch personell: Er sorgte dafür, dass NORBERT WIENER im Juli 1955 an der HfG einen Vortrag über »Künstliche Grammatiken für universell anwendbare Sprachen« hielt.

MAX BENSE verließ die HfG Ulm im März 1958, als der Bruch von OTL AICHER, TOMÁS MALDONADO und INGE AICHER-SCHOLL mit MAX BILL vollzogen wurde (1965 bis 1966 kehrte BENSE noch einmal an die HfG zurück).

MALDONADO, der von BILL 1954 nach Ulm geholt worden war, und der 1955 über BILL eine Monographie veröffentlicht hatte, übernahm – um im Bild zu bleiben – die Position des Steuermanns für die Verwissenschaftlichung der HfG. Von außen gesehen erscheint, über die gesamte Dauer der HfG, eine relativ geschlossene Ausrichtung der HfG auf die Verwissenschaftlichung der gestalterischen Tätigkeit. Die Differenzen, die sich an Details festmachen lassen, treten demgegenüber in den Hintergrund: »Das Interesse von Bense und Moles an mathematischen Operationen und deren Anwendbarkeit auf den Entwurfsprozeß teilen sie mit Maldonado und anderen Dozenten, etwa Horst Rittel« (Mäntele, 2003, S. 84).

An der HfG wurden nun zunehmend Theorien herangezogen, die von der Prämisse ausgehen, dass objektive Erkenntnis möglich sei. Das führte z. B. für typografische Entscheidungen zur Annahme, dass Faktoren der Lesbarkeit eindeutig definiert werden könnten. Lesbarkeit galt als messbare Größe, vergleichbar mit Ergonomie bei Gebrauchsgütern. Die Tendenz wuchs, Design als Naturwissenschaft oder Planungswissenschaft zu verstehen und entsprechend zu modifizieren: Optimales Design wäre demnach ein zwingend kalkulatorisches Resultat am Ende eines logisch schlüssigen Prozesses. Subjektive emotionale und kulturelle Aspekte wurden nicht als zulässige Einflussfaktoren für die Bewertung gestalterischer Qualität in Betracht gezogen. Statt dessen richteten sich Layout und Schriftgestaltung bzw. -auswahl

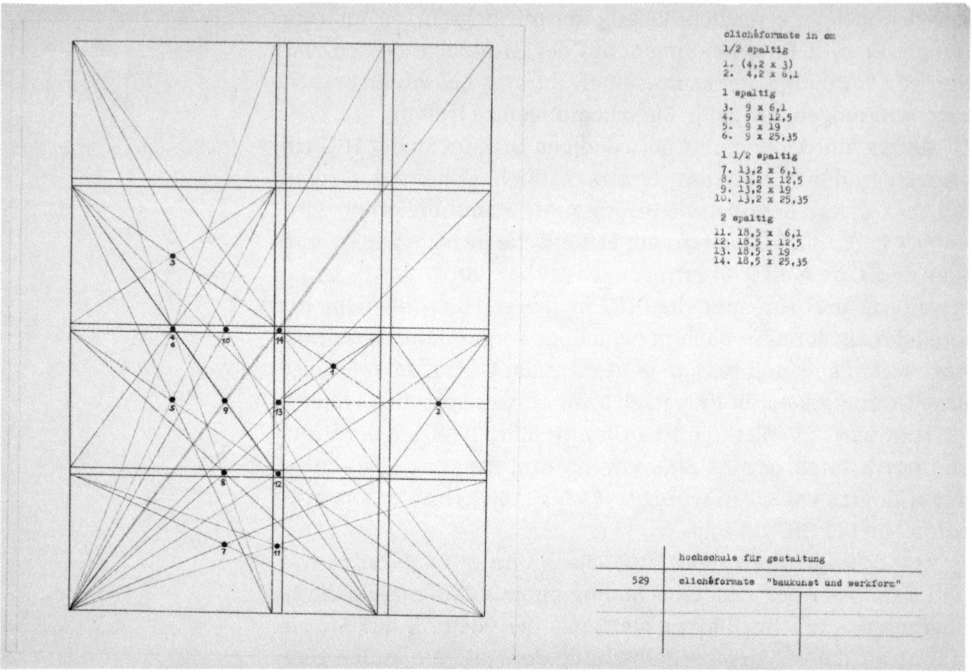

Abbildung 3:
Hans G. Conrad: Entwurf für ein Gestaltungsraster der Zeitschrift baukunst und werkform, ca. 1954.
Quelle: René Spitz.

nach »objektiv« analytisch ermittelten Zielen, um Wissen zu vermitteln (und eben nicht: um zu unterhalten, zu überraschen oder zu verführen).

Die Hinwendung zu naturwissenschaftlichen Themen und Methoden führte zur Berufung neuer Personen in den Lehrkörper der HfG. ABRAHAM MOLES, der von 1961 bis 1966 an der HfG lehrte, ist hier von besonderem Interesse. Er zeichnete den Rahmen der selbstgestellten Aufgaben, wie er sich von der Situation zur Gründung der HfG unterschied, mit folgenden Worten: »Drei Probleme ergaben sich als die Grundfragen: die Ethik des Designers gegenüber einer Verbrauchergesellschaft; das komplizierte Problem der Einführung des Rechners mit seinen damals noch sehr schwerfälligen Formen in den Entwurfs- und Designprozeß; die Rolle der Bildung in den Sozial- und Wirtschaftswissenschaften für die Erziehung eines Designers, der eher die Tendenz hatte, sich als Schöpfer von Produkten oder Architekt zu sehen, nicht als einer, der im wirtschaftlichen Zusammenhang eine Rolle spielt« (A. Moles, 1986a, S. 98).

MOLES gründete seine gesamte Lehre, die nach BENSES Abgang von der HfG prägend für die dort praktizierte Gestaltung

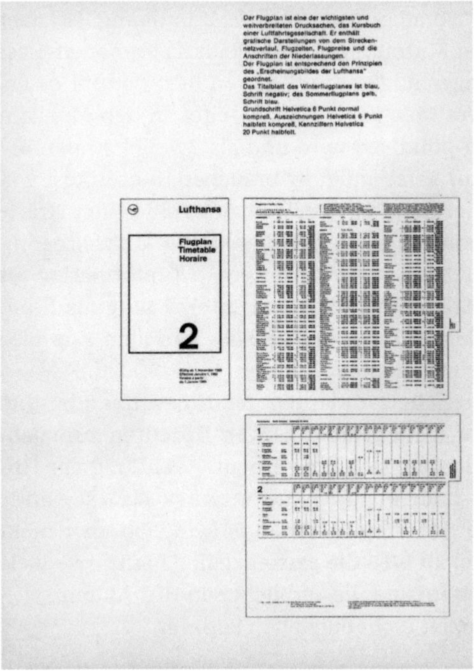

Abbildung 4: Entwicklungsgruppe 5/Otl Aicher: Entwurf für den Flugplan der Lufthansa. Quelle: Information 63, Ulm 1963.

von Informationen war, »auf die Informationstheorie und die Analyse der Komplexität, der verschiedenen Ebenen, die ein Individuum mit der Welt und den Anderen verbinden. Ich versuchte meine Forschungen in theoretische Regeln, in eine Art Doktrin zu übersetzen, die man in Frankreich gern strukturalistische Analyse genannt hat. [...] Sie alle [= die Themen meiner Seminare; Anm. d. Verf.] drehten sich um den zentralen Gedanken einer Informationstheorie der Beziehungen zwischen dem Individuum und seiner Umwelt« (A. Moles, 1986b, S. 36). Das bedeutet: Auch die Typografie dieser HfG-Phase ging von strukturalistischen Annahmen für die Gestaltung aus.

Die Kritik an dieser Position ließ nicht lange auf sich warten. OTL AICHER selbst, der die radikale Hinwendung zu naturwissenschaftlichen Ansätzen gegen MAX BILL eingeleitet hatte, revidierte seine Perspektive ab den frühen 1960er Jahren, vgl. (Spitz, 2015). Der Publizist und Publizistikwissenschaftler HARRY PROSS, Gastdozent in der Abteilung Information, reflektierte die entstandene Situation, in der verbale Informationen aus seiner Sicht unangemessen behandelt wurden: »[...] Mitteilungsfähigkeit garantiert noch nicht Verständigung. [...] Verständigung [ist] aber eher ein Glücksfall der Mitteilung. [...] Es bleibt da immer ein Rest Unsicherheit und Ungenauigkeit. Auf diesen Rest kommt es an. Er ist ein konstitutiver Mangel, der als Zweifel an den Möglichkeiten der Mitteilung praktisch wird und als Zweifel an den Bedeutungen, die wir zur Verständigung brauchen. Dieser Rest von Ungenauigkeit ist aber auch ein emotionaler Faktor, der Kräfte freisetzt oder sie lähmt, je nach den konkreten Umweltbedingungen, denen das Subjekt unterworfen ist. [...] Information als Kompensation von Erkenntnismängeln, Unterhaltung als Kompensation emotionaler Defizite sind deshalb von dem Komplex Öffentlichkeit nicht zu trennen. [...]« (Pross, 1986, S. 48 ff.).

Nach der konfliktreichen Änderung der HfG-Verfassung und der Entmachtung der nicht-gestalterischen Dozenten zum Jahreswechsel 1962/63 deutete sich eine erneute Wendung der HfG an, die in Anlehnung an KLAUS KRIPPENDORFF als »semantic turn« bezeichnet werden könnte, deren Folgen sich aber nicht mehr entfalteten, weil ab 1965 die existenzielle Finanzkrise viele Aktivitäten überschattete und die verbliebenen HfG-Akteure sich vielfach dem Sog der Zeit nicht entziehen konnten.

Ästhetische Dimensionen für die typografische Gestaltung

In der Konsequenz aus den bis hierhin erläuterten Überzeugungen ergab sich an der HfG ein relativ dichtes und schlüssiges Repertoire gestalterischer Methoden und Ausdrucksformen.

Schrift wurde als Mittel zur Information gesehen. Per se handelte es sich hierbei um einen didaktischen Zweck. Der Beschreibung des Publikums lag ein Menschenbild zugrunde, das von vernunftbegabten, an Wissensvermehrung interessierten, kritischen und aufmerksamen Personen ausgeht: Ein Publikum, das weder zerstreut noch verführt oder getäuscht werden wollte.

Als Informationsträger wurde der Schrift der Vorrang gegenüber dem Bild eingeräumt. Das Bild wurde als weniger genau und eindeutig gesehen. Insbesondere ließ sich kaum randscharf definieren, ab welchem Moment ein Bild seine Funktion als Mitteilungsträger verlor und zu einem nicht mehr legitimen Ausdruck künstlerischen Selbstzwecks degenerierte. Auch die manipulative Suggestivkraft der Nazi-Propaganda hatten die Ulmer noch vor Augen. Deshalb war Illustration verpönt, während Fotografie unterrichtet wurde – allerdings nur in der Form einer sachlichen, nüchternen, objektiven Darstellungsweise, die das technische Zeitalter angemessen zum Ausdruck bringen sollte.

Diesem Bildverständnis entsprach die Bevorzugung von serifenlosen Schriften, die als neutral, technisch und universal bewertet wurden. In der Typgrafie-Werkstatt, die ANTHONY FRØSHAUG als Dozent einrichtete und HERBERT MAESER als Werkstattmeister leitete, wurde mit der Akzidenz Grotesk gearbeitet.

Die Gestaltung von Texten hatte so zu erfolgen, dass die Typografie die Mitteilung unterstützte. Deshalb, so die These, sollte die Schrift selbst neutral sein. Sie sollte der Mitteilung keine eigenständige Aussage hinzufügen, sie sollte nicht von ihrem Verständnis ablenken (Stichwort: These der Lesbarkeit) oder sogar das Verständnis verhindern oder die Mitteilung konterkarieren. Inwiefern das Paradoxon, das sich aus diesem Paradigma ergibt, selbstkritisch diskutiert wurde, lässt sich bislang nicht eruieren. Es ist aber anzunehmen, dass die »Krise des Funktionalismus« (GERDA BREUER) schon früh in Ulm zur Sprache gekommen ist. Denn selbstverständlich handelt es sich bei einer Schrift, die als zeitgemäß, technisch und universal gedeutet wird, keineswegs um eine neutrale oder »objektive« Schrift, sondern eben um eine, die genau diese Bedeutungsebene transportieren soll.

Um die Informationen im Sinne der Mitteilung angemessen zu ordnen, galt ein Raster als notwendig. Ein Raster, das nicht nur den Seitenspiegel enthielt, sondern auch mathematisch konstruierte Zuordnungen von Texten und Bildern in Spalten und Units, wurde als sachlich-vernünftiges und systematisch-effizientes Instrument moderner Gestaltung gesehen. Der damals neue Fotosatz hätte zwar auch »eine vollkommene Unabhängigkeit von der horizontal-vertikalen Werkgerechtigkeit des Handsatzes« ermöglicht. Aber »allein aus den technischen Bedingungen in der Typografiewerkstatt heraus wäre eine solche Freiheit an der HfG kaum denkbar gewesen; eine nicht-geometrische Gestaltung hätte aber auch dem Ordnungsdenken widersprochen« (Koenig, 1991, S. 95). Präzision war an der HfG ein Ideal, das auch in der Typografie angestrebt wurde. Der Genauigkeit der Mitteilung sollte ihre formalästhetische Strukturierung entsprechen. Ambiguität und Ambivalenz waren zu vermeiden, Eindeutigkeit und Klarheit zu verwirklichen. Auch in dieser Hinsicht folgte die Typografie dem Ulmer Dogma, dass Objektivität im Sinne universaler Allgemeingültigkeit möglich und nötig sei.

Gleichzeitig lassen sich über die Dauer der HfG-Existenz einzelne Tendenzen der Schwerpunktbildung und Ausrichtung innerhalb dieses gemeinsamen Rahmens ausmachen.

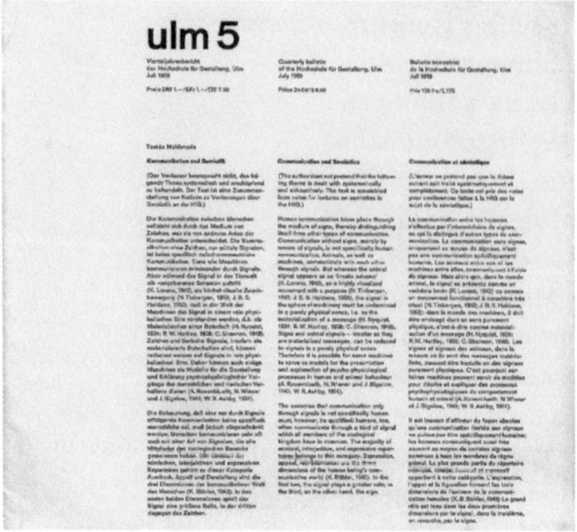

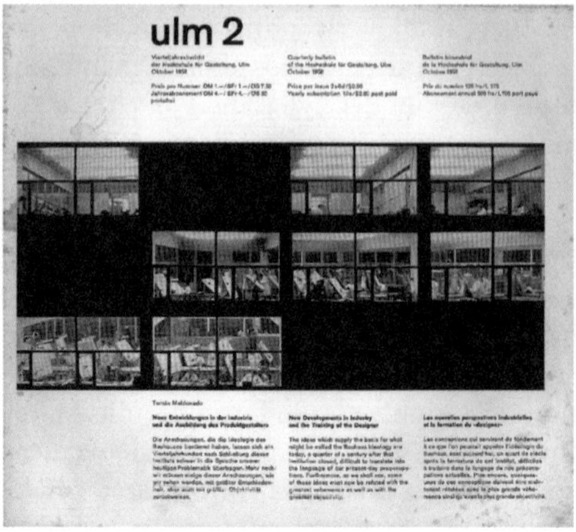

Abbildung 5: Titelseiten der Ausgaben Nr. 2 und 5 des Selbstdarstellung-Magazins ulm, gestaltet von Anthony Frøshaug, 1958/59.

MAX BILL hatte sich noch von einer Bauhaus-Typografie abgesetzt, die den Leser mit vielen Eingriffen bewusst lenken wollte. Aus seiner Sicht waren alle hinzugefügten Ornamente und Elemente wie Balken, Punkte, Linien »[...] unnötig und heute überflüssig, wenn das satzbild selbst richtig organisiert ist, wenn die wortgruppen in richtigen proportionen zueinander stehen« (Bill, 1946, S. 83). BILLS Ziel bestand darin, Lesbarkeit zu optimieren und Vollkommenheit durch Harmonie zu erzeugen: »am vollkommensten wird immer jenes satzbild sein, das die logische augenführung und die typografisch-ästhetischen notwendigkeiten in harmonischer weise verbindet. [...] funktionelle oder organische typografie [...] heißt also, daß alle faktoren, sowohl die technischen, ökonomischen, funktionellen und ästhetischen erfordernisse gleichermaßen erfüllt sein sollen und das satzbild gemeinsam bestimmen« (Bill, 1946, S. 83).

Nach dem Bruch mit MAX BILL holte TOMÁS MALDONADO im Juli 1957 den englischen Typografen ANTHONY FRØSHAUG an die Ulmer Schule. Er blieb bis zum Frühjahr 1961 und verantwortete in dieser Zeit nicht nur die Gestaltung der ersten fünf Ausgaben der HfG-Selbstdarstellungszeitschrift »ulm« in quadratischem Format. Seine Arbeiten entsprechen exakt dem Vorstellungsbild vermeintlich typisch Ulmer Typografie. »The design of Ulm suggests an accomodation between Froshaug's typography of meaning, of semantic disposition, and the Swiss-German typography of formal order. [...] Froshaug was emphatically not, and never could be, a ›Swiss typographer‹, as we now understand this term« (Kinross, 2001, S. 27). FRØSHAUG legte Wert auf die semantischen

Aspekte der Typografie. An seinen ulm-Heften macht sich das zum Beispiel daran bemerkbar, dass die längste Textspalte der drei Sprachen Deutsch, Englisch und Französisch den Umbruch der parallel gesetzten Textabschnitte bestimmte. FRØSHAUG gestaltet dadurch den Kontext nicht mehr nur in der Horizontalen, sondern auch in der Vertikalen.

OTL AICHER definierte 1963 in der Selbstdarstellungs-Broschüre seiner Entwicklungsgruppe E5 die zeitgemäße Tätigkeit des Entwerfens als Entwicklung eines Ordnungsinstruments, die an die Stelle der Bewertung subjektiver Kompositionen getreten sei. Der Typografie kam darin eine entscheidende Rolle zu. Eine charakteristische Aufgabe aus seinem Unterricht lautet wie folgt: »Die typografischen Probleme bei Zeitungen und Zeitschriften sind primär durch den Umbruch bestimmt: Die richtige Zuordnung von Texten untereinander sowie von Bild und Text. Die ästhetisch-kompositorische Betrachtung – ob konventionell oder modern – reicht nicht aus, Verfahrensmaßstäbe zu schaffen. Für jeden Umbruchfall ist ein Schema zu entwickeln, das alle Umbruchelemente, nämlich Zeile, Spalte, Bild, Titel, Legende und Marginalien so genau fixiert, daß sie insgesamt austauschbare und beliebig kombinierbare Einheiten ergeben. Die dadurch erreichte Zuordnung ergibt ökonomische Vorteile (Rationalisierung) sowie Grundlage für eine präzisere ästhetische Bestimmung. Vorweg sind die funktionellen Bedingungen der Lesbarkeit, der Leserichtung und der Übersichtlichkeit zu erfüllen« [OTL AICHER, Aufgabenstellung 1962, nach (Aicher, 1987, S. 151)].
Ein wenig überraschend klingt vor diesem »Prinzip, dass Gestaltung unter anderem die Strukturierung und Erzeugung von Ordnung ist« (Quijano, 2003, S. 66), die Beobachtung, dass in den Übungen für die Studenten der syntaktisch-strukturierende Aspekt den semantischen Aspekt dominierte, obwohl in der Theorie die Typgrafie der Mitteilung dienen sollte. »Studenten aus der Visuellen Kommunikation [...] arbeiteten in der Regel mit Blindtexten. In sorgfältig, konsequent mit Rastern gestalteten Broschüren und Layouts für Reportage ist die Sprache auf ihre visuelle Gestalt reduziert, auf eine Ansammlung gut geschnittener Buchstaben, die in einem ästhetisch ausgewogenen Verhältnis zur weißen Papierfläche stehen. 1960 erklärt CLAUS WILLE in seiner Diplomarbeit, einer Ausstellung über die HfG auf der Mailänder Triennale: ›Als Darstellungsmittel der Sprache dient die Schrift der Wiedergabe von Bezeichnungen und der präzisierten Beschreibung des meist bereits visuell Dargebotenen. Gegenüber

dem unmittelbar visuell Wahrnehmbaren besitzt die Schrift erhebliche Nachteile hinsichtlich der schnellen Erfassbarkeit und Attraktivität‹« (Wachsmann, 1991, S. 63).

Der letzte starke Impulsgeber an der HfG, HERBERT KAPITZKI, hat anscheinend dieser Tendenz entgegengesteuert. Ab 1964 war KAPITZKI Dozent der Abteilung Visuelle Kommunikation, ab 1965 ihr Leiter: »[...] aus dem Unterricht von HERBERT KAPITZKI, der seit 1965 die Abteilung Visuelle Kommunikation leitete, gibt es eine Reihe von Beispielen dafür, daß Text und Bild nicht nur eine ästhetische, sondern auch eine inhaltliche Einheit bildeten« (Wachsmann, 1991, S. 65).

Weitere Hinweise zur Vertiefung des Themas finden sich in (Aicher, 1963a); (Aicher, 1963b); (Aicher, 1987); (Bense, 1956); (Bill, 2008); (Bonsiepe, 1968); (Bosshard & Hochuli, 2012); (Eisele & Naegele, 2012); (Fleischmann, 2005); (Frøshaug, 1959); (Frøshaug, 2000); (Krampen, 2000); (Mavignier, 2010); (A. A. Moles, 1971); (Rattemeyer & Helms, 1990); (Rinker, Quijano, & Reinhardt, 2003); (Weidner & Rader, 2012).

Didaktische Typografie

Christina Bugge

Eine buchstäbliche Lesehilfe. Gestaltete Lesbarkeit für die kindliche Sprach- und Sprechtherapie

Als Gestalter hat man die Möglichkeit, auf fast alle Faktoren Einfluss zu nehmen, welche beim Lesen wahrgenommen werden. Mein Ziel war es, sie auf die Bedürfnisse bestimmter Sprach- und Sprechdefizite abzustimmen. Nach der theoretischen Auseinandersetzung mit dem Leseprozess und dessen Einflussfaktoren entstand in der praktischen Umsetzung meiner Masterarbeit an der Fachhochschule Potsdam ein ganzheitliches typografisches Lernkonzept für Kinder ab dem 8. Lebensjahr, einzusetzen im Rahmen einer logopädischen Behandlung. Betreut wurde die Arbeit von PROF. BETINA MÜLLER und PROF. LUC(AS) DE GROOT.

Bevor ich das edukative Konzept der Übungsbücher-Serie mit dem Titel »Buchstabenerforschung« umreiße, möchte ich die Tätigkeit des Logopäden näher beschreiben und damit den Rahmen der Verwendung der Übungsbücher präzise identifizieren.

Der Begriff Logopädie leitet sich aus dem griechischen ›logos‹ (Wort) und ›pädein‹ (lehren, erziehen) ab. Die Intention der Logopäden und der von ihnen gestalteten Therapie ist es, die Kommunikationsfähigkeit wiederherzustellen oder sie auf ein verbessertes Niveau zu bringen. Logopäden erleichtern *das Teilhaben an unserer Kommunikations- und Wissensgesellschaft.* Sie befassen sich mit Personen jeden Alters, deren Sprach- oder Sprechfähigkeit aufgrund diverser Ursachen gestört ist. Stottern, Poltern, Lispeln, Sprachverlust nach einem Schlaganfall – das Spektrum des Logopäden ist überaus vielschichtig. Da kein Fall wie der andere ist, müssen die Methoden *für jeden Patienten individuell* angepasst werden. Im Rahmen einer Hospitation sagte eine Lehrlogopädin zu mir, die Artikulationsstörungen betreffend: »Jedes Kind denkt sich noch etwas aus. Es gibt so viele phonologische Störungen wie es Kinder gibt.«. Der Großteil der Logopäden spezialisiert sich aufgrund der Bandbreite des Behandlungsbereiches im Laufe seines Werdegangs.[1]

Ich habe mich in meiner Arbeit auf die kindliche Sprach- und Sprechtherapie konzentriert, und innerhalb dessen auf die Störungen, die auch im Grundschulalter noch behandlungsbedürftig sind.

1 Vgl. Kompetenzzentrum Logopädie (Kompetenzzentrum Logopädie in Berlin Pankow, 2017)

Das Konzept

Wird bei einem Kind eine Sprach- oder Sprechstörung diagnostiziert, erhält es ein Rezept über zehn Sitzungen in einer logopädischen Praxis. Der Logopäde verfügt nun über ein Zeitfenster von durchschnittlich 35–45 Minuten pro Patient in einer Sitzung. Für einen therapeutischen Erfolg reicht dieser Zeitraum nicht aus. Neurowissenschaftler empfehlen hier kurze, tägliche Übungen über mehrere Wochen hinweg. Eltern und Erzieher stehen in der Pflicht, auch über die Therapiesitzungen hinaus das Kind zu fördern und bekommen Anleitungen für Hausaufgaben und Übungen für den Alltag. An dieser Stelle sehe ich die Integration eines Übungsbuches für Zuhause. Anstatt mehrerer unpersönlicher und zusammenhangsloser Einzelkopien bekommen Eltern und Kinder ein kompaktes Werk, welches alles beinhaltet, was sie wissen müssen und für einen positiven Verlauf der Therapie benötigen.

Das typografische Lernkonzept stellt den Buchstaben mit all seinen Eigenheiten und Facetten in den Vordergrund. Aufwändige Illustrationen und Bilder werden zugunsten der *Reduktion auf das Wesentliche* ausgespart. Insgesamt führen 15 kleine Übungen, die ein- oder mehrmals erledigt werden können, durch jedes Buch. Leichte und schwierige Übungen sind durch farbige Sprechblasen gekennzeichnet, sodass sich das Kind Herausforderungen stellen kann, aber nicht Gefahr läuft, überfordert zu werden. Die einzelnen Aufgaben arbeiten mit Wortspielen, Gedichten und kleinen Geschichten, die typografisch so ausgezeichnet wurden, dass sie den *Leseprozess erleichtern* und das *jeweilige Defizit berücksichtigen.* Für diesen Zweck habe ich Texte und Aufgaben bestehender Materialien aus logopädischen Praxen, Fachbüchern und Kinderbüchern, Rhetorik-Ratgebern und Logopädie-Foren neu aufbereitet und in mein Konzept integriert. Ich kombiniere dabei verschiedene Lesearten. Die Typografie leistet damit eine *typografisch-gestalterische Hilfestellung* beim Erfassen der Zeichen. Entsprechende Buchstaben-, Wort- und Zeilenabstände wurden Seite für Seite der Aufgabe entsprechend angepasst und führen so zu einem besseren Verständnis. Wortbilder und Sinnzusammenhänge können so *intuitiver erfasst* werden. Eine Kombination aus Atemübungen, Sprechübungen, sprechrhythmischen Übungen und Entspannungstechniken soll die Freude an der Sprache zurückbringen und Kommunikationsängste lindern.

Ein handliches Format (150 × 215 mm) mit schmalen Spalten wurde gemäß dem *Blickfeld eines Kindes* ausgewählt. Kleine Textmengen und ausreichend Weißraum um einzelne Passagen schaffen ein strukturiertes Layout. Das Lernkonzept bedient sich einer mehrteiligen Struktur. Die Übungsbücher gliedern sich in sechs Teilbereiche, vom ›Kleinen‹ ins ›Große‹ (Buchstabe, Laut, Silbe, Wort, Satz, Alltagssprache). Auf allen Ebenen werden die An-, In- und Auslaute einzelner Worte betrachtet. Die Ebenen werden dabei möglichst gleichbehandelt, wobei der Ebene ›Alltagssprache‹ eine besondere Gewichtung zukommt, da der Transfer in diese Niveau-Stufe für das Kind die schwierigste Hürde darstellt. Eine Logopädin erklärte mir, dass ein Kind fehlerfrei zwei Seiten HARRY POTTER lesen kann. Wird es anschließend gebeten, die Geschichte frei weitererzählen, ist der Artikulationsfehler plötzlich wieder vorhanden, obwohl er beim Vorlesen völlig verschwunden war.

Die Schrift ist der *Primär-Stimulus des Schriftbildes* und bedarf einiger grundsätzlicher Überlegungen. Die Struktur des Buches ist durch zwei Ebenen definiert: Eltern/Pädagogen und Kinder. Diese Teilung wird durch die Verwendung von zwei Schriften visualisiert. Die Grotesk ›Sassoon Infant‹ gibt an, welche Inhalte von den Erwachsenen vorgelesen werden. Die Antiqua ›The Antiqua B‹ zeigt den Kindern ihre Texte. Diese Form der Elternpartizipation ist wichtig, damit die Kinder alles richtig verstehen und auch die Erwachsenen einen Erkenntnisgewinn davontragen, beispielsweise das Verständnis für Schriftunterschiede und deren Funktionen.

Die ›Sassoon-Fonts‹ wurden speziell für Kinderbücher und Unterrichtsmaterialien entwickelt. Mit ihren charakteristischen Rundwenden (Häkchen) an den ›Füßen‹ der Zeichen erinnern sie stark an die ›Grundschrift‹, die derzeit von ausgewählten Schulen erprobt wird. Diese ›Häkchen‹ übernehmen die Rolle der Serifen und visualisieren die Ausrichtung der Zeichen. Alle Zeichen sind so durch ihre individuelle Form eindeutig voneinander unterscheidbar. Zudem verfügt die Schrift über längere Ober- und Unterlängen als üblich. Sie trennen beispielsweise |n| stärker von |h|. Für die Entwicklung der Sassoon-Schriftfamilie forschte ROSEMARY SASSOON zwei Jahre lang mit Kindern und näherte sich durch deren Handschrift dieser Schriftform an. Die ›Sassoon-Fonts‹ werden heute weltweit für die Vermittlung von Phonetik, Lesen und Schreiben eingesetzt.[2] ›The Antiqua B‹ von LUC(AS) DE GROOT tritt diesem Font gegenüber. Er zeichnet sich durch einen hohen Lesekomfort, ein breites Spektrum an Schnitten (14 Schnitte von Light bis Black) und keilförmige Serifen aus.

2 Vgl. Rosemary Sassoon: Sassoon Fonts (Sassoon® fonts – for Schools, Teachers, Parents, Publishers, Designers products, 2016).

Abbildung 1: Übungsbücher-Serie: Die Cover zeigen jeweils einen Ausschnitt des thematisierten Lautes.

Abbildung 2: Lautbewusstsein: Übungen zur Lautbildung.

Um Kindern und Eltern die Unterschiede der Zeichenformen vor Augen zu führen, wählte ich diese beiden Schriften. Indem ich sie andersherum verwende als gewohnt, möchte ich aufzeigen, dass Kinder in der Schriftwahl grundsätzlich keine andere Behandlung benötigen als Erwachsene. Der Trugschluss, die »einfache Schrift« (z. B. Futura, Arial) wäre einfach zu lesen, ist weit verbreitet. Dass die Einfachheit der Zeichen ihnen die Unterscheidbarkeit nimmt, ist den meisten Menschen ohne Typografie-Kenntnisse nicht bewusst. Die starke *Homogenität der Buchstaben sowie ihrer Binnenräume* führt zur Verwechslung der Zeichen. Da hier beide Schiften gut lesbar sind, und auch die scheinbar »einfachen Formen« der Sassoon durch die Rundwenden an den Füßen der Zeichen als individuelle Formen eindeutig voneinander unterscheidbar sind, könnte ich die Systematik auch umdrehen. Das große Spektrum der Schriftschnitte der The Antiqua B erleichtert jedoch das vielseitige typografische Arbeiten innerhalb der Übungen.

Mit diesem Lernkonzept verfolge ich das Ziel, das *Verständnis für den Buchstaben oder die Buchstabenfolge zu verfeinern, das Lautbewusstsein zu fördern sowie die Artikulation zu verbessern.* Im übertragenen Sinne sind das Vorlesen, das eigenständige Lesen sowie das Spiel mit den Lauten meine Werkzeuge. Vorlesen fördert die Vorstellungskraft und sensibilisiert für das Gehörte. Das eigenständige Lesen stärkt das Selbstbewusstsein und fördert die intellektuellen Fähigkeiten. Das Spiel mit den Lauten weckt den Ehrgeiz und erzeugt Freude und Motivation.

Ganz bewusst habe ich mich für ein klassisch-analoges Lernmaterial entschieden. Es bietet durch wenig Ablenkung die höchste Aufmerksamkeitsspanne. Auch wenn wir in einer ›digitalen Welt‹ leben, sind die analogen Medien keinesfalls obsolet. Die

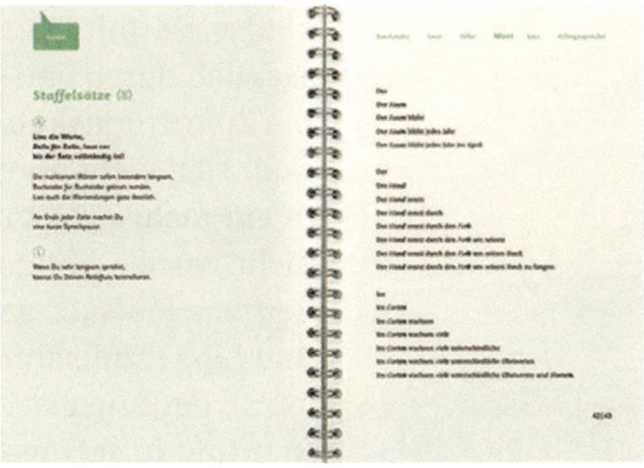

Abbildung 3: Kapitelaufmacher: Sie erinnern an die richtige Sprechweise und fordern zum Pausieren vor der nächsten Etappe auf.

Abbildung 4: Poltern: Um dem hastigen Sprechtempo vorzubeugen, werden Silben durch Höhenunterschiede voneinander separiert.

stabilisierende Qualität eines Buches kann einen positiven Effekt auf die Konzentration haben. Zudem sollen Eltern und Kinder die Übungsbücher überall ohne den Einsatz von Technik nutzen können. Die Rahmenbedingungen der Lesesituation, einschließlich des Leseortes, können so ganz individuell bestimmt werden. Eine digitale Ergänzung in Form einer kindgerechten ›Mobile Application‹ halte ich allerdings durchaus für sinnvoll, um einen zusätzlich motivierenden Unterhaltungsmoment zu kreieren.

Das Übungsbuch S[15] und Sch[15] zum Übungslaut |S| bzw. |SCH|

Die häufigsten Fehlbildungen im Deutschen betreffen die Zischlaute |S| und |Sch|. Beim sogenannten ›Sigmatismus interdentalis‹ (Lispeln) schiebt der Patient die Zunge zwischen die Zähne und erzeugt einen Laut, der dem im englischen vorkommenden |th|, sehr nahekommt. Es hat sich ein falscher Bewegungsablauf manifestiert.[3] Heute lispeln fast 40 Prozent aller Vor- und Grundschulkinder. Nur wenige Kinder korrigieren die Lautfehlbildung selbständig.[4]

Erfolgt eine Logopädie-Verordnung auf Grundlage eines Befundes, beispielsweise eine sogenannte ›myofunktionelle Störung‹ mit Verdacht auf Sigmatismus, führt der Logopäde in einem ersten Schritt eine systematische Befragung mit einem Elternteil (Anamnese) durch. In der anschließenden Diagnostik wird der genaue Befund, beispielsweise ein offener Mund als Folge der reduzierten Lippenkraft oder ungeschickte Zungenmotorik, festgehalten.

Unter einer myofunktionellen Störung versteht man ein grobes Muskelungleichgewicht der Zungen- und Lippenmuskulatur, aber auch weiterer Gesichtsmuskeln. Von einer Logopädin erfuhr ich mögliche Auslöser für dieses Störungsmuster. Hat ein Klein-

3 Vgl. Deutscher Bundesverband für Logopädie e. V. (Artikulationsstörungen, 2013).

4 Vgl. Anita Kittel: Myofunktionelle Störungen (MFS) und »Lispeln« (Lispeln / MFS – Home, 2017).

kind viele Infekte mit einer verstopften Nase, atmet es hauptsächlich durch den Mund. Die Zunge liegt dabei schlaff im Mund. Die Zungenmuskulatur wird so zu wenig beansprucht und entwickelt sich nicht altersgemäß. Ein anderer Störungsauslöser könnte ein nicht optimales Fütter-Verhalten sein. Wenn ein Säugling nicht gestillt, sondern mit einem Fläschchen mit einem zu großen Saugaufsatz gefüttert wird, baut sich die Kiefer-, Zungen-, und Lippenmuskulatur nicht optimal auf. Im Vergleich zum Stillen an der Brust ist zu wenig Kraftaufwand notwendig, um an die Nahrung zu gelangen. Die *Gesichtsmuskulatur gerät in ein Ungleichgewicht.* Eine myofunktionellen Störung äußert sich sehr häufig in Artikulationsstörungen der Zischlaute.

Der Logopäde beginnt mit einer Therapie, die die entsprechenden Muskeln trainiert. Es folgen verschiedene Therapieansätze, die in unterschiedlichen Intensitäten das Schluckverhalten, die gesamte Körperhaltung und Koordination, die Normalspannung der Gesichtsmuskulatur (Eutonisierung), die Atmung, das Saugen und das Kauen etc. mit einbeziehen. Je nachdem wie ausgeprägt und verfestigt das Muskelungleichgewicht des Kindes ist und sich die einzelnen Übungen auf die Muskelketten auswirken, setzt nun die Artikulationstherapie ein. Der richtige Laut wird nun angebahnt, anfangs isoliert im Wechsel mit der Zungenruhephase (Sss […] Ahh […] Sss […]). An diesem Punkt der Therapie kann das Übungsbuch für die Trainingseinheiten zuhause zum Einsatz kommen. Von nun an werden die Übungen in der Therapiesitzung immer komplexer. Für die zusätzlichen Übungen in den eigenen vier Wänden dient die Übungshierarchie des Buches als ›Fahrplan‹. In Abstimmung mit dem Logopäden kann zur nächsten Etappe übergegangen werden. Aus kurzen Worten werden mit der Zeit längere, bis sie ganz hochfrequent in Sätzen eingesetzt werden. Um den entsprechenden Laut, das stimmhafte bzw. das stimmlose |S| bzw. |Sch| zu üben, wird er zu Beginn der Therapie übertrieben deutlich artikuliert und sehr lang gezogen. Zum Ende wird diese unnatürliche Betonung wieder zurückgenommen. Diese Methode setzte ich in entsprechende Übungen um.

Das Übungsbuch R^{15} zum Redefluss (Stottern)

In Deutschland sind über 800.000 Menschen zu unfreiwilligen Pausen oder Wiederholungen von Lauten, Silben oder ganzen Worten gezwungen.[5] Sehr häufig sind die Vokalanfänge die Problemauslöser, bei denen die Sprechbewegung für einen Moment

5 Vgl. Bundesvereinigung Stottern & Selbsthilfe e. V., (Stottern, 2017).

völlig steckenbleibt. Die Hör- und Leseübungen des Übungsbuches für Stotterer dienen dem *Abbau von Ängsten* vor bestimmten Wörtern und Lauten. Es geht stets darum, den angestauten Druck zu nehmen. Durch die Verminderung des Sprechtempos oder gezielt platzierte Pausen soll die Aufmerksamkeit von den problematischen Lauten gelenkt werden, sodass nach mehrmaliger Wiederholung eine *Desensibilisierung* erreicht werden kann. Dabei wird mit allen Lauten, nicht nur mit den fehlerhaften, geübt.

Der Psychologe THOMAS RUDOLF rät aufgrund der kommunikativen Verantwortlichkeit zu Übungen mit Fantasiesprache: »Wenn ich beim Sprechen für nichts verantwortlich bin, gibt es auch keinen Grund zu stottern.«.[6] Eine Übung mit den sogenannten ›Quatschwörtern‹ erzeugt zudem Selbstbewusstsein, da das Kind spürt, dass es flüssig sprechen kann. Eine Logopädin berichtete mir weiterhin, dass sie das »weiche, gedehnte Sprechen« betonen würde. Sie sagt ihren Patienten: »Sprich ganz langsam, dann kannst du es kontrollieren«. All diese Verfahrensweisen setzte ich in den Übungen zum Stottern um.

Das Übungsbuch R[15] zum Redefluss (Poltern)

Poltern zeigt sich in schnellem bzw. unregelmäßig schwankendem Sprechtempo. Es treten dabei Auslassungen, Verschmelzungen und artikulatorische Veränderungen von Lauten, Silben, Wörtern und Phrasen auf. Der Betroffene ist somit schwer zu verstehen, verfügt aber im Vergleich zum Stotterer über keinerlei Störungsbewusstsein. Zu dem übermäßig beschleunigten und hastigen Sprechtempo kommt eine undeutliche und verwaschene Artikulation.[7] Das Sprechen wird von einem polternden Kind dennoch nicht als Problem gesehen, da die Gedanken nur so heraussprudeln.

Mit Hilfe des Übungsbuches soll das Kind systematisch daran erinnert werden, dass die einzelnen Bestandteile eines Wortes allesamt wichtig für das Verständnis sind. Beim Lesen, Schreiben und Sprechen dürfen keine dieser Elemente ausgelassen werden. Die typografischen und gestalterischen Parameter bieten mehrere Möglichkeiten der Visualisierung dieser Methodik. Ich separierte die Silben durch Weißräume, Höhen- und Größenunterschiede voneinander. Dazu kommen Übungen zur Atmung sowie zur allgemeinen Artikulation durch eine überdeutliche Betonung einzelner Laute, ähnlich wie in der Lispel-Therapie.

6 Thomas Rudolf: Das Stotterer-Training gegen Stottern (Stop Stottern, 2008).

7 Vgl. Deutscher Bundesverband für Logopädie e. V. (Poltern, 2013).

Abbildung 5: Buchstruktur: Exemplarische Doppelseiten des Übungsbuches R^{15} zum Redefluss (Stottern).

Schlussbetrachtung

Im Rahmen einiger Gespräche mit Logopäden und Pädagogen, die die Bücher teilweise monatelang testeten, bestätigten sie mir, dass sie als Ergänzung zu den bisher verwendeten Bildmaterialien in der logopädischen Therapie sehr gut eingesetzt werden können. Auf diese Weise würden die Kinder mehrkanalig lernen. Es ist wichtig, dem Kind zu zeigen, dass die Schriftsprache unterschiedlich repräsentiert werden kann. Über die Varianten der typografisch-gestalterischen Darbietung kann die Therapie so unterstützt werden.

Die derzeit erhältlichen therapiefördernden Materialien vermitteln Sprache in Form von Bildern und Illustrationen. Für Kinder jeden Alters gibt es Bildkarten in diversen Ausführungen. Abbildungen, die zum Sprechen animieren sollen, finden sich auf Würfeln, Memory-Karten oder Brettspielen. Schriftsprache taucht hier nur ganz vereinzelt auf. Es sind einzelne Worte, meist in einer Groteskschrift gesetzt und viel zu groß abgebildet. Arbeitsblätter sind oft völlig überladen. »Hier noch ein Rabe, der dir helfen soll, da noch eine Biene, die dir das |S| vorsummt.«, beklagen sich die Logopäden. Als würde man den Buchstaben allein nicht vertrauen, muss alles durch Bilder ergänzt und zusätzlich abgesichert werden. Es lassen sich nur sehr wenige Ausnahmen finden.

In einer Broschüre des Ersten Österreichischen Dachverbandes Legasthenie, in der Schriftarten für legasthene Menschen vorgestellt werden und ihr Einsatz in Verlagen beurteilt wird, heißt es: »Im deutschsprachigen Raum gibt es nichts dergleichen.

Es gibt Bücher für Leseanfänger und Bücher mit farbigen Silben. Allerdings sind diese Bücher alle in der Fibelschrift gesetzt.«[8]. Dass diese Schrift weder für Leseanfänger noch für legasthene Kinder oder Kinder mit einer anderen Sprach- oder Sprechstörung geeignet sind, wurde bereits dargelegt. Dennoch wird sie diesen Kindern immer wieder vorgesetzt. Es heißt dann, Serifen würden ablenken oder die Schrift unaufgeräumter wirken lassen. Bevor man die Vorteile der Serifen benennen kann, wird der Aspekt der Gewohnheit proklamiert. Die Gewöhnung an bestimmte Schriftformen wird oft als Vorwand genutzt, andere Fonts nicht anzunehmen. Gerade Leseanfänger sind aber noch nicht stark an Gewohnheiten in den Repräsentationsformen der Schriftsprache gebunden. Die Instanz der Grundschule sorgt hier zwar für die ersten Erfahrungen mit den serifenlosen Repräsentanten, das kindliche Gehirn ist aber fähig, sich schnell umzugewöhnen und neue Formen anzuerkennen.

Die Sprach- und Sprechstörungen haben in den letzten Jahren, vor allem im Kindes- und Jugendalter, zugenommen. Aufgrund von Vorurteilen wird bei den Betroffenen schnell auf eine geringe Intelligenz geschlossen. Nicht selten kommt es vor, dass sie ausgegrenzt werden. Demzufolge wird es höchste Zeit, dass die Kommunikation zwischen den Disziplinen ausgebaut wird. Gestalter und Logopäden können voneinander profitieren. Die Experten der Kommunikationsstörungen kommunizieren widersprüchlicherweise derzeit zu wenig mit den Spezialisten des Kommunikationsdesigns. Dabei könnten Kinder, und nicht nur die, welche sich in einer logopädischen Behandlung befinden, aus dieser Symbiose ihren Nutzen ziehen.

8 Erster Österreichischer Dachverband Legasthenie: Schriftarten für legasthene Menschen S. 28. (Dyscalculics, 2013).

Clemens-G. Göller

Hands on Handouts

Didaktik und Fachdidaktik

Didaktik beschäftigt sich in einem umfassenden Sinn mit allen Fragen des Lehrens und Lernens. Die Allgemeine Didaktik gehört innerhalb der Wissenschaften zur Erziehungswissenschaft und innerhalb dieser Disziplin wiederum zum Bereich der Schulpädagogik.[1] Unterricht ist dadurch gekennzeichnet, dass von Seiten der Unterrichtenden der Versuch unternommen wird, »[...] eine Erweiterung des gegebenen Wissens-, Kenntnis- und Fähigkeitsstandes auf Seiten des bzw. der Unterrichteten hervorzurufen [...]«[2] – dies erfolgt im Kontext von Schule mit pädagogischer Absicht, in planmäßiger Weise und innerhalb des institutionellen Rahmens in Form von Berufstätigkeit.

Während sich die Allgemeine Didaktik auf grundsätzlicher Ebene mit Voraussetzungen, Prozessen und Ergebnissen von Lehren und Lernen auseinandersetzt, spricht man von Besonderer Didaktik, wenn Fragen in speziellen Bereichen anstehen.[3] Die Fachdidaktik ist eine Schnittmenge von Allgemeiner Didaktik und Fachwissenschaft. In der »Kunstdidaktik« ist der Frage nach einer adäquaten Methodik in schulischer sowie außerschulischer Vermittlung fachwissenschaftlicher Erkenntnisse nachzugehen, die Architekturtheorien, Designtheorien und Kunsttheorien beinhaltet. Innerhalb der Lehrpläne allgemeinbildender Schulen in Österreich trifft das insbesondere auf das Unterrichtsfach »Bildnerische Erziehung« zu. Fachdidaktische Kompetenz besteht hier darin, Transferprozesse in Gang zu bringen, bei denen gestalterisches Wissen Hand in Hand mit pädagogischem Handeln gehen.

Visuell erfahrbare Kunstdidaktik

Wenn eine Lehrperson Handouts produziert, so schließt dies neben der Notwendigkeit einer didaktischen Gestaltung auch die visuelle Gestaltung mit ein und macht somit die Brückenfunktion der Fachdidaktik visuell erfahrbar. Der Begriff Handout soll im Folgenden als weit gefasst verstanden werden und vielfältige Formen der visuellen Informationsaufbereitung bezeichnen, die – und das ist der entscheidende Aspekt – von Lehrpersonen selbst gestaltet wurden und im Unterricht ausgehändigt werden.

1 Vgl. (Terhart, 2009, S. 133).

2 Vgl. ebd.

3 Vgl. (Terhart, 2009, S. 99).

Es handelt sich in Unterscheidung zu anderen Unterrichtsfächern in der sogenannten Kunstdidaktik nicht ausschließlich um die Bemühung einer adäquaten Form für den zu vermittelnden Bildungsinhalt, um Lehr-Lern-Prozesse lern- und bildungswirksam zu gestalten, sondern diese Form selbst wäre noch einmal als eigener Inhalt ästhetischer Bildung zu betrachten und zu analysieren. Der bestehende Zusammenhang zwischen der visuellen Präsentation von Lerninhalten und erfolgreichem Lernen wurde bislang wenig erforscht.[4] Insbesondere in einem Unterricht, der sich der Auseinandersetzung mit der visuellen Umwelt verschreibt, sollte dieser Zusammenhang aber im Bewusstsein der Unterrichtenden verankert sein.

Gestalterische Kompetenz ist mehr als didaktische Reduktion

Die erste Begegnung mit Handouts hat man meist im Kontext von Lernprozessen. Während man sich als Schülerin bzw. Schüler zunächst noch in konsumierender Rolle befindet, wird man zu einem späteren Zeitpunkt seiner Schullaufbahn selbst etwas Vergleichbares erstellen müssen. Es ist in diesem Zusammenhang wahrscheinlich, aufgefordert zu sein, dem vorangegangenen Beispiel der Lehrperson zu folgen und sich, je nach persönlichem Engagement in der Gestaltung, dem annähern zu wollen, was durch die Lehrperson im Vorfeld als Leitbild fabriziert wurde. Nachfolgende Handouts werden diesem Schema weitgehend folgen, wenn sich dieses als praktikabel erweist, denn soziales Lernen besteht schließlich unter anderem aus Beobachtung, Nachahmung und Übernahme von Verhaltensweisen eines Leitbildes. Lehrpersonen erhoffen sich möglicherweise dadurch, dass Schülerinnen und Schüler eine visuelle Aufbereitung von Information reproduzieren, die ihnen in einem gewissen Rahmen vorgegeben wird.

Daraus leitet sich eine denkbar hohe Verantwortung für Lehrerinnen und Lehrer in der Kunstpädagogik ab. In künstlerischen Unterrichtsfächern, die sich mit der Gestaltung der visuellen Umwelt auseinandersetzen, sollte – mehr noch als in anderen Fächern – davon ausgegangen werden, dass selbst erstellte Handouts Paradebeispiele bester visueller Gestaltung sind. Es ist somit eine gestalterische Kompetenz zu erwarten, die »[...] mehr als die didaktische Reduktion gewählter Inhalte und eine Visualisierung dieser beinhaltet«.[5] Dieses *mehr* ist nur durch eine entsprechende Aus- und Weiterbildung im Rahmen des Lehramtsstudiums zu erreichen.

4 Vgl. (Höpel, 2008, S. 60).

5 (Dreyer & Penzel, 2012, S. 14).

Selbstproduktion und Reflexion

Obwohl Handouts als Nebenprodukte von Unterricht seitens der Pädagogik in der Kritik stehen, oftmals lieblos vorbereitet zu werden[6], ist die Selbstproduktion von Unterrichtsmaterial aus vielerlei Gründen im Steigen begriffen.[7] Auch im Zeitalter digitaler Medien sind sie immer noch Bestandteil gegenwärtiger Schulpraxis – mit der Digitalisierung und Verbreitung von Wissen durch das Internet ist der Anteil der Selbstproduktion sogar weiter gestiegen, während autorisierte Vermittlungsmedien an Bedeutung zu verlieren scheinen.

In der kunstpädagogischen Fachdidaktik lag der Fokus lange Zeit auf der Produktion von Unterrichtsmedien und weniger auf der Reflexion unterrichtsmethodischer Problemstellungen dieses didaktischen Materials – jedoch besteht seit etwa 25 Jahren ein theoretisch-methodisches Interesse am didaktischen Medium »Schulbuch«, das in seinen inhaltlichen und methodischen Funktionen beschrieben und exemplarisch hermeneutisch, also auslegend, analysiert wird.[8] Eine Methodik der fachdidaktischen Analyse der visuellen Elemente von Lehr- und Lernmaterialien steht bislang aus – diese Analyse sollte sich nicht auf Schulbücher beschränken, sondern auch die Eigenproduktionen von Lehrpersonen mit einschließen können.

Semiotik und Grafikdesign als Bestandteile der Medienkompetenz

Jedes Handout operiert mit Zeichen und ist somit Zeichenträger, es ist allerdings im Sinne eines Produkts auch selbst Zeichen. Wie alle Objekte in unserer Kultur sind Handouts semantisiert – sie haben eine Funktion, übermitteln aber auch Sinn und eine Bedeutung. In der Diskussion um die Medienkompetenz von Lehrpersonen scheint der semiotische Aspekt der visuellen Gestaltung von Handouts bisher auch eher geringe Beachtung zu finden.[9] Semiotik sucht man in den vorgeschriebenen Curricula der universitären Lehrerbildung künstlerischer Fächer vergeblich.

Bei der Betrachtung der Medienproduktion als Gegenstand künstlerischer Gestaltung schleicht sich immer wieder der Fehler ein, die Gestaltung von Handouts zur Geschmacksfrage zu machen. Der Umgang mit visueller Gestaltung im Grafikdesign darf nicht anhand derselben Kriterien betrachtet und beurteilt werden wie die visuelle Gestaltung in einer künstlerischen Arbeit. Die kommunikative Rationalität im Grafikdesign, also die Kommunikationsgestaltung bzw. das Kommunikationsdesign, unter-

6 Vgl. (Meyer, 2011, S. 308).

7 Vgl. (Dreyer, 2012, S. 117 f.).

8 Vgl. (Dreyer & Penzel, 2012, S. 19 f.).

9 Vgl. (Billmayer, 2012, S. 96).

scheidet sich aufgrund ihrer Zweckgebundenheit radikal von der künstlerischen Praxis.[10]

Für das Zustandekommen visueller Kultur sind jedoch Kunst und Design entscheidende Faktoren. Grafikdesign erfüllt hier nicht nur die Funktion als Kommunikationsinstrument für gezielte Botschaften – Grafikdesign nimmt eine vermittelnde Position zwischen bildender Kunst und Gesellschaft ein: »Design ist ohne Kunst schwer vorstellbar, das Verständnis für Kunst ohne Design ebenfalls«.[11] Durch das Zusammenspiel von Text und Bild (wobei hier auch Text als Bild zu verstehen ist) lassen sich vielfältige fachdidaktische Visualisierungsstrategien realisieren, um Erkenntnisprozesse in Lehr- und Lernprozessen zu initialisieren. Grafikdesign ist somit ein wesentliches Standbein der kunstpädagogischen Fachdidaktik geworden. Doch auch Grafikdesign findet in den Curricula der universitären Lehrerbildung nur schleppend Einzug.

Befragung von Lehrenden und Studierenden:
Eine österreichweite Umfrage des Autors, die im Jahr 2015 im Zeitraum von zwei Monaten durchgeführt wurde, zielte darauf ab, ein ganzheitliches Bild in Bezug auf den gegenwärtigen Umgang mit Handouts in den Blick zu bekommen. Bei den befragten Personen handelte sich einerseits um Studierende, die sich zum Zeitpunkt der Umfrage in einem künstlerischen Lehramtsstudium befanden und zum Teil noch vor dem Einstieg in die Schulpraxis standen. Auf der anderen Seite wurden Personen angesprochen, die bereits der Lehrtätigkeit eines künstlerischen Unterrichtsfaches nachgingen. An der Umfrage nahmen insgesamt 127 Personen teil, von denen 62 % alle Aspekte beantworteten. Der abgebildeten Grafik sind die Prozentsätze der gewählten Antworten zwischen den Optionen »Nein«, »Eher nein«, »Eher ja« oder »Ja« auf die einzelnen Fragestellungen zu entnehmen. Die Balken visualisieren das Verhältnis zwischen diesen Antworten. Jener Prozentsatz der Befragten, der keine Angabe zur angegebenen Fragestellung machte, ist in den Grafiken nicht dargestellt.
Wesentliche Ergebnisse lassen sich in aller Kürze folgendermaßen darstellen: Es scheint aufgrund fehlender und unzureichender Lehrunterlagen einen großen Bedarf zu geben, in künstlerischen Fächern Unterrichtsmittel selbst herzustellen und zu gestalten. Personen, die in künstlerischen Fächern lehren, sahen es überwiegend als wichtig an, dass diese ihrem Unterrichtsstil und den Klassen angepasst werden. Es sollten im Unterricht

10 Vgl. (Friedrich & Schweppenhäuser, 2010, S. 21).

11 (Kern, 2008, S. 531).

	Nein (%)	Eher Nein (%)	Eher Ja (%)	Ja (%)
Sehen Sie einen Bedarf darin, eigene Handouts für Ihren Unterricht zu erstellen?	1,27	1,39	27,85	58,23
Haben Sie in der Schulpraxis im Rahmen Ihrer Vorbereitungszeit ausreichend Kapazitäten, um eigene Handouts grafisch gut zu konzipieren und zu gestalten?	6,33	29,11	31,65	**16,46**
Haben Sie an Ihrem Schulstandort immer die Möglichkeit, Farbkopien Ihrer Handouts für Ihre Schülerinnen und Schüler zu erstellen?	**26,58**	**13,92**	**13,92**	**29,11**
Wurden Sie in der professionellen visuellen Gestaltung von Handouts geschult?	**45,57**	**24,05**	**15,19**	**15,19**
Würden Sie gerne gut gestaltete Vorlagen für Ihre Handouts verwenden?	10,13 %	16,46	31,65	39,24
Fühlen Sie sich kompetent bezüglich der grafischen Gestaltung eigener Handouts?	3,80	10,13	32,84	46,84
Spielen für Sie Lerntheorien bei der Erstellung eigener Handouts eine wichtige Rolle?	20,25	34,18	29,11	10,13
Spielen für Sie wahrnehmungspsychologische Überlegungen bei der Erstellung eigener Handouts eine wichtige Rolle?	11,39	11,39	35,44	36,71
Denken Sie, dass die visuelle Erscheinung von Handouts in künstlerischen Unterrichtsfächern die SchülerInnen in ihrem Verständnis beeinflusst, was gute visuelle Gestaltung bedeutet?	0,00	3,80	25,32	65,82
Schätzen Sie ein gelungenes Kommunikationsdesign Ihrer Schule als wichtig ein?	1,27	3,80	12,66	72,15
Betrachten Sie das Kommunikationsdesign Ihrer Schule als professionell gestaltet?	17,72	12,66	27,85	26,58
Fühlen Sie sich kompetent darin, Qualitätskriterien guter Gestaltung in Grafik-Design zu vermitteln?	7,59	10,13	29,11	46,84
Fühlen Sie sich kompetent darin, die Erstellung von Layouts professionell zu vermitteln?	7,59	16,46	37,97	32,91
Fühlen Sie sich kompetent darin, Ihren Schülerinnen und Schülern Qualitätskriterien guter Gestaltung in Typografie und Schriftgestaltung zu vermitteln?	5,06	13,92	32,91	41,77
Finden Sie wichtig, sich im Lehramtsstudium explizit dem Thema der visuellen Gestaltung von Handouts zu widmen?	3,80	22,78	27,85	40,51

Abbildung 1: Statistische Auswertung der Umfrage-Ergebnisse

nicht nur durch das Erarbeiten von Inhalten, sondern auch durch die Darbietung der Inhalte gestalterische Kompetenzen erworben werden.

Die Lehrenden fühlten sich zwar überwiegend kompetent in Gestaltungsfragen, jedoch nicht ausreichend dafür ausgebildet, Handouts professionell zu gestalten. Es mangle zudem an Zeit sowie an technischen Ressourcen an den Schulstandorten. Die Befragten gaben mehrheitlich an, nicht in der Gestaltung von Handouts geschult worden zu sein, und es bestand deutlich der Wunsch nach einer besseren Vorbereitung auf das professionelle Gestalten eigener Unterrichtsmittel im Rahmen des Lehramtsstudiums. Hier unterschieden sich die Angaben jener Befragten, die zuvor noch ein anderes Studium abgeschlossen haben, deutlich von den Antworten derjenigen, die ausschließlich ein Lehramtsstudium belegt oder absolviert hatten: Von den Befragten ohne Zweitstudium gaben 80 % an, keine oder eher keine Schulung zur Gestaltung von Handouts erhalten zu haben. Layout-Vorlagen wurden von einigen Befragten kategorisch abgelehnt, die überwiegende Mehrheit wünschte sich jedoch Vorlagen im Sinne einer Grundlage, auf der die persönliche Gestaltung aufbauen könne.

Als professionell und gut gestaltet galten für die Befragten Handouts, die unter Einbeziehung fundierten Fachwissens auf den konkreten Bedarf (zielgruppenorientiert und auf den Inhalt bezogen) sowie auf den Stil der Lehrperson abgestimmt, ästhetisch und übersichtlich zusammengestellt wären. Wichtig erschien zusätzlich, dass nicht ausschließlich die Gestaltung des Unterrichtsmaterials in künstlerischen Fächern eine hohe Qualität aufweisen, sondern vor allem auch das Kommunikationsdesign der Schule professionell erstellt werden solle.

Typografisches Wissen muss gefördert werden

Kommunikationsdesign – und in weiterer Folge die Typografie – ist im Bewusstsein der Bevölkerung bis heute kaum verankert, wobei sich allmählich eine Veränderung abzuzeichnen scheint. Über eine lange Zeit war es ausschließlich Sache von wenigen Fachleuten, entsprechende Produkte hervorzubringen. Als Laie waren einem die notwendigen Werkzeuge professioneller Gestaltung auch nicht zugänglich, weswegen man handschriftlich oder sehr eingeschränkt mit Schreibmaschine gestaltete. Erst durch die computervermittelte Kommunikation, die in den 1980er- und 1990er Jahren Einzug hielt, kam jenen Fragestellungen verstärkt

Aufmerksamkeit zu, die sich in der Handhabung von Text und Bild ergeben. Insbesondere im Umgang mit Typografie konnte auf einen Schlag mit Farben, Schriftarten, Schriftschnitten und Auszeichnungen experimentiert werden. Dem spielerischen Umgang mit diesen Mitteln stand nichts im Weg, und es wurden typografische Laien zu »Laientypografen«, die Entscheidungen zu treffen hatten, die zuvor nicht relevant erschienen.[12]

Die verfügbaren Programme lassen einen nun schneller, beinahe automatisch, zu einem ansehnlichen Ergebnis kommen. Die Ergebnisse werden dadurch jedoch nicht automatisch gut. Da gegenwärtig jede Person selbst Schrift setzen kann, ist die Kontinuität der tradierten Erfahrung der Buchtypografie gebrochen, was einerseits zu fragwürdigen Gestaltungsentscheidungen führen kann, andererseits zu einem breiteren Interesse an typografischem Wissen, das es durch entsprechende Bildungsmaßnahmen zu fördern gilt.[13]

Typografie als Trägerin didaktischer Absichten

Typografie dokumentiert auf Wörtern beruhendes Wissen, bewahrt dieses und macht es im Idealfall wiederholbar.[14] Diese Tatsache alleine macht es bereits unverzichtbar, typografische Gestaltung in der fachdidaktischen Wissensvermittlung zu reflektieren. Unabhängig davon, ob wir in der Lage sind, Schrift lesen zu können, hat ihre Form auf uns eine bewusste oder unbewusste emotionale Wirkung. So wie die Stimme einer sprechenden Person unweigerlich dem Geäußerten eine Form gibt, beeinflussen visuelle Ausdrucksformen von Zeichen den Inhalt. Oder um den künstlerischen Kontext einzubringen: Die Wirkung ungegenständlicher Kunst beruht auch darauf, dass wir nicht nur formal, sondern auch emotional wahrnehmen.[15]

Selbst, wenn Schülerinnen und Schüler mit dem Inhalt eines Textes nichts anfangen können, so hat in jedem Fall dessen Form Einfluss auf ihre Wahrnehmung. Es wird sichtbar, dass Schrift nicht ausschließlich unter dem Aspekt der Lesbarkeit gewählt werden kann, sondern ihre Zeichen unweigerlich mit einer entsprechenden Wirkung verbunden sind.[16] Gleichzeitig ist die Zielgerichtetheit dieser Wirkung unter der Prämisse der didaktischen Methodik zu wählen: Was will man bei den Schülerinnen und Schülern mit dem Handout erreichen, und in welcher Weise soll dieses Ziel erreicht werden? Diese Entscheidungen können nicht auf der Basis eines Geschmacksurteils gefällt werden. Die Kommunikation in einem didaktischen Vorgang ist zwangsläufig

12 Vgl. (Spitzmüller, 2012, S. 211).

13 Vgl. (Hans P. Willberg & Forssman, 2010, S. 12).

14 Vgl. (Baines & Haslam, 2002, S. 10).

15 Vgl. (Hans Peter Willberg, 2001, S. 10).

16 Vgl. ebd.

absichtsvoll. Die Wahl gestalterischer Einheiten ist daher durch den kommunikativen Zweck zu bestimmen – Wahrheits- und Geltungsansprüche, die über die persönliche Ansicht der Lehrperson hinausgehen, machen auch über die Grenzen der kunstpädagogischen Fachdidaktik hinaus die Begründung visueller Gestaltung notwendig.[17]

Die typografische Gestalt, bestehend aus dem semiotischen Potenzial aller Entscheidungen, die bei der Gestaltung einer Textseite zu fällen sind, prägt als Textsortenindikator die Vorerwartungen an den Inhalt eines Textes und beeinflusst dessen Auslegung.[18] In dieser Hinsicht hat sich in den letzten Jahren bereits ein deutlich sichtbarer Wandel in der typografischen Gestaltung von Schulbüchern vollzogen: Was sich auf der Seite der Lernenden verändert hat, ist die Tatsache, dass aus »Lesern« analog zum Internet nun »Benutzer« werden.[19] Benutzer konstruieren durch die Wahl der Inhalte die Bedeutung – eine Entwicklung, die der konstruktivistischen Lerntheorie entspricht, die Schülerinnen und Schüler als Autorinnen und Autoren ihres Wissens und ihrer Kompetenzen versteht.[20] Seiten im Internet als auch in Schulbüchern sind längst nicht mehr linear, sondern flächig gebaut und bieten Wahlmöglichkeiten – aus Lehrmaterialien wurden Lernmaterialien. Diese Form des selektierenden Lesens, bei denen bestimmte Elemente der Seiten einzeln aufgesucht werden können, ist mittlerweile Prototyp des Schulbuchs geworden.[21]

Identitätsstiftende Aspekte visueller Kommunikation

Mit der Gestaltung eines Handouts situieren sich Lehrerinnen und Lehrer selbst innerhalb eines bestimmten visuellen Stils, und dieser Stil wird von ihren Schülerinnen und Schülern als Teil einer ganzheitlichen Einheit wahrgenommen[22]. Wenn Handouts nicht bloß als vorbildliche Einzelobjekte, sondern im Sinne eines ganzheitlichen Konzepts angelegt werden sollen, so gilt es, diese Verbindung auf visueller Ebene herzustellen. Die Lehrperson könnte somit gewissermaßen ein eigenes »Corporate Design« als Teil der eigenen visuellen Identität entwickeln, das von den Schülerinnen und Schülern wiedererkannt wird und das professionelle Selbstverständnis als Lehrerin bzw. Lehrer stärkt.

Gleichzeitig ist dies ein Beitrag zur visuellen Identität der Schule selbst und damit auch Beitrag zur ästhetischen Bildung. Es besteht daher der dringende Bedarf, fachdidaktisch und visuell aufbereitete Handouts zu entwickeln, die nicht als mäßig geglückte Substitute autorisierter Lehrbücher gesehen werden,

17 Vgl. (Friedrich & Schweppenhäuser, 2010, S. 8 ff.).

18 Vgl. (Spitzmüller, 2012, S. 227 f.).

19 Vgl. (Billmayer, 2012, S. 101).

20 Vgl. ebd.

21 Vgl. (Hans P. Willberg & Forssman, 2010, S. 12).

22 Vgl. (Stetter, 1999, S. 35 f.).

sondern die Möglichkeiten der maßgeschneiderten Gestaltung in ihrer Vielfalt voll ausschöpfen.

Lehrende profitieren von typografischem Wissen

Wachsende Anforderungen und Belastungen in der Praxis des Lehrberufs legen nahe, bereits im Rahmen der fachdidaktischen und künstlerischen Lehrerbildung die Auseinandersetzung mit den typografischen Aspekten der visuellen Gestaltung von Handouts sowie anderen Unterrichtsmitteln wie beispielsweise projizierter Präsentationen zu fördern. Die entsprechende Vorbereitung sollte für Junglehrerinnen und Junglehrer eine Entlastung in der Schulpraxis darstellen, wo nicht immer die notwendigen zeitlichen Ressourcen vorhanden sind, um die Gestaltung von Handouts auf eine professionelle Ebene zu bringen.

Aus gestalterischer Perspektive ist eine wesentliche Kompetenz bei der Erstellung der meisten Handouts der Umgang mit Schrift. Bisher wurde das Thema Typografie in der Fachdidaktik nicht umfassend diskutiert[23] und vermutlich in der Lehrerbildung an den Kunstuniversitäten unzureichend behandelt. Dies gilt es zu verändern. Es ist für ein professionelles Selbstverständnis als Lehrperson eines künstlerischen Unterrichtsfaches unerlässlich, sich bei der visuellen Gestaltung von Information nicht nur auf ein Bauchgefühl zu berufen, sondern insbesondere Gestaltungswissen und Urteilskompetenz als Dimensionen der umfassenderen Medienkompetenz[24] auf die Basis ausgewiesener Modelle und Theorien zu stellen. Da Typografie die visuelle Ausdrucksform von Sprache ist[25], sollte die Notwendigkeit ins Bewusstsein gehoben werden, über diese Form des Ausdrucks in der Typografie im Sinne von Kommunikations- aber auch Medienkompetenz sprechen und urteilen zu lernen.

Wertsteigerung des Lernens

Designentscheidungen können im Gestaltungsprozess zwar im Sinne eines Autorendesigns aus der Perspektive der Lehrperson getroffen werden[26], jedoch ist in didaktischer Hinsicht insbesondere die angestrebte Leseart[27] durch die Schülerinnen und Schüler zu vergegenwärtigen. Hier ist einerseits das Bewusstsein für die motivationelle Funktion[28] von Typografie und ihr Beitrag für das Textverständnis relevant, andererseits kann auf Basis der visuellen Aufbereitung von Inhalten emotionale, kognitive und physische Aktivierung stattfinden, die Leistungsbereitschaft und Leistungsfähigkeit der Lernenden fördert.

23 Vgl. (Spitzmüller, 2012, S. 225).

24 Vgl. (Six & Gimmler, 2013, S. 105 f.).

25 Vgl. (Baines & Haslam, 2002, S. 10).

26 Vgl. (Baines & Haslam, 2002, S. 104).

27 Vgl. (Hans P. Willberg & Forssman, 2010).

28 Vgl. (Spitzmüller, 2012, S. 221 f.).

Durch eine ästhetisch ansprechende Aufbereitung wird in der Wahrnehmung der Schülerinnen und Schüler eine Wertsteigerung des Produkts »Handout« erfolgen. Wie eine Lehrperson ihre Handouts gestaltet, hat so gesehen sozialisierende Wirkung und gibt letztlich Aufschluss über die Vorstellungen der Lehrperson, welchen Stellenwert das zu vermittelnde Wissen hat und wie dieses überhaupt erworben werden soll.

Sabina Sieghart

Leichte Sprache, Typografie und Angemessenheit

Dieser Beitrag beschäftigt sich mit »Leichter Sprache« – einem Bereich der Wissensvermittlung, der bis jetzt wenig Aufmerksamkeit der angewandten Typografie erfahren hat. Die Ursachen für diese Nichtbeachtung sowie die Bedeutung von Typografie für den Erfolg von Kommunikation mit »Leichter Sprache« werden aufgezeigt. Ich beschreibe den Stand der Forschung zu »Leichter Sprache« und skizziere den Aufbau des geplanten linguistisch-typografischen Forschungsprojektes.

Das Phänomen »Leichte Sprache«

»Leichte Sprache« ist eine einfache Varietät des Deutschen. Sie entstand in der Praxis mit dem Ziel, Menschen mit Lernschwierigkeiten und weiteren Zielgruppen (u. a. Menschen mit geringen Deutschkenntnissen oder Demenz) Teilhabe und Selbstbestimmung zu ermöglichen.[1] Der Bedarf ist nicht unerheblich, ca. 17 % der Bevölkerung haben Schwierigkeiten beim Lesen.[2]

Mit dem Inkrafttreten der UN-Konvention über die Rechte von Menschen mit Behinderungen (2011)[3] sind Behörden, Institutionen und Unternehmen verpflichtet, barrierefreie Information zur Verfügung zu stellen. »Leichte Sprache« ist dabei ein Werkzeug der barrierefreien Kommunikation und erfährt derzeit einen regelrechten Boom.

Inwiefern die Zielgruppen allerdings wirklich profitieren können und wie »Leichte Sprache« gemacht sein muss, damit sie ihr Ziel erfüllt, ist bisher noch weitgehend unklar. Die praktische Umsetzung ist derzeit oft nicht gelungen: Das visuelle Erscheinungsbild und die sprachliche Gestaltung der Texte vermitteln keine Freude am Lesen und erschweren das Verständnis teilweise sogar. Trotz reger Nutzung sind zentrale Fragen bisher ungeklärt: Nicht nur seitens der Wissenschaft, aus der Praxis wird die mangelnde empirische Fundierung des Konzepts beklagt.

Die öffentliche Wahrnehmung von »Leichter Sprache« ist kontrovers. Teils wird sie als eine auf ein kindliches Niveau zurückgeführte Sprachform beschrieben, als kulturelle Verfallserscheinung und Gefahr für die deutsche Sprache stigmatisiert oder als »seichte Sprache« verhöhnt.[4] Betrachtet man sie als Kommunikationswerkzeug, das Menschen mit eingeschränkten kognitiven

1 Netzwerk Leichte Sprache: (http://leichte-sprache.org/).

2 PIAAC Studie, (Greiner, 2013).

3 UN-Behindertenrechtskonvention, (Praetor Intermedia UG, 2017).

4 (Liessmann, 2016).

Fähigkeiten Zugang zu Wissen verschaffen kann, ist sie »jedoch eine angemessene Sprachform«. Der Sprachwissenschaftler JÜRGEN SCHIEWE verweist auf Cicero, der unter angemessener Form versteht, dass »sie sich für den Adressaten geziemt«.[5] Auch die Designforschung bezieht sich auf die klassische Rhetorik. HANNO EHSES sagt: Es ist »die Aufgabe des Kommunikationsdesigners, unter Berücksichtigung der Zielvorgaben und den Einschränkungen eines Projektes eine angemessene und visuell effektive Lösung zu entwickeln«.[6] Die Aufgabe des Typografen ist laut KURT WEIDEMANN »Sprache in der ihr angemessenen Form lesbar und verstehbar, also: einsichtig zu machen«.[7]

Forschungsstand »Leichte Sprache«

»Leichte Sprache« wird derzeit von Linguisten, Sprachpsychologen und Sozialwissenschaftlern erforscht. Einen guten Überblick gibt der Sammelband ›Leichte Sprache im Spiegel theoretischer und angewandter Forschung‹ (2017).[8] Die breit gefächerten Ansätze berücksichtigt die Implikation visueller Gestaltung auf den Lese- und Rezeptionsvorgang kaum. Lediglich zwei studentische Projekte an der Hochschule Merseburg haben sich mit typografischen Gliederungselementen und Lesbarkeit ausgewählter Schriftarten für »Leichte Sprache« beschäftigt.[9] Dabei bleiben viele Fragen offen, insbesondere welche typografischen Faktoren für die Zielgruppe relevant sind und wie das hochdifferenzierte Regelsystem der Typografie in praktikable Anleitungen zu fassen ist. Zudem wird das Wissen zu Lesbarkeit aus der psychologischen Verständlichkeitsforschung nicht mit typografischen Erkenntnissen verknüpft. In einem Vorprojekt mit LeiSA[10] (2016) haben wir – die Sprachwissenschaftlerinnen BETTINA M. BOCK und DAISY LANGE und ich als Designerin – untersucht, welche Rolle makrotypografische Strukturen bei der Erkennung von Textsorten spielen, und dabei an zentrale Erkenntnisse der Verständlichkeitsforschung von CHRISTMANN und GROEBEN angeknüpft. (Abbildung 1). Wir haben typische Textsorten mit markanter Makrotypografie sowie prototypische Gestaltungen aus dem Textkorpus »Leichte Sprache« ausgewählt. Darauf aufbauend haben wir Prototypen mit Blindtext und verfremdeten Bildern gestaltet. In der Pilotierung wurde mit einer nicht-beeinträchtigten Gruppe überprüft, in welchem Maß die ausgewählten Stimuli prototypische Textsorten-Assoziationen auslösen. In der Prüfgruppe wurde mit einer offenen, leitfadengestützten Befragung erfasst, ob der Proband die Textsorte erkannt hat.

5 (B. M. Bock & Fix, 2017, S. 71–85). Schiewe weist darauf hin, dass die Zielgruppe auf Adressaten mit geistigem Handicap und Leseschwierigkeiten (funktionale Analphabeten) beschränkt werden sollte, und Menschen mit Demenz aus medizinischen Gründen sowie Fremdsprachler aus didaktischen Gründen eine andere Sprachform benötigen.

6 (Joost & Scheuermann, 2008).

7 (Weidemann, o. J.).

8 (B. M. Bock & Fix, 2017).

9 (Alexander & Wünsche, 2017).

10 (http://research.uni-leipzig.de/leisa/de/).

Forschungsstand zu Lesbarkeit aus typografischer Sicht

Es gibt eine Vielzahl an empirischen Untersuchungen und Leitfäden. Sie sind nicht im Kontext »Leichte Sprache« entstanden, dennoch können sie ein guter Ausgangspunkt sein, insbesondere wenn Menschen mit Sehschwierigkeiten berücksichtigt wurden. Studien wie die Vorarbeiten[11] zur DIN 1450 Leserlichkeit (2013)[12] oder die Plattform des Deutschen Blinden- und Sehbehindertenverband leserlich.info (2017)[13] fassen relevante Quellen zu Leserlichkeit und Lesbarkeit zusammen und haben die Ergebnisse der Quellenrecherche mit einer geringen Zahl an Probanden mit eingeschränktem Sehvermögen evaluiert. SOFIE BEIER (Dänemark, 2011)[14] untersucht, wie die Gestaltung der Schrift die Lesbarkeit beeinflusst. ANN BESSEMANS hat die Schrift Matilda für Kinder mit Sehschwierigkeiten entwickelt und im Anschluss die Forschergruppe Readsearch initiiert (Belgien, 2012).[15] Diese Erkenntnisse werden momentan nicht bei der Gestaltung mit »Leichter Sprache« berücksichtigt.

Die typografische Praxis von »Leichter Sprache«

Um zu verstehen, wie es zum derzeitigen visuellen Erscheinungsbild kam, lohnt sich ein Blick auf die historische Entwicklung. Das »Netzwerk Leichte Sprache« hat - basierend auf Vorarbeiten einer Selbstvertretungsorganisation von Menschen mit geistigem Handicap[16] - einen Regelkatalog entwickelt und diesen 2014 mit dem Bundesministerium für Arbeit und Soziales (BMAS) veröffentlicht.[17] Nur wenn die Regeln befolgt werden und eine Prüfgruppe anschließend die Verständlichkeit bestätigt hat, darf der Text als »Leichte Sprache« bezeichnet werden.

Empfohlen wird z. B. die Schrift Arial in 14 pt mit 1,5-fachem Zeilenabstand und Überschriften in 16 pt. Überschriften heben sich so kaum vom Fließtext ab. Empfohlen wird auch die Verwendung von Illustrationen. Um Kosten und Aufwand für die Anwender zu reduzieren, hat die Lebenshilfe Bremen ca. 1.000 Illustrationen beauftragt und gibt die Nutzungsrechte kostengünstig weiter. Sie sind mittlerweile ein typisches Merkmal »Leichter Sprache«. Fehlt eine passende Illustration, wird kostenlose Clipart verwendet.

Aus den Richtlinien haben sich kodifizierte Normen gebildet, die mittlerweile die Vorstellung angemessener »Leichter Sprache« maßgeblich prägen. Die Überprüfung durch Zielgruppenvertreter ist dabei eine zentrale Bedingung und eng mit dem Selbstverständnis der Akteure verbunden. (Bock, 2015).[18]

11 (Pool, 2013a).

12 (Deutsches Institut für Normung e. V., 2013).

13 Internet-Plattform des DBSV mit praxistauglichen Empfehlungen für die Gestaltung von Printprodukten und Webseiten. (Adler u. a., 2017).

14 (Beier, 2012).

15 Readsearch, Hasselt University,School of Arts (Readsearch, 2017).

16 Mensch zuerst - Netzwerk people first (Göthling, 2017).

17 (Netzwerk Leichte Sprache, 2014).

18 (Bock 2015).

Die Gestaltung der Texte ist aus typografischer Sicht dysfunktional, weder Erkenntnisse der Lesbarkeitsforschung noch die heterogene Zielgruppe oder die verschiedenen Medien werden berücksichtigt. Aus typografischer Sicht zielt das Regelwerk auf Laiengestaltung. Die Empfehlungen, z. B. zur Schriftwahl, orientieren sich an den eingeschränkten Möglichkeiten von Microsoft Word. Empfohlen werden »gerade Schriften«. Sowohl »schlechte« Schriften (Times New Roman, Arial kursiv, Courier New, Zapfino) als auch »gute« Schriften (Arial, Lucida Sans Unicode, Tahoma, Verdana, Century Gothic) sind kostenfreie Systemschriften vom MS Word. Typografie wird auf simple und falsche Empfehlungen reduziert, die den Produzenten keine Hilfe für eine gelungene visuelle Umsetzung sein können.

In der Anfangszeit von »Leichter Sprache« war die Praxis der Laiengestaltung verständlich. Es gab kaum Budget für die Umsetzung, und die Produzenten (z. B. Sozialpädagogen) haben oft kein typografisches Wissen. Derzeit erfahren wir jedoch eine Ausweitung von »Leichter Sprache« auf Bereiche (Banken, Verwaltungen und Politik), die Budget und Zugang zu professionellem Design haben. Dennoch folgt die Umsetzung meist dem BMAS-Regelwerk. Dies ist im Kontext großer Unternehmen und Organisationen erstaunlich, da die visuelle Gestaltung normalerweise minutiös festgelegt ist durch ein komplexes, speziell für die Bedürfnisse des Unternehmens entwickeltes Regelwerk (Corporate Design Manual). Einerseits ist dies mit der Struktur der momentanen Übersetzungspraxis zu erklären. Fast immer wird die Gestaltung durch das Übersetzungsbüro mit erledigt oder auf das Regelwerk verwiesen und auf dessen Umsetzung bestanden. Auch die Prüfgruppen bestätigen den Status quo der (Laien)-Umsetzung. Andererseits ist bei genauer Betrachtung der »Leichte Sprache«-Anteil oft nur minimal umgesetzt, um den Mindestanforderungen an Barrierefreiheit zu genügen.

Diese Herangehensweise ist weder professionell noch angemessen. Designer und Agenturen haben ein breites Wissen zu Lesbarkeit und angemessener Gestaltung, verfügen über Methoden, um Bedürfnisse der Zielgruppen zu erfassen und Werkzeuge, um die Ergebnisse Ihrer Arbeit zu evaluieren. Diese Werkzeuge werden momentan (fast) nicht angewendet und eine qualitativ ungenügende, die Ziele verfehlende Umsetzung wird akzeptiert.[19]

Dabei kann eine adäquate und erfolgreiche Umsetzung erreicht werden (Abbildung 3). Im gezeigten Beispiel wurde ein professioneller Designprozess aufgesetzt. In einem partizipativen

19 Hier sei auf »das Parlament« verwiesen. Die Beilage in »Leichter Sprache« der Wochenzeitschrift des deutschen Bundestages wurde 2015 von Bettina M. Bock analysiert (vgl. Anmerkung 18). Die linguistische Analyse schließt mit »der Text verliert seine eigentliche Aufgabe, den Lesern Teilhabe am öffentlichen Diskurs zu aktuellen Themen zu ermöglichen, dort offenkundig aus dem Blick.« Eine visuell-rhetorische Analyse des Textes kommt zu einem ähnlichen Schluss.

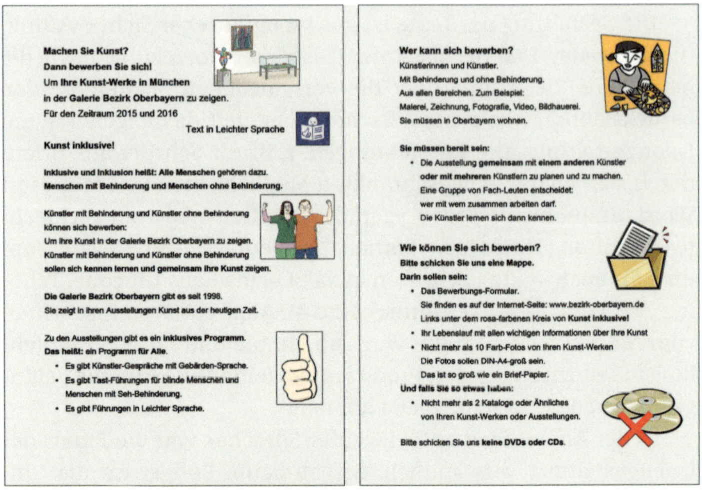

Machen Sie Kunst?
Dann bewerben Sie sich!
Um Ihre Kunst-Werke in München
in der Galerie Bezirk Oberbayern zu zeigen.
Für den Zeitraum 2015 und 2016
Text in Leichter Sprache
Kunst inklusive!

Inklusive und Inklusion heißt: Alle Menschen gehören dazu.
Menschen mit Behinderung und Menschen ohne Behinderung.

Künstler mit Behinderung und Künstler ohne Behinderung
können sich bewerben:
Um ihre Kunst in der Galerie Bezirk Oberbayern zu zeigen.
Künstler mit Behinderung und Künstler ohne Behinderung
sollen sich kennen lernen und gemeinsam ihre Kunst zeigen.

Die Galerie Bezirk Oberbayern gibt es seit 1998.
Sie zeigt in ihren Ausstellungen Kunst aus der heutigen Zeit.

Zu den Ausstellungen gibt es ein inklusives Programm.
Das heißt: ein Programm für Alle.

- Es gibt Künstler-Gespräche mit Gebärden-Sprache.
- Es gibt Tast-Führungen für blinde Menschen und Menschen mit Seh-Behinderung.
- Es gibt Führungen in Leichter Sprache.

Wer kann sich bewerben?
Künstlerinnen und Künstler.
Mit Behinderung und ohne Behinderung.
Aus allen Bereichen. Zum Beispiel:
Malerei, Zeichnung, Fotografie, Video, Bildhauerei.
Sie müssen in Oberbayern wohnen.

Sie müssen bereit sein:

- Die Ausstellung gemeinsam mit einem anderen Künstler oder mit mehreren Künstlern zu planen und zu machen.
  Eine Gruppe von Fach-Leuten entscheidet:
  wer mit wem zusammen arbeiten darf.
  Die Künstler lernen sich dann kennen.

Wie können Sie sich bewerben?
Bitte schicken Sie uns eine Mappe.
Darin sollen sein:

- Das Bewerbungs-Formular.
  Sie finden es auf der Internet-Seite: www.bezirk-oberbayern.de
  Links unter dem rosa-farbenen Kreis von Kunst inklusive!
- Ihr Lebenslauf mit allen wichtigen Informationen über Ihre Kunst
- Nicht mehr als 10 Farb-Fotos von Ihren Kunst-Werken
  Die Fotos sollen DIN-A4-groß sein.
  Das ist so groß wie ein Brief-Papier.

Und falls Sie so etwas haben:

- Nicht mehr als 2 Kataloge oder Ähnliches von Ihren Kunst-Werken oder Ausstellungen.

Bitte schicken Sie uns keine DVDs oder CDs.

Abbildung 1: Vorher: Die ersten zwei von vier Seiten der Ausschreibung der Galerie des Bezirks Oberbayern von 2014 sind ein typisches Beispiel für die aktuelle Gestaltungspraxis. Der Text ist ohne Gliederung, Raster oder Berücksichtigung von Weißflächen über die Fläche verteilt und wird begleitet von kleinen Illustrationen. Das Corporate Design des Absenders wird nicht verwendet.

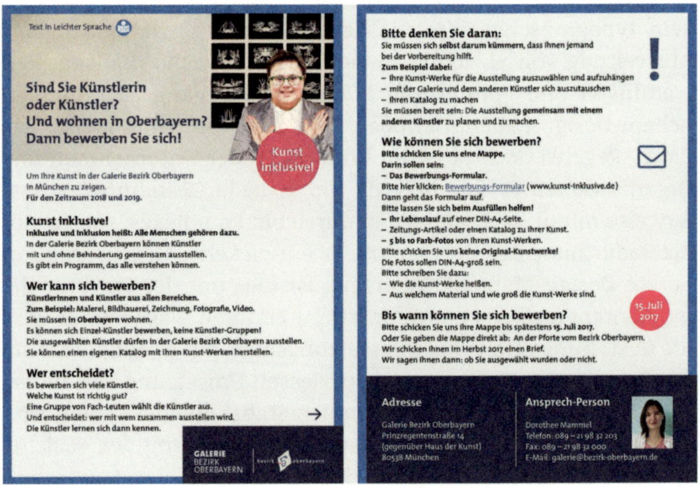

Text in Leichter Sprache

Sind Sie Künstlerin oder Künstler?
Und wohnen in Oberbayern?
Dann bewerben Sie sich!

Kunst inklusive!

Um Ihre Kunst in der Galerie Bezirk Oberbayern
in München zu zeigen.
Für den Zeitraum 2018 und 2019.

Kunst inklusive!
Inklusive und Inklusion heißt: Alle Menschen gehören dazu.
In der Galerie Bezirk Oberbayern können Künstler
mit und ohne Behinderung gemeinsam ausstellen.
Es gibt ein Programm, das alle verstehen können.

Wer kann sich bewerben?
Künstlerinnen und Künstler aus allen Bereichen.
Zum Beispiel: Malerei, Bildhauerei, Zeichnung, Fotografie, Video.
Sie müssen in Oberbayern wohnen.
Es können sich Einzel-Künstler bewerben, keine Künstler-Gruppen!
Die ausgewählten Künstler dürfen in der Galerie Bezirk Oberbayern ausstellen.
Sie können einen eigenen Katalog mit ihren Kunst-Werken herstellen.

Wer entscheidet?
Es bewerben sich viele Künstler.
Welche Kunst ist richtig gut?
Eine Gruppe von Fach-Leuten wählt die Künstler aus.
Und entscheidet: wer mit wem zusammen ausstellen wird.
Die Künstler lernen sich dann kennen.

GALERIE BEZIRK OBERBAYERN

Bitte denken Sie daran:
Sie müssen sich selbst darum kümmern, dass Ihnen jemand
bei der Vorbereitung hilft.
Zum Beispiel dabei:
– Ihre Kunst-Werke für die Ausstellung auszuwählen und aufzuhängen
– mit der Galerie und dem anderen Künstler sich auszutauschen
– Ihren Katalog zu machen
Sie müssen bereit sein: Die Ausstellung gemeinsam mit einem
anderen Künstler zu planen und zu machen.

Wie können Sie sich bewerben?
Bitte schicken Sie uns eine Mappe.
Darin sollen sein:
– Das Bewerbungs-Formular.
Bitte hier klicken: Bewerbungs-Formular (www.kunst-inklusive.de)
Dann geht das Formular auf.
Bitte lassen Sie sich beim Ausfüllen helfen!
– Ihr Lebenslauf auf einer DIN-A4-Seite.
– Zeitungs-Artikel oder einen Katalog zu Ihrer Kunst.
– 5 bis 10 Farb-Fotos von Ihren Kunst-Werken.
Bitte schicken Sie uns keine Original-Kunstwerke!
Die Fotos sollen DIN-A4-groß sein.
Bitte schreiben Sie dazu:
– Wie die Kunst-Werke heißen.
– Aus welchem Material und wie groß die Kunst-Werke sind.

Bis wann können Sie sich bewerben?
15. Juli 2017
Bitte schicken Sie uns Ihre Mappe bis spätestens 15. Juli 2017.
Oder Sie geben die Mappe direkt ab: An der Pforte vom Bezirk Oberbayern.
Wir schicken Ihnen im Herbst 2017 einen Brief.
Wir sagen Ihnen dann: ob Sie ausgewählt wurden oder nicht.

Adresse
Galerie Bezirk Oberbayern
Prinzregentenstraße 14
(gegenüber Haus der Kunst)
80538 München

Ansprech-Person
Dorothee Mammel
Telefon: 089 – 21 98 32 203
Fax: 089 – 21 98 32 000
E-Mail: galerie@bezirk-oberbayern.de

Abbildung 2: Nachher: 2017 wurde die Ausschreibung umgestaltet. Aus vier Seiten wurde eine Vorder- und eine Rückseite im Corporate Design des Bezirks. Typografische Details wie Schriftwahl, Schriftgröße, Zeilenabstand, teilweise zweispaltiger Aufbau, negativer Text auf Farbfläche, weitgehender Verzicht auf Illustrationen und Einsatz eines großen Bildes mit Text widersprechen den Vorgaben des Regelwerks. Die Prüfgruppe hat das Resultat dennoch als sehr verständlich bewertet.

Abbildung 3: Konventionelle und »Leichte Sprache«-Gestaltung der Zeitungsnachrichten aus der makrotypografischen Studie. Das Layout der Zeitung des deutschen Bundestages »Das Parlament« wurde mit verfremdeten Bildern und Blindtext exakt nachgebaut.

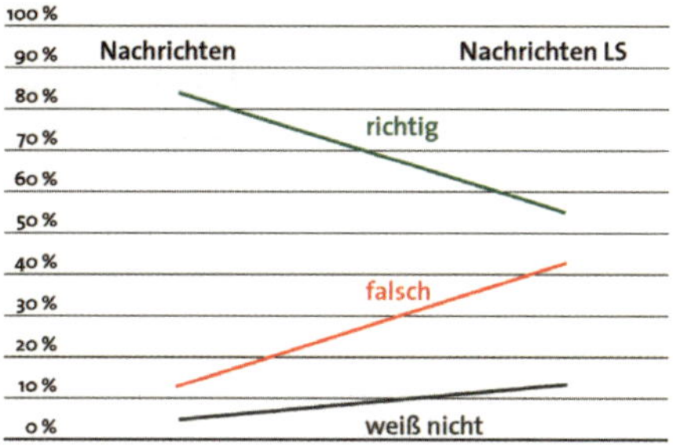

Abbildung 4: Der Anteil richtiger Antworten liegt bei der konventionellen Zeitungsgestaltung bei mehr als 83%. Bei der »Leichte Sprache«-Gestaltung liegt er hingegen nur noch bei etwas mehr als 45%. An den Fehlerzahlen kann man ablesen, dass die »Leichte Sprache«-Nachrichten deutlich schlechter als solche erkannt wurden.

Projektaufbau (Briefing, Befragung, Workshop) wurden die Bedürfnisse der Zielgruppe und des Absenders ermittelt, Vorschläge gestaltet und schrittweise verbessert. Die vier Seiten aus Abbildung 2 wurden auf eine Vorder- und eine Rückseite in »Leichter Sprache« reduziert und nehmen das Erscheinungsbild des Bezirks auf. Typografische Details wie Schriftwahl, Schriftgröße, Zeilenabstand, teilweise zweispaltiger Aufbau, negativer Text auf Farbfläche, weitgehender Verzicht auf Illustrationen und Einsatz eines großen Bildes mit Text widersprechen den Vorgaben des Regelwerks. Die Prüfgruppe hat das Resultat als sehr verständlich empfunden, die Resonanz der Zielgruppe ist durchwegs positiv. Der Prozess ist aufwändiger als ein normaler Designprozess. Der Auftraggeber muss inhaltliche Fragen reflektieren, der Designer muss den Prozess moderieren, Typografie erklären, Varianten gestalten, und alle Beteiligten müssen offen sein für zeitaufwändige Tests und ungewohntes Feedback.[20]

Das Potential von Typografie, Designpraxis und interdisziplinärer Forschung

Die typographische Gestaltung ist relevant für die Wahrnehmung und Deutung des Textinhaltes, ebenso wie der Textinhalt, das Medium und das Zielpublikum Einfluss hat auf die typografische Gestaltung. Makrotypografie gliedert und organisiert Text, verteilt die Information auf der Fläche und setzt visuelle Akzente. Mikrotypografie schafft Hierarchien im Text, erhöht die Leserlichkeit und erleichtert damit den Rezeptions- und Verständnisvorgang. Zudem hat jede Schrift und jede Gestaltung eine Konnotation. »Sprache wird durch Typografie erst schön« (Erik Spiekermann). Neue Techniken wie Schriften, die in die Programmierung eingebettet sind (Webfonts, seit 2008) und Schriften, die Programmierung eingebettet haben (Variable Fonts, seit 11/2016), verbessern die Lesbarkeit auf digitalen Endgeräten, Algorithmen erlauben typografische Feineinstellungen im digitalen Bereich.[21]
In Kombination mit barrierefreier Programmierung ergeben sich hier neue Möglichkeiten, die Designer und Typografen nutzen könnten – nicht nur für die Zielgruppe »Leichter Sprache«, sondern generell, um Lesbarkeit mit individuell regelbaren Einstellungen zu erhöhen.

Die Corporate-Communication- und Corporate-Design-Praxis kann dazu beitragen, indem der Bedarf ernst genommen wird und ein angemessenes Budget allokiert wird, um Corporate Design Manuals um Vorgaben für »Leichte Sprache« zu erweitern.

20 Ein gutes Beispiel ist das Magazin »Ohrenkuss«. Seit fast 20 Jahren gestaltet ein Team mit Texten von Autoren mit Trisomie 21 und bedient sich dabei professioneller Fotografie und Design. Die Gestaltung widerspricht allen Regeln für »Leichte Sprache« und ist vielleicht deshalb so erfolgreich. Ein anderer Ansatz wurde für einige Ausgaben des Magazins »brand eins« gewählt: Holger Fröhlich übersetzte u. a. die Nutzungsbedingungen von Apple in »Leichte Sprache«. Auch hier folgte die typografische Umsetzung nicht dem Regelwerk des BMAS.

21 Frank Rausch nutzt die Möglichkeiten von Code beispielhaft in der App »V for Wiki · Lese-App für Wikipedia« (http://raureif.net/de/work).

Corporate Designer erarbeiten differenzierte typografische Voreinstellungen für verschiedene Formate und Medien und sind gewohnt, auch Templates in MS Word zu fertigen. Damit werden in der Praxis verschiedene Wissensniveaus bei Designern und Laien aufgefangen. Dies könnte ein Ansatz für die Entwicklung der »Leichte Sprache«-Praxis und eines angemessenen Leitfadens sein. Ein Leitfaden oder Regelwerk sollte empirisch fundiert sein – hier sehe ich eine Aufgabe für die Designforschung.

Die Forschung sollte das Wissen der verschiedenen Disziplinen verknüpfen.

Der Rezipient, in diesem Fall der Mensch mit geistigem Handicap, wird nicht mit dem formlosen Textinhalt konfrontiert. Er liest, sieht und fühlt ein Produkt, dessen haptische und mediale Beschaffenheit ebenso eine Wirkung auf ihn hat wie der textliche Inhalt. Forschung zur Textrezeption beschäftigt Linguisten, Typografen, Psychologen und Sozialwissenschaftler. Alle Disziplinen können wertvolle Erkenntnisse beisteuern.

Forschungsprojekt »Leichte Sprache, Typografie und Angemessenheit«

Seit 2017 arbeite ich mit BETTINA M. BOCK an der Aufstellung eines gemeinsamen, interdisziplinären Forschungsprojekts. Wir knüpfen u. a. an die empirischen Forschungsergebnisse des linguistischen Teils des Forschungsprojekts LeiSA (2014–2017) an und kombinieren diese mit der visuell-rhetorischen Forschung an der Hochschule der Künste Bern (HKB).[22]

Das Projekt ist über einen Zeitraum von drei Jahren geplant und gliedert sich in drei Teile:

Theoretische Analyse

These: Kommunikation ist nur dann erfolgreich, wenn sie angemessen ist.

Zunächst werden Texte in »Leichter Sprache« aus linguistischer und typografischer Sicht analysiert. Für die linguistische Analyse werden fünf Angemessenheitsdimensionen (adressatenbezogen, sachlich-inhaltlich, situationsbezogen, senderbezogen, textfunktionsbezogen) untersucht. Die typografische Analyse beschreibt die Angemessenheit der Medienwahl, der Konzeption und Gestaltung (Bildwelt, Format, Raster, Makro- und Mikrotypografie, Farben etc.) sowie der technischen Umsetzung.

22 Die Hochschule der Künste in Bern hat 15 Jahre Erfahrung im Forschungsfeld »Knowledge Visualization« und »Social Communication« http://fspkd.ch/ https://www.hkb.bfh.ch/de/forschung/forschungsschwerpunkte/fspkommunikationsdesign/.

Beispielhafte Anwendung

Im zweiten Teil soll die Praxis eingebunden werden, als Praxispartner und/oder in einem partizipativen Projektaufbau (als Experten ihrer Lebenswirklichkeit). Ideale Anwendungsfelder für verständliche, angemessene Kommunikation sind Bildungseinrichtungen, Museen, Banken oder Verwaltung. Es werden alle Medien verwendet (Signalethik, Editorial Design und bildschirmgestützte Medien).

Formulierung von Leitlinien

These: Die Faktoren angemessener Kommunikation mit »Leichter Sprache« können nur als Leitlinien und nicht als starres Regelwerk formuliert werden.

Für die sprachliche und typografische Gestaltung soll ein praktisch anwendbarer Orientierungsrahmen formuliert werden, der eine Einschätzung der Qualität des gestalteten Textes ermöglicht. Der dritte Teil zielt auf die nachhaltige Umsetzung der Ergebnisse und spricht durch einen Leitfaden – mit Beispielen von Praktikern aus den Bereichen Presse, Marketing und Design – an.

Wir wollen das Zusammenwirken von Typografie und »Leichter Sprache« erstmals systematisch erforschen, um damit zum Verständnis der Rolle der visuellen Gestaltung bei der Aufnahme von Sprache beizutragen. Die erwarteten Ergebnisse ermöglichen wirksamere Kommunikation mit »Leichter Sprache«.

Rosalie Heinen, Susanne Heinicke

»Ich versteh das nicht!« Wie ein Physiktext durch grafische Umgestaltung verständlich wird

Einleitung

Die Forderung nach sprachlicher Bildung hat – als Aufgabe jedes Faches – die deutschen Lehrerzimmer längst erreicht. Sprache gilt als Schlüssel zum Bildungserfolg. Das fordert ein sprachsensibles Schulkonzept sowie die LehrerInnen als wichtigste Sprachvorbilder im Klassenzimmer. Der Brückenbau zwischen Fachinformation und Fachsprache muss vom Lehrpersonal kontinuierlich und systematisch unterstützt und begleitet werden, damit mangelnde Sprachkompetenz kein institutioneller Selektionsfaktor ist und aus sprachschwachen SchülerInnen BildungsverliererInnen generiert. Auch im Physikunterricht spielt der Faktor »Sprache« eine wesentliche Rolle, die aufgrund der anderen verwendeten Repräsentationsformen (z. B. Gleichungen, Modelle, Experimente) oftmals unterschätzt wird. Vor allem das Lesen und Verstehen von Schulbuchtexten stellt sprachschwache SchülerInnen vor Herausforderungen – nicht nur aufgrund fachwissenschaftlicher Inhalte.

Eine Vorstudie unter Schülerinnen und Schülern unterschiedlicher Erstsprachen (n=164) in Köln und Kairo zu Textverständlichkeitsmerkmalen in Physikschulbüchern zeigt, dass neben fachlichen und sprachlichen Anforderungen ein weiterer Faktor maßgeblich für die Verständlichkeit von Texten verantwortlich ist, der bis dato eine eher untergeordnete Rolle in der Forschung spielt: die grafische Gestaltung. In diesem Beitrag sollen gestalterische Textmerkmale aufgezeigt werden, die eine tendenziell dysfunktionale Wirkung auf den Lese- und Lernprozess haben. Diesen Merkmalen werden Gestaltungsempfehlungen gegenüber gestellt, um die Verständlichkeit von Physikschulbuchtexten zu erhöhen. Die einzelnen Gestaltungsmerkmale wurden in einer Vorstudie untersucht, deren erste Ergebnisse und Tendenzen im Folgenden vorgestellt werden sollen.

Passivkonstruktionen, Nominalisierungen, Komposita – die Herausforderungen der Bildungssprache

Das Schulbuch dient dem Erkenntnisgewinn, dem selbständigen Aneignen, Verarbeiten und Anwenden gelernter Inhalte. Ziel der Arbeit mit dem Physikschulbuch ist die möglichst eigentätige

Auseinandersetzung mit dargebotenen Text und Bild. Viele physikalische Phänomene sind jedoch aufgrund ihrer Komplexität für SchülerInnen schwer verständlich. Es steht außer Frage, dass die Merkmale der Bildungssprache den SchülerInnen bei der Textrezeption einige Stolpersteine in den Weg legen. Im wissenschaftlichen Diskurs wurde die Bildungssprache in den letzten Jahren sogar lange als der zentrale Faktor für die Komplexität von Texten diskutiert. Einen Text verständlicher zu machen bedeutete also vor allem, die Sprache zu vereinfachen, indem man Passiv-Konstruktionen vermeidet oder die Fachbegriffe reduziert. Doch bestehen die Hürden wirklich nur auf der Textoberflächenstruktur?

Das Vereinfachen der Sprache führt nicht zwangsläufig zu mehr Verständnis

Aktuelle Studien zur Vereinfachung der Syntax von Schulbuchtexten und Textaufgaben legen nahe, dass die sprachliche Umgestaltung das Leseverstehen nicht wie erhofft optimiert. Ein Text kann also trotz seiner sprachlichen Verständlichkeit komplex auf die RezipientInnen wirken. Nach GROEBEN[1] begünstigt nicht allein die stilistische Vereinfachung, sondern eine sachlogische inhaltliche Strukturierung von Texten deren Verständlichkeit. Diese kann wiederum durch das Einsetzen typografischer Gestaltungselemente verdeutlicht werden, wodurch nicht nur die effektive Nutzung von Informationstexten, sondern auch ein schnelles Extrahieren der wichtigsten Informationen unterstützt wird. NADOLSKI[2] benennt dieses Hilfsmittel der Strukturierung als nützlich für die »Verkürzung der Zugriffszeiten«, worunter Aspekte wie lebender Kolumnentitel, Marginalien und Register fallen. Aber auch Überschriften, Abschnitte, Nummerierungen, Hervorhebungen durch Fett- und Kursiv-Druck oder Farbunterlegungen sind effiziente Instrumente, um sich in einem Fachtext einen schnellen Überblick zu verschaffen.

Die Cognitive Load Theorie

Betrachten wir das Schulbuch mit seinen Texten und Bildern als multimediales Konstrukt, das vom Schüler rezipiert wird. Die textlichen und bildlichen Informationen werden an erster Stelle im Arbeitsgedächtnis verarbeitet. Wo stehen die Informationen, die ich brauche? Sind diese relevant? Was kann ich überspringen? Die Cognitive Load Theorie (CLT) von JOHN SWELLER et al.[3] stellt einen weit verbreiteten Erklärungsansatz zum multimedialen Lernen dar. Ein zentraler Aspekt dieser Theorie ist, dass die Auf-

1 (Groeben, 1978).

2 (Nadolski, 1984).

3 (Sweller, 1988), (Sweller, 2005).

nahmekapazität unseres Arbeitsgedächtnisses begrenzt ist: Nach einer gewissen Zeit oder Anzahl an Informationen sind wir nicht mehr aufnahme- bzw. lernfähig.[4] In der CLT definiert man dazu drei gesonderte Arten kognitiver Belastung: die intrinsische kognitive Belastung (intrinsic cognitive load), die extrinsische kognitive Belastung (extraneous cognitive load) sowie die lernbezogene kognitive Belastung (germane cognitive load). Diese drei Bereiche kognitiver Belastung addieren sich zum gesamten Cognitive Load (CL) und sollen im Einzelnen kurz skizziert werden[5]:

- Bei der *intrinsischen kognitiven Belastung* wird die Belastung durch das Lernmaterial und der Interaktion der einzelnen Lernelemente untereinander selbst hervorgerufen. Sie umfasst also im Grunde die Informationen, die gelernt werden sollen.[6] Beispielsweise ist die intrinsische kognitive Belastung beim Vokabellernen verhältnismäßig niedriger als beim Umformen oder Lösen mathematischer Gleichungen.
- Die *extrinsische kognitive Belastung* ist abhängig von der Darbietung des Lernmaterials. Je einfacher es ist, diesem die relevanten Informationen zu entnehmen, desto niedriger ist die extrinsische kognitive Belastung.[7] So kann durch die Gestaltung des Lernmaterials der jeweilige Lernstoff leicht oder schwer verständlich sein. Nach der CLT ist es ein zentrales Ziel, Lernmaterialien so zu gestalten, dass sich der extrinsische CL reduziert.
- Als dritte Quelle der kognitiven Belastung bezeichnet man die *lernbezogene Belastung*. Sie wird benötigt, um Schemata zu konstruieren bzw. zu automatisieren und diese im Langzeitgedächtnis zu verankern. Man kann diese Form der kognitiven Belastung auch als konstruktive Auseinandersetzung mit dem Lerngegenstand und dem individuellen Aneignungs- und Lernprozess vergleichen. Je größer die lernrelevante kognitive Belastung, desto besser die Lern- bzw. Verständnisleistung.

Während wir in der Lehrmittelgestaltung keinen Einfluss auf die Grundkomplexität der Fachinhalte (intrinsic cognitive load) noch auf den individuellen Lern- und Aneignungsprozess (germane cognitive load) haben, können wir bei der grafischen Darbietung der Informationen (extraneous cognitive load) darauf achten, das Arbeitsgedächtnis der SchülerInnen nicht unnötig zu belasten. Was genau eine »unnötige kognitive« Belastung ist, wollen wir im Folgenden anhand des Split-Attention-Effekts betrachten:

4 ebd.

5 ebd.

6 (Sweller, Ayres & Kalyuga, 2011).

7 (Chandler & Sweller, 1991).

Der Split-Attention-Effekt
Abbildungen und Grafiken fördern das Lernen, ermöglichen eine Visualisierung von Zusammenhängen, erhöhen die Anschaulichkeit und haben einen stimulierenden Charakter auf den Rezipienten. Doch die Rezeption von multiplen Repräsentationen in Schulbuchtexten, d. h. das Entschlüsseln der Informationen von Bild und Text, stellt Lernende vor zahlreiche kognitive Herausforderungen: Sie müssen die einzelnen Formate und Zeichensysteme der verschiedenen Darstellungen dekodieren, diese mit dem Inhalt in Beziehung setzen und Kohärenzen bilden.[8] Um den Zusammenhang aufzubauen, bedarf es oft zusätzlicher Anleitung, Strategien und Übung. Auch das Vorwissen spielt bei dem flexiblen Umgang mit verbalen und piktoralen Repräsentationen eine große Rolle. Untersuchungen zur Visual Literacy zeigen, dass selbst in klassischen Industrienationen wie den USA, Kanada und Deutschland mehr als 40 % der Bevölkerung Probleme haben, Bilder, Grafiken und Tabellen in Bezug zu Texten und anderen Informationsquellen zu setzen und damit, diese zu verstehen.[9] Vor allem, wenn die aufeinander bezogenen Informationsquellen räumlich getrennt dargeboten werden und der Leser gezwungen ist, zwischen den bildlichen und textlichen Repräsentationen hin und her zu springen. Darunter leiden die Aufmerksamkeitsressourcen.[10] MAYER und MORENO[11] bezeichnen den Grund dieser reduzierten Lernleistung als »Split-Attention-Effekt« – den Effekt der geteilten Aufmerksamkeit. Erklärt wird dieser damit, dass die Trennung von aufeinander bezogenen Informationsquellen eine mentale Integration erforderlich macht und somit eine Erhöhung des extrinsischen CL bewirkt. Dadurch reduziert sich die lernrelevante, kognitive Belastung und führt in der Folge zu einer Minderung der Lernleistung. Im Rahmen der Studie äußerte sich eine deutsche Muttersprachlerin beim Lesen eines Schulbuchtextes folgendermaßen: »Ich muss halt immer springen. Wenn man liest, dann ist man im Lesen drin. Und dann muss man auf das Bild gucken. Und dann muss man in den Text wieder reinkommen, und dann muss man wieder aufs Bild gucken. Und dann denkt man sich, das ist das richtige Bild, und dann kommt raus: ne, das ist ja das falsche Bild, und dann lernt man das Falsche. Und dann muss man sich das nochmal neu einprägen.«[12]

In Abbildung 1 wird ersichtlich, in welch räumlicher Entfernung zusammengehörige textuelle und bildliche Informationen dargestellt werden und so den Leser zum optischen Hin- und Herspringen während des Leseprozesses zwingen.

8 (Ainsworth, Bibby & Wood, 2002).

9 (OECD & Statistics Canada, 1995).

10 (Chandler & Sweller, 1991).

11 (Mayer & Moreno, 2003).

12 Zitat einer deutschen Muttersprachlerin, 8. Klasse.

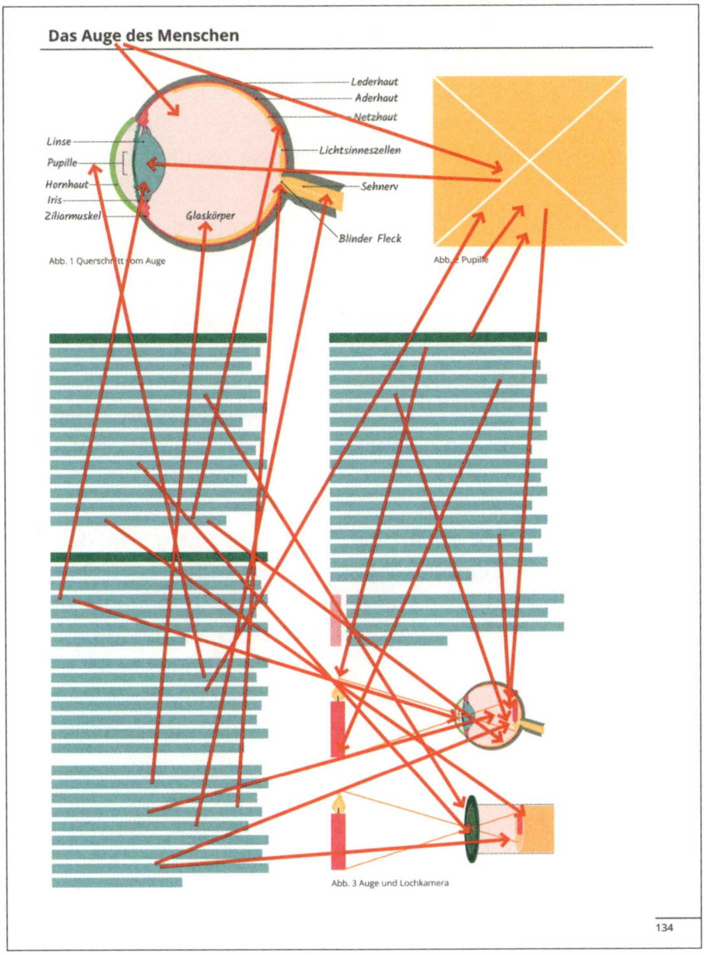

Abbildung 1: Potentielle Augensprünge zwischen zusammengehörigen Text- und Bildteilen beim Lesevorgang.
Alle Grafiken von Nina Lakeberg.

Die Vermeidung des Split-Attention-Effekts und die damit einhergehende Reduktion der extrinsischen kognitiven Belastung kann bereits durch kleine grafische Veränderungen in der Darstellungsform erreicht werden und unterstützt infolgedessen den Lernenden bei der Kohärenzbildung. Nach RÖHRBEIN[13] kann der zweckmäßige Einsatz typografischer Mittel wesentliche Inhalte und deren Beziehungen visualisieren, die inhaltlich-logische Struktur des Textes widerspiegeln und sogar fehlende, lernfördernde Merkmale der Sprache kompensieren.

13 (Röhrbein, 1984).

Möglichkeiten der Cognitive-Load-Reduktion
Wie können solche lernirrelevanten kognitiven Belastungen reduziert werden? Die Wahrnehmungswissenschaften liefern hierzu bereits empirisch erforschte Gestaltungsempfehlungen, die sich auch in der didaktischen Typografie anwenden lassen:

Text-Bild-Nähe
Bei fehlender räumlicher Nähe muss der Lernende zwischen Text und Visualisierung hin und her springen, was zu einer erhöhten (irrelevanten) kognitiven Belastung führt. Dieser Effekt kann exemplarisch durch die folgende Aussage einer Schülerin verdeutlicht werden: »Das Problem bei mir ist, wenn ich den Text lese, und dann muss ich ja noch auf die Abbildungen achten, das irritiert mich meistens, dann vergesse ich meistens, was kam nochmal davor? Dann muss ich den Text nochmal lesen, und das ist, sag ich mal, 'n bisschen Zeitverschwendung. Und wenn man das direkt unter dem Bild erklärt hat, spart man Zeit.«[14] Um dem Leser die Text-Bild-Integration zu erleichtern, sollten korrespondierende Bild- und Textteile in räumlicher Nähe zueinander dargeboten werden.[15] Begründet wird das räumliche Kontiguitätsprinzip mit der visuellen Suche während des Lernprozesses. Blickbewegungsstudien von HEGARTY, CARPENTER und JUST[16] stützen den Erklärungsansatz für das räumliche Kontiguitätsprinzip.

Signalisierung
SchülerInnen lassen sich intuitiv von visuellen Hinweisen in Schulbuchtexten leiten. Sie lokalisieren mithilfe gestalterischer Signale meist binnen weniger Sekunden einen Merksatz, eine Zusammenfassung oder Schlüsselbegriffe: »Wenn Sachen fettgedruckt sind oder bunt, dann weiß man direkt auf den ersten Blick, was wichtig ist und was nicht.«[17] Laut MAYERS Signalisierungseffekts[18] lernt man besser, wenn auf wichtige Inhalte grafisch hingewiesen wird. Dadurch kann die kognitive Kapazität, lernrelevante Informationen zu finden, reduziert werden. Solche Hinweise können farbliche Markierungen oder Hinweispfeile sein. KOZMA[19] schlägt vor, Verbindungen zwischen einzelnen Repräsentationen im Medium anzubieten, um bildliche und textliche Zusammenhänge deutlicher zu machen. Solche verschiedenen Hilfen zur Kohärenzbildung beim Lernen mit multiplen Repräsentationen schlagen auch SEUFERT & BRÜNKEN[20] vor. Dies können z. B. gleiche Farben sein, die zusammengehörende Teile markieren, Fettdruck oder Unterstreichen von Schlüsselwörtern,

14 Zitat einer deutschen Muttersprachlerin, 8. Klasse.

15 (Mayer & Moreno, 2003).

16 (Hegarty, Carpenter & Just, 1996).

17 Zitat einer arabischen Muttersprachlerin, 9. Klasse

18 (Mayer, 2005).

19 (Kozma & Voogt, 2003).

20 (Seufert & Brünken, 2004).

Nummerierungen zur Organisationsstruktur der Inhalte, Pfeile zur Visualisierung von Kausalzusammenhängen oder Benutzung von Hinweiszeichen für Merksätze.

Segmentierung
Eine mehrsprachige Schülerin an einer deutschen Auslandsschule in Kairo wirkt beim Anblick eines Schulbuchtextes im Blocksatz schnell unmotiviert: »Bei einem so langen Text ist es langweilig, da habe ich gar keine Lust, den zu lesen. Aber wenn da so Abschnitte sind, nur vier Sätze, die ich lesen muss, dann bin ich mehr motiviert. Damit kann man besser lernen.«[21] Sachtexte, die Absatzformatierungen, Überschriften, Mehrspalten mit kurzer Zeilenlänge, kleine Merksätze oder Zusammenfassungen enthalten, helfen dem Leser, sich einen schnellen Überblick über den Text zu verschaffen, motivieren zum Lesen und helfen durch »strukturierte Häppchen« bei der Bildung hierarchischer Zusammenhänge.[22]

Empirische Arbeit
Die Vorstudie erfolgte im Februar 2018 an einer internationalen deutschen Auslandsschule in Ägypten, deren SchülerInnen zum Großteil arabische MuttersprachlerInnen und deutsche ZweitsprachlerInnen sind sowie an einem Gymnasium in Köln, dessen SchülerInnen fast ausschließlich Deutsch als Muttersprache erlernt haben. Dies eröffnete eine möglichst große und heterogene Stichprobengröße an Erst- und ZweitsprachlerInnen (n=164), die innerhalb ihrer Gruppenzusammensetzungen unterschiedlich in ihrer Sprachstärke ausgeprägt waren. Erhoben werden sollte, ob sich die grafische Gestaltung eines Textes auf seine Verständlichkeit auswirkt – während sprachliche Merkmale auf der Textoberflächenstruktur bewusst außer Acht gelassen werden. Dazu wurde ein ausgewählter Text aus einem deutschen Physikschulbuch zum Thema »Optik – der Sehprozess beim Menschen« unter den folgenden Gesichtspunkten überarbeitet:
- Reduktion auf wesentliche textliche und bildliche Inhalte
- Herstellung einer hohen Text-Bild-Kohärenz durch neue Segmentierung der Inhalte
- Signalisierung von Schlüsselbegriffen

Daraus entstanden Layout A (Original), Layout B (Reduzierte Fassung), Layout C (Segmentierung, Signalisierung) und Layout D (Segmentierung, Signalisierung, Reduzierung). Die Erhebung-

21 Zitat einer arabischen Muttersprachlerin, 10. Klasse.

22 (Van Dijk & Kintsch, 1983).

Abbildung 2: Originale Schulbuchseite.

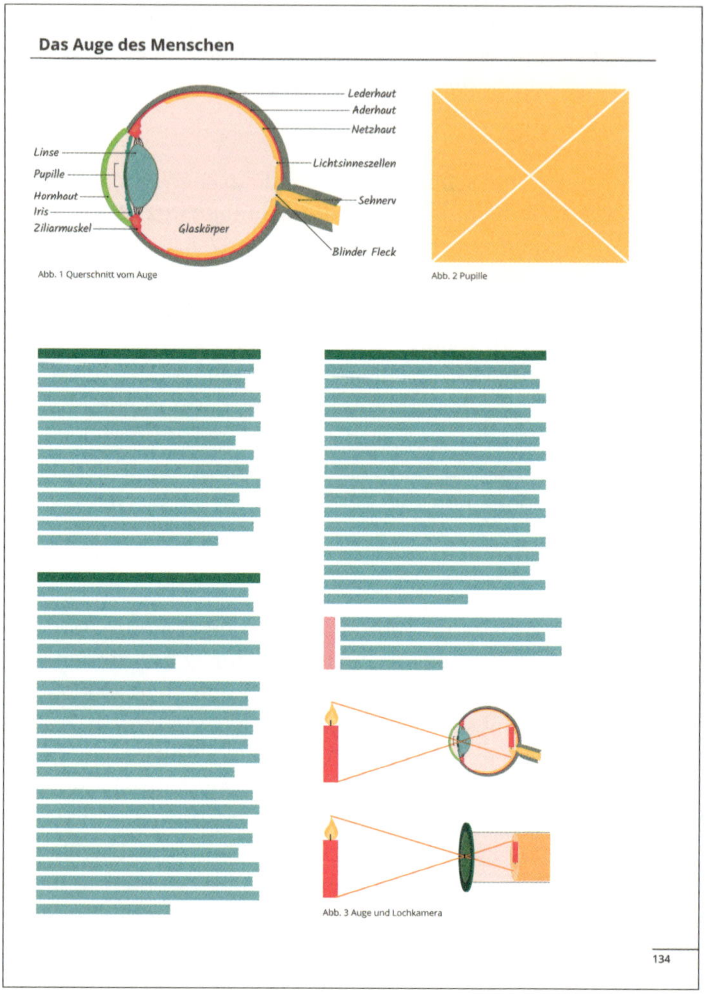

Abbildung 3: Vorstudie.

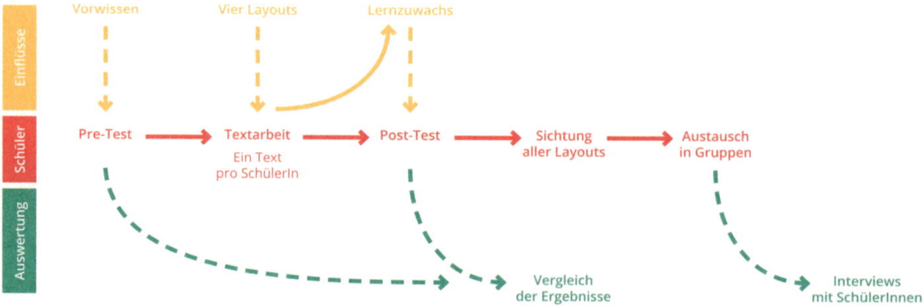

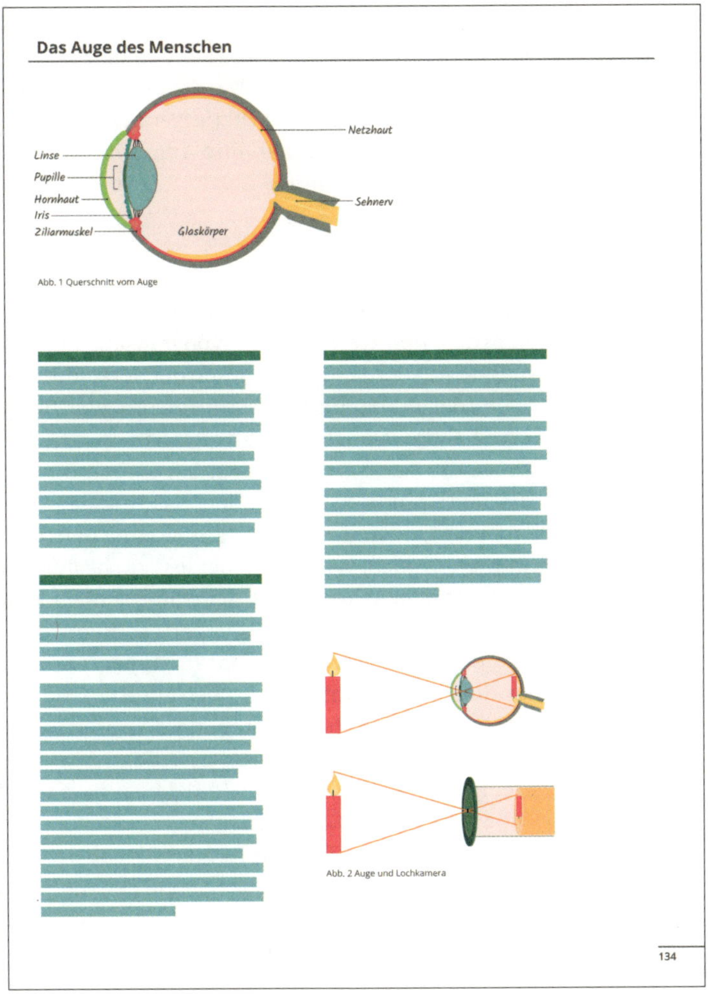

Abbildung 4: Textlayout B. Reduktion der irrelevanten Abbildungsbeschriftungen, Reduktion textlicher und bildlicher Redundanzen, Reduktion dekorativer Abbildungen.

wurde in sieben verschiedenen Klassen der Jahrgangsstufen 8 bis 11 durchgeführt. Die durchschnittliche Testzeit inklusive Interviews betrug 50 Minuten. Die Klassen wurden in vier heterogene Gruppen geteilt. Der Gruppenangehörigkeit entsprechend erhielten die SchülerInnen eines der vier Layouts, um diese in Einzelarbeit zu lesen. Ähnlich wie bei der Studie von WENDT 1976 und 1980[23] sollten die SchülerInnen vor und nach der Lektüre des Schulbuchtextes einen Wissenstest bearbeiten. Die erreichte Punktzahl im Post-Test minus der erreichten Punktzahl im Pre-Test generierte den Wissenszuwachs der SchülerInnen. Im An-

23 (Wendt, 1984).

schluss erhielten die SchülerInnen die Möglichkeit, alle Layouts zu sichten und sich in Kleingruppen über die Stärken und Schwächen der einzelnen Texte auszutauschen. Die Bewertungen wurden im Rahmen von Interviews mit dem Diktiergerät aufgezeichnet. Zusätzlich konnten die SchülerInnen ihre Anmerkungen auf den Layouts notieren. Ein visualisierter Ablauf der Studie ist in Abbildung 2 dargestellt.

Erste Tendenzen

In der Vorstudie konnten auf qualitativer und quantitativer Ebene die Tendenzen beobachtet werden, dass typografische Modifikationen der Schulbuchtexte zu einer Erhöhung der Verständlichkeit führt: Über 75 % der ProbandInnen – MuttersprachlerInnen als auch Zweit- und FremdsprachlerInnen – gaben in den Interviews an, dass sie die Texte C und D deutlich verständlicher empfanden als die Texte A und B: »Wir finden, das in C alles am einfachsten erklärt worden ist. A wurde relativ kompliziert und umständlich formuliert, B auch. Wir fanden beide C am besten.«[24]

Die Verständlichkeit von Texten wird demzufolge nicht nur durch eine sprachliche Textüberarbeitung erzielt, sondern gleichermaßen durch den zweckmäßigen Einsatz typografischer Mittel, samt einer didaktisch sinnvollen Sachstrukturierung der Inhalte. Tatsächlich konnte man beobachten, dass lernrelevante Informationen in einem nicht optimal gestalteten Text schwieriger gefunden werden konnten: »Ich hatte A, und da hat man über die Lochkamera überhaupt nichts erfahren«.[25]

Durch eine typografische Segmentierung und Signalisierung der Inhalte konnten die fachlichen Inhalte zugänglicher gemacht und in einen kausalen Zusammenhang gebracht werden. »In Text C war die Lochkamera besser beschrieben als in Text A«.[26]

Auch die Annahme, dass der Einsatz typografischer Mittel lernhinderliche Merkmale der Sprache kompensiert, konnte in der Erhebung bestätigt werden: Die Schriftsprache wurde von den RezipientenInnen in den Layouts C und D als deutlich verständlicher und einfacher wahrgenommen als in den Layouts A und B: »Text D hat mir am besten gefallen, weil es hat den Punkt exakt angesprochen. Es war kurz und knapp und das Layout war sehr klar und eindeutig. Es hat eine verständliche Sprache. Das Deutsch hier war verständlich. Es hatte eine gute Einteilung. Bei A ist die Sprache zu schwer und die Einteilung der Abschnitte hat mir nicht gefallen.«[27]

24 Zitat von zwei deutschen Muttersprachlerinnen, 8. Klasse.

25 Zitat einer arabischen Muttersprachlerin, 9. Klasse.

26 Zitat einer arabischen Muttersprachlerin, 9. Klasse.

27 Zitat einer arabischen Muttersprachlerin, 10. Klasse.

Ausgewählte Reaktionen der SchülerInnen auf die verschiedenen Layouts

Schüleräußerungen zum Textlayout A:

»Der Text war nicht strukturiert genug, damit man es leicht versteht. Es gab keine richtigen Abschnitte, es war einfach nur ganz viel Text.«

»Bei A hatte ich das Gefühl, da sind total viele Informationen, die ich nicht brauche. Und es gibt viele Informationen ohne Beschriftung, deswegen konnte ich nicht folgen, was der Text meint. Zum Beispiel Lochblende, ich wusste nicht, was das ist. Und hier im Bild stand auch nicht, was das ist.«

Schüleräußerungen zum Textlayout B:

»B war einfach nur das Bild hingestellt und dann der Text runtergerattert, das fand ich doof.«

»Das eine Bild war gar nicht beschriftet, da konnte ich mir gar nicht erklären, was was ist.«

Schüleräußerungen zum Textlayout C:

»Also ich als Schüler würde C auswählen, weil es wenig Text ist, und es gibt mehr Bilder.«

»C ist gut, weil es gibt kurze Texte, und es sieht nicht so schwer aus.«

„Ich fand auch den Text C besser, weil alle Begriffe sind fett gedruckt, darum konnte man mehr verstehen.«

Schüleräußerungen zum Textlayout D:

»Ich persönlich würde D nehmen, weil es viele Bilder gibt und wenig Text. Für das Auge sieht es leichter aus. Wenn alle Texte da liegen würden, würde ich D nehmen.«

»Es ist gut, dass die Abbildung beschriftet ist. Denn wenn man den Text nicht versteht, dann kann man es von dem Bild verstehen.«

»Text A würde ich einfach nur auswendig lernen. Aber bei Text D würde ich es auch verstehen.«

Abbildung 5: Textlayout C Unterteilung des Textes in Sinnabschnitte (Segmentierung und Herstellung einer hohen Text-Bild-Kohärenz, Fett- und Buntdruck von Schlüsselbegriffen (Signalisierung).

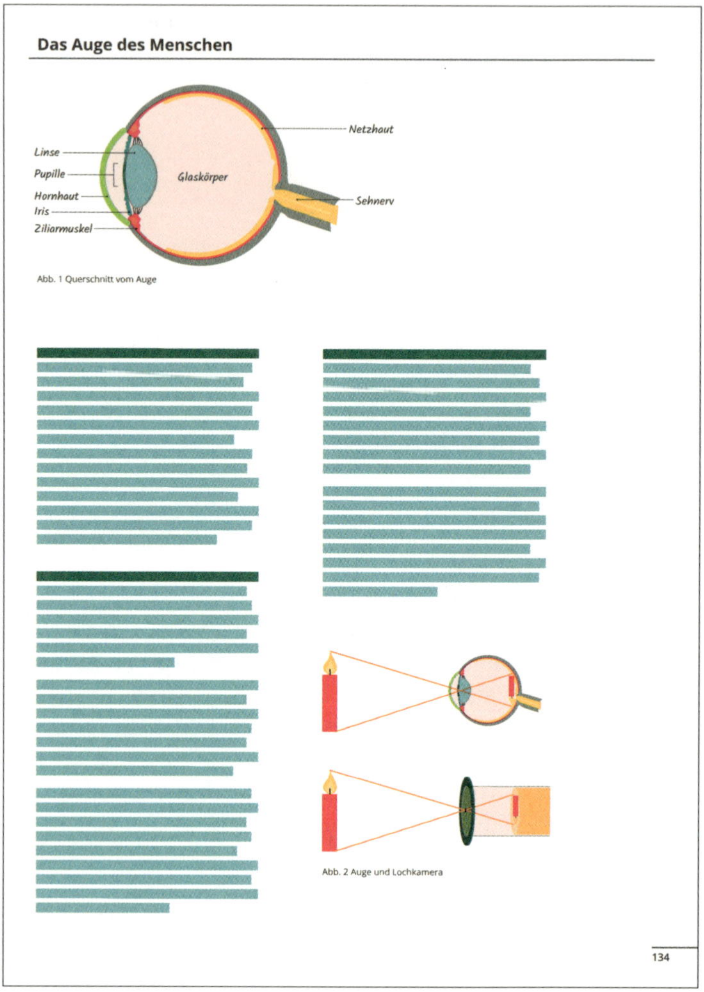

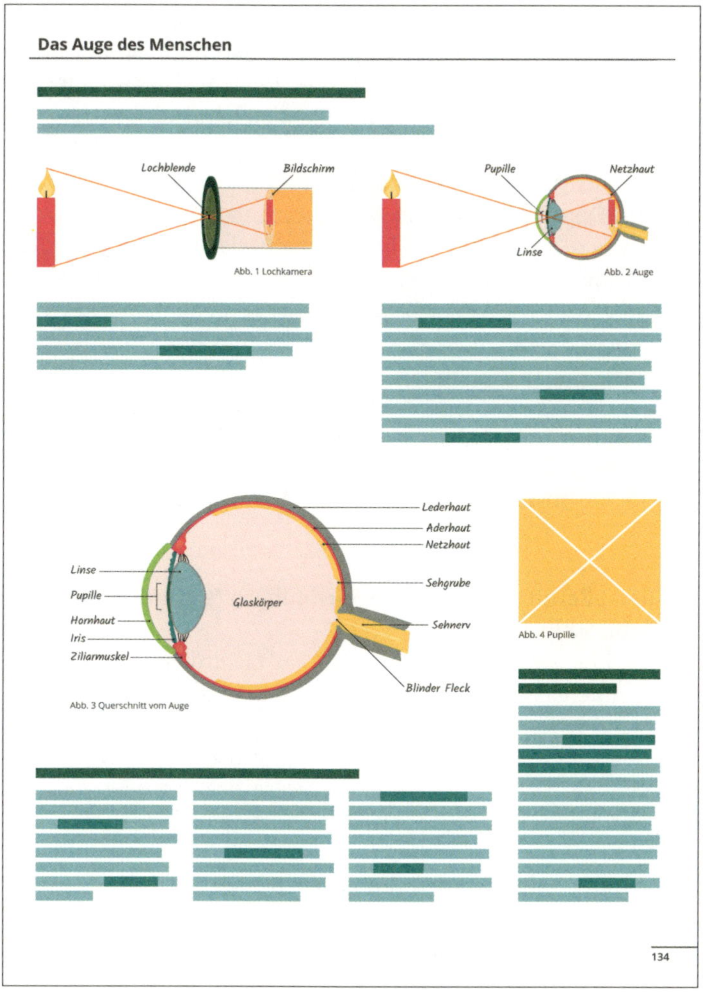

Abbildung 6: Textlayout D Unterteilung des Textes in Sinnabschnitte (Segmentierung Text-Bild-Kohärenz, Fett- und Buntdruck von Schlüsselbegriffen (Signalisierung), Reduktion von textlichen und bildlichen Redundanzen.

Reaktionen auf die einzelnen Typografischen Figuren
Im Rahmen der Interviews wurde in beiden Interventionsgruppen die folgenden grafischen Merkmale als besonders hilfreich zugunsten einer besseren Verständlichkeit herausgearbeitet:

Schüleräußerung zur Text-Bild-Nähe:

»Alle Texte haben die gleiche Sprache. Aber C und D sind trotzdem leichter. Ich glaube, das liegt daran, weil das Bild und der Text nah zusammengehören. Aber hier in A, was dazu gehört, steht ganz weit weg. Also wir haben es alles gelesen, und dann haben wir es gesehen. Und dann mussten wir alles nochmal lesen, damit wir es verstehen.«

Schüleräußerung zu Absätzen mit kurzer Zeilenlänge:

»Ich hab keine Lust gehabt, mir das durchzulesen, weil wenn ich mir den Text anschaue, denk ich schon »ja, jetzt muss ich das lesen.«

Schüleräußerungen zu den Auszeichnungen fett, farbig, kursiv von Schlüsselbegriffen:

»Und hier sind die Sachen auch gar nicht dick gedruckt, z. B. lichtundurchlässiges Gehäuse. Das ist kursiv, aber das sieht man halt nicht, weil das in der gleichen Farbe ist.«

»In C und D die Fachwörter sind fett gedruckt. Die Wörter, die in den Bildern waren, waren in dem Text dick gedruckt, und das hat geholfen.«

Schüleräußerungen zu gestalterischen Strukturierungsmerkmalen:

»Hier stehen zum Beispiel die Schritte, wie die Lichtstrahlen in das Auge treten. Und wenn zum Beispiel das Bild und die Schritte zusammenstehen würden, z. B. 1. und 2. und 3., das wäre wirklich gut. Pro Schritt ein Satz. Das würde gut sein.«

»Text B war alles nacheinander. Am Anfang war es schwierig zu verstehen. Aber den Unterschied von Auge und Lochkamera hab ich gar nicht verstanden. Bei C und D hätte ich es besser verstanden, weil es gab Schritte. Und es gab Bilder für jeden Schritt.«

Außerdem wirkten sich die folgenden gestalterischen Instrumente förderlich auf die Verständlichkeit der Texte aus:

- Optische Trennung der Inhalte durch präzise Typografie oder farbliche Hinterlegungen
- Textüberschriften und Zwischenüberschriften
- Bildunterschriften
- Lernförderliche Beschriftung der Abbildung, gerne die »wichtigen« Begriffe größer, fett oder bunt im Gegensatz zu den irrelevanten Bestandteilen.

Anhand dieser Ergebnisse wurde ein weiteres Textlayout entworfen (Abbildung 7), das die Präferenzen und Wünsche der SchülerInnen berücksichtigt. Inwiefern sich dieses nach Schülervorstellungen gestaltete Layout auf die sprachliche und fachliche Verständlichkeit auswirkt, muss empirisch noch erhoben werden.

Fazit

Die ersten Tendenzen dieser empirischen Erprobung konnten aufzeigen, dass der didaktische Einsatz typografischer Gestaltungsmittel, darunter vor allem das Signalisieren von Schlüsselbegriffen und Zusammenhängen, das Segmentieren des Schulbuchtextes in lernförderliche Absätze und das Bilden einer hohen Text-Bild-Kohärenz

- irrelevante kognitive Belastungen reduziert
- hilft, relevante Informationen herauszuarbeiten und effizienter in einen kohärenten Zusammenhang zu bringen
- zu einer erhöhten Verständlichkeit führt
- inhaltliche und sprachliche Hindernisse kompensiert
- den Lese- und Aneignungsprozess motivieren und unterstützen kann.

Die Grundlagen für die Annahmen liefern die Ergebnisse der durchgeführten Pre-und Posttests, die Notizen der SchülerInnen auf den jeweiligen Layouts sowie die Äußerungen der SchülerInnen in den Interviews.

Abbildung 7: Gestaltung der Schulbuchseite mit Berücksichtigung der Präferenzen der chüler und Schülerinnen.

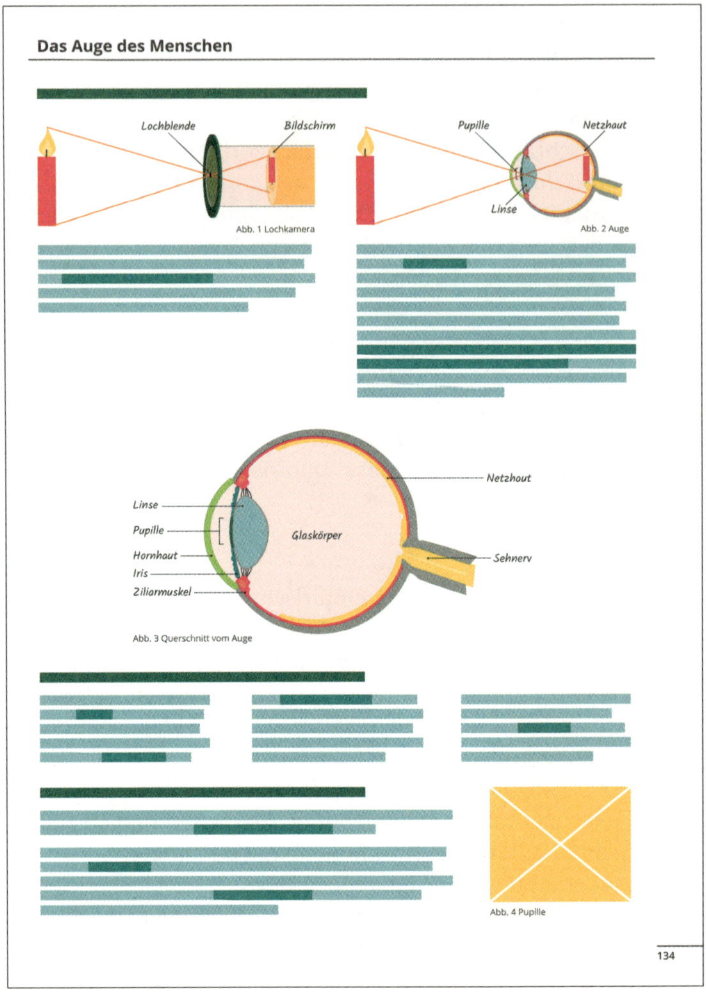

Silvia Werfel

Schulbuchgestaltung in digitalen Zeiten

Schulbücher sollen durch die Auswahl attraktiver Lerngegenstände »Neugier und Freude am Erkennen wecken« und ein Erscheinungsbild haben, welches das Lernen erleichtert. Das erachtete schon JOHANN AMOS COMENIUS (1592–1670) als wesentlich für einen guten Unterricht. Es ging ihm demnach um die inhaltliche, aber auch um die typografische Gestaltung. Wenngleich hier noch nicht von »didaktischer Typografie« zu sprechen ist, so bleibt diese Erkenntnis bis heute grundlegend. Im Laufe der Jahrhunderte haben sich die gestalterischen und technischen Möglichkeiten gewandelt; hinzu kommen neue Erkenntnisse aus der Hirnforschung zu den Lese- und Lernvorgängen. Nicht zuletzt sollen gedruckte Schulbücher auch im Zeitalter der Digitalisierung den Erkenntnisdrang fördern und das Lernen unterstützen – ein paar Gedanken zur aktuellen Situation.[1]

Ausgangssituation – das (Schul-)Buch steht zur Disposition: Leitmedium oder Auslaufmodell?

Wie sollen Kinder künftig lernen? Dieses Thema ist – frei nach THEODOR FONTANE – ein wirklich weites Feld und vermintes Gelände dazu, denn Debatten über die richtigen Wege in die Zukunft werden meist hochemotional geführt, und allzu oft stehen die unterschiedlichen Parteien einander unversöhnlich gegenüber. Denn, ja: Es geht um Grundsätzliches. Da scheinen Fragen zu Schriftwahl, Satzspiegel, Farbeinsatz und Bildkonzept auf den ersten Blick von untergeordneter Bedeutung zu sein.

Das gedruckte Schulbuch werde in 15 bis 20 Jahren »komplett vom digitalen Content abgelöst sein«, prognostizierte STEPHAN KEMPER (bettermarks, Berlin) im April 2016 beim Publishers' Forum in Berlin. Tatsächlich googlen sich Jugendliche nicht erst seit heute für ihre Hausaufgaben durchs Internet, suchen Wissenslücken mittels youtube zu schließen, und an manchen Schulen hat längst das »Ende der Kreidezeit« begonnen, werden Schiefertafeln durch Interaktive Whiteboards und Schulbücher durch Tablets ersetzt. Letztlich beschäftigen sich Schulbuchverlage (heute: Bildungsmedienverlage) aber schon seit Anfang der 1990er Jahre mit den Möglichkeiten des interaktiven Lernens mittels elektronischer Hilfsmittel.

1 Dieser Beitrag knüpft an einen vor 15 Jahren erschienenen Artikel an: Silvia Werfel: Schulbuchgestaltung. Weniger ist mehr. (Werfel, 2002).

Welche Rolle spielt das gedruckte Schulbuch noch in den aktuellen Planungen der Verlagshäuser? Für MARK VAN MIERLE, CEO der Cornelsen-Gruppe, hat die »digitale Transformation« oberste Priorität. Aber »im Vordergrund steht nicht die Frage nach dem Medium, sondern die nach der Didaktik. Mit welchem Medium oder Medienmix kann ich ein Lernziel am besten erreichen? [...] Das Buch hat seinen Platz, ebenso wie ein Video, interaktive Aufgaben oder eine Lösung, die all dies miteinander verbindet«; mit der Entwicklung browser-basierter Anwendungen löse man sich jedoch von der »Buch-Metapher« (boersenblatt.net vom 29.9.2017). DR. ILAS KÖRNER-WELLERSHAUS, Klett-Verlagsleiter: »Das gedruckte Lehrwerk ist nach wie vor das Leitmedium. Aber der Anteil digitaler Lehr-/Lern-Materialien steigt seit einigen Jahren rapide an.« (eMail vom 7.11.2017 an die Verfasserin). Auch DR. REGINE MEYER-ARLT, Referentin der Unternehmenskommunikation in der Westermann-Gruppe, konstatiert: »Das gedruckte Schulbuch hat nach wie vor einen sehr hohen Stellenwert in unserem Programm. Es wird, trotz des wachsenden Angebots digitaler Bildungsmedien, auf längere Sicht im Schulunterricht eine wichtige Rolle spielen. Denn es wird noch einige Zeit in Anspruch nehmen, bis für digitalen Unterricht an Schulen flächendeckend die notwendigen Voraussetzungen geschaffen sind.« (eMail vom 27.10.2017 an die Verfasserin).

Viele Anforderungen – wenig Spielraum?

Die Bildungsmedienverlage arbeiten intensiv mit am »digital turn«. 60.000 Lehr- und Lernmittel stehen in Deutschland zur Verfügung, 8.000 neue kommen laut Verband Bildungsmedien e. V. jährlich hinzu, darunter sind immer mehr elektronische: interaktive Tafelbilder, digitale Unterrichtsassistenten, Online-Diagnose-Tools, Übungs- und Simulationssoftware, Apps etc. Bücher sind (noch) ein wichtiger Bestandteil in diesem Medienmix. Hier wie dort spielt die didaktische und typografische Aufbereitung eine wichtige Rolle.

Trotz Diskussionen um grundsätzliche Positionierung und Zukunftsstrategien sind typografische Aspekte keinesfalls nebensächlich, denn tatsächlich steigen die Anforderungen an Strukturierung und Layout. Waren in der Vergangenheit die überfrachteten Lehrpläne der verschiedenen Bundesländer die größte Herausforderung, so heißen die neuen Schlüsselbegriffe:

- Kompetenzerwerb (statt reiner Wissensvermittlung)
- Binnendifferenzierung, nicht nur im inklusiven Unterricht.

All das muss vom Lehrpersonal wie vom Schulbuch in noch umfangreicherem Maß als früher geleistet werden. Gut aufbereitete digitale Lernsoftware kann da zusätzlich hilfreich sein.

Weiterhin muss jedes Schulbuch ein staatliches Zulassungsverfahren durchlaufen, und zwar in jedem einzelnen Bundesland. Die Zulassungsverfahren sind recht unterschiedlich – sie reichen vom detaillierten Prüfungskatalog bis hin zu Empfehlungslisten als Ersatz für eine aufwändige Begutachtung. Geprüft werden neben der Verfassungs-, Gesetzes- und Lehrplankonformität vor allem die Altersgemäßheit sowie die fachwissenschaftliche und didaktische Qualität, in einigen Bundesländern auch Preis, Haltbarkeit und Zweckentsprechung (Umfang) sowie Druckbild, Grafik und Bildauswahl (Wiater, 2002). Der Begriff »didaktische Typografie« taucht nirgends auf, versteckt sich möglicherweise in der Formel »didaktische Qualität« und wird augenscheinlich von typografischen Laien mit beurteilt.

Didaktische Typografie: Leselust statt Lesefrust
Die didaktische Typografie dient dem selektierenden Lesen. Unterschiedliche Textsorten und Textebenen gilt es so zu strukturieren, dass Lernende sie unterscheiden und sich orientieren können. Verschiedene Satzschriften und Schriftschnitte, Piktogramme, Farbe, Unterstreichungen, Linien und Rahmungen stehen für die Differenzierung zur Verfügung – jedoch sollte mit dem »grafisch-typografischen Arsenal« (Willberg & Forssman, 2005, S. 41) sparsam umgegangen werden, sonst drohen Chaos statt Klarheit und Lesefrust statt Leselust. WERNER GRAF hat die Aufgaben der didaktischen Typografie in DIETER NADOLSKIS gleichnamigem Sammelband (Graf, 1984, S. 32) so zusammengefasst – sie soll:
- »angemessen orientieren, motivieren und reaktivieren«,
- »didaktisch vereinfachen« und
- »portionieren«.

Seh- und Lesegewohnheiten wandeln sich, der Einfluss von Editorial Design und Webdesign auf die Schulbuchgestaltung ist unübersehbar. Neben Differenzierung, Inszenierung und »Verlinkungen« sollten Schulbücher aber immer auch Angebote für das unabgelenkte, konzentrierte Lesen und Lernen machen. Vertiefung ist hier das Schlüsselwort. So bleiben die vornehmsten Aufgaben didaktischer Typografie im Schulbuch:

- klare Struktur für die Orientierung (Makrotypografie inkl. Leitsystem, Farbkonzept)
- hoher Lesekomfort zum ungestörten Erfassen der Inhalte (Mikrotypografie)
- angenehme Leseatmosphäre für ein lustvolles Arbeiten (Makrotypografie, Farbklima, Bildkonzept).

Gern übersehen wird bei alledem die elementare Bedeutung der unbedruckten Fläche (Weißraum) – visuelle Leerräume ermöglichen Freiräume fürs Denken, für Verständnis, Erkenntnis und für die Phantasie.

Ist typografische Qualität messbar?
Im Wettbewerb »Die schönsten deutschen Bücher«[2] der Stiftung Buchkunst gab es von 1986 bis 2003 eine eigene Sachgruppe Schulbücher, seit der Neustrukturierung des Wettbewerbs 2012 könnte man sie in Sachgruppe 2 bei den Wissenschaftlichen Werken und Sachbüchern finden, aber es werden fast keine Schulbücher mehr eingereicht. Das Genre hat es schwer in diesem Wettbewerb. Zu voll die Seiten, zu unübersichtlich, zu bunt und mit allzu vielen grafischen Elementen versehen – so lautete oft das Urteil der Jury. Ein paar positive Ausnahmen gab es dennoch und 2003 wurde der Preis der Stiftung Buchkunst gar einem Schulbuch zugesprochen: »Startfrei. Vom Schreiben zum Lesen« aus dem Oldenbourg Schulbuchverlag (Gestaltung: LISA NEUHALFEN).

Die Stiftung Warentest prüfte im Oktober 2007 Schulbücher und löste mit ihren negativen Beurteilungen heftige Reaktionen seitens der Verlage aus. Zehn Biologie- und sieben Geschichtsbücher (Gymnasium, Klassen 7 bis 10) wurden untersucht in den Kategorien Fehlerfreiheit, fachliche Eignung, Didaktik und Schülerurteil. Zwei Hochschuldidaktiker prüften in der Rubrik Didaktik neben Textverständlichkeit und Methoden auch die Aspekte Gestaltung und Layout sowie Nutzerfreundlichkeit und Gliederung. Ein Typograf war leider nicht mit dabei. Bemängelt wurden vor allem inhaltliche Ungenauigkeiten und Setzfehler, aber auch Unübersichtlichkeit, die aus zu viel Animation und untauglichen Bildkonzepten resultierte.

Das »Schulbuch des Jahres« küren seit 2012 das Georg-Eckert-Institut für internationale Schulbuchforschung (GEI) Braunschweig und die Leipziger Buchmesse, dies jeweils für eine ausgewählte Schulstufe und in den Kategorien Sprachen, Gesellschaft und Mathematik. Ausgewählt werden »herausragende Lehrwer-

2 Hier geht es ums Buch-Ganze: Ein »schönstes Buch« ist »vorbildlich in Gestaltung, Konzeption und Verarbeitung«. Grundlegend für die Beurteilung ist ein differenzierter Kriterienkatalog (Bewertungsbogen).

Abbildung 1: Die untersuchten Schulbücher

ke, die alle Standards eines zeitgemäßen Schulbuchs erfüllen und sich durch innovative Ansätze auszeichnen.« Die überwiegend aus Lehrenden bestehende Jury untersucht die folgenden Aspekte: das didaktische Konzept, den fachwissenschaftlichen Bezug, Schülerorientierung, Aufgabenkultur, Verständlichkeit und (typografische) Gestaltung.

Seit einigen Jahren ist die didaktische Typografie vereinzelt auch das Thema wissenschaftlicher Arbeiten (Glaser, 2012). LENA REBEKKA SEELBINDER nahm in ihrer Bachelorarbeit von 2016 sechs Biologiebücher und ihre digitalen Versionen (Gymnasium, Klassen 7 bis 10) ins Visier (Seelbinder, 2016). Ihr Resümee in Sachen Gestaltung fällt durchaus positiv aus. Sie bescheinigt den Printtiteln eine gute typografische Qualität, listet aber auch ein paar Verbesserungsvorschläge, unter anderem: mehr Weißraum, weniger Effekthascherei.

Die drei großen Verlagsgruppen

In den Blick genommen sind hier die drei großen Verlagsgruppen Cornelsen (u. a. mit Oldenbourg, Volk und Wissen), Klett (u. a. mit Auer, Friedrich, Fröbel) und Westermann (u. a. mit Diesterweg, Schöningh, Schroedel) – Unternehmen mit langer Tradition und geballter didaktischer Kompetenz, die sich auch den Herausforderungen des digitalen Zeitalters stellen und durch Zukäufe stetig wachsen.

Cornelsen

Schulbücher sind ein »komplexes Produkt«, bestätigt MATTI WACHHOLZ-HAUSMANN im Gespräch.[3] Er leitet bei Cornelsen das

3 Gespräch am 4. August 2017 vor Ort in Berlin.

Team Layout im Markenmanagement. Aus dem 1946 von FRANZ und HILDEGARD CORNELSEN gegründeten Verlag wurde eines der größten Verlagsunternehmen Deutschlands. Der Schulbuchbereich ist dabei nur eine von mehreren Bildungssparten. Zu den Gestaltungskonzepten für die nach Schulformen differenzierten Produktreihen kommen noch die Markendifferenzierung und die visuelle Verzahnung mit den digitalen Angeboten hinzu.

Die über siebzigjährige Erfolgsgeschichte von Cornelsen begann mit dem 1948 erschienenen »Englischen Lehrbuch für Jungen und Mädchen«. Peter Pim und Billy Ball heißen die Protagonisten. Das neuartige Konzept, das Text und Bilder kombiniert und neben Erklärungen auch lustige Geschichten enthält, stammt von HILDEGARD CORNELSEN-FRIEDRICHS, ebenso die Illustrationen. Der zweifarbig gedruckte, handliche Band wurde zum Best- und Longseller und begründete die besondere Tradition der Englischbücher im Verlag.

MATTI WACHHOLZ-HAUSMANN will an die traditionell hohe Gestaltungsqualität anknüpfen. Erstmals gibt es nun ein in zweijähriger Arbeit entwickeltes umfassendes Master Gestaltungskompendium, das Richtlinien enthält, beispielsweise für Schriftwahl, Layout/Raster, Farb- und Bildkonzepte. Dazu gehören unter anderem die Fokussierung auf wenige, geeignete Buchformate und ein modulares Farbkonzept mit 15 Kernfarben, von denen immer nur eine Auswahl in einem Buch eingesetzt wird. Bilder seien ein besonders starkes Layoutelement, aber auch ein schwieriges (Thema Stil und Zeitgeist); gearbeitet wird mit Fotos, Illustrationen, Infografik. Es gibt einen Illustratorenpool und nicht zuletzt eine Bildrechteabteilung.

Der Schriftenpool enthält rund achtzig Satzschriften, darunter auch hausinterne Kreationen wie die Corsetta, eine handschriftliche Antiqua für die Grundschule, die von der Kalligrafin und Designerin KATHARINA WOLFF-STEINIGER entworfen und von VIKTOR NÜBEL digitalisiert wurde. Eine komplett hauseigene Schriftfamilie für den schulischen Bereich sei eine Option, so MATTI WACHHOLZ-HAUSMANN. Aktuell arbeite man mit für den eigenen Fachbereich optimierten Schriften wie beispielsweise Foundry Sans und Serif, Scala Sans und Serif, The Sans oder Myriad und Minion, dies im Zusammenwirken mit externen Schriftgestaltern, insbesondere mit LUC(AS) DE GROOT. Zum Zeichenschatz gehört auch das eigenentwickelte Piktogramm-Set »CV Uni Icon« mit rund 120 schulspezifisch gestalteten Symbolen.

Der gut durchdachte Einsatz der Gestaltungsmittel Schrift, Bild, Farbe sorgt für: Hierarchisierung, Nutzerführung, Ruhe und Klarheit, auf (sinnfreie) Ornamentik wird verzichtet. Oberste Prämisse: Differenzierung und Eindeutigkeit. Im Fokus steht heutzutage die Schülerschaft als Nutzer, früher waren eher Lehrkräfte als Gestalter von Unterricht die Zielgruppe.

Klett

Die Wurzeln der Klett Gruppe reichen bis ins Jahr 1897 zurück, noch heute befindet sich der Stammsitz des Unternehmens in dem 1900 neu errichteten Gebäude in der Stuttgarter Rotebühlstraße 77. Nach Ende des Zweiten Weltkrieges entstand neben dem Verlag mit Belletristik und Sachbüchern der eigenständige Schulbuchverlag. Das Statement vom Verlagsleiter DR. ILAS KÖRNER-WELLERSHAUS zur Typografie: Die unterschiedlichen Lernziele spiegeln »sich im Aufbau und Layout der unterschiedlichen Seitentypen wider: Überblicksseiten leiten in ein neues Kapitel ein, Übungsseiten helfen beim Festigen des Lernstoffes, Teste-dich-Selbst-Seiten helfen bei der eigenen Leistungseinschätzung und Links auf interaktive Übungen, Erklärfilme und weiteres Online-Material unterstützen beim Verstehen. Dazu kommen dann noch relevante Tipps und Hinweise auf andere Seiten im Buch. Je nach Fach und Thema haben Bilder und Textarten ihre ganz eigene Funktion und werden ganz unterschiedlich eingesetzt. Großer Wert wird auch auf klare und leicht erfassbare Orientierungssysteme in den Lehrwerken gelegt.« Schülernähe ist das oberste Ziel.

Auch bei Klett gibt es Vorgaben für das Corporate Design und je nach Marke nochmals eigene Gestaltungsrichtlinien. ILAS KÖRNER-WELLERSHAUS: »Im Zentrum steht aber immer der didaktische rote Faden, der in den Lernmaterialien schülernah aufbereitet und vermittelt werden soll. Die Vorgaben für die digitalen Angebote greifen die grundsätzlichen Gestaltungslinien für gedruckte Werke auf, denn das Basis-Wissen in digitalen Schulbüchern orientiert sich an der Gestaltung der gedruckten Lehrwerke. Darüber wird ein einheitlich gestaltetes Navigationssystem gelegt, das die drei Lernabschnitte Verstehen, Üben und Prüfen in den Mittelpunkt stellt.«

Mit der für Schulbuchzwecke optimierten Polo-Schriftfamilie, einer dynamischen, fein differenzierten, 1972 von GEORG SALDEN entworfenen Serifenlosen, verfügt Klett über eine Hausschrift, die zeitlos ist und immer noch verwendet wird, flankiert von Klassikern mit Serifen wie Bembo oder Minion.

Abbildung 2: Einstimmung auf den Inhalt – Beispiele für Einbandgestaltung: drei Deutschbücher …

Abbildung 3: Zwei der Westermann-Hausschriften von Friedrich Althausen, mit teils identischen Zeichen; die roten Buchstaben zeigen Unterschiede in Formgebung und Anmutung.

Westermann

Im Umbruch befindet sich die Westermann Gruppe in Braunschweig, deren Keimzelle 1838 entstand. 18 Verlagsmarken in vier Sparten gehören mittlerweile zur Gruppe, rund 3.000 Neuerscheinungen gibt es jährlich. 2016 hat man begonnen, die Markenstrategie neu auszurichten. Die inhaltliche und redaktionelle Kompetenz soll nun gebündelt werden. Geschäftsführer RALF HALFBRODT: »Wir wollen unsere Potenziale besser nutzen, indem wir Synergien im Marketing nach innen und ein klares Markenbild nach außen schaffen.« (boersenblatt.net vom 18. Oktober 2017). Das geschieht seit 2016 Schritt für Schritt und ist sichtbar bereits im neuen Namenslogo der Gruppe.

Markendesign ist das Eine, etwas anderes ist die didaktische Typografie in den Schulbüchern selbst. Darüber »wacht« THOMAS SCHRÖDER aus der Abteilung Design- und Artmanagement.

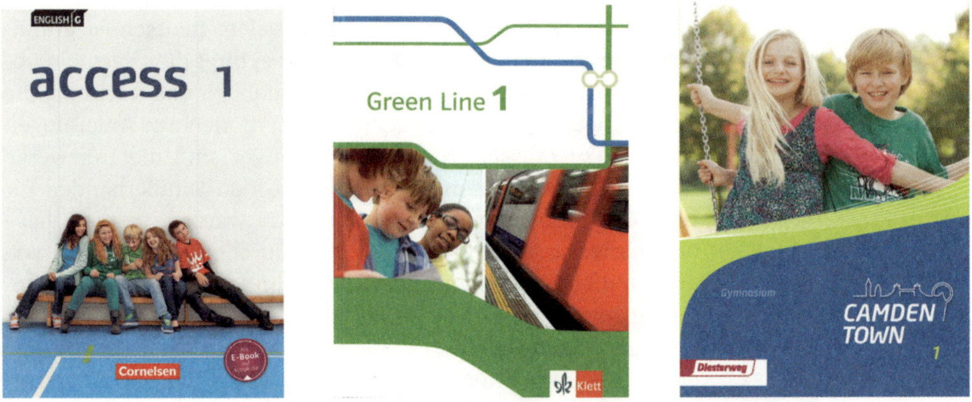

Abbildung 4: … und drei Englischbücher.

Er ist die Schnittstelle zwischen Fachredaktion und externen Gestaltern und hat den Einsatz von Schriften bei Westermann neu überdacht. Eingesetzt wurden früher lizenzierte Satzschriften wie Minion, Scala Sans und Serif. Doch seit 2015 werden hauseigene Schriften genutzt, die für die speziellen Bedürfnisse eines Schulmedienverlages gestaltet wurden. Beispielsweise sind alle notwendigen mathematischen oder griechischen Sonderzeichen bereits im Zeichenvorrat dieser Schriften enthalten. Auch die verbundenen Schreibschriften für die Grundschule sind schon im Einsatz.

Drei dieser Hausschriften unterschiedlicher Anmutung entwarf der Schriftgestalter FRIEDRICH ALTHAUSEN mit den Serifenlosen bs Friedrich Sans, bs Thomas Sans (Abbildung 3) und der Antiqua bs Green Valley Serif. Ursprünglich ausschließlich für den Einsatz in Schulbüchern gedacht, findet die Schrift bs Thomas Sans 1 inzwischen auch bei der Geschäftskorrespondenz Anwendung.

Der Vorteil eigener Hausschriften liegt auf der Hand: klare Lizenzrechte-Regelung, Synergieeffekte, Wiedererkennbarkeit. »Diese Hoheit über die Schrift bringt die Spielräume, die wir uns immer gewünscht haben. Durch die nach einheitlichen Vorgaben entwickelten Schriften werden zudem Produktionsaufwand und -sicherheit bei komplizierten Satzarbeiten und medienübergreifenden Projekten maßgeblich verbessert«, freut sich THOMAS SCHRÖDER.

Anschauungsbeispiele: Im Fokus Deutsch und Englisch

Begutachtet wurden fünf Deutsch- und vier Englischbücher aus den genannten Verlagsgruppen, zwecks besserer Vergleichbarkeit jeweils für die fünfte Klasse an Gymnasien. Deutsch ist grundlegend wichtig für alle Schulfächer. Dabei birgt die allgemein übliche Kombination von Lese- und Sprachbuch das Dilemma, die unterschiedlichsten Textebenen, Informationen und Anleitungen vereinen zu müssen. Noch vielschichtiger sind die Lehrwerke für Fremdsprachen. Im Unterschied zu den Schülerbänden für Deutsch, die oft nur sporadisch genutzt werden, werden diese üblicherweise von vorne bis hinten durchgearbeitet. Hier wie dort sind Leitsysteme für die Orientierung wichtig. Einen weiteren Zugang bieten Verzeichnisse und Register zum Nachschlagen.

Eine umfassende Analyse kann hier nicht geleistet werden, ein paar Punkte seien aber doch herausgegriffen und kommentiert. Die gestalterischen Details sind des besseren Überblicks wegen tabellarisch zusammengestellt. Die bibliografischen Angaben finden sich am Textende.

Beurteilung

Verglichen wurden: Schriftwahl, Layout, Leitsystem (siehe Tabellen Deutsch 1 und Englisch 1) sowie die »Bedienungsanleitungen«, Inhaltsverzeichnisse und Extras. Geprüft wurde schließlich, inwieweit die unter Punkt 2 genannten Ziele erreicht sind:

- Struktur: klar, ruhig / unklar, unruhig
- Lesekomfort: gute / weniger gute Mikrotypografie[4]
- Leseatmosphäre: einladend / anstrengend (Farbklima, Weißraum)

Der Vergleich zeigte, dass die Unterschiede letztlich gar nicht so groß sind. Das Bemühen um genügend Weißraum und um Differenzierung ist deutlich, manchmal sind es aber doch zu viele Farben, Strichcodes, Piktogramme, Merk-Kästchen und Zusatzhinweise.

Die Deutschbücher

Vorweg einige gestalterisch-herstellerische Gemeinsamkeiten: Die vorliegenden Publikationen haben alle ein Format von 19,3 bzw. 19,8 cm × 26,5 cm, einen Umfang zwischen 296 und 360 Seiten; sie wiegen zwischen 772 und 886 g und sind auf ähnliche, eher weiße Papiere gedruckt. Allgemein üblich ist der Einsatz von Schriftpaaren mit und ohne Serifen, um den Grundtext (Aufgaben, Erläuterungen) deutlich vom Lesestoff (Textsorten wie Gedicht, Märchen etc.) zu unterscheiden. Handschriftliche Versionen kommen als Auszeichnungsschriften hinzu (Realien, Bei-

4 Mikrotypografie: Schriftgröße, Zeilenlänge, Durchschuss (Zeilenabstand), Auszeichnungen etc.

spiele). Auch werden halbfette Schriftschnitte eingesetzt, kursive eher selten, Versalsatz und Kapitälchen kommen gar nicht vor.

Das Textmaterial ist in der Regel zweispaltig im Blocksatz gesetzt, alles andere im einspaltigen Flattersatz. Farbige Unterlegungen im Text heben einzelne Wörter hervor; Merksätze, Regeln, zusätzliche Tipps finden sich meist in ebenfalls farbig unterlegten Kästen. Zur Differenzierung werden meist alle Register gezogen, das beginnt schon im Inhaltsverzeichnis. Irritierend sind grafische Strukturen, die statt zu strukturieren anscheinend eher Dekorationscharakter haben. Die knapp gehaltenen Bewertungen im Einzelnen:

Deutschbuch 5 (Bayern) von Cornelsen
Strukturierung: Ruhiger Einstieg ins Buch mit unbedrucktem Vorsatz; der Farbstrichcode, jeweils oben außen auf der Doppelseite, visualisiert gut die vier Kompetenzbereiche; Piktogramme und andere Kennzeichnungen markieren dezent, trotzdem deutlich die unterschiedlichen Aufgabenstellungen; Zusammenfassungen (»Wissen und Können«) stehen in blau unterlegten Textkästen gut auffindbar immer am Fuß der Seite; großzügiges Layout mit viel Weißraum, auch im vielfältig differenzierten Inhaltsverzeichnis; markante, gut gegliederte Einstiegseiten mit Lernzielen und Kapitelübersicht (Einzelseite, rechts) – klar und ruhig.
Lesekomfort: Gut harmonierende Satzschriften, besonders reizvolle Serifenschrift mit schöner Kursive (Scala Serif); die lexikonartigen, kurzen Sachtexte sind aus einer weiteren Serifenlosen gesetzt (Trade Gothic LT); Abstimmung von Schriftgrößen, Zeilenlängen, Durchschuss gut – hoher Lesekomfort.
Leseatmosphäre: Einladende Einbandgestaltung (auf weißem Grund, Bild in freundlichen Farben); viel Weißraum; angenehmes Farbklima; maßvoll eingesetzte Illustrationen und Fotos – einladend.

D Eins 5 von Westermann Schroedel
Strukturierung: Ruhiger Einstieg ins Buch mit unbedrucktem Vorsatz; Farbtöne des Farbcodes im Inhaltsverzeichnis schwer zu unterscheiden, besser unterscheidbar in den Farbleisten des Innenteils (oben); insgesamt aber zu viele unterschiedliche Farbflächen auf einer Doppelseite; – eher unruhig.
Lesekomfort: drei gut gewählte Satzschriften, die fein miteinander harmonieren; besonders hervorzuheben ist die Serifenbetonte, die der ausgewogeneren Gesamtwirkung wegen mit nur 80 % Schwarz gedruckt wurde; gelungene Abstimmung von Schrift-

Abbildung 5: Deutsch, Beispiel Märchenlektüre: angenehm ruhige Gestaltung der Doppelseite in Cornelsens Deutschbuch 5 …

größen, Zeilenlängen, Durchschuss – trotzdem kein besonders hoher Lesekomfort (zu viele Unruhe stiftende farbige Rahmungen und Flächen sowie manchmal ungünstig verschachtelter Umbruch)
Leseatmosphäre: Einladender Einband mit viel frischem Grün und zwei fotorealistisch gezeichneten Skateboard-Jungs auf hellgrauer Textfläche; innen aber zu viel Differenzierung durch Farbflächen – unruhig, nur bedingt einladend.
Pluspunkt: Zwei farbige Lesezeichen.

P.A.U.L. D. 5 von Westermann Schöningh
Strukturierung: Begrüßung und knappe, übersichtliche Erläuterung der wenigen Piktogramme auf dem vorderen Vorsatz; zwei Farben strukturieren das umfangreiche Inhaltsverzeichnis, das insgesamt aber etwas unruhig wirkt; im Innenteil wenig Schnickschnack; die fünf abwechselnd für 17 nicht nummerierte Hauptkapitel eingesetzten Pastellfarben haben keinen inhaltlichen Bezug, heben lediglich die Einstiegdoppelseiten hervor (Farbflächen oben am Kopf mit negativ gesetzter Kapitelüberschrift) – insgesamt klar und ruhig.
Lesekomfort: Die Satzschriften (Scala-Familie plus Flora für Beispieltexte) harmonieren und sind gut aufeinander abgestimmt – hoher Lesekomfort.
Leseatmosphäre: Abgesehen vom etwas dunklen Cover herrscht ein insgesamt angenehmes, dezentes Farbklima; gelungenes Bildkonzept; viel Weißraum – einladend.

Abbildung 6: ... und in deutsch.kompetent 5 von Klett ...

Abbildung 7: ... verschachtelt in D Eins von Westermann Schroedel.

deutsch.kompetent 5 von Klett

Strukturierung: Übersichtliche Erläuterungen zum Buchaufbau auf dem vorderen Vorsatz; das Linienraster auf Einband, Haupttitel und teilweise im Buchinneren hat eher schmückende Funktion; die Gestaltung des vielfältig differenzierten Inhaltsverzeichnisses ist unter Einsatz von zwei Sonderfarben gut gelöst; im Innenteil etwas zu viel Differenzierung mittels Farbe, Rahmungen, Piktogrammen; bunte Farbleisten am Seitenkopf markieren die Bereiche Arbeiten (orange) und Wissensüberprüfung (blau); am Fuß der Seiten zusätzliche Informationen zum Inhalt (Piktogramme, Text) – insgesamt etwas zu bunt und unruhig.

Lesekomfort: Sehr lesefreundliche serifenlose Grundschrift (Polo) und Textschrift (Bembo), jedoch zu starker Kontrast (Schriftgrad, Strichstärke, Laufweite); für den zweispaltigen Blocksatz ist die Schrift zu groß gewählt, daraus folgen zu weite Wortabstände – trotz guter Leseschriften keine fein austarierte Mikrotypografie.
Leseatmosphäre: Farbklima mit vorherrschendem Orange angenehm; trotz offensichtlichem Streben nach Weißraum-Denkräumen aber oft überfrachtete Seiten; nicht alle Doppelseiten laden zum konzentrierten Lesen und Arbeiten ein – insgesamt eher anstrengend.
Pluspunkt: Zwei farbige Lesezeichen.

deutsch.punkt 1 von Klett
Strukturierung: Vorsatzpapiere vorne mit erstem Überblick und deutsch.punkt-Rallye etwas voll; zwei Leitfarben (Unterrichtsvorhaben/Lesekapitel und Lernstationen) sowie Punkte bzw. Kreissegmente in vier Farben (vier Kompetenzbereiche) dienen der Orientierung; übersichtliches Inhaltsverzeichnis; im Innenteil Differenzierung durch farbigen Textsatz, farbig unterlegte Textkästen, ganze und halbe Rahmungen; Marginalspalte mit »Verlinkungen« (hilfreich); übersichtliche Einstiegseiten (Einzelseite, rechts) – insgesamt aber zu viel Differenzierung und Unruhe.
Lesekomfort: Beschränkung auf eine Serifenschrift (Minion) für Grundtext und Textmaterial (bei farblicher Unterscheidung, schwarz und blau) und die Polo für Überschriften; jedoch in einigen Kapiteln zusätzlich zu viele verschiedene Schreibschriften; einspaltiger Flattersatz, oft mit zu langen Zeilen – Mikrotypografie nur bedingt gelungen.
Leseatmosphäre: Farbige Punkte als spielerisches Element und Mittel zur Orientierung – einladend. Neben luftigen gibt es leider zu viele Seiten, die zu voll und bunt sind (Textkästen, Bilder) – eher anstrengend.
Pluspunkt: Zwei farbige Lesezeichen.

Die Englischbücher
Auch hier kommen üblicherweise Schriftpaarungen mit und ohne Serifen zur Anwendung, plus handschriftliche Antiquaversionen. Als Besonderheiten fallen die meist mit Karten oder Stadtplänen bedruckten Vorsatzpapiere auf und die Maskottchen, die die Schüler durchs Buch begleiten. Keine Lesebändchen. Auch kein Blocksatz. Dafür viel Farbe und viele Icons.

access 1 von Cornelsen
Strukturierung: Sechs Units - sechs Farben; das horizontal über die ganze Doppelseite laufende Inhaltsverzeichnis ist übersichtlich; Differenzierung der Texte mittels Farbe; viele Piktogramme; obwohl manche Seiten sehr bunt und vielgestaltig sind, findet man sich gut zurecht. - Klare Struktur.
Lesekomfort: Die Satzschriften harmonieren - insgesamt gute Mikrotypografie.
Leseatmosphäre: Ruhiger Einstieg, luftiges Layout mit genügend Weißraum, gelungenes Farbklima, abwechslungsreiches Bildkonzept mit Illustrationen und Fotos - einladend.

English G 21 von Cornelsen
Strukturierung: Der Farbcode dient zur Differenzierung innerhalb der Units; das nur zweiseitige Inhaltsverzeichnis besteht aus reinem Text in Tabellenform; die Einstiegseiten in ein neues Kapitel sind gelb unterlegt und wirken eher unruhig; sind die horizontalen Linien wirklich nötig? - insgesamt etwas vollere und unruhiger wirkende Doppelseiten als bei access 1.
Lesekomfort: Fein differenzierende Mikrotypografie im Inhaltsverzeichnis - aber sind die eher kleinen Schriftgrößen altersgerecht? Gute Abstimmung im Innenteil - vielleicht zu viel Differenzierung durch unterschiedliche Satzschriften und Schriftschnitte?
Leseatmosphäre: Keine Leerseiten zu Beginn des Buches zum Luftholen, teilweise sehr bildlastig - eher anstrengend.

Green Line 1 von Klett
Strukturierung: Etwas kleinteilige »Gebrauchsanweisung« auf den vorderen Vorsatzblättern; schöne Idee eines U-Bahn-Streckenplans mit (Lern-)Stationen, der als grafisches Element durchs Buch führt; übersichtliches Inhaltsverzeichnis; aber (zu) viele Piktogramme, Rahmungen und Farbflächen; oft zu volle Einstieg-Doppelseiten - wohin soll man zuerst schauen?
Lesekomfort: Die Schriftpaare harmonieren, aber teils recht lange Zeilen - nicht ganz ausgewogen.
Leseatmosphäre: Trotz der etwas unübersichtlichen Einstieg-Doppelseiten macht die reizvolle U-Bahnliniennetz-Struktur, die sich vom Einband durchs ganze Buch zieht, neugierig - insgesamt eher einladend.

Inhalt
Here we go!
Unit 1
Unit 2

Abbildung 8: Englisch, Beispiel Inhaltsverzeichnis: horizontale Gliederung über die ganze Doppelseite in access 5 von Cornelsen …

Camden Town 1 von Westermann Diesterweg

Strukturierung: Klarer Farbcode für die Differenzierung innerhalb der Units; findet sich wieder als farbiges Kreissegment jeweils oben außen auf den Seiten – hilfreich; viele Piktogramme – insgesamt oft überfüllt, eher unruhig.

Lesekomfort: Das Schriftenpaar harmoniert; angemessene Größenabstimmung; die gelbe fette, grau schattierte Auszeichnungsschrift (Vorsatz und Seite 3) ist schlecht lesbar; die (unnötigen) Einzüge in den Dialogen bringen zusätzliche Unruhe auf die Seiten – viel Differenzierung auch mittels Schrift, zu viel für Englischanfänger?

Leseatmosphäre: Die ersten Seiten (bis auf die Vakatseite gegenüber dem Haupttitel) sind zu voll; schön ist das überwiegend aus Illustrationen einheitlichen Stils bestehende Bildkonzept (mit wenigen zusätzlichen Fotos) – insgesamt trotzdem eher anstrengend.

Fazit

Neun aus 60.000 (angebotenen Lehrmitteln) – diese kleine typografische Untersuchung kann nicht repräsentativ sein. Zudem trifft sie keine Aussage über die inhaltliche Qualität. Sinnvolle Beurteilungskriterien wären erst zu entwickeln und keinesfalls nur von einer einzelnen Person. Die untersuchten Schulbücher sind alle mit hohem Aufwand gemacht. Einige sind – aus Typografen- und Schülersicht – gestalterisch überfrachtet oder überdesignt bzw. zu ambitioniert. Es wird versucht, zu Vieles unter einen Hut

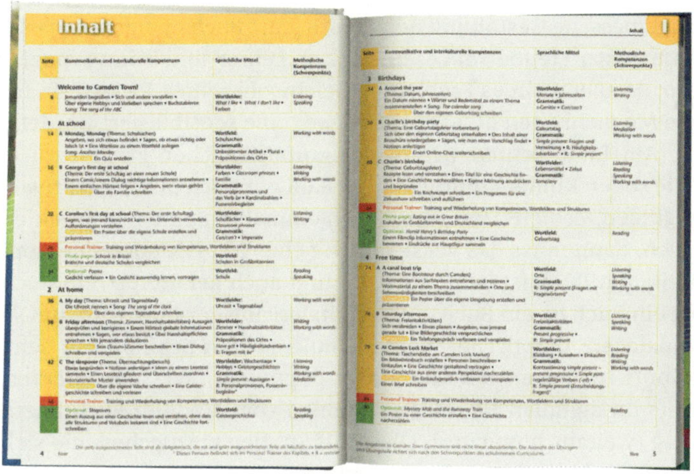

Abbildung 9: … wie ein Fahrplan strukturiert in Green Line von Klett …

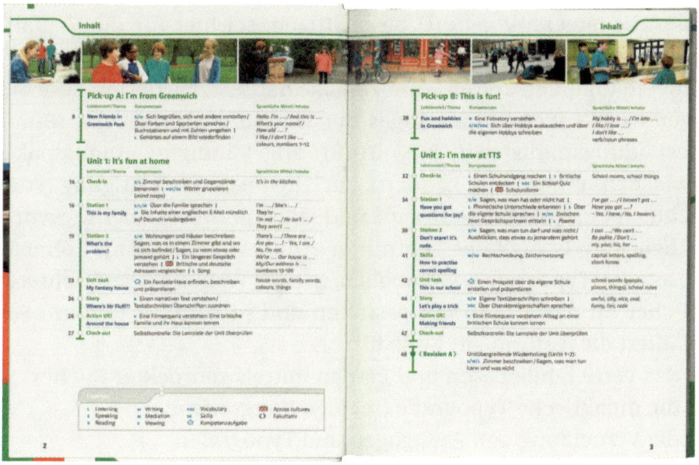

Abbildung 10: … und tabellenartig in Camden Town von Westermann Diesterweg.

zu bringen. Also: Wieviel Differenzierung muss bzw. darf sein? Sollen gedruckte Schulbücher künftig immer noch bunter, noch kleinteiliger, noch »verlinkter« gebaut sein? Weil man die Jugendlichen dort abholen müsse, wo sie sich ohnehin überwiegend aufhalten – im Internet und in den sozialen Medien?

Dass Typografen sich ein- und mitmischen, ist gerade im didaktischen Bereich wichtiger denn je. Professionelle Leser erachten Typografie meistens als unwichtig; sie lesen, was sie interessiert, egal in welcher Form. Die meisten Schüler lesen aber nicht freiwillig in einem Schulbuch. Dieser Gruppe kann eine angemessene Gestaltung den Einstieg ins Buch erleichtern, ja sie kann sogar Freude am Lesen wecken. Lehrer sind keine Typografen; dazu braucht es Fachleute. Gleichwohl sollten Pädagogen für die Möglichkeiten didaktischer Typografie sensibilisiert werden.

Am Ende kehren wir zu der grundsätzlichen Frage zurück: Wie sollen Kinder künftig lernen? Bald nur noch mit interaktiven, digitalen Medien? Und wenn doch einmal mit einem gedruckten Buch, dann muss das aussehen wie eine Website oder eine App? Nein, ein Buch ist keine Website und auch keine App. Ein Buch ist ein Buch ist ein Buch ... Je »digitaler« unser Alltag wird, um so »analoger« (haptischer) sollte Schule, sollten Schulbücher sein, könnte man ebenso fordern (eher unpopulär), wie man andererseits im digitalen Hype den Abschied vom Medium Buch feiern mag (weitaus populärer). Ohne auf Studien einzugehen, die sich mit den unterschiedlichen Erfolgen des Lernens mittels digitaler oder analoger Medien (wozu auch das Schreiben mit der Hand als Arbeitstechnik gehört) beschäftigen, sei hier für die Vielfalt plädiert, also für den Einsatz des Mediums Buch im Unterricht auch in digitalen Zeiten, zum Zwecke des konzentrierten Lesens. Wer weiß – wenn eines Tages der von JOHANNA WANKA (Bundesbildungsministerin 2013–2018) angekündigte »Digitalpakt zwischen Bund und Ländern zur digitalen Ertüchtigung von Schulen« umgesetzt sein wird und jegliche Differenzierungsvorgaben mittels digitaler Lehrmittel erfüllt werden, dann können geschulte Typografen womöglich wieder weniger überfrachtete Bücher für den Unterricht gestalten und so Leselust fördern. So plädiert die Autorin am Ende für:

- das vertiefende Lesen und Lernen mittels gedruckter Bücher
- die didaktische Typografie (medienübergreifend)
- die Vernetzung von Pädagogen und Typografen.

Bibliografie der untersuchten Bücher

Deutschbuch 5 (Bayern). Sprach- und Lesebuch
Hrsg. v. Kurt Finkenzeller, Bernd Schurf, Andrea Wagener
Berlin: Cornelsen Verlag GmbH 2017
340 S.; Festeinband; 19,3 cm × 26,5 cm. 830 g
ISBN 978-3-06-062776-9
Layoutkonzept, Umschlaggestaltung: werkstatt für gebrauchsgrafik, Berlin
Layout, technische Umsetzung: lernsatz.de

D Eins. Deutsch Gymnasium G9
Braunschweig: Westermann Gruppe, Bildungshaus Schulbuchverlage, Schroedel 2017
360 S.; Festeinband; 19,3 cm × 26,5 cm; 887 g; 2 Lesebändchen
Layout, Umschlaggestaltung: Janssen Kahlert Design & Kommunikation, Hannover
Satz: IPS Produktion
Illustrationen: Stefan Bicker, Esther Geiger
ISBN 978-3-507-69121-6

P.A.U.L. D. 5. Persönliches Arbeits- und Lesebuch Deutsch
Hrsg. v. Johannes Diekhans, Michael Fuchs
Braunschweig: Westermann Gruppe, Bildungshaus Schulbuchverlage, Schöningh.
Druck A7 2017 (2013)
360 S.; Festeinband; 19,3 cm × 26,5 cm; 877 g; 1 Lesebändchen
ISBN 978-3-14-028020-4
Umschlaggestaltung: Nora Krull, Bielefeld;
Fotos: ALIMDI.NET/Adrian C. Nitu/© Photo Alto/Isabelle Rozenbaum
Illustrationen: Reinhild Kassing, Kassel; Matthias Berghahn, Bielefeld; Günther Jakobs, Münster

deutsch.kompetent 5
Hrsg. v. Heike Henniger, Michael Höhme, Maximilian Nutz
Stuttgart, Leipzig: Ernst Klett Verlag 2016 (2012)
296 S.; Festeinband; 19,8 cm × 26,5 cm; 772 g; 2 Lesebändchen
ISBN 978-3-12-313901-7
Layoutkonzeption, Umschlaggestaltung: Petra Michel, Gestaltung und Typografie, Bamberg
Satz: tiff.any, Berlin; Petra Michel, Bamberg; Ina Tuttelberg, Köln
Illustrationen: Katrina Lange, Berlin; Dorothee Mahnkopf, Berlin; Michael Mantel, Lüneburg; Katrin Oertel, Münster; Inge Voets, Berlin

deutsch.punkt 1. Sprach-, Lese- und Selbstlernbuch
Leipzig: Ernst Klett Schulbuchverlag
2. Aufl. 2015 (2005)
296 S.; Festeinband; 19,8 cm × 26,5 cm; 772 g; 2 Lesebändchen
ISBN 978-3-12-313901-7
Layoutkonzeption: Gupta – von Ameln / Team für Gestaltung, Jülich
Illustrationen: Andrea Dölling, Augsburg; Cornelia Kurz, Boppard; Sabine Mrasek-Stübner, Aachen; Eva Muggenthaler, Hamburg; Inge Voets, Berlin

Buchtitel		Deutschbuch 5	D Eins
Satzschriften	**Grundtext**	The Sans	bs Opera Sans
	Textmaterial	Scala Serif	bs Whiskey Sour (Slab)
	Realien, Beispiele	PaedFonts Ausdruck	bs JannisHand
	Überschriften	The Sans	bs Opera Sans, bs Whiskey Sour (Slab)
Layout	**Grundtext**	1-spaltig, Flattersatz	1-spaltig, Flattersatz
	Textmaterial	2-spaltig, Blocksatz	2-spaltig, Blocksatz
Leitsystem	**Farbcode**	4 Farben	5 Farbtöne
	Navigation	Kolumnentitel oben, Pagina unten	lebender Kolumnen-titel oben
	Sonderzeichen/ Piktogramme	8	10
	Überschriften	deutliche Hierarchie	dezente Hierarchie
	Sonstiges	—	—
Inhaltsverzeichnis	**Umfang**	10 Seiten	5 Seiten
	Farbcode	korrespondiert mit Textteil	korrespondiert mit Textteil
Extras	**Vorsatz vorne**	unbedruckt	unbedruckt
	Vorsatz hinten	Doppelseite »knifflige Verben«	Doppelseite »unregelmäßige Verben«
	Lesebändchen	keine	2, farbige

P.A.U.L. 5	**deutsch.kompetent 5**	**deutsch.punkt**
Scala Sans	Polo	Minion
Scala Serif	Bembo	Minion
Flora	Handschriften	Handschriften
Optima, Scala Serif	Polo, Bembo	Polo
1- u. 2-spaltig, Flattersatz	1-spaltig, Flattersatz	flexibel, 1-spaltig
2-spaltig, Blocksatz	2-spaltig, Blocksatz	Flattersatz
5 Farbtöne, abwechselnd	2 Leitfarben	2 + 4 Leitfarben
Pagina unten	lebender Kolumnen-titel unten	Kolumnentitel oben, Pagina unten
6	7	2
markante Hierarchie	deutliche Hierarchie	dezente Hierarchie
—	Marginalspalte	Marginalspalte
9 Seiten	6 Seiten	6 Seiten
korrespondiert nicht mit Textteil	korrespondiert mit Textteil	korrespondiert mit Textteil
Arbeitsanleitung	Arbeitsanleitung	Inhaltsübersicht
»Übersicht über die wichtigsten Methoden«	Inhalt des Online-Bereichs	Illustrationen
1, farbig	2, farbige	2, farbige

Buchtitel		access 1	Englisch G 21
Satzschriften	**Grundtext**	Foundry Sans	Scala Serif
	Textmaterial	Foundry Serif	Scala Serif, Handschriftliche
	Realien, Beispiele	Foundry Serif	The Sans
	Überschriften	Foundry Sans	The Sans
Layout	**Grundtext**	2-spaltig, Flattersatz	überwiegend 2-spaltiger Flatters
	Textmaterial	2-spaltig, Blocksatz	2-spaltig, Flattersa
Leitsystem	**Farbcode**	6 Farben (Units)	6 Leitfarben (Binnendifferenzie + 2 weitere
	Navigation	Kolumnentitel oben, Pagina unten	lebender Kolumne oben
	Sonderzeichen	12, einfarbig (blau)	5
	Sonstiges	Wordbanks, Maskottchen Silky und Morph	Maskottchen Polly
Inhalts-verzeichnis	**Umfang**	4 Seiten, 6-spaltig über die ganze Doppelseite	2 Seiten, 5-spaltig
	Farbcode	korrespondiert mit Textteil	korrespondiert nic mit Textteil
Extras	**Vorsatz vorne**	Karte The British Isles	Karte The British I
	Vorsatz hinten	Arbeitsanweisungen (2-sprachiger Text)	Karte Europa

Green Line 1	**Camden Town 1**
Polo	Stone Sans
Utopia	Stone Serif
Polo	Stone Sans
Polo	Stone Sans
1- u. 2-spaltig, Flattersatz	1- u. 2-spaltig, Flattersatz
flexibel, Flattersatz	2-spaltig, Blocksatz
2 Leitfarben (Binnendifferenzierung) + 6 weitere	3 Leitfarben (Binnendifferenzierung) + 3 weitere
Kolumnentitel oben, Pagina unten	Kolumnentitel oben, lebender Kolumnentitel unten
15	15
Leitsystem wie Fahrplan, Maskottchen Tony und Lou	6 Kinder als Begleiter; lose beigelegt: 1 Blatt Classroom Phrases
6 Seiten, 4-spaltig	6 Seiten, 4-spaltig
korrespondiert mit Textteil	korrespondiert mit Textteil
Arbeitsanleitung (Bild + Text)	Arbeitsanleitung + Karte Großbritannien
Stadtplan Greenwich/London	Stadtplan Camden Town/London

Englisch G. access. Band 1
Im Auftrag des Verlages hrsg. v. Jörg Rademacher, Mannheim
Berlin: Cornelsen Schulverlage
1. Aufl., 3. Druck 2016 (2013)
236 S.; Festeinband; 19,3 cm × 26,5 cm; 626 g
ISBN 978-3-06-032544-3
Umschlaggestaltung/Layoutkonzept: kleiner & bold, Berlin
Layout und technische Umsetzung: zweiband-media, Berlin
Illustrationen: Tobias Dahmen, Utrecht/NL; Elke Hanisch, Köln; Burkhard Schulz, Düsseldorf; Roland Beier, Berlin; Judy Brown und Jane Smith, London
Fotos: Trevor Burrows Photography, Plymouth

English G 21. Band A1
Im Auftrag des Verlages hrsg. v. Prof. Hellmut Schwarz, Mannheim
Berlin: Cornelsen Schulverlage
1. Aufl., 12.Druck 2015 (2007/2013)
1. Aufl., 12. Druck 2015
204 S., Broschur, 19 cm × 26 cm; 428 g
ISBN 978-3-06-031304-4
Layoutkonzept und technische Umsetzung: Aksinia Raphael, Korinna Wilkes
Umschlaggestaltung: Klein & Halm Grafikdesign, Berlin
Illustrationen: Fliss Cary, Graham-Cameron Illustration, UK; Roland Beier, Berlin
Fotos: Rob Cousins, Bristol

Green Line 1 für Klasse 5 an Gymnasien
Hrsg. v. Harald Weisshaar, Bissingen
Stuttgart, Leipzig: Ernst Klett Verlag
1. Aufl. 2017 (2014)
271 S., Festeinband; 20 cm × 26,5 cm; 730 g
ISBN 978-3-12-834210-8
Layout: Petra Michel, Essen
Herstellung: Anita Bauch, Anne Leibbrand
Umschlaggestaltung: know idea, Freiburg; Koma Amok, Stuttgart
Illustrationen: Peer Kramer, Düsseldorf; jani lunablau, Barcelona (Maskottchen, Story); Christian Dekelver, Weinstadt (Karten); Denise Drews (Londin Game)

Camden Town 1
Braunschweig: Westermann Gruppe, Bildungshaus Schulbuchverlage, Diesterweg
Druck A7 2017 (2012)
226 S.; Festeinband; 19,3 cm × 26,5 cm; 580 g
987-2-425-73401-9
Layout: Sandra Grünberg
Umschlaggestaltung: blum design und kommunikation, Hamburg
Illustrationen: Ulf Marckwort, Kassel

Ulrike Borinski

Referenzen als Funktion in der Typografie

In der kritischen Edition »Mein Kampf« des Instituts für Zeitgeschichte München-Berlin (Hartmann, Plöckinger, Töppel und Vordermayer, 2016) treffen sehr verschiedene Typen von Text aufeinander. Der Originaltext ist erweitert um Informationen zu Änderungen am Original im Verlauf der Auflagen, um wissenschaftliche Hinweise, Bemerkungen und um Informationen zum Inhalt des Originals. Das Ganze wird eingerahmt von Einführungen und Erschließungshilfen - Register und Verzeichnisse. Texttypen, die auf komplexe Weise verknüpft sind - Verknüpfungen, die mit den Mitteln der Typografie dargestellt und sichtbar werden und die so zusammen ein Buch ergeben.

Der Text ist linear, so wie Buchstaben zu Wörtern und Wörter zu Sätzen gefügt werden. Das Buch mit seiner Seitenanordnung spiegelt diese lineare Anordnung. Dies widerspricht durchaus den Wünschen, die wir (Autor und Leser) an die Darstellung von Inhalt entwickeln. Schon in den frühen Zeiten von Text zeigt sich das.[1] Man stellt ab dem 12. Jahrhundert Texte so zusammen, dass sie nicht mehr linear, sondern quergelesen werden können. Natürlich bleibt die lineare Abfolge, aber sie bekommen nun Verbindungen mittels Referenzen[2] und lassen sich in neuem Zusammenhang lesen. Der Text kann im Interesses des Lesers umorganisiert werden.[3]

Referenzen stellen ein Bezugssystem dar, auch in der Typografie. Es besteht aus Beziehungsmodellen - Verweis, Querverweis, Fuß- oder Endnote, Anmerkung, Quellenangabe, Glossar, Register oder Verzeichnis.

Die Technik in ihrer Grundform ist einfach und schnell beschrieben. An bestimmten Stellen werden eindeutige Zeichen respektive Zeichenfolgen als Anker gesetzt, die in einen anderen Textteil oder einen ganz anderen Text - sogar in ein anderes Buch verweisen. An der verwiesenen Stelle findet man den Anker und wiederholt damit das eindeutige Merkmal, das im Verweis schon benannt wurde. So werden Kreuz- und Querverbindungen geschaffen, ohne dass man auf die Linearität Rücksicht nehmen muss, über jede hierarchische und parallele Struktur hinweg.

Drei unterschiedliche Funktionstypen lassen sich beschreiben: Fußnote, Register und Quellennachweis.

1 Ivan Illich zeigt in »Im Weinberg des Textes« auf, wie sich im 12. Jahrhundert die geänderten Anforderungen an Text beobachten lassen (Illich, 1996).

2 Referenzieren: auf etwas verweisen, (sich) beziehen auf, in Beziehung zueinander setzen (»referenzieren - Synonyme bei Open Thesaurus«, o. J.).

3 Es kann durchaus je Leser ein eigener Text entstehen.

Die Fußnote besteht aus Ziffer[4] und Text. Die Fußnotenziffer steht im Text und fungiert als Ankerzeichen. Der Fußnotentext wird am Fuße der Seite abgebildet – zu Beginn wird die Ziffer wiederholt, damit ist Eindeutigkeit und Zuordnung gewährt.[5] Endnoten funktionieren identisch, sie haben lediglich eine andere räumliche Aufteilung.

Beim Register wird ein Stichwort selbst zum Anker – damit ist das Ankerzeichen überflüssig. Die Stichworte werden in einem Verzeichnis, dem Register, gesammelt. Glossar und auch andere Verzeichnisse werden so gebildet.[6] In den Verzeichnissen ist das Ordnungssystem und die übersichtliche Darstellung der Begriffe entscheidend.

Quellennachweise agieren in drei Schritten – das Quellenkürzel, der Eintrag im Literaturverzeichnis und die Quelle, die sich gänzlich außerhalb des Textes befindet.

Es ist deutlich, dass Referenzsysteme nur durch typografische Maßnahmen funktionieren. Die Fußnote wäre ohne Typografie gar nicht entstanden. Typografie macht die Beziehungen in den Systemen sichtbar, einerseits die Eigenständigkeit, aber auch den Zusammenhang der Teile.

Alles muss für den Leser, aber im Sinne des Autors funktionieren. Der Leser muss die Entscheidungen, z.B Fußnoten zu lesen oder es zu lassen, frei treffen können. Man darf ihn weder nötigen noch hindern.

Verschiedene Lesevorgänge müssen berücksichtigt werden: Suchend lesen, überfliegen für schnelle Information und immer wieder hinkommen und wieder zurück. Von außen nach innen vorgehen, wie im Register oder von innen nach außen und wieder zurück, wie beim Glossar. Verliert man den Faden, ist der ganze Text verloren!

Betrachten wir die Edition auf diesem Hintergrund: Der originale Text ist von Historikern mit einem enormen Konvolut von Ergänzungen versehen. Natürlich ist die gesellschaftliche Dimension wichtig. Sie schlägt sich nieder im Layout: Doppelseite; auf der rechten Seite – in der Art eines Faksimiles – eine Seite aus dem Original. Interessant ist nun die Tatsache, dass zwei Anmerkungsapparate gebildet sind: Einer enthält Hinweise formaler Art zu den textlichen Bewegungen der einzelnen Auflagen. Der andere enthält ausführliche inhaltliche Kommentare, Erläuterungen, Hintergründe, Bewertungen der Wissenschaftler.

Die formalen Anmerkungen stehen immer rechts vom Originaltext in einer Marginalspalte. Der Verweis wird gesteuert durch

4 Es sind auch Zeichen möglich. Zumeist nutzt man hier textuntypische Zeichen, damit eine Trennung zum Text leichter fällt.

5 Da die Anordnung von Fußnotenziffer und -text geregelt sind, bezeichne ich dies als »typografische Figur« (Borinski, 2016).

6 Ein Unterschied zwischen Register und Glossar ist die Leserichtung: Das Register wird von außen nach innen, das Glossar innerhalb des Textes (des Buches). Zum Registertyp gehören Inhalts- oder Tabellenverzeichnis, das Abkürzungsverzeichnis gehört zum Glossartyp.

ein Zeichen – immer das selbe. Interessant ist, dass das Zeichen nur im Text auftaucht, am Rande nicht. Die Anmerkungen sind kurz, daher ist der Platzbedarf gering und der zu überbrückende Raum klein. Daher funktioniert das gut, doch ist in einzelnen Fällen die Zuordnung etwas kniffelig, dann hilft die Reihenfolge.

Die *inhaltlichen* Anmerkungen nehmen den gesamten übrigen Raum der großzügig dimensionierten Doppelseite ein – mitunter sind Folgeseiten nötig. Das Verweiszeichen wird aus fortlaufenden Ziffern gebildet, es sichert den Zusammenhang über eine weitere Strecke. Die größere Schrift und ein klein wenig Raum zwischen Zeichen und Text sind hilfreich beim Auffinden. Die Anmerkungen bilden keinen gemeinsamen Text, sie funktionieren allein im Zusammenhang mit der originalen Textstelle. Sie sollen einzeln gelesen werden können, daher ist der große Platzbedarf nötig.

Es ist nur noch wenig Linearität vorhanden. Man kann von einer Matrix sprechen, die es zu lesen gilt. Der Leser liest sicher mehr in den inhaltlichen Anmerkungen als im Originaltext, darf diesen jedoch nicht aus den Augen verlieren, und er muss immer vollständige Klarheit darüber haben, in welchem Textbereich er sich befindet.

Nicht nur eine typografische Maßnahme war dazu erforderlich: Ein Bündel akribisch aufeinander abgestimmter Entscheidungen waren nötig: diverse Schriftarten und -größen, Zeilenhöhen, -breiten, fixe und bewegliche Raster, gestürzte Kolumnenzeilen … Mehr zu diesen Entscheidungen lesen Sie im folgenden Kapitel »Funktionierende Typografie und visuelle Gestaltung einer wissenschaftlichen Edition«.

Rudolf Paulus Gorbach

Funktionierende Typografie und visuelle Gestaltung einer wissenschaftlichen Edition

Komplexe Buchtypografie

Das Editionsprojekt »Mein Kampf« des Instituts für Zeitgeschichte München – Berlin (Hartmann, Plöckinger, Töppel und Vordermayer, 2016) ist eine Herausforderung an die Typografie und die Buchgestaltung. Zwar wurde schon immer versucht, komplexe Gedanken im Schriftsatz oder in Büchern möglichst systematisch darzustellen, doch lassen heute technische Möglichkeiten durch den Satz auf Computern bisher nicht dagewesene Gestaltungserweiterungen zu. Und es geht dabei nicht um das Ausreizen von Technik, sondern darum, dem Leser und Benutzer des Buches möglichst viel grafische Klarheit für seine Arbeit zur Verfügung zu stellen. Meine Erfahrungen aus der Beschäftigung mit »didaktischer Typografie« (Nadolski, 1984) und gleichzeitig die Auseinandersetzung mit Systemen in der Gestaltung, wie in Rastern, Proportionen, Schriftfamilien und Gestaltungsstrukturen waren für dieses Projekt von Vorteil.

Im Folgenden will ich über die Vorgehensweise, Assoziation und gestalterische Entwicklung dieser Edition berichten. Noch bevor man drucken konnte wurde schon versucht, Texte logisch zu ordnen. In einem Blatt von ALBRECHT KUNNE von 1497 geht es darum, alle Wissenschaften und Künste auf eine gemeinsame Wurzel zurück zu führen, nämlich auf die Philosophie. Das geschieht mit einer typografischen Einteilung und der grafischen Ergänzung.

Komplexität entsteht unter anderem durch Kommentierung und kritischer Betrachtung. In kommentierten Bibeln, wissenschaftlichen Büchern oder im Talmud entstand eine markante Form einer Buchseite, die dem Leser die Benutzung der Texte durch möglichst eindeutige Anordnung und Größe erleichtern sollte. Immer geht es auch um Lesbarkeit, gute Benutzung, Suchen und Finden.

Die Doppelseite der jüdischen Bibel von 1546 aus Venedig zeigt den Anfang des Buches baMidbar (In der Wüste) (Tamari, 2012). Es gibt Vokal- und Kantilationszeichen, innen sind Auslegungen, außen die aramäische Übertragung, und ganz außen rechts eine andere Auslegung. Diese Seitengestaltung stammt von DANIEL BOMBERG (1470–1549) und gilt noch heute als maßgebend für den

ΜΩΡΙΑΣ ΕΓΚΩΜΙΟΝ

tiendum fuit. Sed quid ego hæc tibi, patrono tam singulari, ut causas etiam nõ optimas, optime tamẽ tueri possis? Vale disertissime More, & Moriã tuã gnauiter defende. Ex Rure, Quinto Idus Iunias.

ΜΩΡΙΑΣ ΕΓΚΩΜΙΟΝ. i. Stulticiæ laus Erasmi Roterodami Declamatio.

Stulticia loquitur.

Vtcũq; de me uulgo mortales loquũtur, (neq; enim sum nescia, q̃ male audiat stulticia etiam apud stultissimos) tamen hanc esse, hanc inquam esse unam, quæ meo numine deos atq; homines exhilaro, uel illud abunde magnũ est argumẽtum, quod simul atq; in hunc coetũ frequentissimũ dictura prodij, sic repente omniũ uultus noua quadam atq; insolita hilaritate enituerũt, sic subito frõtẽ exporrexistis, sic læto quodã & amabili applausistis risu, ut mihi pfecto quot quot undiq; pstẽtes intueor, pariter deorum Home

est in dignitate rerum & sermonũ, cuius præcipua ratio habetur in tragœdijs, comœdijs, & dialogis. Quid ego hæc tibi) ... Patrono tã singulari) Patron⁹ hic significat aduocatum causarum. Nã aliquando refertur ad libertũ. Est aũt Morus præter egregiam optimarum literarum cognitiõem, inter Britannicarum legum professores, præcipui nominis.

DECLAMATIO

...

Risus stultorum

11 Institutionum Imperialium Liber j. 12

INSTITVTIONVM D. IVSTINIANI SACRATISSIMI PRINCIPIS LIBER I.

Abbildung 1: *Doppelseite aus einer jüdischen Bibel. Venedig 1547 von Daniel Bomberg, (Tamari, 2012).*

Abbildung 2: *Talmud-Doppelseite. Jerusalem 1979, (Tamari, 2012).*

Abbildung 3: *Seite aus Erasmus von Rotterdam »Lob der Torheit«, Basel 1515 (Tiemann, 1999).*

Abbildung 4: *Corpus Juris Civilis, Lyon 1627 (Duntze, 2005).*

Druck hebräischer Bibeln. Unterschiedliche Sprachen sind in unterschiedlichen Ebenen angeordnet.

Die Form hat sich bewährt, wie wir in der Talmud-Ausgabe von 1979 aus Jerusalem sehen. Diese Ausgabe, die von ADIN STEINSALZ (*1937) herausgegeben wurde, ist in den Details aber auf das 20. Jahrhundert eingestellt und besticht auch durch die Klarheit ihrer gestalterischen Anmutung. Doch hat sich in den Jahrhunderten dazwischen die Buchgestaltung weiter entwickelt.

Für den Renaissance-Humanismus mit seiner Bildungsbewegung waren solche Buchformen äußerst hilfreich und praktisch. Es entstand eine intensive Zusammenarbeit zwischen Autoren, Herausgebern, Verlegern und Typografen. Bei Erasmus von Rotterdam wurde die richtige Typografie in allen Details sowie der gute Druck diskutiert und die Antiqua als Schrift, die aus der

Abbildung 5: Das typografische Schema der Institutionen-Ausgabe von 1522, (Duntze, 2005).

	Textbereich			
	Schriftgröße	Farbe	Initialen	Sonstiges
Text	Texttype (90 mm)	schwarz, jeder Paragraph mit rotem Alineazeichen		
Erster Titel eines Buches	Texttype (90 mm)	schwarz	sechszeilige Initiale	
›Normaler‹ Titel	Texttype (90 mm)	schwarz	dreizeilige Initiale	
Rubriken	erste Zeile in Auszeichnungstype, Folgezeilen in Textgröße	rot, z.T. mit schwarzem Alineazeichen		
in den Text eingeschobene Summarien (Chappuis) und Buch- bzw. Titelzählung	Texttype (90 mm)	rot mit schwarzem Alineazeichen		
Anmerkungszeichen (bei Anmerkungen in der Glosse)	kleine hochgestellte Type (51 mm, wie Marginalien)	schwarz		alphabetisches Anmerkungszeichen
Anmerkungszeichen (bei Anmerkungen in den Marginalien)	kleine hochgestellte Type (51 mm, wie Marginalien)	rot		symbolisches Anmerkungszeichen
	Glosse			
	Schriftgröße	Farbe	Initialen	Sonstiges
Glosse (Accursius)	kleine Texttype (71 mm) für Anmerkungszeichen, Lemma und Text	schwarzes Anmerkungszeichen; rotes Alineazeichen; schwarzes Lemma; schwarzer Text		alphabetisches Anmerkungszeichen
Summarien (Clarius) zum ersten Titel eines Buches	kleine Texttype (71 mm)	Initiale und Text schwarz	fünfzeilige Initiale	kein Anmerkungszeichen
Summarien (Clarius) zu allen anderen Titeln	kleine Texttype (71 mm)	rote Lombarde; schwarzer Text	zweizeilige Lombarde	kein Anmerkungszeichen
erste Anmerkung (inkl. Summarien u.ä.) zu einem Paragraphen	kleine Texttype (71 mm)	schwarzes Alineazeichen; rotes Lemma; rotes Alineazeichen; schwarzer Text		bei Accursius-Glosse mit Anmerkungszeichen, sonst ohne
Additionen	kleine Texttype (71 mm)	rotes Schlagwort »Additio«; schwarzer Text		kein Anmerkungszeichen
Casus	kleine Texttype (71 mm)	rotes Schlagwort »Casus«; schwarzer Text		kein Anmerkungszeichen
Verweisungszeichen zu den Marginalien	kleine hochgestellte Type (51 mm, wie Marginalien)	schwarz		alphabetisches Anmerkungszeichen
	Marginalien			
	Schriftgröße	Farbe	Initialen	Sonstiges
gliedernde Marginalien (Chappuis)	kleine Texttype (71 mm, wie die Glosse)	schwarz; ohne Verweisungszeichen		kein Anmerkungszeichen
inhaltliche Anmerkungen des 16. Jahrhunderts zum Haupttext	kleine Texttype (71 mm, wie die Glosse)	schwarz; mit rotem Verweisungszeichen		symbolisches Anmerkungszeichen
inhaltliche Anmerkungen des 16. Jahrhunderts zur Glosse	Marginaltype (51 mm)	schwarz; mit schwarzem Verweisungszeichen		alphabetisches Anmerkungszeichen
	Kopfzeile			
	Schriftgröße	Farbe	Initialen	Sonstiges
Kolumnentitel	Auszeichnungtype	rot		
Foliierung	Auszeichnungtype	schwarz		
	Kolumnenzwischenraum			
	Schriftgröße	Farbe	Initialen	Sonstiges
Verweisungszeichen der Glosse	kleine Texttype (71 mm)	schwarz		
Wiederholung der Verweisungszeichen im Text	Marginaltype (51 mm)	schwarz		

karolingischen Minuskel entwickelt wurde, bevorzugt. (Staatsbibliothek, 2009) Das Beispiel aus »Lob der Torheit« von 1515 bei Froben in Basel gedruckt, zeigt Text, Kommentar, Kolumnentitel, Kustos, Überschriften und an der Marginalie eine Randzeichnung von HANS HOLBEIN D. J.

Im »Corpus Juris Civilis«, einer Sammlung juristischer Texte die auf den KAISER JUSTINUS (527–565) zurückgehen, ist, ebenso wie bei den vorherigen Beispielen, eine funktionelle Einteilung und Ästhetik zu sehen, die streng eingehalten wurde. In diesem »Klammerglossenlayout« unterscheiden sich deutlich Haupttexte und Kommentare oder Paratexte.

OLIVER DUNTZE (Duntze, 2005) hat hierzu eine Systematik der Typografie festgestellt. Systeme in der typografischen Gestaltung gibt es also seit Bücher gedruckt werden, aber wohl auch schon davor. In der nebenstehenden Abbildung sehen wir eine typografische Analyse der Bereiche des Buches wie Textbereich, Glosse, Marginalien, Kopfzeilen und Kolumnenzwischenräume.

Durch die komplexen handwerklichen Bedingungen für den Bleisatz ließen sich innovative Bestrebungen nur langsam verwirklichen. Neue technische Möglichkeiten ergaben sich erst Ende des 20. Jahrhunderts durch den Fotosatz und schließlich durch den digitalen Satz. Einige Beispiele aus dem 20. Jahrhundert sollen hier erörtert werden.

Die 1986 erschienene Frankfurter Ausgabe der Werke FRIEDRICH HÖLDERLINS (beim Stroemfeld Verlag von D. E. SATTLER herausgegeben) vereint das Original Hölderlins als Faksimile und gibt in adäquater Weise den Text typografisch wieder. Die Anordnung folgt dem handschriftlichen Original.

Ludwig Wittgensteins Oxforder Ausgabe von MICHAEL NEDO tritt, im Unterschied zur typografischen Tradition, im Flattersatz auf (Wittgenstein, 1994). Für ein reines Textbuch wurde ein sehr großes Buchformat mit 215 × 320 mm gewählt. Gesetzt wurde aus der Baskerville mit einer Auszeichnung aus der Gill Sans. Bemerkenswert ist, dass hier wie in der Renaissance ein Herausgeber auch die typografische Arbeit übernommen hat. Sicher hängt das auch mit dem Gebrauch der heutigen »Satzwerkzeuge«, nämlich dem PC, zusammen. Typografisch bewegen sich der Text und die Anmerkungen jedoch eher linear.

ARNO SCHMIDTS Werk »Abend mit Goldrand« (Schmidt, 1993) ist aus der klassischen Textschrift Bembo mit dem Satzsystem Berthold gesetzt. Format 220 × 340 mm. Verschiedene Spaltenbreiten des Autors, unterschiedliche Zeilenabstände, eingeschobene Dialoganweisungen, die Blocksatz-Willkür ist einbezogen. SCHMIDT hatte diese Werke selbst geklebt, das berühmteste Beispiel ist »Zettels Traum«, wobei nicht die Interpretation oder Kommentare verschiedene grafische Ebenen benützen, sondern hier ist es SCHMIDTS Werk selbst. Dem Typografen FRIEDRICH FORSSMAN ist eine ganz hervorragende typografische Interpretation gelungen.

JAMES JOYCE eröffnet sich vielleicht erst durch die Kommentare. Diese halten sich, was die Textlänge betrifft, übersichtlich. Weswegen eine direkte Verbindung auf der Seite zwischen Text und Kommentar möglich ist. Diese Ausgabe von Finnegans Wake

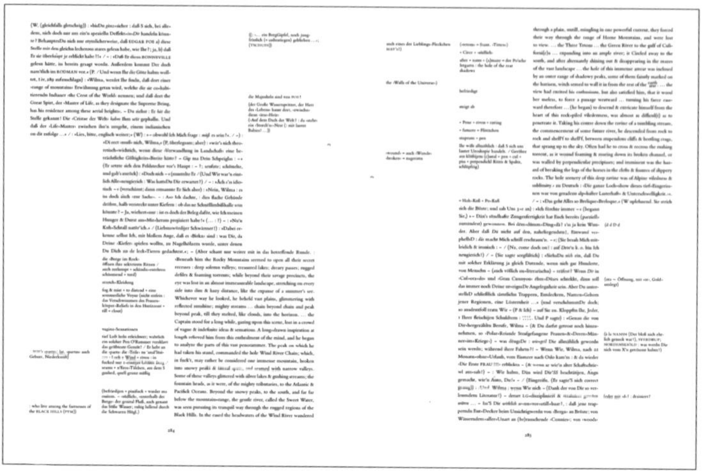

Abbildung 6: Doppelseite aus Arno Schmidt »Zettels Traum«, (Schmidt, 2010).

(in Deutsch »Wehg«) hat GERHARD STEIDL 1993 gestaltet, bzw. fertiggestellt (Joyce & Stündel, 2006).

Soweit einige Beispiele, die für eine komplexe wissenschaftliche, und vor allem lesbare visuelle Interpretation wesentliche Anregungen sind. Wobei hier nicht typografische Textinterpretationen gemeint sind, wie sie aus der Geschichte der visualisierten Texte bekannt sind.

Die Ausgabe der Edition von Hitlers »Mein Kampf« hatte uns als Gestalter vor vielfältige Aufgaben gestellt. Es ging darum, den ungeheuren Schatz an Wissen in den Kommentaren nicht in Fußnoten zu verstecken, sondern gut lesbar neben Hitlers Texten hervorzuheben. Gleichzeitig kam erschwerend hinzu, dass Menge und Länge der Kommentare völlig unterschiedlich waren. Das umfangreiche Buchprojekt sollte auch nicht ein Hitler-Denkmal fördern, sondern dem interessierten und kritischen Leser dienen, zudem von den Herausgebern große Mühe in gut lesbare Texte investiert worden war.

Zur Textschrift in Hitlers »Mein Kampf«

Die Wahl einer Satzschrift erfolgt nach Lesbarkeit, passendem Charakter, historischem und kulturellem Bezug sowie der technischen Brauchbarkeit. Der historische Bezug ist bei einem solchen Werk besonders schwierig. Hitlers Verlag hat für »Mein Kampf« die Textschrift »Unger Fraktur« gewählt. Diese Schrift war in dieser Zeit in Verlagen und Setzereien beliebt und gehörte zu den Textschriften-Standards. Beim Vergleich von fünf verschiedenen

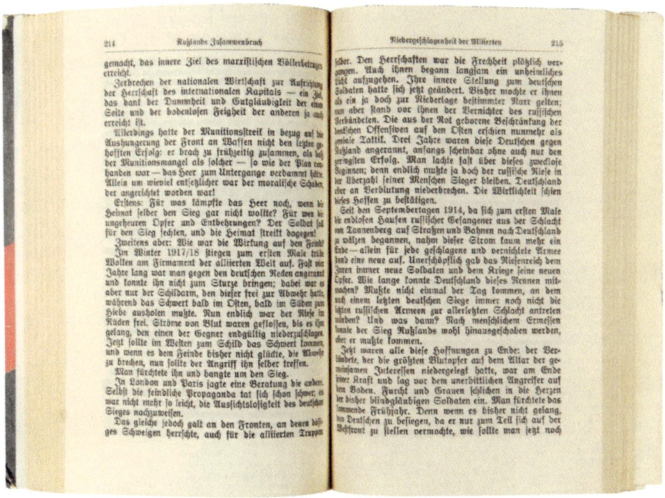

Abbildung 7: Doppelseite aus »Mein Kampf«, (Hitler, 1939). Gesetzt aus der Unger Fraktur.

Ausgaben ergeben sich bezüglich der Satztechnik kleine Unterschiede. Vermutlich wurde der Text des Öfteren neu gesetzt. Schließlich hält der Bleisatz nur eine bedingte Anzahl von Drucken aus.

Der bereits Anfang des 19. Jahrhunderts ausgebrochene Schriftstreit, ob als Schrift Antiqua oder Fraktur genommen werden sollte (Wehde, 2000), setzte sich im Dritten Reich fort. Besonders trat das im Blick auf die Publikationen im Ausland auf, wo beim Lesen gebrochener Schriften mehr Probleme auftraten. Mit dem Führererlass von 1941 sollten nur Antiquaschriften verwendet werden. Doch erscheint in Ausgaben von Hitlers »Mein Kampf« die Antiqua erst ab 1943.

Natürlich gab es Überlegungen, den Originaltext in der Unger-Fraktur neu zu setzen. Nicht als Faksimile, da wir diverse Fußnoten-Angaben brauchten. Diese Schriftwahl hätte aber zu respektvoll gegenüber Hitler gewirkt. Zudem wären Probleme der Lesbarkeit von gebrochenen Schriften bei jüngeren Lesern zu erwarten gewesen.

Wichtig wurde alsbald, dass wir drei verschiedene »Schriftklänge« brauchen: Hitlers Text, die Kommentare und die Einleitungen zu den Buchteilen. Die Signalveränderungen untereinander waren deshalb sehr wichtig: Fette, Größe, Durchschuss, Breite, Blocksatz. Bewusst verzichtet haben wir auf schwerere, zu individuelle Schriften.

Nach vielen Erörterungen und Versuchen erprobten wir die Schrift Scala. Sie stammt von dem Niederländer MARTIN MAJOOR

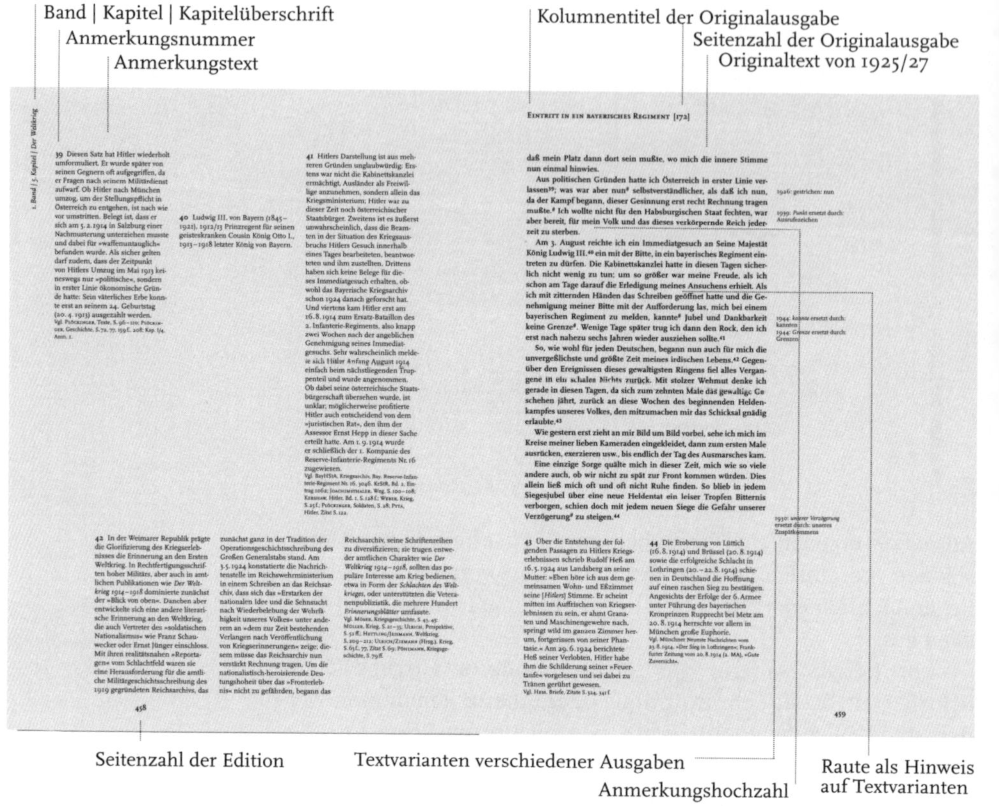

Abbildung 8: Darstellung der typografischen Details auf einer Doppelseite der Edition.

(geboren 1960), der diese Schrift 1993 veröffentlicht hatte. Seine umfangreichen Erfahrungen nicht nur in der Typografie, sondern speziell in der digitalen Schriftentwicklung brachten eine sogenannte »hybride« Schrift hervor. Hybrid heißt hierbei, dass es die Scala sowohl als Textschrift mit Serifen aber auch als Serifenlose gibt. Auch bei weiteren Versuchen erwies sich diese Schrift für die vielen verschiedenen Aufgaben mikrotypografischer Art als sehr geeignet. Verwendet werden:
Hitler-Text: Scala Serif Bold 10/13 Punkt, Blocksatz
Kommentare: Scala Serif 9/11 Punkt Flattersatz
Andere Buchteile: Scala Sans 9,5/12 Punkt Blocksatz

Die Form der Scala-Serifenschrift geht auf Renaissance-Vorbilder zurück, sie ist aber im Duktus viel kräftiger und dadurch stilistisch neutraler. Durch ihre formale Klarheit passt die Serifenschrift mit der Serifenlose hervorragend zusammen. Das macht sie für unser Projekt sehr geeignet. Die Kursiven beider Teilfamilien nehmen kalligrafische Elemente auf, was sie für Auszeichnungen besonders reizvoll macht.

Hamburgefont
Hamburgefont
Hamburgefont

Abbildung 9: Drei Schriftschnitte aus der Schriftsippe der Scala wurden für die kommentierte Ausgabe gebraucht: Scala Regular, Scala Sans und Scala Serif Bold.

Buchformat

Nach der Sichtung eines Teils des Materials wurde schnell klar, dass ein großes Buchformat gebraucht wird. Um zu vermeiden, dass die wesentlichen Teile der Ausgabe als Fußnoten versteckt werden, brauchte es Platz: Platz für die geeignete Schriftgröße und eben auch Platz für komfortables Lesen, wobei Weißräume dem sehr dienlich sein können. Es sollte auch kein elegantes und schlankes Buchformat benutzt werden, sondern eine eher breitere, etwas stumpfere Proportion. Das ist nötig, um viel Inhalt variantenreich auf den Seiten unterzubringen. Auch hierbei gab es zahlreiche Versuche, alle typografischen Elemente auf Doppelseiten in unterschiedlichen Formaten, aber dennoch in der selben Proportion des Seitenverhältnisses 3 : 4 (1 : 1,25) unterzubringen.

Das Ergebnis wurde das Format 210 × 280 mm. Das ist kein ungewöhnliches Format, es ist sogar häufig in Sachbüchern, aber auch in Magazinen, anzutreffen.

Anordnung auf der Doppelseite

Damit die Kommentare bequem innerhalb der Zuordnung gelesen werden können, stehen diese dicht beim Urtext. Dazu wird jeweils eine Doppelseite benötigt, manchmal auch mehr. Auf jeder Doppelseite wird also die Originalseite gezeigt, jedoch nicht abgebildet. Die Kommentare reihen sich um den Urtext. Genügend Abstände erleichtern das Finden. Selbstverständlich werden die Texte komfortabel gesetzt; es entsteht kein Fußnotencharakter. Die Schriftgröße ist dem Zweck angemessen.

Die Anordnung der Kommentare verläuft in gewisser Weise organisch zum Hitler-Text. Der Eindruck der einzelnen Seiten fällt sehr unterschiedlich aus, da die Textdichte der Kommentare ebenfalls sehr unterschiedlich ist. Die Idee war, dass Kommentare immer auf der gleichen Höhe beginnen, auf der sie im Hitler-Text anfallen. Leider ließ sich das aufgrund der unterschiedlich langen und in der Anzahl je Seite verschiedenen Kommentare nicht konsequent realisieren. Deswegen folgt die Anordnung der Kommentare einem »umzingelnden« Prinzip – so auch Christian Hartmann, der Leiter der Edition, in einem Interview mit der Wochenzeitung »Die Zeit«, noch vor Erscheinen des Buches.

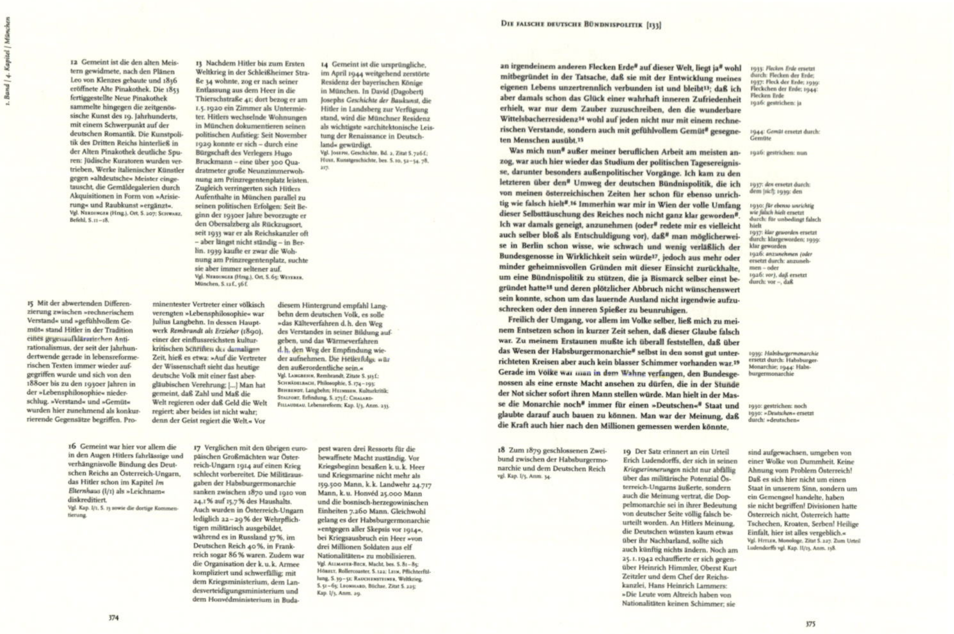

DIE FALSCHE DEUTSCHE BÜNDNISPOLITIK [133]

an irgendeinem anderen Flecken Erde# auf dieser Welt, liegt ja# wohl mitbegründet in der Tatsache, daß sie mit der Entwicklung meines eigenen Lebens unzertrennlich verbunden ist und bleibt[13]; daß ich aber damals schon das Glück einer wahrhaft inneren Zufriedenheit erhielt, war nur dem Zauber zuzuschreiben, den die wunderbare Wittelsbacherresidenz[14] wohl auf jeden nicht nur mit einem rechnerischen Verstande, sondern auch mit gefühlvollem Gemüt# gesegneten Menschen ausübt.[15]

Was mich nun# außer meiner beruflichen Arbeit am meisten anzog, war auch hier wieder das Studium der politischen Tagesereignisse, darunter besonders außenpolitischer Vorgänge. Ich kam zu den letzteren über den# Umweg der deutschen Bündnispolitik, die ich von meinen österreichischen Zeiten her schon für ebenso unrichtig wie falsch hielt#.[16] Immerhin war mir in Wien der volle Umfang dieser Selbsttäuschung des Reiches noch nicht ganz klar geworden#. Ich war damals geneigt, anzunehmen (oder# redete mir es vielleicht auch selber bloß als Entschuldigung vor), daß# man möglicherweise in Berlin schon wisse, wie schwach und wenig verläßlich der Bundesgenosse in Wirklichkeit sein würde[17], jedoch aus mehr oder minder geheimnisvollen Gründen mit dieser Einsicht zurückhalte, um eine Bündnispolitik zu stützen, die ja Bismarck selber einst begründet hatte[18] und deren plötzlicher Abbruch nicht wünschenswert sein konnte, schon um das lauernde Ausland nicht irgendwie aufzuschrecken oder den inneren Spießer zu beunruhigen.

Freilich der Umgang, vor allem im Volke selber, ließ mich zu meinem Entsetzen schon in kurzer Zeit sehen, daß dieser Glaube falsch war. Zu meinem Erstaunen mußte ich überall feststellen, daß über das Wesen der Habsburgermonarchie# selbst in den sonst gut unterrichteten Kreisen aber auch kein blasser Schimmer vorhanden war.[19] Gerade im Volke war man in dem Wahne verfangen, den Bundesgenossen als eine ernste Macht ansehen zu dürfen, die in der Stunde der Not sicher sofort ihren Mann stellen würde. Man hielt in der Masse die Monarchie noch# immer für einen »Deutschen«# Staat und glaubte darauf auch bauen zu können. Man war der Meinung, daß die Kraft auch hier nach den Millionen gemessen werden könnte,

18 Zum 1879 geschlossenen Zweibund zwischen der Habsburgermonarchie und dem Deutschen Reich vgl. Kap. I/3, Anm. 34.

Abbildung 10 und 11: Beispiele von Doppelseiten.

Selbst bei den Hinweisen auf unterschiedliche Schreibweisen der zehn untersuchten Ausgaben muss nicht lange gesucht werden, da sie sich in einer eigenen Spalte, aber immer auf der gleichen Zeilenhöhe befinden. Im Text selbst sind diese Stellen mit dem Zeichen # markiert. In der Randnote wird der geänderten Schreibweise immer die Jahreszahl der jeweiligen Ausgabe vorausgestellt.

Die Doppelseite wird von Original-Kolumnentitel samt Pagina beherrscht. Eine davon unabhängige Buchpaginierung macht das Buch für den editorischen Apparat der Register brauchbar.

Buchstruktur

Die Hitler-Texte und die Kommentare werden jeweils zusammen auf einer Doppelseite gesetzt. Kommentare können aber, im Ausnahmefall, auch eine zweite Doppelseite beanspruchen. Jedes Kapitel beginnt mit einer kurzen Einführung. Analog zur Originalausgabe gibt es auch hier zwei Bände. Eine ausführliche Einführung steht am Beginn von Band 1. Der gesamte Buch-Apparat steht dagegen am Ende von Band 2.

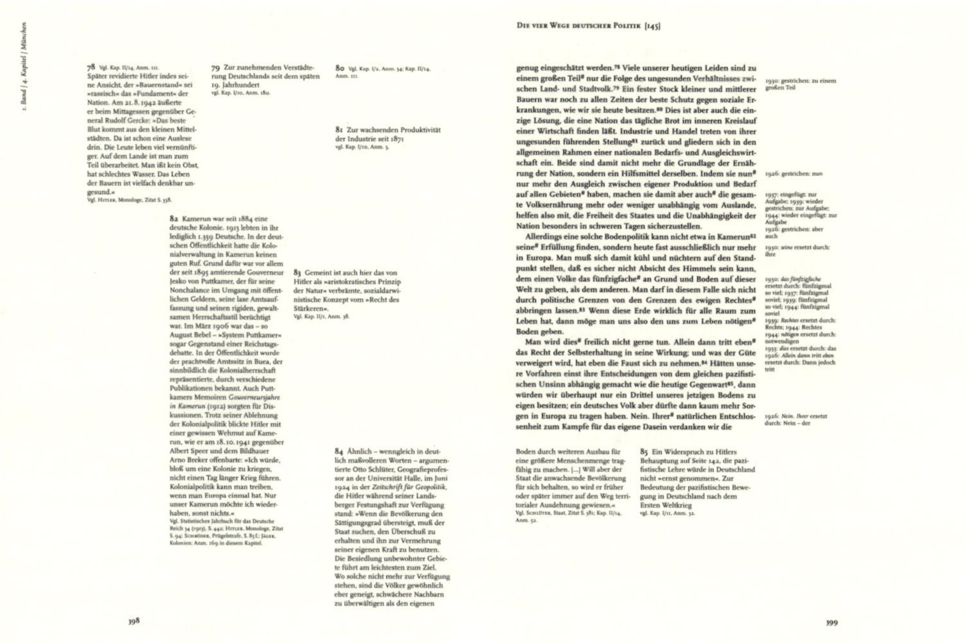

1. Band | 4. Kapitel | München

78 Vgl. Kap. II/14, Anm. 111.
Später revidierte Hitler indes seine Ansicht, der »Bauernstand« sei »rassisch« das »Fundament« der Nation. Am 21. 8. 1942 äußerte er beim Mittagessen gegenüber General Rudolf Gercke: »Das beste Blut kommt aus den kleinen Mittelstädten. Da ist schon eine Auslese drin. Die Leute leben viel vernünftiger. Auf dem Lande ist man zum Teil überarbeitet. Man ißt kein Obst, hat schlechtes Wasser. Das Leben der Bauern ist vielfach denkbar ungesund.«
Vgl. Hitler, Monologe, Zitat S. 358.

79 Zur zunehmenden Verstädterung Deutschlands seit dem späten 19. Jahrhundert
vgl. Kap. I/10, Anm. 180.

80 Vgl. Kap. I/2, Anm. 54; Kap. II/14, Anm. 111.

81 Zur wachsenden Produktivität der Industrie seit 1871
vgl. Kap. I/10, Anm. 5.

82 Kamerun war seit 1884 eine deutsche Kolonie. 1913 lebten in ihr lediglich 1.359 Deutsche. In der deutschen Öffentlichkeit hatte die Kolonialverwaltung in Kamerun keinen guten Ruf. Grund dafür war vor allem der seit 1895 amtierende Gouverneur Jesko von Puttkamer, der für seine Nonchalance im Umgang mit öffentlichen Geldern, seine laxe Amtsauffassung und seinen rigiden, gewaltsamen Herrschaftsstil berüchtigt war. Im März 1906 war das – so August Bebel – »System Puttkamer« sogar Gegenstand einer Reichstagsdebatte. In der Öffentlichkeit wurde der prachtvolle Amtssitz in Buea, der sinnbildlich die Kolonialherrschaft repräsentierte, durch verschiedene Publikationen bekannt. Auch Puttkamers Memoiren *Gouverneursjahre in Kamerun* (1912) sorgten für Diskussionen. Trotz seiner Ablehnung der Kolonialpolitik blickte Hitler mit einer gewissen Wehmut auf Kamerun, wie er am 18. 10. 1941 gegenüber Albert Speer und dem Bildhauer Arno Breker offenbarte: »Ich würde, bloß um eine Kolonie zu kriegen, nicht einen Tag länger Krieg führen. Kolonialpolitik kann man treiben, wenn man Europa einmal hat. Nur unser Kamerun möchte ich wiederhaben, sonst nichts.«
Vgl. Statistisches Jahrbuch für das Deutsche Reich 34 (1913), S. 442; Hitler, Monologe, Zitat S. 94; Schröder, Prügelstrafe, S. 85 f.; Jäger, Kolonien; Anm. 169 in diesem Kapitel.

83 Gemeint ist auch hier das von Hitler als »aristokratisches Prinzip der Natur« verbrämte, sozialdarwinistische Konzept vom »Recht des Stärkeren«.
Vgl. Kap. II/1, Anm. 38.

84 Ähnlich – wenngleich in deutlich maßvolleren Worten – argumentierte Otto Schlüter, Geografieprofessor an der Universität Halle, im Juni 1924 in der *Zeitschrift für Geopolitik*, die Hitler während seiner Landsberger Festungshaft zur Verfügung stand: »Wenn die Bevölkerung den Sättigungsgrad übersteigt, muß der Staat suchen, den Überschuß zu erhalten und ihn zur Vermehrung seiner eigenen Kraft zu benutzen. Die Besiedlung unbewohnter Gebiete führt am leichtesten zum Ziel. Wo solche nicht mehr zur Verfügung stehen, sind die Völker gewöhnlich eher geneigt, schwächere Nachbarn zu überwältigen als den eigenen

398

Die vier Wege deutscher Politik [145]

genug eingeschätzt werden.[78] Viele unserer heutigen Leiden sind zu einem großen Teil# nur die Folge des ungesunden Verhältnisses zwischen Land- und Stadtvolk.[79] Ein fester Stock kleiner und mittlerer Bauern war noch zu allen Zeiten der beste Schutz gegen soziale Erkrankungen, wie wir sie heute besitzen.[80] Dies ist aber auch die einzige Lösung, die eine Nation das tägliche Brot im inneren Kreislauf einer Wirtschaft finden läßt. Industrie und Handel treten von ihrer ungesunden führenden Stellung[81] zurück und gliedern sich in den allgemeinen Rahmen einer nationalen Bedarfs- und Ausgleichswirtschaft ein. Beide sind damit nicht mehr die Grundlage der Ernährung der Nation, sondern ein Hilfsmittel derselben. Indem sie nun# nur mehr den Ausgleich zwischen eigener Produktion und Bedarf auf allen Gebieten# haben, machen sie damit aber auch# die gesamte Volksernährung mehr oder weniger unabhängig vom Auslande, helfen also mit, die Freiheit des Staates und die Unabhängigkeit der Nation besonders in schweren Tagen sicherzustellen.

Allerdings eine solche Bodenpolitik kann nicht etwa in Kamerun[82] seine# Erfüllung finden, sondern heute fast ausschließlich nur mehr in Europa. Man muß sich damit kühl und nüchtern auf den Standpunkt stellen, daß es sicher nicht Absicht des Himmels sein kann, dem einen Volke das fünfzigfache# an Grund und Boden auf dieser Welt zu geben, als dem anderen. Man darf in diesem Falle sich nicht durch politische Grenzen von den Grenzen des ewigen Rechtes# abbringen lassen.[83] Wenn diese Erde wirklich für alle Raum zum Leben hat, dann möge man uns also den uns zum Leben nötigen# Boden geben.

Man wird dies# freilich nicht gerne tun. Allein dann tritt eben# das Recht der Selbsterhaltung in seine Wirkung; und was der Güte verweigert wird, hat eben die Faust sich zu nehmen.[84] Hätten unsere Vorfahren einst ihre Entscheidungen von dem gleichen pazifistischen Unsinn abhängig gemacht wie die heutige Gegenwart[85], dann würden wir überhaupt nur ein Drittel unseres jetzigen Bodens zu eigen besitzen; ein deutsches Volk aber dürfte dann kaum mehr Sorgen in Europa zu tragen haben. Nein. Ihrer# natürlichen Entschlossenheit zum Kampfe für das eigene Dasein verdanken wir die

1930: gestrichen: zu einem großen Teil

1926: gestrichen: nun

1937: eingefügt: zur Aufgabe; 1939: wieder gestrichen: zur Aufgabe; 1944: wieder eingefügt: zur Aufgabe

1926: gestrichen: aber auch

1930: *seine* ersetzt durch: ihre

1930: *das fünfzigfache* ersetzt durch: fünfzigmal so viel; 1937: fünfzigmal soviel; 1939: fünfzigmal so viel; 1944: fünfzigmal soviel

1939: *Rechtes* ersetzt durch: Rechts; 1944: Rechtes

1944: *nötigen* ersetzt durch: notwendigen

1933: *dies* ersetzt durch: das

1926: *Allein dann tritt eben* ersetzt durch: Dann jedoch tritt

1926: *Nein. Ihrer* ersetzt durch: Nein – der

Boden durch weiteren Ausbau für eine größere Menschenmenge tragfähig zu machen. [...] Will aber der Staat die anwachsende Bevölkerung für sich behalten, so wird er früher oder später immer auf den Weg territorialer Ausdehnung gewiesen.«
Vgl. Schlüter, Staat, Zitat S. 381; Kap. II/14, Anm. 52.

85 Ein Widerspruch zu Hitlers Behauptung auf Seite 142, die pazifistische Lehre würde in Deutschland nicht »ernst genommen«. Zur Bedeutung der pazifistischen Bewegung in Deutschland nach dem Ersten Weltkrieg
vgl. Kap. I/11, Anm. 32.

399

Gestaltungsraster der Doppelseite

Seit etwa 1950 wird in der visuellen grafischen Gestaltung zunehmend mit Rastern gearbeitet. Das schränkt die Gestaltung nicht ein, sondern ordnet sie besser. Aber schon bei handgeschriebenen Büchern vor Gutenbergs Erfindung gab es eine Art Raster: den Satzspiegel. Die entgültige Einteilung für unser Projekt basiert auf 11 Minispalten, wobei immer 3 als Breite für die Kommentare genommen werden und 6 für den Originaltext.

Für die einzelnen Maße werden Zahlen aus der Proportionsreihe des Buchformats eingesetzt und schaffen auch hier eine gestalterische Harmonie im Sinne der Lesbarkeit.

Abbildung 12: Einband der Edition.

Materialwahl

In der Druck-Ausgabe wird auf ein leicht geglättetes Werkdruckpapier (Fly von Schleipen) gedruckt, dessen Oberfläche leicht gelblich ist. Damit wird, im Gegensatz zu hochweißen Oberflächen, die Lesbarkeit der Texte erheblich gesteigert. Die Qualität des Materials dient dem Komfort des Lesens einer so umfangreichen Edition.

Umfang, Größe und Gewicht der Edition verlangen eine stabile Außenform. Deswegen wird für den Einband ganz traditionell ein Buchgewebe verwendet. Lesebänder helfen dem Benutzer beim Suchen und Finden.

Zum Cover

Die Gestaltung des Titels wächst aus dem komplexen Layout, also aus dem Inhalt. Sie muss – ganz altmodisch – informieren und soll und braucht nicht zu »werben«. Deswegen, und nicht nur aus funktionellen Gründen, wird auf einen für das Lesen eher hinderlichen Schutzumschlag verzichtet. Dazu ist anzumerken, dass Schutzumschläge rein funktional für den Gebrach eines Buches ohnehin unsinnig sind, da sie sowohl beim Blättern als auch beim Lesen »herum hängen«.

Digitale Ausgabe

Eine datenbankbezogene digitale Ausgabe, also kein übliches E-Book, stellte erneute Aufgaben. Die Vorteile der Handhabung im digitalen Bereich sollten mit dem Komfort des Lesens in der Druckausgabe möglichst verbunden werden. Nach vielen Versuchen – wir fanden hierzu keine anderen E-Books, die uns anregen hätten können – landeten wir, was die Seitendarstellungen betrifft, bei einer starken Ähnlichkeit zur Druckausgabe. Sogar die Schrift Scala ließ sich gut verwenden, nachdem Versuche mit dem Google-Font »Merriweather« gescheitert waren. Dass wir in der Druckausgabe mit einem Doppelseitenprinzip gearbeitet hatten, erwies sich als Vorteil für die Adaption. Die Kommentare befinden sich weiterhin auf der gleichen Doppelseite wie der Urtext und können je nach Wunsch entsprechend gescrollt werden.

Farben werden nur sparsam eingesetzt, jegliche Buntheit verbietet sich für funktionierende Lesetexte von selbst.

Die Navigation bietet für die digitale Ausgabe einen enormen funktionellen Reichtum, der wissenschaftlichem Arbeiten sehr entgegen kommen dürfte.

Michael Schlierbach

Den Gedanken Lauf lassen
Die Notation gesungener Bibelworte

Mag sein, dass der einen oder anderen Leserin bei den folgenden beiden Worten ein kalter Schauder in die Knochen fährt: *Liturgischer Gesang*. In zu vielen Filmen folgt darauf nicht das Fest der Befreiten, sondern die Mordtat oder schlichte Gewalt in Worten und Taten. Daran, dass sich das ändert, arbeitet dieser Beitrag.

Information

Information ist die erste Perspektive, aus der ich die Aufgabe eines Gesangbuchs betrachten möchte. Ein etwas böses Bonmot aus der Wissenschaft vom Gottesdienst (Liturgiewissenschaft) sagt: »Die Kirchenbank wurde zum Programm: Sie diente der *Fixierung* der Körper, um die Seelen leichter *bearbeiten* zu können.«[1] So gesehen tatsächlich eine körperliche wie geistige In-*Form*-ation, ausgehend von einem *Formenden* - dem Leiter des Gottesdienstes (seltener und nicht überall auch der Leiterin), d. h. Priester, Pfarrer, Liturg - hin zu den *Geformten* - nämlich den »normalen« Gläubigen, der Gemeinde. Leider wurde und wird das manchmal tatsächlich so gesehen. Und es ist dann schon nett, diese In*forma*tion so zu optimieren, dass sich alle wohl dabei fühlen.

Wer ist dieses »alle«? Schon die Reihenfolge der Nennung trägt Bedeutung in sich. Fängt man mit dem leitenden »Geistlichen« an - oder mit der versammelten Gemeinde?
Und welche Bedeutung übermittelt die Kombination verschiedener Benennungen?

Wird der »Geistliche« (= Priester, Pfarrer) im komplementären Gegenüber zur »Gemeinde« verwendet, entsteht eine völlig falsche Alternative, denn die Gemeinde ist ebenso »geistlich«. Lediglich gegenüber einem säkularen, weltlichen Beruf ist der »Geistliche« »geistlich« und eben etwas anderes als der Arzt oder der Mathematiker.

Abgesehen von solchen Bedeutungen sollen hier trotzdem die wesentlichen Beteiligten genannt sein:
- Leitungsperson, Vorsänger, Liturg (= »öffentlicher Diener«): Gibt in der Regel mit dem Beginn eines Wechselgesangs an, was die Gemeinde als nächstes tut, sagt oder singt.
- Liturgischer Chor: Statt eines einzelnen Leiters kann auch eine Gruppe von Personen diese Funktion übernehmen.

1 So in »Liturgie der Kirche«, (Kunzler, 2003 S. 163 f.). Etwas vornehmer gedacht wurde das bei Manfred Josuttis, »Der Weg in das Leben«, S. 133: »Das Leben ist auf der Kirchenbank äußerst gezügelt. Nur ausnahmsweise sind spärliche Gesten und Gebärden erlaubt. [...] Die Körper werden in ihrer Beweglichkeit ruhiggestellt, damit Seele und Geist sich auf den Einzug der göttlichen Atmosphäre konzentrieren.« (Josuttis, 1991). Nur allzu leicht wird bei solchen Formulierungen mit »Einzug« dann nicht mehr Gottes Gegenwart, sondern der Einzug der Amtsträger assoziiert. Biblisch führt Gottes atmosphärische Gegenwart übrigens in der Regel zu Tanz und ekstatischen Erscheinungen, zu »Entsetzen«, keineswegs zur Ruhigstellung, meistens eher zum Verlassen der normierten Form.

Abbildung 1: Typografische Anordnungs- und Struktur-skizzen.

Abbildung 2: Anordnung und Struktur der Feiernden im Kirchenraum.

- Gemeinde: Die Gesamtheit der Versammelten, die auch in zwei Gruppen zum Wechselgesang aufgeteilt sein kann.

In der typographischen Ausbildung habe ich eine Methode schätzen gelernt, die den Blick dafür schärft, wie und was Information schon strukturell – noch abgesehen vom konkreten Inhalt – transportiert und bewirkt: Die grobe Skizze mit Flächen und Balken.

Da werden Dynamiken deutlich, das Gewicht und der Anspruch einer Aussage, eines Textes. Steht sie unanfechtbar mittig? Oder nimmt sie sich an die Seite zurück? Lässt sie Raum für Gedanken oder füllt sie alles aus? Wie treten die Bestandteile miteinander in Beziehung? (Abbildung 1)

Man kann diese Methode sehr anschaulich und überaus aufschlussreich auf die Situation des Gesamtereignisses *Gottesdienst* anwenden, indem man statt des »Textes« die beteiligten Personen an ihrem Ort als Balken visualisiert. (Abbildung 2)

Nimmt man diese Visualisierung strukturell ernst, dann ergibt sich eine ganz andere Sichtweise der Information: Den Schwerpunkt bilden die Gläubigen – und sie treten, bei aller Ordnung, in eine Beziehung zueinander, etwa durch einander gegenüberstehende Kirchenschiffe. Es zeigt sich auch deutlich: Der Kerncharakter der ganzen Sache »Gottesdienst« ist eine Versammlung, nicht so sehr ein 1 : 1-Dialog zwischen Formendem und Geformten. Es geht nicht einfach um Information. Bedeutung verwirklicht sich vielmehr innerhalb der größeren Fläche.

Kommunikation

Das führt zu meiner zweiten Perspektive: *Kommunikation* oder auch, kirchlich wie säkular, *Kommunion,* Gemeinschaft. Das eine

Abbildung 3: Das letzte Abendmahl von Jacopo Bassano, ca. 1542.

ist ohne das andere nicht zu haben. Wenn sich Gläubige und Zweifler zu einer Zeit an einem Ort versammeln, dann teilen sie etwas miteinander, und sie können das nicht tun, ohne zu kommunizieren - wie gehemmt das auch sein mag.

Um die Verbindung zur ersten Perspektive deutlich zu machen: *Inhalt* der Information ist - auch wenn sie das formal vergisst - *Kommunikation* und nichts anderes: Gott kommuniziert mit den Menschen, diese miteinander, das Ziel ist befreite und friedliche Gemeinschaft aller Gerufenen (und das sind *alle*).

Der Modus einer solchen Gemeinschaft, und daher auch der Charakter ihrer Kommunikation, muss etwas Spielerisches haben. Gemeinsames Essen und Singen sind solch spielerische Elemente. (Abbildung 3)

Bestimmte Texte zu *singen* ist nicht ein didaktischer Trick, um die Information effektiver festzusetzen, sondern primär Ausdruck der (theologisch) begründeten Freude am Leben. Wer in einer orthodoxen griechischen Kirche einmal erlebt hat, wie die Lesung der Evangelien in einem durchaus fröhlichen rhythmischen und freundlichen Singsang zum Leuchten gebracht wird, statt sie tiefernst getragen quasi ins Gedächtnis zu schrauben, kann sich vorstellen, was gemeint ist. Es macht Spaß zuzuhören, selbst wenn man nicht alles versteht. Kommuniziert wird dabei die Freude, von Gott geliebt zu sein, oder auch einmal die Klage über böse Zustände in der Welt und im Leben.

Aber in jedem Fall ist es eine Kommunikation, ein Einander-Mitteilen der versammelten Gemeinschaft.

Jedenfalls dann, wenn man es irgendwie geordnet gemeinsam (und ggf. im Wechsel) tut. Die Alternative, die es religiös ja auch gibt, wäre: Jeder murmelt einfach für sich, unabhängig von den anderen, und daher alle wild durcheinander die heiligen Worte und/oder Gesänge.

Aber bereits in dem Moment, wo man eine liturgische Ordnung aufsetzt, ist per se klar: Es muss um Kommunikation *miteinander* gehen.

Und hier ist didaktisch zu fragen: Wird das bei der Gestaltung deutlich? Atmet die Gestaltung, die Typografie, das Thema »Miteinander«?

Man kann – leider – Folgendes beobachten: Immer öfter werden von Pfarrerinnen und Pfarrern im Gottesdienst ausführliche Erklärungen und Regieanweisungen gegeben, wie man jetzt dieses oder jenes gemeinsam zu tun gedenkt. Auch wenn es dabei ganz einfach darum geht, dass sich etwa linkes und rechtes Kirchenschiff gegenseitig etwas zusingen – die Anweisung dazu kommt in diesem Fall von vorne, und man muss grundsätzlich fragen: Nehmen sich die Leute in den Kirchenschiffen dann überhaupt als Gruppen, die *miteinander* etwas tun, wahr? Singen sie den Inhalt tatsächlich einander zu? Das wäre die Qualität von Kommunikation, die hinter der Aktion gedacht ist. Aber kommt es überhaupt dazu?

Oder tun die Gläubigen einfach brav, was von vorne angesagt wird? Der Effekt ist dann folgender: Man ist eher damit beschäftigt, darauf zu achten, alles richtig zu machen, als darauf, was man eigentlich singt.

Und so entsteht bei vielen die Frage: Warum überhaupt so kompliziert im Wechsel singen? Muss das sein? Die Interaktion, Kommunikation und Kommunion der Gottesdienstfeiernden bleibt dabei auf der Strecke.

Call & Response

Die dritte Perspektive fragt nach der eigentlichen Funktion des Wechselgesangs. Man könnte ihn einfach als didaktische Wiederholung zur gedanklichen Festigung verstehen – in der hebräischen Bibelüberlieferung gibt es dazu eine gebräuchliche sprachliche Form, »parallelismus membrorum« genannt – aber das ginge komplett an einer viel durchdringenderen kommunikativen Struktur vorbei: nämlich Call & Response. Quer durch alle jüdische und christliche Überlieferung zieht sich unzählige Male dasselbe: Es geschieht ein Ruf oder eine Anrede und darauf erfolgt eine Antwort: Gott und Abraham, Gott und Mose, Jesus und die Jünger/innen, die Jüngergemeinschaft und die, die sich dem christlichen Glauben anschließen, Jesus und Paulus usw.

Nirgendwo entwickelt sich ein Gedanke aus einsamer stiller Meditation. Keiner dieser Texte funktioniert nach der Struktur: »Schaut, was ich mir überlegt habe!« Stattdessen: Biblische Theologie ist Kommunikation.

Call and Response, am besten wiedergegeben mit »Ruf und Entgegnung«, da es nicht Frage-Antwort-Schemen sein müssen, ist ein Grundmuster für die afro-amerikanischen Wurzeln moderner Musik (Worksongs, Spirituals, Gospels, Blues und Jazz bis in die modernen Gattungen). Die Deutung, was der soziale Kern dieser Form ist, ist ein wichtiger didaktischer Punkt: Sklaven hätten so gesungen, »um sich die Arbeit zu erleichtern *und das Gemeinschaftsgefühl zu stärken*«[2]. Eine noch grundlegendere Betrachtungsweise ist: Die Call-&-Response-Struktur bekräftigt und *vergewissert* angesichts des entmenschlichenden Drucks von außen in Klage und Hoffnungslied *das* eigene *Menschsein.*[3] Damit ist der Wechselgesang nicht einfach ein kognitiver Kunstgriff, sondern ein existentieller Vollzug: Es geht um die menschliche Kommunion. Der oder die Vor-Sänger sprechen nicht nur Gott, sondern eben auch die Nach-Sänger an. Diese antworten, und in der Antwort ereignet bzw. zeigt sich das Menschsein und die Gemeinschaft. Die Resonanz vergewissert die eigene Stimme, das eigene Menschsein wird dadurch stärker erlebbar, es wird bestärkt.

Nimmt man diese Struktur ernst, ergibt sich daraus als didaktisch-typografische Aufgabe, genau dieses menschliche Mit-Einander-Zusingen wahrnehmbar zu machen.

Ein altes und zentrales liturgisches Stück, das diese Struktur explizit hat und zumindest grundsätzlich auch in der typografischen Darstellung zeigt, ist im Evangelischen Gesangbuch das »Große Gloria«.[4] (Abbildung 4) Im großen Gloria werden über der Notenzeile kleine Markierungen gezeigt, I und II. Hier ist nicht an Liturg (I) und Gemeinde (II) gedacht, sondern an zwei Gruppen, die wechselweise und gemeinsam singen, in der Regel zum Beispiel linkes und rechtes Kirchenschiff.

Grundsätzlich ist die Darstellung hier schon nachvollziehbar. Dennoch gäbe es einige Verbesserungsmöglichkeiten:

- Nicht jeder Singende kann Noten lesen. Die Markierung über der Notenzeile ist daher vom eigentlichen Text sehr abstrahiert und räumlich entfernt.
- Der zu singende Text selbst gibt keinerlei Signal, dass da ein Wechsel stattfindet.
- Die kleinen Markierungen können beim flüchtigen Betrachten auch leicht mit dem Atemstrich verwechselt werden.

2 So bei (»Call and Response«, 2017).

3 Man kann Wurzeln im »Field holler« erkennen, einem Ausdrucksgesang bei der Arbeit, auf den von anderen Arbeitenden geantwortet wurde, siehe en.wikipedia.org, Stichwort »Field holler«. Ausführlich dazu James H. Cone, The Spirituals and the Blues. An Interpretation, 1982; deutsch: Ich bin der Blues und mein Leben ist ein Spiritual. Eine Interpretation schwarzer Lieder, 1986, (Cone, 1992).

4 Evangelisches Gesangbuch, Nummer 180.1, Seite 346 f. Leider habe ich in den letzten 10 Jahren es nirgendwo mehr singen hören. Warum eigentlich? Stattdessen wird nach dem Wechselgesang »Ehre sei Gott in der Höhe« und der Antwort »und auf Erden Fried, den Menschen ein Wohlgefallen« – ein schöner Call & Response-Vorlauf – meistens die Liedstrophe 179.1 gesungen, wodurch sich aber die Aussage des vorhergehenden Wechselgesangs nur simpel wiederholt [...] war sie beim ersten Mal nicht genug? Simple Wiederholung entwertet gemachte Aussagen. Call & Response ist mehr!

Abbildung 4: Evangelisches Gesangbuch, Nr. 180.1: Großes Gloria bzw. Großer Lobgesang (Original).

Abbildung 5: Großes Gloria mit typografisch im Text selbst markierten Sängerwechseln. Normal = erste Gruppe, fett ≠ zweite Gruppe, fettkursiv-grau beide zusammen. Ein solches Schema ließe sich im Satz generell anwenden.

In Bild 5 wird versucht, dem Rechnung zu tragen und die Signale für wechselnde Gruppen in den Gesangstext selbst zu übernehmen: I als normaler Schnitt, II als fetter, I+II als fettkursiv.

Konzentration

Typografie, die danach fragt, wie sie dem Zweck des Geschriebenen am besten dienen kann, muss die Konzentration auf den Textinhalt selbst legen, die organisatorischen Fragen drumherum also möglichst zurückgenommen beantworten.

Das ist im Gesangbuch und sonstigen Publikationen zum Gebrauch im Gottesdienst leider nicht immer der Fall. In manchen Fällen begegnet man da sogar einem ausgesprochenen Irrgarten, der einen dann auch bald am Sinn des liturgisch Gewünschten zweifeln lässt.

In der vorliegenden Form regt sich der Zweifel zu Recht, inhaltlich aber ist es schade, dass mit der schlechten Form auch gute inhaltliche Ausdruckformen zugrunde gehen.

Die vierte Perspektive nimmt nun drei Beispiele aus dem Evangelischen Gesangbuch in den Blick. Dabei zeigt sich: Syntaktisch oder gar didaktisch ist dabei nur punktuell vorgegangen worden.

»Kyrie eleison«, ist ein alter Ruf, der früher den Gottesdienst eröffnete. Dabei wird heute meist zwischen einzelnem Liturgen (Pfarrerin/Pfarrer) und Gemeinde im Wechsel gesungen, wobei der Liturg den griechischen und die Gemeinde den deutschen Ruf singt.

Optimalerweise sollte ein Chor, oder noch besser eine Gemeindehälfte, den griechischen Teil singen.

Die vorliegende Gestaltung (Abbildung 6) macht dies durch klare Aufteilung in linke und rechte Kolumne einigermaßen deutlich. Vielleicht wäre hier noch eine etwas größere Spalte zwischen beiden Teilen wünschenswert. Die Kürzel »Ch« und »G« sind allerdings leicht mit einer Gitarrenbegleitung zu verwechseln und auch nicht sehr eindeutig.

I und II wäre vielleicht einleuchtender. (Abbildung 7)

Möglicherweise wäre auch ein gut abgestimmter Schriftwechsel zwischen den Stimmen denkbar. (Abbildung 8)

Im zweiten Beispiel (Abbildung 9) geht es um einen explizit *gegenseitigen* Segenszuspruch zwischen Liturg und Gemeinde. Der Liturg spricht der Gemeinde die Gegenwart Gottes zu – und die Gemeinde reziprok dem Liturgen, der gleich eine bedeutungsvolle

Abbildung 4

Abbildung 5

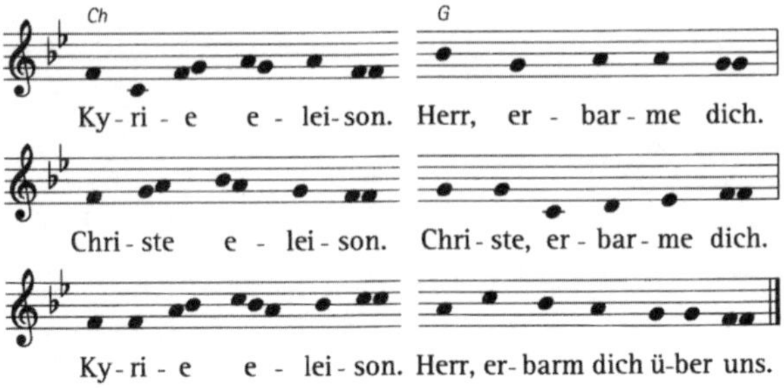

Abbildung 6: Evangelisches Gesangbuch, Nr. 178.2: Kyrie eleison (Original).

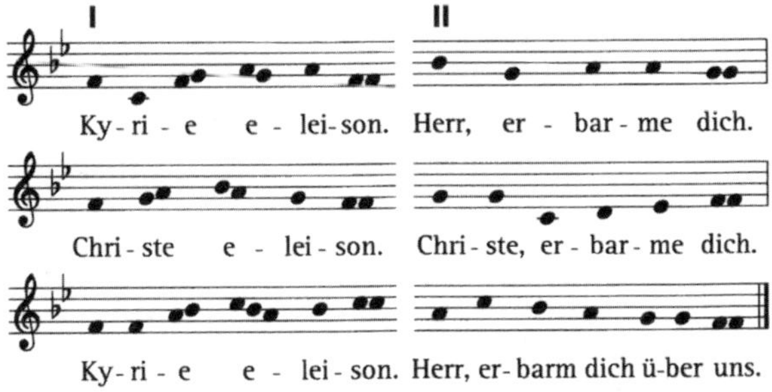

Abbildung 7: Andere Einsatzmarken.

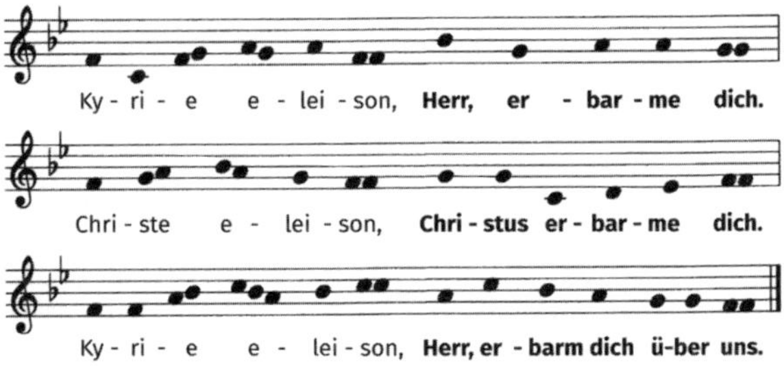

Abbildung 8: Kyrie mit typografisch im Text selbst markierten Sängerwechseln. Normal = erste Gruppe bzw. Liturg, fett = zweite Gruppe bzw. Gemeinde.

Handlung vollziehen soll. Die Typografie in diesem Beispiel lässt leider von der Gegenseitigkeit nichts erahnen – und Befragungen zeigen: Warum der Geist nun mit dem »Geistlichen« sein soll, versteht kaum mehr jemand. Die Menschen denken hierbei an den heiligen Geist (was dann wenig Sinn ergibt) – und nicht mehr an den menschlichen Geist des menschlichen Liturgen, dem nun von der Gemeinde Gottes Geist als Segen gewünscht wird.

Abbildung 10 versucht dazu nun wenigstens die Gegenseitigkeit auch typografisch zu signalisieren.

Im dritten Beispiel (gedruckte Fassung, Abbildung 11) zeigt sich ein Grundproblem der Gestaltung im vorliegenden Gesangbuch:

Abbildung 9: Evangelisches Gesangbuch, Nr. 679, S. 1153): Wechselgesang Präfation (Original).

Abbildung 10: Präfation syntaktisch gesetzt und mit typografisch im Text notierten Sängerwechseln.

Es wurde generell nicht in Doppelseiten gesetzt, sondern jede Seite für sich.

Da die Psalmengesänge aber immer aus längeren Zeilen bestehen, musste praktisch immer in zwei Teile aufgeteilt werden. Die Zeilen werden dabei im Wechsel gesungen (1., 3., 5. vom Liturgen, 2., 4., 6. usw. von der Gemeinde) und zusätzlich an mehreren Stellen von einem Leitvers (refrainartiger Text) unterbrochen. Auch gibt es melodische Varianten.

Die vorliegende Gestalt bewirkt, dass die Sänger im Zickzack lesen müssen (Abbildung 12), dabei unterschiedliche Zeilenanfangspositionen erkennen, Ziffern einander zuordnen (man muss jeweils zweimal bei Ziffer × einsetzen!) und zugleich sich merken, welche Zeile vom Liturgen und welche von der Gemeinde gesungen wird – wofür nur die Ziffern ein Hinweis sind, die selbst aber natürlich nicht gesungen werden. Aber: Wer kann sich beim Singen Ziffern merken?

Selbst professionell geschulten liturgischen Sängern macht das Mühe: Die Aufmerksamkeit ist vom Inhalt komplett abgezogen, man muss vielmehr achtgeben, den Anschluss nicht zu verpassen.

Mag nun der Körper auch in der Kirchenbank ruhiggestellt sein – das Auge muss so viel springen, dass für den »Einzug göttlicher Atmosphäre« keine Konzentration verbleibt.

Abbildung 11: Psalm 84. Trinitatszeit VI. Evangelisches Gesangbuch, Nr. 769: Psalm 84 (Original).

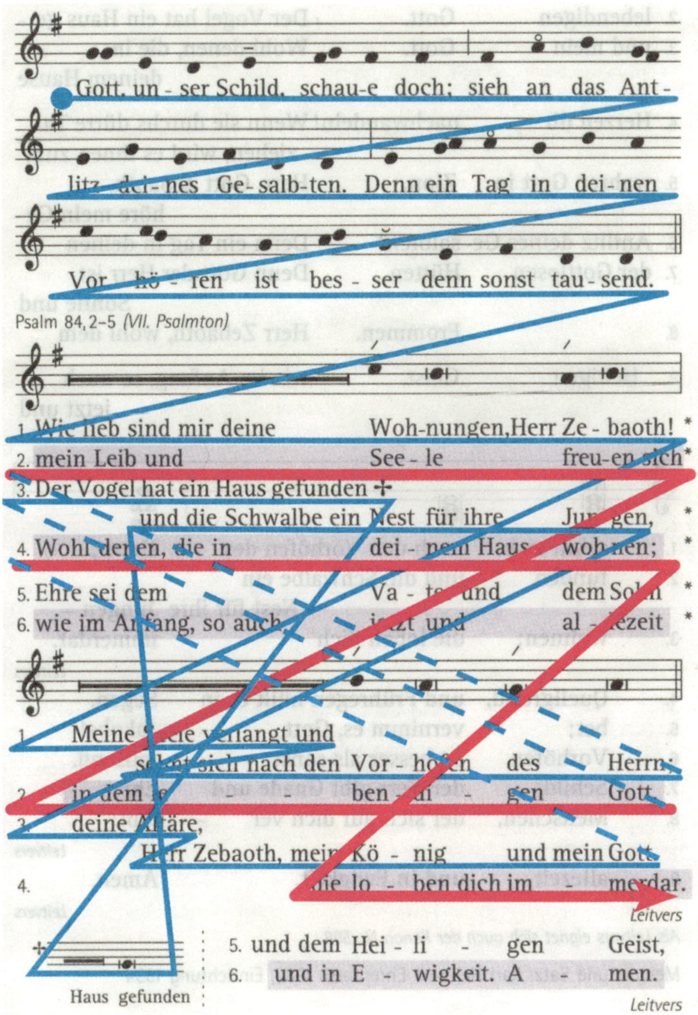

Abbildung 12: Leseweg der Sänger. blau = Liturg, magenta = Gemeinde, grau = Wechsel zum nächsten Vers. Es ist nicht komplett bis zum Ende markiert.

Abbildung 13: Dasselbe, syntaktisch angeordnet

Abbildung 14: Dasselbe, syntaktisch angeordnet und mit typografischem Signal des Sängerwechsels.

Ruhiggestellt werden sollte hier vielmehr die Typografie: durch klare Markierung der verschiedenen Teile, durch syntaktische Anordnung und durch deutliche Kennzeichnung der Sprecher-/Sängerwechsel.

Schon wenn man die vorliegende Gestaltung einmal doppelseitig setzt, ergibt sich eine deutlich verbesserte Struktur. (Abbildung 13)

Noch klarer wird der Wechselgesang, wenn er sich wieder im Schriftbild selbst manifestiert (Abbildung 14).

Schlussbemerkung

Die vorgelegten Beispiele sind nur knappe erste Versuche. Es wäre sehr wünschenswert, wenn sich didaktisch denkende Typografen mit der Gestaltung liturgischer Formen beschäftigen würden – unter der Voraussetzung, dass dabei inhaltlich-didaktisch genau gefragt wird, worum es eigentlich geht, und was gemeinsame liturgische Formen denn überhaupt bewirken wollen.

Die Pflege von Kommunikation und Kommunion, Resonanz und Vergewisserung des Menschseins sind dabei sicherlich nicht die uninteressantesten Parameter.

Sie sind jedenfalls interessanter und bewirken mehr als nur die Frage »Was muss ich denn jetzt tun?«

Didaktisch durchdachte Typografie liturgischer Formen hat dann ihre Aufgabe erfüllt, wenn Geist und Herz der Gottesdienstfeiernden zum Tanzen kommen – wenigstens innerlich, vielleicht aber auch aus der Kirchenbank heraus ins Leben.

Verena Kiesel

Bewusstseinsbildung für Schrift im Kindesalter

Typografische Mittel sind heute nicht mehr professionellen Gestaltern vorbehalten. Jeder Laie kann am Computer typografische Arbeiten wie Emails, Dokumente, Flyer etc. erstellen. So werden auch alle Kinder, die heute zur Schule gehen, später typografisch arbeiten.

> *»Eine neue Freiheit in der Gestaltung wurde entdeckt, Typografie und Schrift wurden demokratisiert.«*[1]

Wo die Digitalisierung zum einen Freiheit und Zeitgewinn bedeutet, bringt sie zugleich auch Qualitätsverlust mit sich. Wird typografische Gestaltung zunehmend von Laien gemacht, denen der Blick und das Wissen für den bedachten Einsatz von Typografie fehlt, entstehen zunehmend Medien, deren Gestaltung den Inhalt nicht trägt, wodurch deren eigentliches Kommunikationsziel, das der Informationsvermittlung, erschwert oder gar verfehlt wird.

Geschuldet ist dies nicht den Laien, die den Umgang mit diesen neuen Möglichkeiten nicht gelernt haben, sondern vielmehr der Tatsache, dass diesem technischen Fortschritt keine Form von Bildungsangebot gefolgt ist, das Laien überhaupt einen Zugang zu Typografie sowie zu deren Funktion und den Umgang mit dieser vermittelt.

Im Laufe meines Studiums wurde ich häufig von Laien gefragt, wie man Texte, Flyer und andere Medien »richtig« gestaltet. »Welche Schrift nehme ich denn da am besten?«, war dabei eine wiederkehrende Frage. Die Fragenden strahlten eine gewisse Unsicherheit auf diesem Gebiet aus, doch ließen sie sich mit der Antwort, dass es kein Rezept für die »richtige« Gestaltung gäbe, nicht zufriedenstellen. Die Problematik besteht darin, Laien zu vermitteln, dass typografische Gestaltung nicht wie eine mathematische Formel funktioniert und es nicht immer »die eine richtige Lösung« gibt. Durchaus gibt es gewisse Parameter, die zur Orientierung dienen und gerade für Anfänger hilfreich sind. Darunter zum Beispiel empfehlenswerte Zeilenlängen, Zeilenabstände etc. Abhängig von Faktoren wie dem Format, der Schriftwahl, der Textmenge können visuell sehr unterschiedliche Ergebnisse entstehen, die sich womöglich qualitativ in nichts nachstehen.

1 (Bilz & Mischler, 2007).

Bevor diese Regeln jedoch überhaupt von Interesse sind und von Laien angewendet werden können, muss zunächst ein Prozess des »Sehen lernen« stattfinden. Ein Prozess, in dem der Laie seinen Blick öffnet, um Formunterschiede im Detail wahrzunehmen und sich der Formvielfalt von Schriften bewusst zu werden.

Dabei geht es keineswegs darum, die Handschrift abzulösen, sondern diese um einen weiteren Aspekt des Kulturguts Schrift zu ergänzen. Denn der Umgang mit digitaler Schrift will ebenso geübt sein wie händisches Schreiben.

Abbildung 1: Kiste zur Aufbewahrung der Form Forscher Materialien, geschlossen.

Da die typografische Gestaltung Einfluss auf den Inhalt eines Textes hat, nimmt sie eine wichtige Stellung im Rahmen der Informationsvermittlung ein. Dementsprechend hat die Vermittlung typografischer Grundkenntnisse eine Berechtigung, stellt gar eine Notwendigkeit dar. Doch auf welchem Weg erreicht man Laien aus den verschiedensten Berufs- und Interessensgruppen und weckt deren Neugierde für Schrift?

Am 29. März 1983 hielt GERRIT NOORDZIJ eine Rede mit dem Titel »Das Kind und die Schrift« vor der Typographischen Gesellschaft München.[2] Er beschreibt Probleme, die Kinder beim Lesen lernen haben und wie man diesen mittels bestimmter Schriftformen entgegenwirken kann. Der Vortrag liegt über 30 Jahre zurück, doch veranlasste er mich, über meine Erfahrung mit Laien einmal anders nachzudenken. Könnte man nicht weit vor dem Erwachsenenalter ansetzen, bereits im Kindesalter, wenn Menschen noch unbefangen und offen für Neues sind? Denn alle Kinder, die heute zur Schule gehen, werden später typografisch arbeiten. Weshalb also nicht bereits in jungen Jahren ein Interesse und ein Bewusstsein für Typografie schaffen?

Daher gilt der Fokus meiner Masterarbeit den Leseanfängern und der Frage, auf welchem Weg man ihnen ein Bewusstsein für Typografie ermöglichen kann.

Aufgrund dieser neuen Fragestellung galt es, sich einer Zielgruppe mit gänzlich anderen Anforderungen anzunähern. Um möglichst realitätsnahe Erfahrungen zu machen, worauf es bei der Gestaltung für diese Zielgruppe ankommt, hospitierte ich in einer Grundschule und führte Gespräche mit Pädagogen. Durch die schriftliche Befragung von Lehrkräften sammelte ich weitere Informationen über den Schulalltag und Lehrmaterialien.

In Gesprächen und während der Hospitation in der Schule kam ein neuer Aspekt hinzu: Viele Kinder haben Probleme beim Lesen und infolgedessen wenig Motivation und Spaß daran, sich mit Schrift und Text zu beschäftigen.

2 Vgl. (Noordzij, 1985).

Auf Basis der gesammelten theoretischen Kenntnisse und praktischen Erfahrungen erarbeitete ich unter dem Titel »Form Forscher – Buchstaben neu entdecken« eine abwechslungsreiche Materialsammlung, bestehend aus Spielen, Bastel- und Rätselaufgaben sowie einem Buch und einer Animation zum Einstieg in das Thema.

Aufgrund der unterschiedlichen Entwicklung einzelner Kinder habe ich mich dazu entschieden, keine konkrete Altersangabe für die Nutzung der Materialien festzulegen. Sie richten sich an Leseanfänger im frühen Grundschulalter, mit der Intention, die bewusste Wahrnehmung von Schrift über einen spielerischen Weg zu fördern.

Die Materialien bieten auch Kindern, die Schwierigkeiten beim Lesen haben, einen neuen Zugang zu Buchstaben und Wörtern. Ebenso können Kinder, die bereits eine Distanz zu oder gar Angst vor Buchstaben und Wörtern aufgebaut haben, durch den Einsatz der Materialien eine neue positive Erfahrung mit Buchstaben und Schrift erleben. In diesem Zusammenhang dienen die abwechslungsreichen Buchstabenformen gedruckter Schriften als motivierendes Element.

Alle Materialien haben die Schulung des Auges sowie die bewusste Wahrnehmung von Schriftformen zum Ziel. Diese bewusste Wahrnehmung gedruckter Schrift geht mit Erfahrung einher, die sowohl auf optischem, als auch auf haptischem Weg gesammelt werden kann. Um die visuelle und taktile Wahrnehmung möglich zu machen, liegt der Fokus auf analogen Materialien. Dabei fokussiert jedes Material einen besonderen Themenbereich, grenzt sich in der Funktionsweise von den anderen ab und bietet einen spielerischen Zugang zum Thema. Dieses vielfältige Angebot berücksichtigt die Individualität der Kinder im Hinblick auf deren Lerntempo sowie deren Interessen. Je nach Vorliebe können die Kinder entscheiden, ob sie spielen, basteln oder lesen möchten. Über diesen Weg werden sie motiviert, und es entsteht keine Langweile durch das Abarbeiten immer gleicher Strukturen oder durch frontale Wissensvermittlung.

Alle Materialien werden gesammelt in einer Kiste zur Verfügung gestellt, die zudem ein Begleitheft für die Lehrkraft beinhaltet. Durch die Befragung von Lehrkräften, die diesem Projekt vorausging, wurde deutlich, dass diese kaum Vorwissen zum Thema Typografie haben. Das Begleitheft bietet eine Einführung ins Thema sowie Erläuterungen zu den Materialien und Aufgaben. Zudem werden wichtige Informationen zur Bedeutung von gedruckter Schrift gegeben und einige Fachbegriffe erklärt. So wird auch die Anwendung zuhause mit den Eltern möglich, die durch das Begleitheft ebenfalls die notwendigen Grundinformationen zu den Materialien erhalten.

Die Materialien sind in verschiedenen Kontexten einsetzbar: in der Schule, im Hort oder zuhause, allein oder gemeinsam, mit anderen Kindern oder Erwachsenen.

In der Schule können die Materialien im Rahmen von Projektwochen oder im regulären Unterricht genutzt werden. Die Verwendung der Materialien ist sowohl im Fach Kunsterziehung als auch im Fach Deutsch oder anderen Sprachen denkbar. Über weiterführende Aufgaben zur Wortschatzförderung können sie als Hilfsmittel im Prozess des Lesen- und Schreiben-Lernens genutzt werden.

Sie können im Rahmen von Stationsarbeit, Projekttagen oder eines mehrwöchigen Projekts genutzt werden, indem sie wöchentlich für ein bis zwei Stunden zur Verfügung gestellt werden. In diesem Zeitraum dürfen die Kinder selbst entscheiden, mit welchem Material sie arbeiten möchten. Ähnlich dem Konzept der Freiarbeit von MONTESSORI, bei welchem Kindern im Rahmen der Freiarbeit eine Auswahl von Materialien zu verschiedenen Themen zur Verfügung stehen. Die Kinder können sich innerhalb der Klasse frei bewegen und selbst entscheiden, ob sie am Tisch oder auf dem Boden arbeiten möchten. Ebenso steht ihnen frei, ob sie untereinander Kontakt aufnehmen und ein Material gemeinsam bearbeiten (Esser & Wilde, 1989, S. 68). Diese Einsatz-Möglichkeiten der »Form Forscher«-Materialien bieten sich ebenso für die Nachmittagsbetreuung oder für den Einsatz in der Freizeit an.

Ähnlich wie bei MONTESSORI ist es Aufgabe der Lehrkraft oder des Elternteils, vorab eine genaue Einführung in die Handhabung der Materialien zu geben (vgl. ebd: S. 73 ff.). Dazu gehört die Erklärung der einzelnen Elemente der Sammlung, sowie die Erklärung, wie, wo und wann diese genutzt werden können. Bei Fragen oder Unklarheiten ist es die Aufgabe der Lehrkraft oder des Elternteils, den Kindern zu helfen. Dennoch sind die Materialien insofern selbsterklärend, als dass die Lehrkraft bei kleineren Gruppenarbeiten nicht dauerhaft anwesend sein muss. Elemente zur Selbstkontrolle, die die Lehrkräfte laut meiner Befragung befürworten und die auch in der Montessori-Pädagogik (vgl. ebd: S. 81) genutzt werden, dienen als Unterstützung.

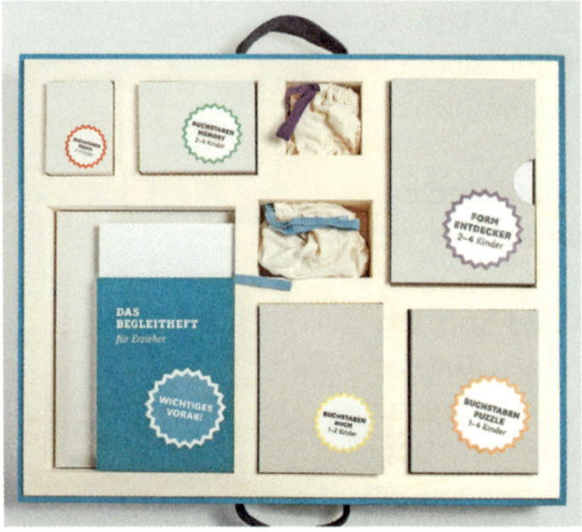

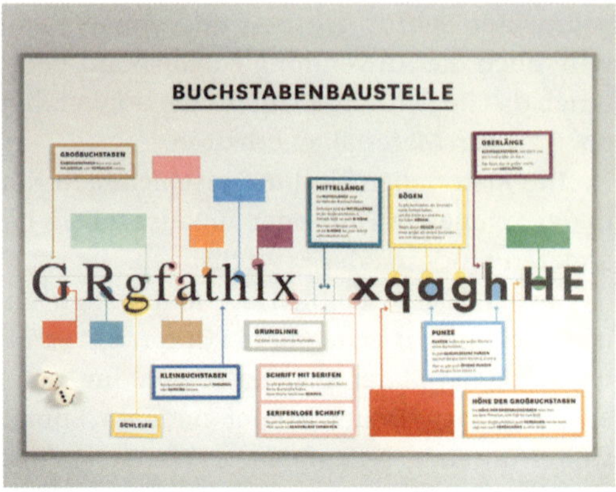

Abbildung 2: Kiste zur Aufbewahrung der Form Forscher Materialien, geöffnet.

Abbildung 3: Buchstabenbaustelle, hier dient eine Farb- sowie eine Formcodierung zur Selbstkontrolle.

Die Gestaltung der Materialien ist schlicht gehalten und lenkt über ausreichend Weißraum den Fokus auf die wesentlichen Inhalte. Farben werden eingesetzt, um Zugehörigkeiten zu verdeutlichen, sind jedoch nicht materialübergreifend codiert. Sie dienen dazu, Inhalte zu verdeutlichen oder miteinander zu verknüpfen, beispielweise zur Selbstkontrolle. Dies geschieht bei jedem Material auf eine andere Weise. Die Farben sind so gewählt, dass sie sich eindeutig voneinander unterscheiden. Diese klare grafische Gestaltung gewährleistet Übersichtlichkeit und Struktur, um für die Kinder Orientierung zu schaffen.

Auf den Materialien kommen zwei Schriften zum Einsatz. Die Sassoon Primary von ROSEMARY SASSOON und die National von KRIS SOWERSBY. Die Überschriften sind in Majuskeln der National in Bold gesetzt. Die Buchstabenformen der National ähneln den Formen der Akzidenz Grotesk Schoolbook. Diese ist Kindern aus Schulbüchern geläufig. Die Majuskel |I| wie Ida ist von |J| wie Jena sind in der National deutlicher zu unterscheiden. Die Überschrift hebt sich deutlich vom Fließtext ab und wird in verschiedenen Schriftgrößen eingesetzt. In manchen Fällen dient sie zur Hervorhebung wichtiger Begriffe im Fließtext.

Die Sassoon Primary wurde speziell für Leseanfänger entwickelt. Sie wird als Textschrift eingesetzt, in 9,5 pt mit 14 pt Zeilenabstand. Die einzelnen Buchstaben weisen besondere Merkmale auf, wodurch sich die Buchstaben für Leseanfänger leichter unterscheiden lassen.

Da Kinder Buchstaben zunächst unabhängig von ihrer Raumlage wahrnehmen und gleichermaßen wie Objekte, ist die Differenzierung über bestimmte Formmerkmale besonders wichtig. Die Minuskeln |d|, |p| der Sassoon Primary unterscheiden sich in

Abbildung 4: Buchstaben-Puzzle mit Vorlagekarte.

ihrer Form deutlich voneinander und differenzieren sich durch den Neigungswinkel von den Minuskeln |b|, |q|. Die Minuskeln |n| und |u| unterscheiden sich deutlich voneinander und auch die Minuskeln |a| und |o| erhalten durch eine unterschiedliche Form der Punzen ein deutliches Unterscheidungsmerkmal.

An dieser Stelle möchte ich auf die Entwicklung zweier Materialien genauer eingehen, die des Buchstaben-Puzzles und des Buchstaben-Memorys.

Das Buchstaben-Puzzle soll deutlich machen, dass ein Buchstabe viele unterschiedliche Formen annehmen kann, ohne dabei seine Bedeutung zu verändern. Das Puzzle besteht aus zwölf Holzwürfeln. Auf den sechs Seiten der Würfel ist die Minuskel |g| in sechs verschiedenen Schriftenarten abgebildet. Es wurde bewusst die Minuskel |g| gewählt, da diese viele Formmerkmale aufweist. Eingesetzt sind die Schriften: Ariston, Didot, Fette Fraktur, Frutiger, Garamond und Memphis. Es handelt sich um Schriften aus verschiedenen Klassifikationen, sodass eine große Vielfalt von Formmerkmalen sichtbar wird: unterschiedliche Strichstärken, verschiedene Serifen und für Leseanfänger ungewöhnliche Formen wie die doppelgeschossige Minuskel |g|.

Die Entwicklung begann mit einer anderen Würfelanzahl. Der erste Prototyp besteht aus zwanzig Würfeln, die je eine Seitenlänge von zehn Millimetern haben. Sind die Würfel zusammengelegt, entsteht eine Gesamtfläche von 40 auf 50 Millimeter. Die Buchstaben sind schwarz auf weißem Hintergrund.

Nach Mischen und Drehen erfolgten die ersten Versuche, einen der Buchstaben wieder richtig zu legen. Obwohl die Versuchspersonen typografisch erfahren waren, erwies sich die Aufgabe als zu komplex. Drei Aspekte mussten verbessert wer-

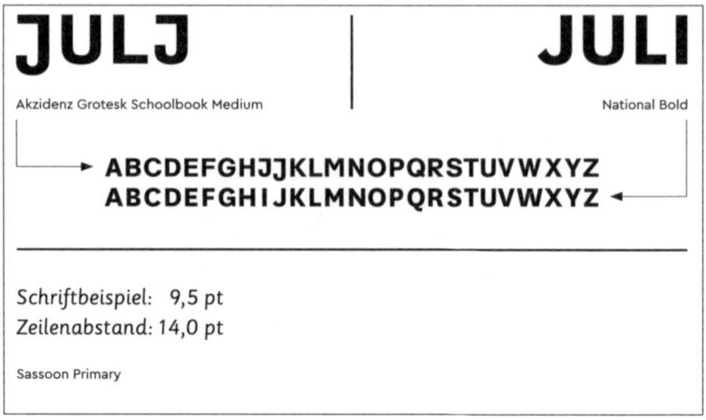

Abbildung 4: Akzidenz Grotesk Schoolbook Medium; oben rechts: National Bold; unten: Sassoon Primary.

den: Es fehlte eine Vorlage, die den gesuchten Buchstaben abbildet. Die Anzahl der Würfel musste verringert werden, um auf jedem Würfel markante Merkmale eines Buchstabens sehen zu können. Beim Greifen wurden leicht Merkmale verdeckt, weshalb auch die Größe der Würfel angepasst werden musste.

Der zweite Prototyp besteht aus zwölf Holzwürfeln mit einer Seitenlänge von je 40 Millimetern. Es ergeben sich zwei Vorteile: Die größeren Würfel sind leichter greifbar, und die Buchstaben können größer abgebildet werden. Auf den einzelnen Würfeln sind dadurch mehr Buchstabenmerkmale zu sehen. Sie sind deutlich größer und dadurch besser erkennbar. Zur Erleichterung wurde eine Farbcodierung eingeführt. Jeder Buchstabe ist mit einer Farbe hinterlegt. So können die Würfel im ersten Schritt der Farbe nach sortiert und im zweiten entsprechend der Merkmale angeordnet werden. Der Kontrast zwischen Form und Grund verringert sich durch die Hintergrundfarbe, weshalb die Buchstaben nicht aufgedruckt, sondern aus schwarzer Veloursfolie aufgezogen sind. Es entsteht ein haptischer Effekt, der die Differenzierung der schwarzen Buchstabenfläche vom farbigem Hintergrund unterstützt. So wird neben der visuellen auch eine haptische Wahrnehmung ermöglicht.

Sechs Karten dienen als Vorlage. Sie zeigen die Buchstaben auf dem entsprechenden farbigen Hintergrund und haben eine Größe von 120 × 160 Millimeter. Ein Gitter aus weißen Linien, gekennzeichnet mit Ziffern, hilft bei der Anordnung der Würfel. Es ist deutlich sichtbar, an welcher Stelle ein neues Puzzlestück beginnt. Legen mehrere Kinder gemeinsam das Puzzle, hilft die Nummerierung zur Koordination und Benennung der Puzzleteile. Das Puzzle kann im Deckel der Puzzlebox gelegt werden, dies verhindert das Wegrutschen bereits gelegter Puzzleteile.

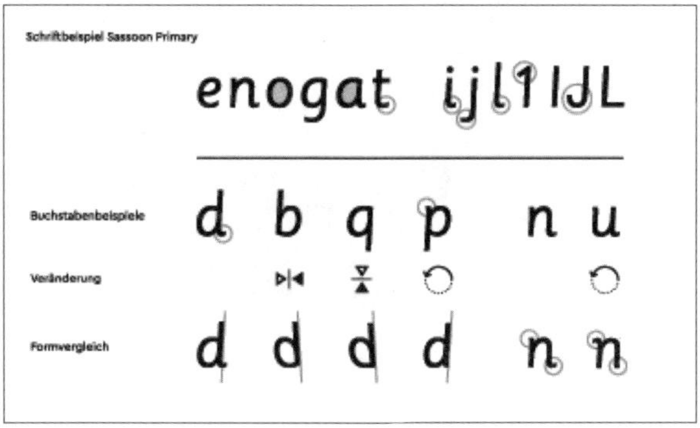

Abbildung 5: Schriftbeispiel der Sassoon Primary.

Die Zugehörigkeit einzelner Buchstaben zu einer gedruckten Schrift wird durch bestimmte Merkmale deutlich. Um Kindern dies bewusst zu machen und den Formunterschied der Minuskel a verschiedener Schriftenarten zu zeigen, ist das Buchstaben-Memory entstanden. Die hochformatigen Karten des Memorys haben eine Größe von 55 × 85 Millimeter.

Der erste Prototyp setzte sich wie folgt zusammen: Ein Paar besteht aus der Minuskel und Majuskel des Buchstaben einer Schriftart. Verwendet werden jene sechs Schriftarten, die auch bei den Holzwürfeln eingesetzt sind. Die Buchstaben stehen auf einer Grundlinie, um die Raumlage des Buchstabens deutlich zu machen. Die Selbstkontrolle erfolgt über drei Anhaltspunkte: eine Farbcodierung in Form eines Rahmens, den Schriftnamen im oberen Eck der Karten und ein Symbol, das beim Aneinanderlegen in gespiegelter Form erscheint.

Um realitätsnahes Feedback zu erhalten, galt es, die Materialien zu testen. Ermöglicht wurde mir dies in einem Hort. An der Testung nahmen drei Kinder teil, zwei Schüler der dritten und eine Schülerin der ersten Klasse.

Die Symbolik zur Selbstkontrolle wurde von den Kindern sofort verstanden. Die Farbcodierung erwies sich als zu offensichtlich und dadurch zu einfach, sie lenkte vom Betrachten der Schrift ab. Bei Schriften mit eher ungewohnten Schriftformen, wie der Ariston und der fetten Fraktur, konnten die Kinder nicht alle Buchstaben richtig identifizieren. Die Kinder legten ihre erspielten Karten zur Kontrolle sorgfältig nebeneinander. Sie blieben auch für den weiteren Spielverlauf aufgedeckt.

Das gespiegelte Symbol wird zur Selbstkontrolle beibehalten. Die Farbcodierung wird zurückhaltender gestaltet, indem das Symbol eingefärbt wird, um den Blick auf die Buchstabenformen

Abbildung 7: Buchstaben-Puzzle, Prototyp 1.

Abbildung 8: Buchstaben-Puzzle aus Holzwürfeln 120 × 160 mm, farbig lackiert, Buchstabenformen aus Veloursfolie.

zu fokussieren. Anstelle eines Paares aus Minuskel und Majuskel, besteht ein Paar aus demselben Buchstaben. Jeden Buchstaben gibt es als Minuskel- und als Majuskelpaar. Findet man beide Paare, gibt es einen Bonuspunkt. Die Ergebnisse der Testung sind in Prototyp 2 umgesetzt. Die Anzahl der Schriftarten wird auf vier reduziert: Didot, Frutiger, Garamond und Memphis. Die Anzahl der Spielkarten kann je nach Schwierigkeitsgrad variieren. Da sich 36 Karten als gute Menge erwiesen haben, könnte man hierfür eine Empfehlung aussprechen, die über zusätzliche Karten flexibel erweiterbar ist.

Zur Wortschatzförderung können die einzelnen Materialien um kleine Übungen ergänzt werden. Wer beim Memory beispielsweise ein Großbuchstaben-Paar findet, nennt zwei Nomen, die mit diesem Buchstaben beginnen. Anregungen hierzu findet die Lehrkraft im »Erzieherheft«, das der Kiste beiliegt.

Die Materialsammlung sollte nicht als abgeschlossenes Projekt angesehen werden, sondern als offener, erweiterbarer Ansatz. Ein Ansatz, um typografische Gestaltung für Kinder zugänglich zu machen, mit der Intention, dieser langfristig einen höheren, ihr entsprechenden Stellenwert zu verschaffen und sie als Selbstverständlichkeit in den Alltag zu integrieren.

Entstanden ist dieses Projekt im Rahmen meiner Masterarbeit an der Fachhochschule Potsdam im Fachbereich Design unter der Betreuung von PROF. BETINA MÜLLER und PROF. MARION GODAU.

Abbildung 9: Buchstaben-Memory, Prototyp 1.

Abbildung 10: Buchstaben-Memory während der Testung.

Abbildung 11: Buchstaben-Memory.

Lisa Neuhalfen
Mit Fibeln lesen lernen

Fibeln als Leselernbücher haben über Jahrhunderte Kinder beim Erlernen der grundlegenden Kulturtechnik des Lesens begleitet. Lange waren sie das erste Buch, mit dem das Kind in Berührung kam. In ihrer Gestalt haben sich Fibeln stark verändert, von dem Alphabet folgenden Buchstabenbüchern mit Bildtafeln zu stark illustrierten, bilderbuchähnlichen Lehrbüchern.

Für das Entstehen von Fibeln in größerer Zahl[1] waren zwei Ereignisse von Bedeutung: einerseits die Erfindung des Buchdrucks im 15. Jahrhundert, der es möglich machte, Bücher in Auflage zu produzieren, und andererseits die Reformation, die sich den Buchdruck zunutze machte, um die Bibel in Übersetzung dem Volk nahezubringen, was allerdings voraussetzte, dass sie auch gelesen werden konnte. Luther selbst forderte schulische Erziehung und den Erwerb der Lesefähigkeit für alle, gleich welchen Geschlechts oder Standes. Vor diesem Hintergrund ist es nicht erstaunlich, dass Fibeln in größerer Zahl zunächst in den Gebieten erschienen, in denen sich die Reformation durchgesetzt hatte.[2]

In frühen Fibeln stand zunächst das Lesen im Vordergrund, das Schreiben wurde nachrangig unterrichtet. Das entsprach dem Bildungsziel, es sollten religiöse Texte, und hier vor allem die Bibel, gelesen und verstanden werden. Das Verfassen von Schriftstücken war nur für einen sehr begrenzten Teil der Bevölkerung notwendig. Gelehrt wurde in der Regel mit der Buchstabiermethode[3], Worte wurden durchbuchstabiert, die Wortbilder auswendig gelernt. Wer nicht zu Analogiebildung imstande war, blieb vermutlich Analphabet. Mit der Aufklärung änderte sich das Bildungsziel, es sollte nicht nur gelesen werden, es sollte auch gedacht und geklärt werden. Hinzu kam, dass das Kind als individuelles Wesen wahrgenommen wurde. Man gab einer an der Anschauung und dem eigenen Tun ausgerichteten, wenn auch kleinschrittigen Lernmethode den Vorzug vor reinem Auswendiglernen. Dies machte einen höheren Illustrationsanteil erforderlich.

Im 19. Jahrhundert erlebte auch die Pädagogik einen Entwicklungsschub, neue Methoden etablierten sich, begünstigt dadurch, dass es eine verbesserte Lehrerausbildung in Form von Lehrerseminaren gab.[4]

1 Als Vorgänger von Fibeln werden ABC-Bücher und Silbenbücher angesehen. Solche gab es natürlich schon vor der Erfindung des Buchdrucks, allerdings in geringerer Anzahl für Privilegierte.

2 (Teistler, 2002, S. 110 ff.).

3 Erst 1872 wurde die Buchstabiermethode schließlich auch in Preußen verboten: (»Schriftspracherwerb«, 2018).

4 Einen guten Überblick über die Didaktikgeschichte bietet Horst Bartnitzky in seinem Aufsatz (Bartnitzky, 2016).

Mit der Reformpädagogik im frühen 20. Jahrhundert änderten sich die Themen: Die Lebenswelt des Kindes hielt Einzug in die Fibeln. Damit änderten sich auch die Illustrationen, weg von eher sachlichen Darstellungen hin zu bilderbuchhaften Illustrationen des kindlichen Alltags, zu Themen wie Familie, Natur, Jahreszeiten und Festen und bisweilen Politik. Sie zeigen einerseits die jeweils vorherrschende didaktische Methode, sie erzählen aber auch über die Zeit, in der sie entstanden sind.

Seitdem ich selbst die Möglichkeit hatte, Fibeln typografisch zu gestalten, beschäftigt mich ihr Erscheinungsbild. Das zugrunde liegende Material dieser Betrachtung speist sich einerseits aus im Familienbestand vorhandenen Fibeln als auch aus einigen Fundstücken.

Ein Rückgriff auf das 18. Jahrhundert

Die älteste Grundschulfibel, die ich besitze, war eine überaus erfolgreiche Fibel im Rheinland, die »Kölner Handfibel«, herausgegeben vom Kölner Lehrerverein. Sie wurde erstmals 1838 aufgelegt und erlebte in gut 80 Jahren an die 200 Wiederauflagen bis zur letzten Auflage 1919. Das didaktische Konzept dieser Schreib-Lese-Fibel war zur Zeit der Erstauflage im 19. Jahrhundert ein moderner Ansatz: über das Schreiben, das eigene Tun, sollte das Lesen gelernt werden.

Die Illustrationen dieser Fibel sind mehr anschaulich als illustrativ. Die Strenge des Stils wird durch den durchgehend unkolorierten Druck noch verstärkt. Der Illustrationsanteil ist, gemessen an späteren Fibeln, eher klein – mit diesem Buch soll gelernt werden.

Die Fibel beginnt mit Schreibschrift, hier gemäß der Zeit die deutsche Kurrentschrift, die bis zum Anfang des 20. Jahrhunderts allgemeine Verkehrsschrift war, und die durch die starke Ähnlichkeit einzelner Buchstaben eine deutliche Herausforderung für das Kind darstellte.

Die Druckbuchstaben folgen auf den Schreibschriftlehrgang und leiten über zu einem Leseteil, der nur sparsam illustriert ist. Hier finden sich vor allem kleine Geschichten moralisierenden Inhalts, Reime und Gedichte. Die Kinderschar wird auf Gehorsam und gutes Betragen eingeschworen – und natürlich auf die Treue zum Kaiser.

Politische Einflussnahme sollte in der Folgezeit an Bedeutung gewinnen, als man zusätzlich zum erzieherischen Wert der Fibeln den politisch-manipulativen Wert erkannte.

Abbildung 1: Die »Kölner Handfibel« – anschaulich lernen, ordentlich schreiben.

Fibeln aus dem Nationalsozialismus[5]

Die Fibel »Rheinische Kinder, Ein Lesebüchlein für kleine Leute« stammt aus den 30er Jahren. Zugrunde liegt ihr die Fibel »Kinderheimat« von 1925, illustriert von RICHARD SEEWALD, erschienen im Schwann Verlag Düsseldorf. Der Schwann Verlag war ein katholisch geprägter Verlag, der wie alle Verlage im Nationalsozialismus zu Konzessionen gezwungen war, um überhaupt noch publizieren zu können.[6] Die Ausgabe von ca. 1935 ist der Versuch, sich mit relativ moderaten Mitteln dem politischen Zeitgeist des Nationalsozialismus anzupassen. Ein anderer Zeichner ergänzte einzelne Illustrationen, die den Stil SEEWALDS imitierend, politisierte Szenen des Kinderalltags zeigen, beispielsweise marschierende Hitlerjugend. Für diese Bilder ist EWALD THIESBÜRGER verantwortlich, dem es allerdings nicht gelang, dem künstlerischen Anspruch der Seewald-Illustrationen gerecht zu werden – betrachtet man die originalen Zeichnungen Seewalds neben den ergänzten Zeichnungen THIESBÜRGERS, dann ist der Qualitätsunterschied offensichtlich.

Mit SEEWALD hatte der Schwann Verlag in den 20er Jahren einen renommierten Künstler für die Illustration seiner Kinderheimat-Fibel beauftragt. Er war Professor an der Kölner Werkkunstschule, hatte sich zuvor durch Einzelausstellungen einen Namen als Künstler gemacht, war Mitglied der Neuen Sezession und des Deutschen Künstlerbundes. 1931 emigrierte er – obwohl im Kölner Bürgertum angekommen – in die Schweiz, da ihm das repressive kulturpolitische Klima in Köln nicht behagte.[7] Für die

5 Eine detaillierte Darstellung der Fibeln des Nationalsozialismus bietet: (Thiele, 2005).

6 (»Patmos Verlagsgruppe«, 2017).

7 (»Richard Seewald«, 2017).

Abbildung 2: »Rheinische Kinder«, illustriert von Richard Seewald (links) und Ewald Thiesbürger (rechts): links mit Schwung, rechts im Gleichschritt – zwei Zeichner finden nicht zusammen.

Abbildung 3: »Die lustige Rheinfibel«. Schon die Allerkleinsten spielen an Weihnachten mit Stahlhelm Soldat und spenden ihre Puppen bereitwillig fürs Winterhilfswerk der Nationalsozialisten.

Anpassung seiner Fibel an den politischen Zeitgeist der 30er Jahre dürfte SEEWALD deshalb kaum zur Verfügung gestanden haben, ob er eine solche Anpassung seines Werks autorisiert hätte, darf lebhaft bezweifelt werden.

Das Besondere der SEEWALD-Zeichnungen ist ihr dynamischer Duktus im Stil der Zeit, seine Bilder haben Witz. Was 1908 noch statisch und streng daherkam, ist in den 30er Jahren ein fröhliches Kinderbuch.[8] Am Ende dieser Fibel findet sich, wie in

8 Auch die Fibelschrift hat sich verändert: die Sütterlin-Schrift wurde 1911 entworfen, um den Kindern das Schreiben lernen zu erleichtern.

allen Fibeln des Nationalsozialismus, ein propagandistischer Anhang, illustriert mit Fotografien, die HITLER als Kinderfreund zeigen. Den Inhalt verantwortete FRANZ JOSEPH KOCH (mit E. KOCH, vermutlich EMILIE KOCH-KLINGENBURG, seine zweite Ehefrau, und M. SCHMIDT).

Etwa fünf Jahre später erschien im gleichen Verlag »Die lustige Rheinfibel«. Die mir vorliegenden Exemplare sind eine Lehrerausgabe und ein leicht veränderter Schülerband aus den frühen 40er Jahren. Illustriert wurde diese Fibel von EMILIE KOCH-KLINGENBURG, einer Kunstpädagogin und vermutlich der Mitverfasserin des Propagandateils der vorher beschriebenen Fibel.

Die Illustrationen sind, so ist es dem Vorwort für den Lehrer zu entnehmen, bewusst »kindgemäß« gestaltet: »In klarer, einfacher Strichmanier [...] gezeichnet, bewusst werden schwere Schattierungen [...] vermieden, Die Tönung [...] gibt dem Buch eine luftige Note.«

Folgt man dem Vorwort weiter, dann werden hier die erzieherischen und manipulativen Möglichkeiten der Fibel klar angesprochen.: »Wenn die Rheinfibel schon in ihrer Grundgestaltung [...] die geistigen und seelischen Wandlungen der neuen Zeit ausprägt, so krönt und überhöht sie diese Welt durch die großen nationalen und volkspolitischen Anliegen [...] Unsere Wehrmacht tritt in Wort und Bild vor die Jungend hin; Jungvolk und Jungmädel [...] werden ihr nahegebracht. So lernt sie in Vorbild und Beispiel rechte Haltung in Arbeit und Opfer, Härte und Gemeinschaftsdienst. [...]«. Die offizielle Vorgabe lautete: »Für die Auswahl sind außer dem künstlerischen Wert Volkstümlichkeit und in den unteren Jahrgängen echte Kindertümlichkeit entscheidend.«[9]

Im Resultat zeigt sich eine im Vergleich zur SEEMANN-Fibel süßliche Idylle. Dargestellt wird eine heile Welt, viel Ländliches und klare Rollenbilder. Vom Krieg ist auf den ersten Seiten nichts zu sehen, sogar die Väter sind daheim, was im realen Leben die Ausnahme gewesen sein dürfte. Erst im hinteren Teil finden sich unter der thematischen Überschrift »Feste und Feiern« elf Seiten mit propagandistischem Inhalt, Soldatenvätern auf Heimat-g urlaub und einem Foto Hitlers, allerdings nun nicht mehr mit Kindern, sondern strengen Blickes, schließlich ist Krieg.

Nach 1945

Nach dem Zweiten Weltkrieg mussten zunächst alle Schulbücher von den Besatzungsmächten genehmigt werden, auf Vorhandenes, das nationalsozialistisch gefärbt war, durfte nicht zurück-

9 Aus: Richtlinien für Erziehung und Unterricht in der Volksschule vom 15. 12. 1939 in Higelke, 1941, S. 59, zitiert nach (Thiele, 2005, S. 94 ff.).

gegriffen werden. Dies führte zu einer lebhaften Neuproduktion von Fibeln schon ab 1945, wobei zum Teil auf Werke zurückgriffen wurde, die schon in den 20er und frühen 30er Jahren entstanden waren. ARTUR KERNS »Wer liest mit? Ein Lesebuch zum Lesenlernen« ist ein solches Beispiel. KERN, Pädagoge und Lerntheoretiker, hatte sie bereits 1931 veröffentlicht als Lehrwerk zu seiner ganzheitlichen Lesemethode (Ganzwort-/Ganzsatzmethode). Im Nationalsozialismus verboten, erschien sie ab 1950 im Herder Verlag neu, wurde schnell in zahlreichen Bundesländern zugelassen und war bis in die 70er Jahre verbreitet.[10]

Bei jeder Neubearbeitung legte man großen Wert auf eine künstlerische Bebilderung (»[...] mußte von einem echten Künstler gestaltet sein [...]«), weil man sich bewusst war, dass dieses erste Lesebuch Kinder nachhaltig prägt.[11] Die mir vorliegende Ausgabe stammt von 1962 und wurde von WOLFGANG FELTEN illustriert.

Die Farbgebung ist klar und freundlich, der Strich leicht, und die Seiten bieten erfreuliche Weißräume, hier wirkt nichts schwer. Schon auf der ersten Doppelseite ist auch eine kleine Figur zu entdecken, ein Kasperl. Als zeittypisches Motiv hat er nur auf der zweiten Doppelseite in einer Kasperltheatergeschichte einen eigenen Auftritt, ansonsten taucht er nur gelegentlich auf wie eine augenzwinkernde Randbemerkung. Seine Rolle ist noch nicht so aktiv wie man das heute von Fibelfiguren kennt, die auf einer eigenen Ebene die Kinder begleiten oder didaktisch anleiten, aber man kann ihn als frühe Fibelfigur sehen.

So zeitgemäß der didaktische Ansatz damals war, so konservativ wirkt das vermittelte Familienbild der 60er Jahre. Mädchen tragen niemals Hosen, spielen mit Puppen, helfen der Mutter. Der Vater liest am Abend die Zeitung, derweil sich die Mutter still einer Näharbeit widmet.

Im Gegensatz zu früheren Fibeln sind die Kinderfiguren nicht beliebig, sondern haben zugehörige Namen, sind wiedererkennbar und tauchen in den Geschichten wiederholt auf. Damit wird die Konkretheit des Dargestellten unterstützt – eine Forderung der didaktischen Methode, die bis in gegenwärtige Fibeln fortwirkt.

Neben Motiven aus dem Kinderalltag (Schule, Familie, Straße) begleiten jahreszeitlich motivierte Themen chronologisch das Schuljahr, außerdem Reime, Rätsel und im hinteren Teil kleine Geschichten. Das ist inhaltlich heutigen Fibeln durchaus ähnlich.Der ganze Band ist von einem Illustrator gezeichnet, was der

10 (Grömminger, 2002, S. 187 f.).

11 (Breuning & Kern, 2002).

Abbildung 4: Die veränderte Methode wird in der Gestaltung sichtbar, statt sinnferner Stummelwörter wird auf einer der Seiten eine kleine Geschichte erzählt. Doppelseitenaufbau und verbundene Schreibschrift sind Bestandteil der Ganzheitsmethode.

5 *Die bayerischen »Fibelkinder« vom Oldenbourg Verlag: der Kasperl darf Kasperl sein – die gleiche Szene wie bei Kern stellt sich hier fröhlicher, handfester und deutlich weniger brav dar.*

Fibel einen durchgestalteten Charakter verleiht. Im letzten Drittel der Fibel nimmt die Textmenge zu und die Farben ab. Auf jeder zweiten Doppelseite werden die Zeichnungen mit nur noch zwei Auszeichnungsfarben koloriert. Es entstehen aufgeräumte Seiten, die auch dem Kind so angemutet haben müssen, dass es nun in eine fortgeschrittene Stufe des Lesenlernens eingetreten ist.

Fibelkinder in Bayern

Eine ebenfalls aus den 60er Jahren stammende Fibel mit hoher Verbreitung und langer Publikationsgeschichte bis in die 80er Jahre war »Fibelkinder« von ANNI LEISSL aus dem Oldenbourg Verlag. Dass sie für Bayern zugelassen war, bemerkt man schon auf der ersten Doppelseite, wo die Kinder vom Kasperl mit einem fröhlichen »Grüß Gott« begrüßt werden.

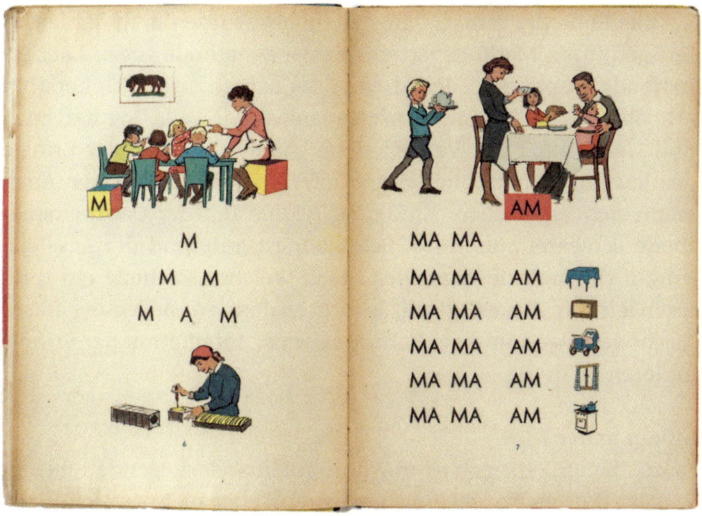

Abbildung 6: »Lesen und Lernen« von Volk und Wissen, illustriert von Hans Baltzer. Aktive Väter, hilfsbereite Söhne und werktätige Frauen – verglichen mit der Kern-Fibel werden in dieser DDR-Fibel von 1961 andere Rollenbilder vermittelt.

Mit dieser Fibel wollte man am Markt auffallen: Das Format ist ungewöhnlich quadratisch und kleiner als die meisten Fibeln. Der didaktische Ansatz ist wie bei KERN ein ganzheitlicher. Als Illustrator wählte man ALI MITGUTSCH, der später mit seinen Wimmelbüchern bekannt und erfolgreich werden sollte. Anders als bei KERN haben die Illustrationen mehr Bildwitz, die Kinder sind aktiver und wirken weniger brav. Die dargestellten Szenen werden durch märchenhafte, zum Teil irreale Inhalte gebrochen. So schläft zum Beispiel der gesuchte Heini in einem Nest auf dem Dach – zur Nachahmung nicht empfohlen. Der Kasperl als Begleitfigur verhält sich kasperltypischer, purzelt häufig über die Seite und macht gelegentlich Blödsinn. Die Figur wird daher aktiver Teil der Geschichte und ist kein Blinzeln am Seitenrand mehr wie in der Kernfibel. Und auch die Umschläge beider Bücher weisen in unterschiedliche Richtungen: bei KERN eine konkrete Klassensituation, bei LEISSL Kinder in einem fliegenden Koffer. Obgleich einige Motive deutlich auf die Nachkriegszeit verweisen, ist der Gesamteindruck modernerer als bei KERN.

Die Fibel ist doppelseitig konzipiert, was zu einer geschlossenen Form führt. Leider hat man in der Produktion unnötig gespart: Im Bund verschwindet ein erheblicher Teil des Bildes und mitunter auch des Textes in der sperrigen Klebebindung.

In den 70er Jahren wurde die Fibel neu aufgelegt und man entschied sich – vermutlich sehr zeitgemäß, aber nicht so poetisch – für Fotos als Illustration.

Das Ende der reinen Ganzheitsfibeln wurde durch den erbittert geführten Methodenstreit Ganzwortmethode gegen Lautiermethode eingeläutet, der in den 60er Jahren seinen Höhepunkt erreichte. Das eine Lager warf dem anderen jeweils Dogmatismus und Unkenntnis vor. Verschiedene Untersuchungen der Erfolge der jeweiligen Methode kamen allerdings zum Ergebnis: Auch wenn sich schwächere Kinder zu Beginn mit der Ganzheitsmethode schwerer tun, im 4. Schuljahr ist aufgrund der Leseleistung nicht mehr festzustellen, nach welcher Methode ein Kind lesen lernte.[12] Diese Ergebnisse führten dann zur Beilegung dieses Methodenstreits und als Konsequenz zur Integration der jeweils anderen Methode.

Fibeln in der DDR

In 40 Jahren DDR gab es nur fünf aufeinanderfolgende Fibeln – was im Nationalsozialismus angestrebt, aber nicht erreicht wurde, eine Fibel für alle – im realexistierenden Sozialismus wurde es umgesetzt.

Alle Fibeln erschienen im Volk und Wissen Verlag und sind sorgfältig hergestellt. Der Seitenaufbau ist klar und übersichtlich, die Illustrationen aus einer Hand, und das bis zur letzten Ausgabe Ende der 80er Jahre. Für die Bebilderung wurden auch hier namhafte Künstler gewonnen wie HANS BALTZER, HEINZ RODEWALD und WERNER KLEMKE. Methodisch orientierte man sich zunächst an der Lautiermethode, die Ganzheitsmethode ist nicht zu finden. Bei der Methodenintegration ging man ab den 1970er Jahren aber wieder mit.

Die Inhalte der Fibeln unterscheiden sich nur geringfügig, vermutlich waren die inhaltlichen und didaktischen Vorgaben relativ streng. Manche Themen wurden identisch von Ausgabe zu Ausgabe übernommen, zum Beispiel eine Doppelseite am Ende des Buches, die den Blick über den nationalen Tellerrand erlaubte: »Wie die Kinder in anderen Ländern gerufen werden«. Die dargestellte Lebenswelt der Kinder unterscheidet sich deutlich von der im Westen, hier soll zum sozialistischen jungen Menschen im Arbeiter- und Bauernstaat erzogen werden. Werktätige Mütter, Kindergruppen in der Ganztagsbetreuung, gleichberechtigt dargestellte Mädchen und Jungen finden sich ebenso wie politisch motivierte Bildinhalte wie Fahnen, Pionierlager und NVA-Soldatenleben. Wie in den Fibeln des Nationalsozialismus findet sich am Ende der jeweiligen Fibel eine dem Personenkult geschuldete Seite. Bis Ende 60er Jahre wird an den Staatspräsidenten PIECK

12 Ein Artikel im Spiegel von 1966 erläutert den Methodenstreit auch in seiner ganzen politischen Dimension: (Lesen, 1966).

erinnert und an WALTER ULBRICHT ein Brief geschrieben. Später findet man zwar weder STOPH noch HONNECKER, dafür aber einen Lobgesang auf ERICH THÄLMANN. Kurz nach der Wende erscheint 1990 »Unsere Fibel« als »Meine Fibel«, jeglicher Personenkult ist auf einen Schlag verschwunden.

Lesen durch Schreiben

Während man in der DDR noch auf einen kleinschrittigen Buchstabenlehrgang setzte und sowohl die kulturelle wie auch die didaktische Entwicklung überprüfbar steuerte, etablierten sich in den 80er Jahren im Westen Methoden, die das Kind als eigeninitiativ und selbstbestimmt in den Mittelpunkt stellten. Aus Frontalunterricht wurden freie Unterrichtskonzepte, ein Paradigmenwechsel.

Die Entwicklung wurde eingeleitet durch den Schweizer Pädagogen JÜRGEN REICHEN, der mit seiner Buchstabentabelle den Schülern ein Werkzeug in die Hand gab, mit dem sie das gesprochene Wort durch Abhören der Laute selbst entschlüsseln und über die Lust am Schreiben auch die Lesefähigkeit erwerben sollten. REICHENS grundsätzliche Kritik an Fibeln, die er als Unterrichtswerkzeug ablehnte, fasste er in einem Satz zusammen: »Kinder lernen umso mehr, je weniger sie belehrt werden.« Konsequenterweise sollte deshalb auch die zunächst meist orthografie-ferne Verschriftung der Kinder nicht korrigiert werden.

Ein weiterer Vertreter selbstbestimmten Lernens ist HANS BRÜGELMANN, der zeitgleich zu REICHEN zwar einerseits das eigenständige Entschlüsseln mit der Lauttabelle aufnahm, statt starrer Methodenvorgaben aber eine Vielzahl von Lernmaterialien vorsah (Anlauttabellen, Wortlisten, Lesehefte bzw. Kinderbücher, Eigenfibeln) und Fibeln nicht grundsätzlich ausschloss.[13]

Die Start-frei-Fibel ist eine relativ sortenreine Fibel nach dem Spracherfahrungsansatz von BRÜGELMANN, und sie war die erste Fibel, die ich typografisch gestaltete.

Auf jeder Doppelseite wird ein Sprech- und Schreibanlass dargestellt. Am Fuß der Seiten zieht sich ein Streifen als ›Bühne‹ durch, der von den Begleitfiguren Ferkel und Frosch bespielt wird. Die Fibelfiguren übernehmen keine didaktischen Aufgaben, sondern kommentieren das Geschehen auf der Seite am unteren Rand. Sie haben eine eigene Persönlichkeit – das Ferkel ist frecher, der Frosch lustiger – und sie begleiten die Kindern auf Augenhöhe.

Der Illustrationsstil UTA BETTZIECHES ist künstlerisch und dynamisch, Bildwitz und Detail gehen vor Symmetrie oder Per-

13 (Bartnitzky, 2016).

Abbildung 7: Die »Start frei«-Fibel des Oldenbourg Verlags von 2003: phantasievolle Träume – Ein Bett mit vielen Extras lädt zum Erzählen und Beschreiben ein.

spektive. Wie mutig eine solche Verlagsentscheidung war, zeigte sich an der Reaktion einiger Pädagogen, die vor allem mangelnde physische Richtigkeit bei den Personen und fehlende Genauigkeit bei den Perspektiven bemängelten – womit die Kinder in einem Schulversuch allerdings keine Probleme hatten.

Eine starre Unterrichtsreihenfolge wie bei einem Buchstabenlehrgang wird dem Lehrer nicht vorgegeben, was allerdings auch ein höheres Engagement der Lehrperson voraussetzt. Die Doppelseiten zeigen in sich abgeschlossene Themen und Fragestellungen, die diskutiert werden können. Vielfalt und Differenzierung, Unterschiedlichkeit, Akzeptanz und Integration stehen inhaltlich im Vordergrund, auf Geschlechterstereotype wird vollständig verzichtet. Themen wie Freundschaft und Gefühle, aber auch Sachthemen und Experimente sind inhaltlich dazugekommen. Im hinteren Teil finden sich Lesetexte aus aktuellen Kinderbüchern mit zum Teil übernommenen Illustrationen, was das geschlossene Erscheinungsbild der Fibel aber hier nicht beeinträchtigt.

Mimi, die Lesemaus

Eine gänzlich andere Fibel, die ich in der Folge gestaltete, ist »Mimi, die Lesemaus«. Sie erschien erstmals 1987, ist seitdem mehrfach überarbeitet und neu illustriert und sowohl den Lehrplanforderungen als auch dem Zeitgeschmack angepaßt worden. Die jüngste Ausgabe stammt von 2014.

Sie folgt wieder einer geordneten Struktur und integriert verschiedene didaktische Ansätze. Eine aufeinander aufbauende

Abbildung 8: Die »Mimi«-Fibel des Oldenbourg Verlags von 2014 ist vielschichtig. Oben links der erste Buchstabe im Buchstabenlehrgang, unten die Fibelfigur Mimi (links vergnügt, rechts sinnvoll beschäftigt) und in Blau ein Text für Kinder, die schon lesen können. Die Bildinhalte sind zum größten Teil didaktischen Vorgaben geschuldet, eine Herausforderung für die Illustratorin.

Buchstabeneinführung wird mit freiem Schreiben mit der Lauttabelle und Ideen aus dem Spracherfahrungsansatz. BÜGELMANNS kombiniert. Die Begleitfigur »Mimi« erlebt zwar auf der linken Seite kleine Abenteuer, auf der rechten Seite übernimmt sie aber klare didaktische Aufgaben.

Mittlerweile zählt es inhaltlich zum Standard, dass fremdsprachige Kindernamen vorkommen, Familienkonzepte nicht mehr auf die konventionelle Vater-Mutter-Kind(er)-Kombination festgelegt sind, Patchworkfamilien ebenso wie alleinerziehende Mütter oder Väter vorkommen, und als Beitrag zur Inklusion auch Integrationskinder dargestellt werden. Diese gesellschaftlichen Inhalte werden durch den Lehrplan vorgegeben: Soll die Fibel zugelassen werden, muss solchen Anforderungen Rechnung getragen werden.

Auffällig ist vor allem, dass sich der Illustrationsgeschmack deutlich gewandelt hat, der Stil ist deutlich gefälliger geworden.[14] Und wie bei vielen gegenwärtigen Fibeln ist auch diese nicht von nur einem Illustrator durchgestaltet worden, sondern mehrere Illustratorinnen wurden mit unterschiedlichen Aufgaben betraut: Die Fibelfiguren sind von anderer Hand als die Illustrationen zum Text, insgesamt entsteht ein weniger geschlossener Gesamteindruck. Die Seiten sind voller geworden, es werden mehr didaktische Hilfen angeboten, aus einem Bilderbuch ist ein Lehrbuch geworden.

In den letzten Jahren wird bei der Wahl der Illustrationen immer mehr Wert auf Marktkompatibilität gelegt. Eigenständige

14 Ein interessanter Text zur aktuellen Anpassung von altbekannten Kinderbuchfiguren an den Zeitgeschmack findet sich unter (Flamm, 2018).

künstlerische Illustrationen findet man heute eher selten, deutlich häufiger finden sich kulleräugige Kinderdarstellungen mit erheblichem Niedlichkeitsfaktor. Bekannte Kinderbuchillustratoren sucht man in aktuellen Fibeln häufig vergeblich, was sicher auch damit zusammenhängt, dass für diese Arbeit eine hohe Frustrationstoleranz vorhanden sein muss, da die Vorgaben für die Illustrationen zum Teil den Freiraum des Illustrators deutlich begrenzen. Ebenfalls vergeblich sucht man nach Bildwitz, das meiste ist konkret dargestellt, der Spielraum für eigenes Dazutun des Illustrators scheint klein zu sein. Dass der Illustrator selbst noch eine Ebene in das Werk bringt, die vielleicht humorvoll ist, Nebengeschichten erzählt, eine eigene Ansprache an das Kind findet, ist offenbar nicht gewollt.

Das mag sicher auch dem Markt geschuldet sein, der unter wenigen Konzernverlagen aufgeteilt wird: Im Schuljahr 2016/2017 waren es in ganz Deutschland 719.000 Kinder, die eingeschult wurden, und ein nicht kleiner Teil lernt mit einer Fibel Lesen und Schreiben. Die Zielgruppe ist nicht das Kind, sondern der Lehrer, der das Werk bestellt.

In jüngerer Zeit werden Fibeln zum Teil durch freie, vom Lehrer selbst zusammengestellte Lehrmittel ersetzt, die aber nicht mehr den geschlossenen Charakter einer Fibel haben und die oft nicht an die Qualität einer Erstlesefibel – zumindest aus gestalterischer Sicht – heranreichen.

Fibeln sind zwar nicht mehr das erste Buch, das Kinder in die Hand bekommen, aber als erstes Schulbuch prägen sie – genauso wie vom Lehrer zusammengestellte Unterrichtsmaterialien – das ästhetische Bewusstsein des Kindes.

Lesbarkeit: Schrift und Typografie

Jan Filek

Die Vermessung der Schrift

Das Zusammenspiel unzähliger Faktoren bestimmt den Grad an Lesbarkeit, von unlesbar bis optimal. Wie dieses Zusammenspiel zu messen ist, ist eine bisher ungelöste Frage.

Seit mehr als hundert Jahren beschäftigen sich Psychologen, Augenärzte und Typografen mit der Frage der Lesbarkeit. Dabei ging es nicht immer um die Gestalt der Schrift: Lesbarkeit ist ein zweideutiger Begriff, der auch die Verständlichkeit von Geschriebenem bezeichnet. Geschichtlich gibt es verschiedene Zeitpunkte, die man als erste Lesbarkeitsuntersuchung verstehen könnte. Der Augenarzt EMIL JAVAL fand bereits 1878 heraus, dass wir beim Lesen in Sakkaden von Wort zu Wort springen. Die erste veröffentlichte Studie verglich die Lesbarkeit von Serifen- und Groteskschriften.[1]

Lesbarkeit zu untersuchen bedeutet, sich mit einer Vielzahl von Faktoren zu beschäftigen: der Form der Zeichen, den Abständen zwischen Buchstaben, Wörtern oder Zeilen, der makrotypografischen Struktur sowie der Form des Inhalts und, leider viel zu häufig unerwähnt, dem Leser, seiner Lesemotivation und den Grenzen seiner Fähigkeiten. Diese Faktoren isoliert zu überprüfen hat sich als schwierig erwiesen, viele bedingen sich gegenseitig. So lamentierte der Lesbarkeitsforscher RICHARD LIONEL PYKE schon 1926 ein wenig resignierend »The problem of legibility seemed simple at the outset; it is in fact complex and elusive«.[2]

In der Tat machen es einem die Leser und Leserinnen nicht leicht. NIELSEN und MORKES fanden 1997 heraus, dass nur 16 Prozent ihrer Leser Seiten im Web Wort für Wort lasen, während 79 Prozent der Probanden die Texte nur »scannten«. Laut den Forschern bevorzugten es die Leser, Informationen so schnell und so übersichtlich wie möglich präsentiert zu bekommen.[3] Wir verfolgen demnach meist unterschiedliche Strategien der Informationsgewinnung, denen Typografie entgegenkommen muss. Auch unsere Aufmerksamkeit ist nicht immer gleich hoch. Ein Orientierungssystem und ein Roman werden anders gelesen und treffen auf den Leser und seine Fähigkeiten in unterschiedlichen Qualitäten. Aus diesem Grund sind die Schwankung der Lesezeiten und die Ergebnisse in Lesbarkeitsstudien zwischen einzelnen Versuchsteilnehmern häufig größer als jeder Effekt einer typo-

1 (Griffing & Franz, 1896).

2 (Pyke, 1926).

3 (Nielsen, 1997).

grafischen Variable. Sei es die Lesemotivation, das Interesse, die Ablenkung, die bisherige Leseerfahrung, sprachliche Barrieren oder eine Verschlechterung des Sehens – viele Faktoren beeinflussen unsere Fähigkeit, aus Buchstaben, Wörtern und Sätzen Inhalte aufzunehmen.

Die zeitlichen Abstände zwischen den zitierten Studien verdeutlichen ein weiteres Phänomen: Typografie ist eine Zeitkapsel; sie spiegelt auch immer das zeitgeschichtliche Umfeld wider, in dem ein Entwurf entstanden ist. Eine optimale Lesbarkeit ist illusorisch: BISMARCK erschien die Fraktur besser lesbar als die Antiqua – aus unserer heutigen Sicht ist das unvorstellbar. Und im Vergleich mit früheren Bildschirmen hat sich die Darstellung von Schrift in Zeiten von Retina-Displays rapide verbessert. Lesbarkeit ist demnach ein temporärer Zustand und gesellschaftlichen Konventionen sowie der technologischen Entwicklung unterworfen.

Es wird ersichtlich, dass Lesbarkeit zu untersuchen ein schwieriges Unterfangen ist, und weder alle Faktoren gleichzeitig untersucht werden können noch ein zeitloser, allgemeiner Standard aus den Studien abgeleitet werden kann.[4] Wie also gehen Forscher in ihren Studien zur Lesbarkeit vor?

Ursache und Wirkung

Eine wissenschaftliche Studie zeichnet sich dadurch aus, dass sie nicht auf der subjektiven Meinung des Autors basiert. Es geht um systematische Forschung. Die Aussagekraft einer Studie wird danach bewertet, ob das Ergebnis eindeutig interpretierbar ist und wenige plausible Alternativerklärungen vorliegen. Das bedeutet, dass absolut ausgeschlossen werden muss, dass andere Faktoren als die untersuchten das Ergebnis beeinflusst haben.

Wie eingangs erwähnt, ist das eine unfassbar große Menge an Faktoren, deren Störeinfluss beseitigt werden muss. Das Prinzip vieler Lesbarkeitsstudien, nur einen Faktor zu ändern und den Einfluss auf die Lesbarkeit zu prüfen, steht vor dem Problem, dass die Änderung eines Faktors in der Typografie immer das Anpassen der anderen Faktoren nach sich zieht. Dies ist laut einer Metastudie von OLE LUND[5] nur in wenigen Lesbarkeitsstudien geschehen. Beispielsweise wird nur die Schriftart gewechselt, ohne im Anschluss Zeilenabstände, Schriftgrößen, Laufweite oder Zeilenbreite nachzukorrigieren, was die Ergebnisse schnell verfälschen kann. LUND führt dies vor allem auf die fehlende Fachkenntnis der Forscher zurück, die in mehreren Fällen die interne Validi-

4 (Wehde, 2000, S. 68).

5 (Lund, 1999a).

tät der Studien gefährdet.[6] Ohne genaue Kenntnis der Typografie und ohne Abstimmung mit fachkundigen Gestaltern passiert das nur allzu leicht. Bereits auf den ersten Blick lassen sich für einen erfahrenen Typografen Fehler im Versuchsaufbau entlarven, beispielsweise wenn beim Vergleich verschiedener Schriften diese nicht auf dieselbe optische Größe gebracht werden oder die gewählten Schriften ohnehin nicht wirklich alltagstauglich sind.

Es ist zweifelsohne ein großer Erfolg, aber auch bezeichnend, dass erst seit 2013 durch die erneuerte und erweiterte DIN 1450 die Weichen für eine systematischere Lesbarkeitsforschung gestellt worden sind – zumindest im deutschsprachigen Raum. In der Norm sind die Begriffe Lesbarkeit und Leserlichkeit klar definiert und voneinander getrennt, außerdem werden inzwischen 44 Einflussfaktoren gelistet, darunter typografische wie subjektive Parameter. Sieht man die Veröffentlichung der Norm als Grundsteinlegung für neue und differenziertere Studien, könnte man behaupten, wir stünden gerade erst am Anfang der Lesbarkeitsforschung. Denn eine Definition von Lesbarkeit wurde im Vorfeld der von LUND untersuchten Studien nur von den wenigsten Forschern angegeben, weshalb die Operationalisierung von Faktoren in vielen Fällen ebenso zum Scheitern verurteilt ist. Es scheint, als würde einfach nur etwas gesucht, was gemessen werden kann, und schon ist Lesbarkeit definiert.[7] Nur weil etwas gemessen werden kann, stellt es allerdings nicht unbedingt einen praktischen Nutzen dar. Allgemein herrschte lange Zeit wenig Einigkeit unter den Lesbarkeitsforschern, was Lesbarkeit ausmacht und wie diese zu messen ist.

Ohne ein gutes Fundament zu forschen führt zu zahlreichen Folgefehlern. So wurden einige Studien mehrfach falsch zitiert, wodurch sich Fehlinterpretationen immer weiter verbreiten. Eine 1928 durchgeführte Studie von CROSLAND und JOHNSON[8] wird von sechs verschiedenen Autoren als Nachweis für die Unterlegenheit von Serifenlosen zitiert. Sie scheinen nur die Zusammenfassung der Studie oder Zitate der Studie aus anderen Quellen gelesen zu haben, denn bei genauer Betrachtung fällt auf, dass in der Studie nur eine (!) Schriftart verwendet worden ist, nämlich die bekannte Serifenschrift Caslon. In der Zusammenfassung ist von »seraphed« und »unseraphed letters« die Rede, womit aber nicht das Fehlen oder Vorhandensein von Serifen gemeint ist, sondern ob ein Buchstabe Unter- und Oberlängen hat. Der Fehler, eine Studie falsch zu zitieren, kann natürlich jedem passieren. Erschreckend ist nur, dass diese Studie aus den 1920er Jah-

6 (Lund, 1999a, S. 229).

7 (Lund, 1999a, S. 236).

8 (Crosland & Johnson, 1928).

ren über Jahrzehnte hinweg zitiert worden ist, bis hinein in die 1990er Jahre.[9]

Zieht man die hier beschriebenen Stolperfallen in Betracht, ist es naheliegend, vor allem ältere Studien zu Lesbarkeit sehr kritisch zu betrachten und den dort gezogenen Schlussfolgerungen nicht blind zu folgen.

Der typografische Tachomat

Um Lesbarkeit zu messen sind verschiedene Methoden entwickelt worden. Da die Begriffe Leserlichkeit (oder Erkennbarkeit) und Lesbarkeit in einigen Studien unterschiedlich verstanden und gewichtet werden, gibt es einige Messmethoden, die sich lediglich auf die Erkennbarkeit von Zeichen beschränken und andere, mit denen sich die Leseleistung beim Lesen längerer Texte messen lassen soll. Die häufig widersprüchlichen Ergebnisse von Lesbarkeitsstudien sind nicht nur der unklaren Definition von Lesbarkeit geschuldet, sondern auch den unterschiedlichen Messmethoden.[10] Erst durch einen 1926 veröffentlichten Bericht von PYKE konnte dieser Problemkreis durchbrochen und unter den Forschern erkannt werden, dass mit diesen Methoden unterschiedliche Faktoren gemessen werden. Das führte zunächst zur getrennten Erforschung von Lesbarkeit und Leserlichkeit; später wurde wiederum erkannt, dass »die Lesbarkeit einer Schrift im laufenden Text und die Erkennbarkeit ihrer einzelnen Buchstaben und Buchstabenkombinationen unter Schwellenbedingungen doch nicht ganz unabhängig voneinander sind.«[11]

PYKE, TINKER, WENDT, REHE wie auch LUND haben in ihren jeweiligen Publikationen die wichtigsten Methoden zur Erfassung von Lesbarkeit und Erkennbarkeit zusammengefasst. Die meisten der Methoden lassen sich in zwei Gruppen aufteilen, da sie sich grundsätzlich unterscheiden: Mit den Methoden der ersten Gruppe lässt sich bestimmen, ab welchem Schwellenwert etwas erkennbar ist – also zum Beispiel, wie lange ein Wort erscheinen muss, um gelesen zu werden, ab welcher Helligkeit ein Wort erkannt werden kann oder aus welcher Distanz ein Wort gelesen wurde. Doch nicht jede dieser Methoden erlaubt Rückschlüsse auf die Lesbarkeit von längeren Texten. Hierfür werden die Methoden der zweiten Gruppe angewandt, mit denen die Leseleistung und Beanspruchung eines Lesers beim Lesen von Mengentext ermittelt werden soll. Dazu gehört das Messen der Lesegeschwindigkeit oder das Überprüfen des Textverständnisses.

9 (Lund, 1999a, S. 106).

10 (Elbracht, 1967, S. 20).

11 (Wendt, 2000, S. 40).

Neben den beiden erstgenannten Gruppen gibt es noch Methoden zur Messung der körperlichen Beanspruchung, wie dem Aufzeichnen der Augenbewegungen oder dem Zählen der Lidschläge. Weitere Messmethoden sind die Befragung der Leser nach ihrer Meinung oder die Suche, bei der gemessen wird, wie lange Leser benötigen, um ein bestimmtes Wort in einer größeren Textmenge zu finden.

Fast alle Methoden sind entweder an sich oder in ihrer Anwendung stark kritisiert worden. Manche werden sogar als unbrauchbar bezeichnet. Beispielsweise wird das Messen der Lidschläge von einigen als wenig aussagekräftig angesehen, da die Häufigkeit des Blinzelns nicht unbedingt mit der typografischen Anordnung zusammenhängen muss. Eine höhere Häufigkeit des Blinzelns kann ebenso durch Luftzug, Müdigkeit oder Nervosität verursacht werden.

Und für das häufig gebrachte Argument, schlechte Typografie sei für den Leser ermüdend, gibt es tatsächlich gar keine adäquate Messmethode. Das Erfassen der körperlichen Beanspruchung gestaltet sich kompliziert. Dass Lesen anstrengend sein kann, bezweifelt niemand, und es gibt unzählige Meinungen, welche Form von Typografie »das Auge anstrengt« oder den Leser »ermüdet«. Aus diesem Grund wäre es fantastisch, wenn sich die Ermüdung des Lesers mit objektiven Kriterien erfassen ließe, um zu verstehen, welche Art von Typografie anstrengender oder angenehmer ist. Brauchbare Methoden scheinen aber nicht zu existieren, zumal viele Leser stundenlang ermüdungsfrei lesen können, und solche Zeitdauern für groß angelegte Lesbarkeitsstudien wenig praktikabel sind. LINDA REYNOLDS schreibt 1979 hierzu: »Die Ermüdung der Augen ist als Faktor für Lesbarkeit vorgeschlagen worden, allerdings ist keine objektive Methode zur Erfassung entwickelt worden.«[12]

Bewährt haben sich Methoden, bei denen die Leserlichkeit auf Distanz gemessen wird, das kurzzeitige Einblenden einzelner Wörter (die sogenannte »short-exposure«) und in einigen Fällen die Messung der Lesegeschwindigkeit. Sofern die Messung der Leserlichkeit auf Distanz nur eine Aussage über genau diesen Kontext treffen soll, eignet sie sich hervorragend um beispielsweise Schriften für Signalisationstext zu prüfen. Als positives Beispiel hierfür sei die Studie von PROF. FLORIAN ADLER und SVEN NEUMANN an der HTW Berlin erwähnt.[13] In anderen Studien wurde erfolgreich das kurzzeitige Einblenden ganzer Wörter genutzt, um festzustellen, welche Buchstaben häufig miteinander

12 (Reynolds, 1979, S. 313).

13 (Neumann, 2011).

verwechselt werden, und wie diese Verwechslungen durch Optimieren der Buchstabenformen verhindert werden können.[14]

Eine Disziplin, die die Lesbarkeitsforschung vorantreiben könnte, findet erst in den letzten zehn Jahren Beachtung in der Designliteratur: die Hirnforschung. Das Buch »Lesen« von STANISLAS DEHAENE fasst die Forschungsergebnisse der Neurowissenschaften der letzten Jahrzehnte übersichtlich zusammen und schafft einen Einblick in die komplexe Art und Weise, wie wir Schrift wahrnehmen und im Gehirn in Bedeutungseinheiten verarbeiten. Unter anderem wird beschrieben, wie wir Wörter nicht anhand ihrer Wortform erkennen, sondern die einzelnen Bestandteile eines Wortes über neuronale Netze auf verschiedenen Ebenen analysieren und das Gelesene sowohl über unser mentales Lexikon als auch über die gelernte Aussprache entschlüsseln können.

Aus DEHAENES Beschreibungen wird nachvollziehbar, dass unser Gehirn viele Strategien verwendet, um den Sinn eines Textes zu entschlüsseln. Negative Effekte, beispielsweise auf visueller Ebene, können über den Kontext kompensiert werden. Bottom-Up- (vom visuellen Impuls zur inhaltlichen Bedeutung) und Top-Down-Effekte (von der angenommenen Bedeutung hin zum Entschlüsseln der visuellen Darstellung) helfen bei der Erkennung eines Wortes, auch wenn die Bedingungen suboptimal sind. Darüber hinaus ist es erstaunlich, dass Buchstaben vom Gehirn recht schnell gänzlich losgelöst von der Form der Buchstaben - also von Schriftart und Schriftgröße - verarbeitet werden.

Weitere Details hierzu würden den Umfang des Artikels sprengen, aber die Ergebnisse DEHAENES zeigen deutlich, dass uns die bildgebenden Verfahren und Studien der Neurowissenschaft in der Erforschung des Leseprozesses voraussichtlich weiter bringen werden als dies mit den bisherigen Methoden möglich war. Bis es soweit ist, sollten es Gestalter und Lesbarkeitsforscher vorerst vermeiden, Ergebnisse einzelner Lesbarkeitsstudien zu generalisieren und stattdessen versuchen, sich einem Gesamtbild zu nähern, das sich aus den Beobachtungen valider Studien ergibt.

Die Mischung macht es

Die Herausforderungen in der Lesbarkeitsforschung lassen sich nicht mit dem einen »perfekten« Versuchsaufbau lösen. Vielmehr gilt es, aus der Analyse der bisherigen Fehler eine Mischung der richtigen Maßnahmen zu finden.

14 (Beier, 2009).

Zum einen müssen in der Lesbarkeitsforschung endlich vor Versuchsdurchführung Schriftgestalter und Typografen konsultiert werden. Besonders solche Studien, in denen die Forscher Schriftgestalter und Typografen zu Rate gezogen haben, sind von höherer interner Validität.[15] Der Umfang der Zusammenarbeit ist dabei nicht entscheidend – der Gestalter kann beraten, die Versuchsmuster setzen oder sogar verschiedene Schriften zeichnen und zur Verfügung stellen. Je nach Art der Studie können alle diese Formen der Kooperation nur helfen. Als Positivbeispiel ist eine Studie zu nennen, die in Zusammenarbeit mit dem Schriftgestalter CHARLES BIGELOW entstanden ist, der u. a. die Schrift Lucida kreiert hat.[16] In dieser Studie wurden statt verschiedener Schriften nur die Varianten der Lucida mit und ohne Serifen verglichen, was es viel einfacher macht, den Einfluss der Serifen zu prüfen und verhindert, dass die Ergebnisse durch Unterschiede in der Schriftform verfälscht werden.

Damit folgt auch direkt die zweite wichtige Erkenntnis: Aufgrund der Komplexität des Lesevorgangs und der Gefahr, dass die Ergebnisse durch zu viele Variablen nicht klar zu deuten sind, müssen die Studien möglichst so angelegt werden, dass nur ein isolierter Parameter verändert und dessen Effekt analysiert wird. Die Schriftgestalterin SOFIE BEIER und der Wahrnehmungspsychologe KEVIN LARSON (forschend tätig bei Microsoft) haben mehrere Studien gemeinsam unter Berücksichtigung dieses Grundsatzes durchgeführt. Statt die Buchstaben verschiedener Schriften zu vergleichen, wurden auf Grundlage eines Skeletts drei verschiedene Schriften gezeichnet. Die jeweiligen Alternativen für einen Buchstaben wurden dann mit zwei unterschiedlichen Untersuchungsmethoden überprüft. Auf diese Weise konnten ungewollte Einflussfaktoren durch stark verschiedene Schriftarten ausgeschlossen werden.[17] Unter anderem konnten die beiden dabei nachweisen, dass Buchstaben mit offenen Formen besser erkennbar waren als solche mit geschlossenen Buchstabenformen oder dass bei serifenlosen Schriften das Hinzufügen von Serifen bei einzelnen Buchstaben das Verwechslungsrisiko verringern kann.

Zuletzt ist es entscheidend, dass gewonnenes Wissen und der Diskurs gebündelt werden. Andernfalls führen die lose verteilten Erkenntnisse der einzelnen Studien zu keinem übergeordneten Konsens. Erste Erfolge auf diesem Weg dahin sind sicherlich die überarbeitete DIN 1450, Metastudien wie sie OLE LUND vorgelegt hat oder Publikationen, die eine Übersicht über die bisherigen

15 (Lund, 1999a).

16 (Morris, Aquilante, Yager & Bigelow, 2002).

17 (Beier & Larson, 2010).

Ergebnisse bieten. Online ist aktuell die Plattform leserlich.info des Deutschen Blinden- und Sehbehindertenverband hervorzuheben, auf der Empfehlungen für »Inklusives Design« einfach und verständlich aufbereitet worden sind. Außerdem sollen mit unserer Publikation und den geplanten Tagungen der Arbeitsgemeinschaft »Typografie in der Wissensvermittlung« weitere Synergieeffekte für ein stärkeres Netzwerk zur Sensibilisierung für die Lesbarkeit von Schrift geschaffen werden.

Antonia M. Cornelius

Gestaltung von leserlichen Schriften – Was nützt uns die Forschung?

Die Gestaltung von Schriften ist ein kreativer Prozess, der von Vorstellungskraft, Intuition und einer sehr sensiblen Wahrnehmung geleitet wird. Das notwendige »Auge« entwickelt ein Gestalter mit wachsender Erfahrung. Das gestalterische Wissen über die Einflüsse von Proportionen, Strichstärke und Strichstärkenkontrast sowie über die Formen der Buchstaben und ihre Verwandtschaftsverhältnisse untereinander, die es zu berücksichtigen gilt, um ein harmonisches Alphabet zu schaffen, werden seit Jahrhunderten von Generation zu Generation überliefert. Gestalter wissen daher schon recht genau, an welchen Stellschrauben sie drehen müssen, um eine leserliche Schrift zu gestalten. Man könnte also annehmen, dass eine Erforschung der vermeintlich bereits bekannten Parameter überflüssig sei. Anhand einiger konkreter Forschungsprojekte zeigt dieses Kapitel, inwiefern wissenschaftliche Erkenntnisse doch hilfreich für die Arbeit von Designern sind und an welchen Stellen noch Nachbesserungsbedarf besteht.

Kinderkrankheiten der Leserlichkeitsforschung

Die unter Designern weitverbreitete Skepsis gegenüber der Wissenschaft wird davon bestärkt, dass die seit Ende des 19. Jahrhunderts vielseitig betriebene Leserlichkeitsforschung lange Zeit kaum aussagekräftige Ergebnisse lieferte. Grund dafür war das fehlende Wissen über interagierende typografische und schriftgestalterische Feinheiten, da die Forschung vorrangig von Psychologen, Ophthalmologen, Neurobiologen und Physiologen betrieben wurde – und immer noch wird. So verglichen die Wissenschaftler *Times New Roman* mit *Arial*[1] (Abbildung 2), verwendeten für ihre Tests häufig die Monospace-Schrift *Courier*[2] (Abbildung 1) und erstellten sogar eigene Fonts[3] – was Gestalter die Hände über dem Kopf zusammenschlagen lässt.

Die *Courier* entspricht nicht dem Bild gewöhnlicher Textschriften, da alle Zeichen auf eine einheitliche Breite angepasst wurden. Diese Eigenschaft schätzen Wissenschaftler besonders, ermöglicht sie ihnen doch das Arbeiten mit einer konstanten Größe. Wie stark sich jedoch die *Courier* von einer herkömmlichen Schrift unterscheidet, veranschaulicht Abbildung 1: Für gewöhn-

1 Vgl. (Bernard, Liao & Mills, 2001); (Beck, 2014).

2 Vgl. (Pelli u. a., 2007); (Yu, Akau & Chung, 2012).

3 Vgl. (Department of Psychology New York University, 2016).

Abbildung 1: Alle Buchstaben der Monospace-Schrift Courier (oben) haben die selbe Breite, sodass die gewöhnlichen Proportionen der Lettern manipuliert werden, wodurch die Leserlichkeit beeinträchtigt wird. Zum Vergleich darunter die ausgeglichene TheSerif.

lich breite Lettern sind extrem schmal (m, w) und normalerweise schmale Buchstaben ungewöhnlich breit (j, l, i, t). Die gestauchten und gestreckten Lettern führen zu einem unausgeglichenen, unnatürlichen Schriftbild, das die Leserlichkeit sichtlich beeinträchtigt. Durch die abnormalen Proportionen der Lettern kann so leicht ein ›m‹ mit einem ›n‹ verwechselt werden, da der Leser erwartet, dass dieses breiter als ein ›n‹ ist. Auch das ›g‹ in der laufenden Konstruktion[4] mindert die Leserlichkeit, indem es leicht mit einem ›q‹ oder ›a‹ verwechselt wird. Zudem zeichnet sich die *Courier* durch extrem betonte Serifen aus, wodurch auch die Erkennung der Buchstaben beeinträchtigt werden könnte. Untersuchungen mit dieser ungewöhnlichen Schrift lassen daher keine Folgerungen über die Leserlichkeit bestimmter Buchstaben zu.

Bei dem Vergleich der Leserlichkeit von Antiqua- und Grotesk-Schriften griffen die Wissenschaftler oftmals auf die ihnen bekannten Schriften *Times New Roman* und *Arial* zurück. Diese Schrifttypen unterscheiden sich jedoch viel zu stark voneinander, als dass die Studienergebnisse eine Aussage über einen einzelnen Aspekt treffen könnten, wie etwa das Vorhandensein von Serifen oder die Leserlichkeit einzelner Buchstaben. Dass beispielsweise eine *Arial* in 12 Pt besser gelesen wird als eine *Times New Roman* in derselben Punktgröße, verwundert keinen Designer. Die *Arial* hat eine wesentlich größere x-Höhe als die *Times New Roman,* weshalb sie bei gleicher Schriftgröße größer erscheint und daher leichter zu lesen ist (Abbildung 2). Hinzu kommen Unterschiede in Proportionen, Strichstärke, Strichstärkenkontrast sowie den Buchstabenformen und -abständen. Die Testergebnisse erlauben daher weder eine Schlussfolgerung hinsichtlich des Einflusses der *Times New Roman*-Serifen auf die Leserlichkeit noch ein allgemein gültiges Fazit, das sich auf andere Schriften übertragen ließe.

4 Siehe Theorien zum Schreiben: (Noordzij, 2005).

Abbildung 2: Das Design einer Schrift beeinflusst ihre optische Größe. Aufgrund ihrer Proportionen wirkt die Arial (oben) bei gleicher Schriftgröße größer als die Times New Roman (unten).

Abbildung 3: Vergleichbare Testschriften aufbauend auf eine Grundschrift. Von oben nach unten:
Antiqua (TheAntiqua),
Serifenlose (TheSans),
Serifenbetonte (TheSerif),
Serifenlose mit Strichstärkenkontrast (Modifikation).

Ein weiterer Punkt, unter dem die Aussagekraft vieler Forschungsprojekte leidet, ist eine zu geringe Probandenzahl. Eine Ausnahme bildet hier eine umfangreiche Untersuchung des Psychologen PROF. DR. DIRK WENDT[5], die sich auf knapp 2.000 Probanden stützt. Anhand der weit verbreiteten Schriften *Bodoni* und *Futura* untersuchte WENDT den Einfluss mehrerer Variablen auf die Leserlichkeit von Druckschriften: verschiedene Schriftfetten, Kursive gegen Aufrechte sowie Grotesk gegen Antiqua. Die Ergebnisse scheinen brauchbar, allerdings zeigt sich auch hier bei dem Vergleich von Antiqua und Grotesk, wie die Resultate durch andere Einflüsse, wie die bereits angesprochene optisch ungleiche Schriftgröße und das grundlegend unterschiedliche Design der Testschriften, an Aussagekraft einbüßen. BJÖRN SCHUMACHER stellt WENDTS Studie in seinem Artikel *Leserlichkeit von Druckschriften heute – Möglichkeiten empirischer Leserlichkeitsforschung* im Detail vor, deckt weitere Unschärfen auf und zeigt, inwiefern wir heute dennoch auf der damaligen Untersuchung aufbauen können.

Fruchtbare Forschung durch Interdisziplinarität

Ungeachtet aller Kritik an der Leserlichkeitsforschung gibt uns die Wissenschaft wichtige Einblicke in die Vorgänge unserer Wahrnehmung. Da wir Schrift mittels unserer Augen wahrnehmen, beeinflussen physische Gegebenheiten sowie neuronale und kognitive Prozesse das Erfassen und Verarbeiten von Geschriebenem. Das Lesen findet somit unter gewissen Rahmenbedingungen statt, auf die wir keinen Einfluss haben. Wir können nur mittels der Gestaltung von und mit Schriften bestmöglich auf die gegebenen Einschränkungen reagieren. Wie diese aussehen und wie wir sie mittels der Gestaltung von Schriften kompensieren können, erklärt ALBERT-JAN POOL in seinem Artikel *Optotypen, DIN Mittelschrift und Typografie – wann ist Leserliches lesbar?*

5 (Wendt, 1965), (Wendt, 1966), (Wendt, 1967), (Wendt, 1969).

Es gibt allerdings kein Patentrezept für eine leserliche Schrift, da die Situationen, in denen wir Schriften lesen, zu unterschiedliche Anforderungen an unsere Wahrnehmung stellen. Mal lesen wir aus spitzem Winkel einen Wegweiser in zwanzig Metern Entfernung, mal in Pixelschrift den Namen der nächsten Haltestelle von Bus oder Bahn, dann suchen wir ein bestimmtes Wort in einem Lexikon oder lesen einen Blog auf dem Smartphone. Designer sind sich dieser Vielfalt an Lesesituationen durchaus bewusst und reagieren mit einer entsprechenden Typografie. Allerdings können sie sich dabei oft nur auf ihre eigene, subjektive Wahrnehmung stützen. Für einen anderen, gar jemanden mit einer eingeschränkten Sehfähigkeit, sind womöglich eine andere Schriftart, größere Buchstabenabstände, eine größere Schriftgröße, ein größerer Kontrast zwischen Schrift und Hintergrund, kürzere Zeilen oder mehr Zeilenabstand erforderlich, um den gleichen Lesekomfort zu erlangen, wie ihn der Designer während des Gestaltungsprozesses empfunden hat.

Die Einflussfaktoren auf die Leserlichkeit von Schriften sind derart facettenreich, dass sie nicht durch schlichte Erfahrungswerte und die Intuition der Gestalter ausgemacht werden können. Genau hier kann jedoch die Forschung mit ihrer Expertise Licht ins Dunkel bringen. Schließen sich beide Fachbereiche zusammen und teilen ihr Wissen miteinander, ist es möglich, einzelne Faktoren zu isolieren und ihren Einfluss auf die Leserlichkeit einer Schrift in spezifischen Situationen zu untersuchen. Die Isolierung eines Parameters ist dabei nur möglich, wenn nicht mehr verschiedene Schriften gegeneinander getestet werden, sondern eine Untersuchung auf einer Grundschrift basiert, deren Schriftschnitte sich in nur einem einzigen, fraglichen Faktor von den anderen unterscheiden, wie zum Beispiel der Dicke der Haarlinien *oder* der Höhe des Querstrichs des ›e‹ *oder* dem Vorhandensein von Serifen[6] (Abbildung 3).Liefern Gestalter auf diese Weise das typografisch feinjustierte Testmaterial, das alltagsrelevanten Fragen nachgeht, erhalten Wissenschaftler die richtige Grundlage, um mittels valider Methoden und wissenschaftlicher Analyse schließlich doch zu aussagekräftigen und praxisnahen Forschungsergebnissen zu gelangen.

Diese interdisziplinäre Erforschung der Leserlichkeit findet allmählich immer häufiger statt[7], sodass bereits einige fundierte Resultate vorzuweisen sind: So wird die Leserlichkeit von Schriften zum einen von bestimmten Buchstabenformen beeinflusst (z. B. die Größe der oberen Punze sowie die seitliche Öffnung des

6 Vgl. (Beier & Dyson, 2014), (Dyson & Beier, 2016).

7 Wegweisende Zusammenarbeiten von Designern (D) und Wissenschaftlern (W) sind beispielsweise: Sofie Beier (D) und Mary C. Dyson (W), (Beier & Dyson, 2014) (Dyson & Beier, 2016) sowie Kevin Larson (W) (Beier & Larson, 2010); Matthew Carter (D) und Kevin Larson (W) (Microsoft, 2014); Gordon E. Legge (W) und Charles Bigelow (D) (Legge & Bigelow, 2011); Robert A. Morris (W) und Charles Bigelow (D) (Morris, Aquilante, Yager, & Bigelow, 2002); Ann Bessemans (D) und Kevin Larson (W) (Bessemans, 2012); Antonia Cornelius & Björn Schumacher (D) und Dirk Wendt & Peter Karow (W) (Cornelius, 2017), (Schumacher, 2017).

›e‹), deren Leserlichkeit wiederum davon abhängig ist, welche Buchstaben links und recht neben ihnen stehen. Zum anderen verschlechtern Serifen die Leserlichkeit einer Schrift, wenn sie in kleinen Größen auf Distanz gelesen wird, wie beispielsweise im Straßenverkehr.[8] Einige Einflussfaktoren auf die Leserlichkeit sind soweit hinreichend untersucht worden, dass hieraus etwa Nenngrößen für eine DIN-Norm zur Leserlichkeit von Schriften[9] abgeleitet werden konnten. Und die künftige Leserlichkeitsforschung verspricht, weitere neue, für die Praxis nützliche Erkenntnisse zu liefern, mit deren Hilfe Empfehlungen für die leserliche Gestaltung von Schriften sowie ihren situationsgerechten Gebrauch gegeben werden können. Auf diese Weise wird es möglich sein, die Leserlichkeit von Schriften in den vielfältigen Anwendungsbereichen weiter zu verbessern – wovon wir alle schließlich profitieren, begegnet uns doch tagtäglich ein Potpourri an Schriften und Lesesituationen.

8 (Beier, 2016).

9 (DIN Deutsches Institut für Normung e. V., 2013).

Björn Schumacher

Leserlichkeit von Druckschriften heute – Möglichkeiten empirischer Leserlichkeitsforschung

Im Zeitalter der digitalen Omnipräsenz darf die Relevanz des gedruckten Wortes zwar kritisch diskutiert werden, dennoch stellen die Printmedien unbestritten einen wichtigen Bestandteil unserer Kultur dar. Das digitale Angebot etwa einer Tages- oder Wochenzeitung scheint für einen zeitgemäß aufgestellten Verlag zwar unverzichtbar, der gänzliche Verzicht auf das gedruckte Pendant ist allerdings immer noch undenkbar. In diesem Zusammenhang darf die Leserlichkeitsforschung im Bereich der Druckschriften daher weiterhin als äußerst wichtig angesehen werden. Bestärkt wird dies angesichts der Tatsache, dass seit Beginn der Forschungen auf diesem Gebiet – Ende des 19. Jahrhunderts – nur wenige valide Ergebnisse geliefert werden konnten. Selten wurden jene Untersuchungen von Typografen begleitet oder konzipiert, weshalb viele Studien typografische Unschärfen aufweisen und deren Aussagekraft demzufolge häufig angefochten werden kann.[1] Ein weiterer Schwachpunkt etlicher Leserlichkeitsforschungen ist eine unzureichende Stichprobengröße. Statistisch haltbare Aussagen können beispielsweise schwerlich getroffen werden, wenn nur 20 Probanden an einem Versuch teilgenommen haben.

Eine große Bereicherung für die besagte Forschung im deutschsprachigen Raum stellen die Untersuchungen von Prof. (em.) Dirk Wendt dar. Vor allem seine Studie über die Schriften Futura und Bodoni aus den 60er Jahren sollten in diesem Zusammenhang hervorgehoben werden. Im Rahmen meiner Masterthesis befasste ich mich ausführlich mit den Untersuchungen Wendts, um darauf aufbauend gemeinsam mit Antonia Cornelius eine Vorstudie zur Leserlichkeit von Druckschriften zu konzipieren und durchzuführen. In diesem Artikel werde ich meine Ergebnisse zu jener Auseinandersetzung kurz erörtern und daran anknüpfend die Vorstudie von Cornelius und mir vorstellen.

1 Ole Lund, der in seiner Dissertation ›Knowledge construction in typography: the case of legibility of sans serif typefaces‹ 28 Studien zu dem Thema Leserlichkeit hinsichtlich ihrer Validität untersuchte, deckt bei nahezu allen Studien Mängel auf. Vgl. (Lund, 1999), S. 247 f.

Wendts Studie über die Bodoni und Futura

Wendts Untersuchung geht eine umfangreiche Recherche und Analyse früherer Leserlichkeitsforschungen voran. Hinsichtlich der Messmethode entschied er sich schließlich für eine eigens optimierte und in die deutsche Sprache übersetzte Adaption des

Tinker-Speed-of-Reading-Tests.[2] Mit dieser Methode testete er die Antiqua-Schrift Bodoni der H. Berthold AG sowie die Grotesk-Schrift Futura der Bauerschen Gießerei (folglich eine Serifen- und eine serifenlose Schrift).[3] Die Wahl fiel auf diese beiden Schriftfamilien, da die Untersuchung unter anderem die dem Typografen altbekannte Frage klären sollte, ob eine Antiqua- oder eine Grotesk-Schrift besser leserlich sei.[4] Ferner lagen diese Schriften als umfangreiche Schriftfamilien[5] vor, wodurch weitere Merkmale, wie etwa die *Schriftneigung* sowie die *Strichstärke* getestet werden konnten.

Zusammengefasst konnte WENDT bezüglich der *Strichstärke* zeigen, dass magere Schriften deutlich besser leserlich sind, da jene Schnitte von den Probanden durchschnittlich schneller gelesen wurden.[6] In puncto *Schriftneigung* stellte WENDT im Allgemeinen fest, dass bei kurzer Lesedauer vermutlich kein großer Unterschied zwischen kursiven und aufrechten Schnitten besteht. Betrachtet man jedoch die Schnitte der Bodoni und der Futura isoliert voneinander, zeigt sich ein minimaler Vorteil in der Lesegeschwindigkeit für die kursiven Schnitte der Futura. Konträr zu diesem Ergebnis verhält es sich bei der Bodoni, bei welcher die aufrechten Schnitte schneller gelesen werden konnten.

Letztlich war das, insgesamt gesehen, minimal bessere Abschneiden der Futura jedoch nicht bedeutsam genug, um die Frage nach der Überlegenheit einer Antiqua- gegenüber einer Groteskschrift eindeutig zu klären.[7] Allerdings interpretierte WENDT dieses Ergebnis unter Einbezug vorheriger Studien (wie etwa jene von PATERSON UND TINKER) als Indiz dafür, dass die bessere Leserlichkeit einer Schrift von ihrer Verbreitung abhänge. Demnach habe die Futura so gut abgeschnitten, da Groteskschriften in den 60er Jahren wesentlich etablierter waren als beispielsweise noch zu Anfang des 20. Jahrhunderts.[8] WENDT formuliert dies folgendermaßen:

> »Schnelles Lesen ist rasches Erfassen bekannter Wortgestalten unter Ausnutzung des peripheren Sehens, bei dem ein scharfes Erkennen der einzelnen Buchstabenformen gar nicht möglich ist. Je vertrauter die Wortgestalten dem Leser sind, desto schneller und müheloser kann er sie erfassen, desto größere Sakkaden kann er machen und desto weniger Regressionen sind erforderlich.«[9]

Abschließend folgert er, dass der Effekt der Gewöhnung an eine Typografie eine der Hauptschwierigkeiten in der Lesbarkeitsforschung sei.[10]

2 Vgl. (Wendt, 2000, S. 32–35).

3 Vgl. ebd., S. 38.

4 Vgl. ebd., S. 36.

5 Wendts Testformen wurden im Bleisatz mit einer Linotype-Zeilenguss-Setzmaschine gesetzt. Zu jener Zeit war es keine Selbstverständlichkeit, dass eine Schrift als umfangreiche Schriftfamilie mit einer großen Palette an Schriftschnitten vorlag.

6 Vgl. ebd., S. 40 ff.

7 Vgl. ebd., S. 44.

8 (Wendt, 2000, S. 44 ff.).

9 (Wendt, 2000, S. 45.).

10 Ebd.

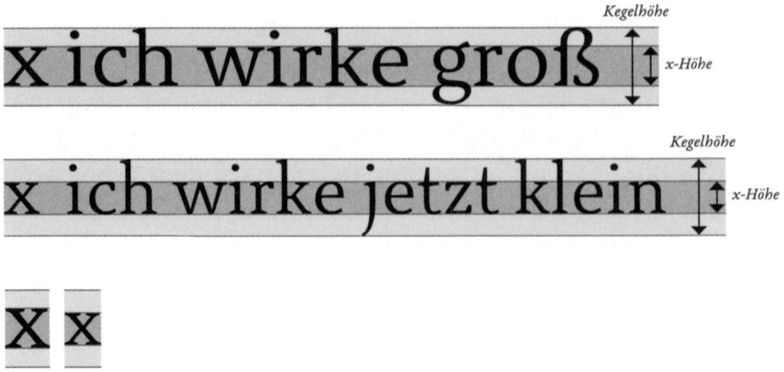

Abbildung 1: Einfluss der x-Höhe auf die Größenwirkung bei gleicher Kegelhöhe.

Bewertung der Studie Wendts

Grundsätzlich darf festgestellt werden, dass Wendts Untersuchung im Hinblick auf die Einhaltung wissenschaftlicher Standards – wie etwa die Stichprobengröße und die statistische Prüfung – als äußerst positiv bewertet werden kann. Im Detail besteht die Qualität darin, dass Wendt auf Basis des *Tinker-Speed-of-Reading-Tests* eine probate Methode der empirischen Leserlichkeitsforschung konstruiert hat, welche auch Dekaden später noch als zeitgemäß und wissenschaftlichen Maßstäben entsprechend angesehen werden darf. Eine kritische Überprüfung aus typografischer Sicht offenbart jedoch einige Unschärfen. Um diese verständlich herauszustellen, bedarf es eines kurzen mikrotypografischen Diskurses.

Ein fairer Vergleich unterschiedlicher Schriften kann nur vorgenommen werden, wenn diese unabhängig von ihrer spezifischen Detailausprägung – wie etwa dem Kontrast zwischen den dünnen und breiten Linien eines Zeichens – eine möglichst ähnliche Größenwirkung aufweisen. Schriften mit kleiner x-Höhe und großen Ober- und Unterlängen wirken im Vergleich mit Schriften, welche eine große x-Höhe und kleine Ober- und Unterlängen aufweisen, entscheidend kleiner (Abbildung 1). Da selbst im Digitalsatz Buchstaben wie zu Zeiten des Bleisatzes auf gedachten Kegeln gezeichnet werden, müssen Zeichen im Normalfall bei derselben Punktgröße in derselben Kegelhöhe Platz finden, ganz gleich, wie das Verhältnis von x-Höhe zu den Ober- und Unterlängen ausgeprägt ist. Es wird deutlich, dass die Punktgröße als ein relatives Maß anzusehen ist. Wird die Größenwirkung isoliert von der spezifischen Schriftgestalt betrachtet, dürfte eine größer wirkende Leseschrift immer im Vorteil sein. Für die Leserlichkeitsforschung resultiert daraus, dass die Größe der Testschriften nicht anhand der Punktgröße, sondern mittels ihrer x-Höhe defi-

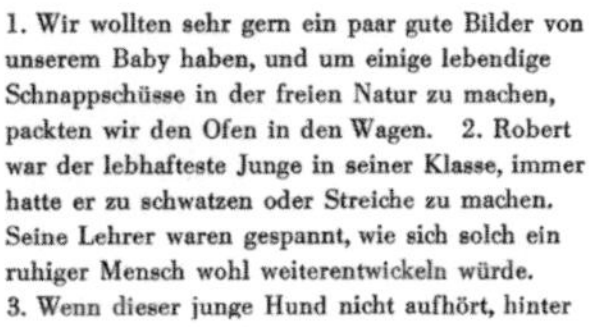
1. Wir wollten sehr gern ein paar gute Bilder von unserem Baby haben, und um einige lebendige Schnappschüsse in der freien Natur zu machen, packten wir den Ofen in den Wagen. 2. Robert war der lebhafteste Junge in seiner Klasse, immer hatte er zu schwatzen oder Streiche zu machen. Seine Lehrer waren gespannt, wie sich solch ein ruhiger Mensch wohl weiterentwickeln würde. 3. Wenn dieser junge Hund nicht aufhört, hinter

Bodoni mager

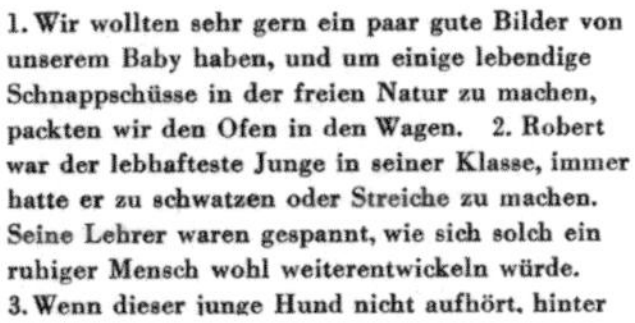
1. Wir wollten sehr gern ein paar gute Bilder von unserem Baby haben, und um einige lebendige Schnappschüsse in der freien Natur zu machen, packten wir den Ofen in den Wagen. 2. Robert war der lebhafteste Junge in seiner Klasse, immer hatte er zu schwatzen oder Streiche zu machen. Seine Lehrer waren gespannt, wie sich solch ein ruhiger Mensch wohl weiterentwickeln würde. 3. Wenn dieser junge Hund nicht aufhört, hinter

Bodoni normal

Abbildung 2: Fotografien der unterschiedlichen Testformen von Wendt. (Zur Verfügung gestellt von Albert-Jan Pool).

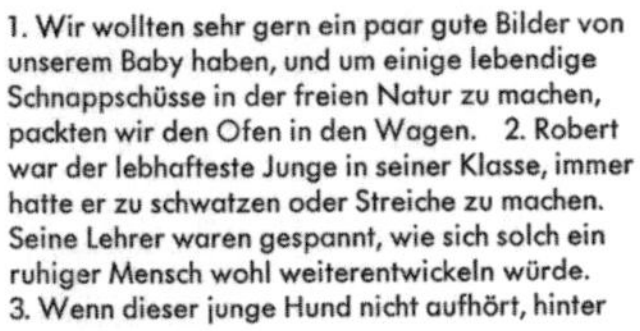
1. Wir wollten sehr gern ein paar gute Bilder von unserem Baby haben, und um einige lebendige Schnappschüsse in der freien Natur zu machen, packten wir den Ofen in den Wagen. 2. Robert war der lebhafteste Junge in seiner Klasse, immer hatte er zu schwatzen oder Streiche zu machen. Seine Lehrer waren gespannt, wie sich solch ein ruhiger Mensch wohl weiterentwickeln würde. 3. Wenn dieser junge Hund nicht aufhört, hinter

Futura normal

niert werden muss, da diese maßgeblich für die Größenwirkung einer Schrift verantwortlich ist.

Die Abbildung 2 zeigt die damals von WENDT getesteten Schnitte der Bodoni in mager und normal sowie den der Futura in normal. Es ist eindeutig erkennbar, dass die Bodoni kleiner wirkt als die Futura. Tatsächlich weist die Bodoni eine x-Höhe von 1,2 mm und die Futura eine x-Höhe von 1,45 mm auf.[11] Insofern war die Futura hinsichtlich ihrer Größenwirkung also zweifelsfrei bevorteilt.

Des Weiteren fällt auf, dass der normale Schnitt der Bodoni in Bezug auf den Grauwert viel zu kräftig wirkt, wodurch eher die magere Bodoni mit dem normalen Schnitt der Futura vergleichbar scheint. Dies ist dem Umstand geschuldet, dass die Bleilettern für den gewöhnlichen Schnitt der Bodoni ursprünglich zu stark geschnitten worden waren, weshalb sie eher zu einem fetten oder zumindest halbfetten Schnitt tendierte. Eine Korrektur ihrer Bezeichnung ist jedoch nie vorgenommen worden, sodass der ergänzte, tatsächlich normale Schnitt, die Kennzeichnung *mager* erhielt.

Was bedeutet dies für die Untersuchung WENDTS? Hierzu sei auf die Abbildung 3 verwiesen, welche die Ergebnisse seiner Untersuchung, nach Schriftarten unterteilt, veranschaulicht. Der Nullpunkt wird aus dem Gesamtdurchschnitt aller Ergebnisse gebildet. Die y-Achse links gibt die Differenz hierzu in gelesenen Wörtern pro drei Minuten an (WP3M). Rechts wird die Differenz als prozentuale Abweichung vom Gesamtmittelwert dargestellt. Wie zuvor ausgeführt, entspricht der magere Schnitt der Bodoni einem normalen, und eben dieser wird von den Probanden

11 Die exakten Werte der x-Höhen sind Albert-Jan Pool zu verdanken, der innerhalb seiner Recherchen die damaligen Bogen von Wendt zur Verfügung gestellt bekam und die x-Höhen vermaß.

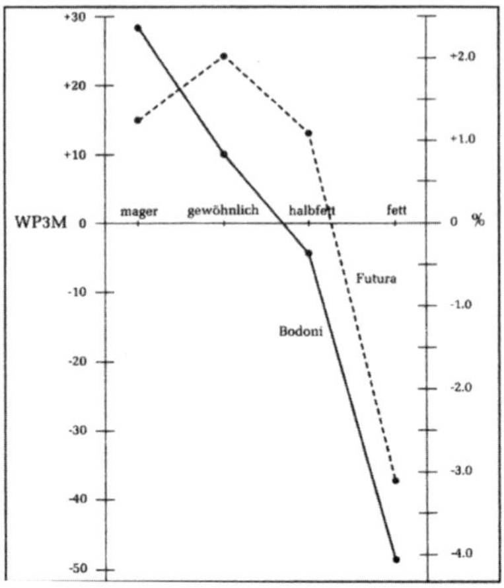

Abbildung 3: Liniendiagramm unterteilt nach Schriftart ohne Differenzierung nach Schriftneigung. (Wendt, 2000, S. 41).

insgesamt am schnellsten gelesen. Das Diagramm verrät jedoch nicht die ganze Wahrheit, da es die bereits zusammengefassten Ergebnisse der aufrechten und der kursiven Schnitte abbildet. In Abbildung 4 lassen sich dank der nachträglichen Arbeit von ALBERT-JAN POOL die Ergebnisse dann auch, über die Schriftart hinaus, bezüglich ihrer *Schriftneigung* interpretieren. Es geht dabei hervor, dass die vermeintlich magere Bodoni von allen Schnitten eindeutig am besten abschneidet, während die magere Futura langsamer gelesen wird als ihr normales Pendant. WENDTS Aussage, magere Schriften (bezogen auf ihre *Strichstärke*) seien besser leserlich, ist demzufolge nicht länger haltbar.

WENDTS Rückschluss, bei kurzer Lesedauer bestünde kein großer Unterschied zwischen den *Schriftneigungen*, scheint ebenfalls nicht uneingeschränkt zuzutreffen. Es muss hier zwischen den Ergebnissen der kursiven Schnitte der Futura und der Bodoni unterschieden werden. Die kursive Futura wird tatsächlich ähnlich schnell wie ihre aufrechten Schnitte gelesen. Eine Erklärung dafür könnte darin bestehen, dass sich die Zeichenformen zwar in der Neigung unterscheiden, ansonsten aber keine großen Unterschiede aufweisen. Die Betrachtung der Bodoni in diesem Zusammenhang offenbart jedoch ein vollkommen anderes Ergebnis: Die kursiven Schnitte der Bodoni werden deutlich langsamer als ihre aufrechten gelesen. Ein Blick in die Geschichte der Kalligraphie und der Schriftgestaltung deckt auf, dass die aufrechte und die kursive Antiqua aus einer voneinander unabhängigen historischen Vergangenheit hervorgehen und sich ihre Gestalten infolge dessen deutlicher voneinander unterscheiden (Beispiele: g und G, a und A, f und F). Eine größere Differenz hinsichtlich der Leserlichkeit zwischen einer aufrechten und kursiven Antiqua scheint daher plausibel.

Da die Bodoni aufgrund ihrer kleineren Größenwirkung in WENDTS Untersuchung insgesamt benachteiligt war, dabei aber hinsichtlich der aufrechten Schnitte dennoch im Durchschnitt ein ähnlich gutes, wenn nicht sogar ein besseres Ergebnis erzielte, darf angenommen werden, dass sie bei gleicher x-Höhe eindeutig schneller als die Futura gelesen werden würde. Zudem lassen sich mit WENDTS Untersuchungsergebnissen seine Überlegungen, dass aufgrund der größeren Verbreitung serifenloser Schriften die Futura als Groteskschrift ähnlich gut wie eine traditionelle Antiqua abschneiden würde, nicht genügend untermauern. Überdies erforschte WENDT die Funktion der Serifen auch nicht isoliert, sondern in Kombination mit einem hohen *Strichstärkenkontrast*. Durch diese Konfundierung lassen sich folglich keine allgemeingültigen Aussagen bezüglich der Serifen allein machen. Ob die beiden von WENDT gewählten Schriften generell als adäquate Leseschriften betrachtet werden können, darf ohnehin hinterfragt werden, da beiden Schriften ein statisches Formprinzip zugrunde liegt, was unter Typografen nicht gerade als leserlich gilt.

Eines zeigt WENDTS Untersuchung allerdings eindeutig und darf als wichtige Erkenntnis gewertet werden: Schriften mit kräftigem Grauwert werden zweifelsfrei langsamer gelesen. Das bedeutet konkret, dass Schriften ab einer halbfetten *Strichstärke* in Mengentexten schlechter leserlich sind.

Cornelius' und Schumachers Vorstudie
Die Auseinandersetzung mit der Untersuchung von WENDT zeigt, dass die empirische Erforschung der Leserlichkeit trotz Einhaltung wissenschaftlicher Standards nur zu einer eingeschränkten Aussagekraft führen kann, wenn mikrotypografische Details nicht berücksichtigt werden. Dieser Umstand motivierte ANTONIA CORNELIUS und mich, eine eigene Untersuchung durchzuführen, in welcher wir unser typografisches Wissen nutzten, um besagte Unschärfen zu vermeiden (wie etwa die Größendefinition nach x-Höhe statt der nach Punktgröße). Dank der ausführlichen Dokumentation WENDTS zu seinen Studien und dessen Unterstützung war es uns schließlich möglich, innerhalb eines Semesters eine eigene Vorstudie über Leserlichkeit von Leseschriften zu

Abbildung 4: Liniendiagramm unterteilt nach Schriftart und Schriftneigung. (Zur Verfügung gestellt von Albert-Jan Pool).

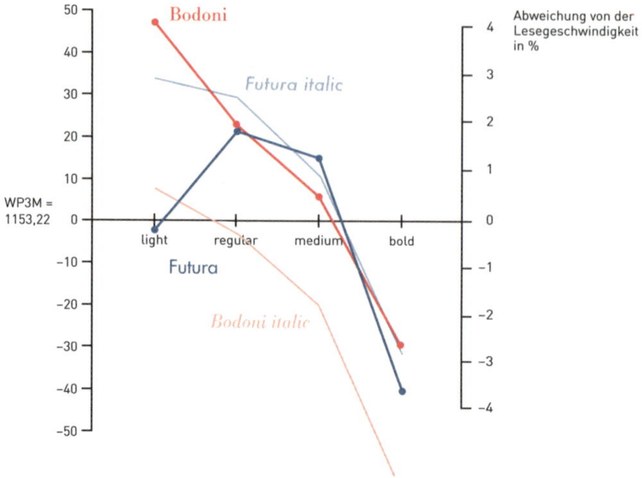

realisieren. Grundlage hierfür war der Versuchsaufbau WENDTS, welchen wir minimal adaptierten. Es mussten beispielsweise die Texte der Testformen hinsichtlich einer zeitgemäßen Sprache überprüft und korrigiert werden.

Ziel unseres Experimentes war es, unterschiedliche Formprinzipien[12] zu untersuchen. ANTONIA CORNELIUS entwickelte während ihres Studiums eine Schrift namens Legilux, welche dem Formprinzip der Barock-Antiqua zugeordnet werden kann. Die Schrift Text Type, welche im Rahmen meiner Masterthesis entstand, basiert auf dem Formprinzip der Renaissance-Antiqua. Es war also naheliegend, unsere eigenen Schriften zu testen. Als Vergleichsschrift wählten wir die Walbaum, die analog zu der von WENDT getesteten Bodoni auf das Formprinzip der klassizistischen Antiqua zurück geht. Zum Zeitpunkt der Versuchsdurchführung lag die Text Type nur als Caption-Schnitt vor, welcher für den Gebrauch in der Konsultationsgröße optimiert ist. Ein Caption-Schnitt weist die Besonderheit auf, dass beispielsweise der *Strichstärkenkontrast* verringert, die x-Höhe vergrößert und der Zeichenabstand erhöht werden, um eine bessere Leserlichkeit in kleinen Größen zu erreichen. Wir beschlossen daher, besagte Schriften sowohl in der Lese- als auch in der Konsultationsgröße zu testen. Für die Lesegröße definierten wir eine x-Höhe von 1,5 mm (entspricht etwa 9 – 10 pt.), für die Konsultationsgröße eine x-Höhe von 1,0 mm (entspricht etwa 6 – 7 pt.).

Insgesamt nahmen 107 Probanden an der Untersuchung teil. Das Durchschnittsalter lag bei 22,2 Jahren, wobei der jüngste Proband 14 Jahre und der älteste 31 Jahre alt waren. Um nach

12 (Pool, 2013 b). Eine weiterführende Ausführung der Formprinzipien beinhaltet der Artikel ›Mit der neuen DIN 1450 sieht man besser‹ (DIN Deutsches Institut für Normung e. V., 2013).

Franz jagt im komplett verwahrlosten Taxi quer durch Bayern.

Franz jagt im komplett verwahrlosten Taxi quer durch Bayern.

Franz jagt im komplett verwahrlosten Taxi quer durch Bayern.

Abbildung 5: Übersicht der Testschriften Legilux, Text Type Caption, Walbaum (von oben nach unten).

WENDTS Berechnungen statistisch haltbare Aussagen treffen zu können, hätten an unserem Versuch mindestens 700 Versuchspersonen teilnehmen müssen, obgleich die Anzahl der getesteten Merkmale verhältnismäßig niedrig ist. Aufgrund der niedriger ausgefallenen Probandenanzahl darf unsere Untersuchung lediglich als Vorstudie mit eingeschränkter Aussagekraft angesehen werden, wenngleich sich anhand unserer Ergebnisse bereits erste interessante Tendenzen abzeichnen.

Analog zu WENDT visualisiert das nachfolgende Liniendiagramm unsere Ergebnisse (Abbildung 6). Besonders überraschend ist zunächst das Resultat in der Lesegröße: Eine klassizistische Schrift (Walbaum) wird am schnellsten, eine Barock-Antiqua (Legilux) am zweitschnellsten und eine Renaissance-Antiqua (Text Type) am langsamsten gelesen. Dies könnte daran liegen, dass die Gestalt der Text Type am kräftigsten und am schmalsten ist, was dazu führt, dass ihre Innenformen kleiner sind als jene der Walbaum. In der untersuchten Lesegröße könnte sich dies möglicherweise nachteilig auf die Lesegeschwindigkeit auswirken. Es könnte darüber hinaus unter Vorbehalt gefolgert werden, dass in der Lesegröße ein hoher *Strichstärkenkontrast* einen positiven Effekt auf die Leserlichkeit bewirkt. Die Legilux mit ihrem ebenfalls relativ hohen Kontrast zwischen den Haarlinien und Stämmen erzielt in dieser Größe gleichfalls ein besseres Ergebnis. Im Vergleich mit der Walbaum könnte die relativ große *Buchstabenbreite* der Legilux einen Grund für das etwas schwächere Abschneiden darstellen. Ferner könnte die These WENDTS, dass neue Schriften im Vergleich zu bereits etablierten generell im Nachteil sind, hierbei eine Rolle spielen.[13] Dies wird andererseits durch das Ergebnis der Text Type in der Konsultationsgröße widerlegt. Während die Anzahl der gelesenen Wörter in drei Minuten (WP3M) in der Konsultationsgröße sowohl bei der Walbaum als auch bei der Legilux im Vergleich zu ihrem jeweiligen Ergebnis

13 Vgl. (Wendt, 2000, S. 48).

Abbildung 6: Grafische Darstellung der Ergebnisse im Vergleich zum Gesamtdurchschnitt der Mittelwerte.

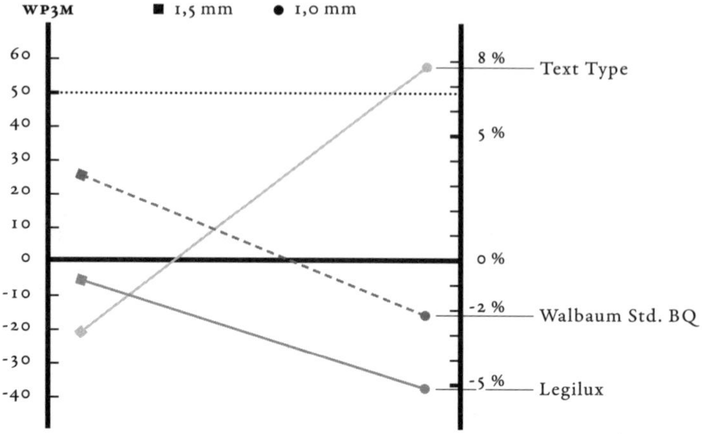

in der Lesegröße deutlich abnehmen, weist die Text Type hier ein gegenläufiges Ergebnis auf: Sie wird hier um 79 WP3M schneller gelesen, womit sie insgesamt das beste Ergebnis erzielt. Dass die Leserlichkeit einer klassizistischen Antiqua in kleinen Größen leidet, dürfte nicht weiter überraschen. So werden etwa die Haarlinien immer schwacher wahrnehmbar, wodurch folglich die Differenzierbarkeit ähnlicher Zeichen erschwert wird. Dies könnte den Lesefluss beeinträchtigen, da Wörter nicht richtig erkannt werden und deshalb erneut gelesen werden müssten (Regressionen werden nötig).

Das deutliche Schriftbild der Text Type, welches sie durch ihren niedrigen *Strichstärkenkontrast* erhält, scheint sich positiv auf die Leserlichkeit in kleinen Graden auszuwirken. Ebenfalls scheint sich zu bestätigen, dass unter verschlechterten Lesebedingungen (z. B. bei kleiner Schriftgröße) das Formprinzip der Renaissance-Antiqua von Vorteil ist: Bedingt durch diese Kontrastart ist etwa eine deutlichere Differenzierung ähnlicher Zeichenformen besser möglich.

Diesem Ergebnis, welches im Rahmen der Vorstudie nur als Tendenz anzusehen ist, darf dennoch eine gewichtige Bedeutung beigemessen werden. Eine größenspezifische Optimierung der Schriftschnitte war zu Zeiten des Bleisatzes durchaus verbreitet; in der heutigen Zeit bieten die wenigsten digitalen Schriftfamilien entsprechende Schnitte an. Unser Ergebnis in der Konsultationsgröße scheint allerdings den Mehrwert entsprechender Optimierungen in puncto Leserlichkeit zu untermauern.

Zusammengefasst darf festgehalten werden, dass unsere Vorstudie interessante, teils unerwartete Ergebnisse zutage förderte.

Ob sich diese Tendenzen in einer möglichen Fortführung unserer Forschungen tatsächlich erhärten, bleibt abzuwarten. Das Potential solcher Studien und deren Relevanz – auch nach etwa 120 Jahren Leserlichkeitsforschung – dürfte jedoch deutlich geworden sein. Schließlich betrifft Leserlichkeit jeden, da ab Erwerb der Lesefähigkeit Schrift alltäglich eine große Rolle spielt – egal, ob wir einen Straßennamen zur Orientierung lesen, uns mit einer Tageszeitung auf den neuesten Stand bringen oder zur Unterhaltung einen Roman lesen. Da viele frühere Studien zur Leserlichkeit leider mit Defiziten behaftet sind, besteht hier weiterhin ein großes Verbesserungspotential. Die Ergebnisse künftiger Studien, die typografisches Wissen einbeziehen, könnten das Lehrgebiet der Typografie nachhaltig bereichern und Entscheidungen für eine *gute Gestaltung* in der praktischen Anwendung wissenschaftlich untermauern.

Albert-Jan Pool

Optotypen, DIN Mittelschrift und Typografie. Wann ist Leserliches lesbar?

Welche Rolle spielt die Schönheit einer Schrift, wenn sie besonders gut leserlich sein soll? Wenn es um die Gestaltung von Lesetexten in Büchern und Magazinen geht, dann wünschen wir uns eine schön gestaltete und gut leserliche Schrift. Geht es um die Auswahl einer Schrift für ein Leitsystem, dann kann darüber hinaus die Erkennbarkeit der einzelnen Schriftzeichen an sich zur Debatte stehen. Beispielsweise sollten I, l und 1 nicht zu leicht vertauscht werden können. Sind wir beim Augenarzt oder beim Optiker, dann scheint es hier ähnlich zuzugehen. Allerdings sehen die Buchstaben, die wir dort vorgesetzt bekommen, recht merkwürdig aus (Abbildung 1). Sie sehen aus wie die Buchstaben einer serifenbetonten Linear-Antiqua (Egyptienne), doch ihre Anmutung ist etwas unbeholfen und klobig – eine schöne, leserliche Schrift ist das nicht. Funktionieren tut das Ganze aber schon, schließlich bekommen wir am Ende eine Brille, mit der wir schärfer sehen können als vorher. Es gibt also wissenschaftlich gesicherte Erkenntnisse darüber, unter welchen Umständen wir diese etwas merkwürdigen Zeichen »lesen« können und wann nicht. In diesem Artikel befassen wir uns mit der Frage, wie das funktioniert. Anschließend geht es darum, was wir aus den Erkenntnissen über die Erkennbarkeit von Zeichen für die Gestaltung von möglichst gut leserlichen Schriften lernen können. Eine Frage, die nicht nur die Gestalter von Schriften, sondern auch die Anwender gleichermaßen interessieren dürfte.

Um eins vorweg zu nehmen: Die Buchstaben, die wir vom Augenarzt kennen, sind eigentlich keine. Es sind sogenannte Optotypen. Sie sind das Ergebnis von Untersuchungen des niederländischen Augenarztes PROF. DR. HERMAN SNELLEN. Ihm ging es nicht darum, zu erforschen, bei welcher Größe wir bestimmte Schriften noch lesen können. Er wollte ein wissenschaftlich begründetes Maß für die Sehstärke definieren. Hierzu entwickelte er von 1861 bis 1875 seine Sehprobentafeln (Abbildung 1). Anhand von Linienmustern stellte er fest, bei welcher Stärke seine Patienten die Linien seines Musters getrennt wahrnehmen können. Der Weißraum bzw. der Abstand zwischen den schwarzen Linien entspricht hierbei genau der Stärke der schwarzen Linien. Die Sehzeichen

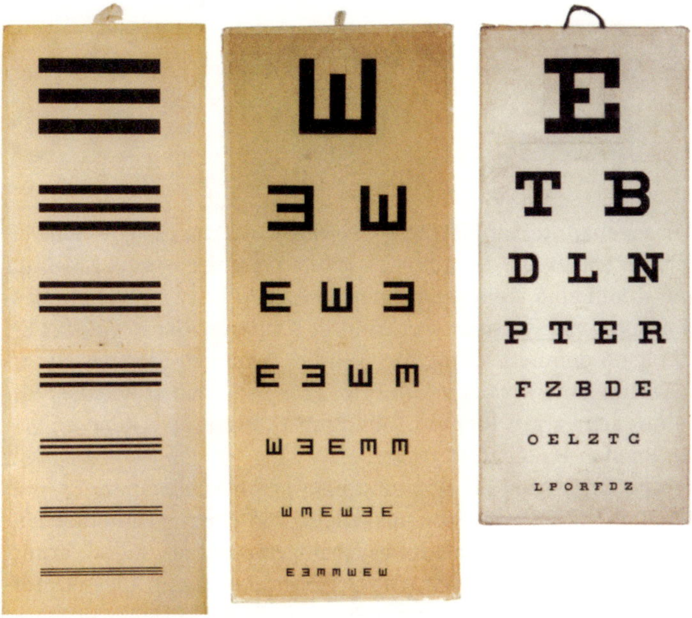

Abbildung 1: Historische Sehprobentafeln von HERMAN SNELLEN, *entwickelt zwischen 1861 und 1875. Von links nach rechts seine Sehzeichen: Linienmuster, Snellen-Haken und Optotypen. Mit Dank an Uitgeverij De Bataafsche Leeuw, Amsterdam.*

sind fünfmal so hoch wie deren Strichstärke, der Snellen-Haken und die Optotypen sind dazu alle quadratisch. Der von ihm entwickelte Snellen-Haken funktioniert auf ähnliche Art und Weise. Wenn wir in der Lage sind, die Linien getrennt voneinander wahrzunehmen, können wir feststellen, auf welcher Seite der Snellen-Haken eine Öffnung aufweist. Auch bei den Optotypen ermöglicht uns die Lage der Weißräume und Öffnungen festzustellen, um welche Buchstabenform es sich jeweils handelt. Der Snellen-Haken und die Optotypen haben den Vorteil, dass ein Augenarzt den Patienten bitten kann, mehrere Zeichen gleicher Größe nacheinander zu benennen, bzw. mehrere Stichproben vorzunehmen. Die Wiederholung der Stichprobe ermöglicht ihm, ein genaueres Ergebnis zu erhalten. Bei einem Linienmuster hat er nur das Ergebnis einer Probe. Die Optotypen haben allerdings den Nachteil, dass nicht alle Buchstaben gleichermaßen gut erkannt werden. Außerdem sind sie nicht geeignet für Analphabeten, Kinder, die noch nicht lesen können, und Personen, die beispielsweise eher mit der kyrillischen anstatt der lateinischen Schrift vertraut sind.

Auch der Snellen-Haken ist nicht ideal: Zwar sind die Weißräume so breit wie der Abstand zwischen zwei schwarzen Strichen (1 ×), aber die Öffnung selbst ist dreimal so breit wie ein Weißraum (Abbildung 2). Um diesen Mangel zu beheben, wurde

Abbildung 2: Snellen-Haken und Landolt-Ringe. Links: Beim Snellen-Haken ist die Öffnung (3 x) breiter als die Weißräume (1 x). Mitte: Beim Landolt-Ring sind die Strichstärke und die Breite der Öffnungen identisch. Rechts: rotierte Landolt-Ringe.

der sogenannte Landolt-Ring entwickelt, der nach dem Schweizer Augenarzt DR. EDMUND LANDOLT benannt wurde. LANDOLT war durch eine Weiterbildung bei SNELLEN (1872 – 1874) mit dessen Optotypen vertraut. Der Landolt-Ring ist in der Norm DIN EN ISO 8596 definiert worden und hat den Vorteil, dass das Unterscheidungsmerkmal, die Öffnung, genau so breit ist wie die Stärke des schwarzen Ringes (Abbildung 2). Außerdem kann er, wie der Snellen-Haken, rotiert werden.

Die Optotypen an sich sind also keine Buchstaben. Es sind Zeichen, mit deren Hilfe – ausgehend von einer akzeptablen Untergrenze des Unterscheidungsvermögens unseres Auges – ermittelt werden kann, ob wir eine Brille brauchen. Auf diese Untergrenze kommen wir im Absatz *Erkennbarkeit und Leserlichkeit von Buchstaben* ausführlicher zurück. Vorerst reicht es zu wissen, dass die Größe, bei der wir Optotypen und Landolt-Ringe erfassen und unterscheiden können, deutlich kleiner sind als die der Schriften, die wir lesen. Sie zeigen uns also, welchen Gestaltungsspielraum wir haben, wenn wir die Maße für die minimale Strichstärke und die Öffnungen berücksichtigen wollen. Es könnte uns zu Schriftformen führen, die sogar in kleinster Größe noch erkennbar sind. Als Gestalter können wir uns also die Frage stellen, wie zu den Optotypen passende Kleinbuchstaben aussehen könnten. In Abbildung 3 wird klar, dass es nicht möglich ist, ein passendes »e« zu gestalten. Wenn wir die Strichstärke des »E« beibehalten wollen, kann der Innenraum des »e« nur halb so groß sein wie erforderlich. Folgerichtig müsste das »e« mindestens so hoch sein wie das »E«. Nur dann kann neben der Strichstärke auch die Breite der Öffnung und der Innenräume des »E« eingehalten werden. Die Optotypen sind demnach also keine Großbuchstaben, sondern bestenfalls Kapitälchen. Das sind Großbuchstaben, die so hoch sind wie die Mittellänge bzw. die x-Höhe der Kleinbuchstaben.

Buchstaben wie Optotypen – eine Versuchsreihe

Beim nächsten Versuch habe ich eine »Snellen-Schrift« gestaltet, bei der die Mittellänge der Kleinbuchstaben der Größe von Optotypen entspricht (Abbildung 4). Es ist also möglich, Kleinbuchsta-

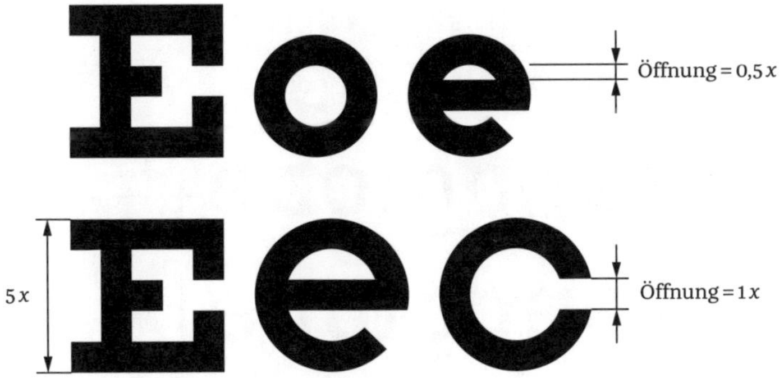

Abbildung 3: Ein Versuch, Kleinbuchstaben zu den Optotypen von SNELLEN zu gestalten. Jeweils links das »E« der Optotypen. Oben sind die Innenräume und die Öffnung des »e« zu klein. Unten ist der Innenraum des »e« groß genug, die Öffnung ist aber noch nicht so groß wie der des daneben abgebildeten Landolt-Ringes.

Abbildung 4: »Snellen-Schrift«, ein Versuch zur Gestaltung von Kleinbuchstaben anhand der Optotypen. Ihre Strichstärken und die Größe der Öffnungen entsprechen den an Optotypen gestellten Anforderungen.

ben zu entwerfen, deren Weißräume und Strichstärken mit denen von Optotypen übereinstimmen. Sie wirken allerdings etwas unbeholfen und genügen keineswegs den Qualitätsanforderungen, die normalerweise an Schriften für Wegweiser oder Lesetexte gestellt werden. Die horizontalen Striche haben dieselbe Stärke wie die vertikalen – aufgrund unserer Wahrnehmung erscheinen sie uns allerdings kräftiger, weshalb horizontale Striche normalerweise etwas dünner gestaltet werden. Überdies verursacht die gleichbleibende Strichstärke noch andere Probleme: Damit es uns möglich ist, ein »n« zweifelsfrei zu erkennen, müssen wir zwei senkrechte Striche erfassen können, die mit einem horizontalen Bogen verbunden sind. Das »n« sieht jedoch links oben am Einlauf dunkler aus als der Rest des Zeichens, sodass eine Stelle betont wird, die nicht charakteristisch für das Zeichen ist. Zudem leidet die Leserlichkeit des »n«, da der dunkle Fleck ein wichtiges Unterscheidungsmerkmal, den Einlauf, maskiert. Ähnliche Probleme treten bei den Einläufen in »a«, »d«, »g« und »b« auf. Wie stark sich die konstruierten Kleinbuchstaben der Snellen-Schrift von solchen gut gestalten Groteskschriften unterscheiden, zeigt sich in Abbildung 11 und Abbildung 12.

Die zu den Optotypen passenden Kleinbuchstaben aus Abbildung 4 sind nicht der erste Versuch, derartige Buchstaben zu gestalten. Bereits in den 1920er Jahren hat man mit der Entwicklung des Normenblatts *DIN 1451 – Normschriften* versucht, eine einfach konstruierbare Schrift zu entwerfen, die den an die Optotypen gestellten Anforderungen gerecht wird (Abbildung 5).

Abbildung 5: Von oben nach unten: Die DIN Mittelschrift nach DIN 1451 von 1931, mit und ohne Hilfsnetz, die verbesserte DIN Mittelschrift von 1980 und die Akzidenz Grotesk medium der Firma Berthold. Links davon die Optotype »E«.

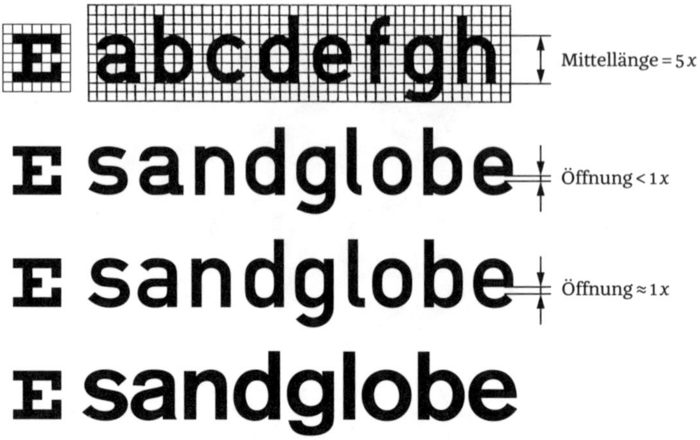

Eine derartige Schrift sollte es ermöglichen, dass »auch weniger Erfahrene und weniger Begabte Schriften sauber und ansprechend zeichnen können«, so die *Mitteilungen des Deutschen Normenausschusses* vom Juli 1942. Die DIN-Schrift sollte für Wegweiser und öffentliche Beschriftungen eingesetzt werden. Gleichsam sollte sie der nach damaligen Gesichtspunkten gut gestalteten Akzidenz Grotesk der Schriftgießerei Berthold ähneln, deren Schriftform zu jener Zeit als die für Drucksachen genormte Groteskschrift galt (Abbildung 5). In den frühen Ausgaben der Normblätter DIN 1451 wurde diese Schrift abgebildet, jedoch nicht als Akzidenz Grotesk bezeichnet. Der Grund dafür war, dass der Verein Deutscher Schriftgießereien (VDS) seinen Mitgliedern ausdrücklich verboten hatte, sich an der Entwicklung einer genormten Druckschrift zu beteiligen. Unter den Mitgliedern der VDS war auch die Firma Berthold, die die Vorlagen für die in der Norm dargestellten Druckschriften zur Verfügung gestellt hatte. Erst 1983 erschienen zum Normblatt DIN 1451 einige Beiblätter, in denen die Akzidenz Grotesk, die Akzidenz Grotesk Buch, die Helvetica und die Venus Grotesk genannt und abgebildet wurden. Diese ergänzten die Norm unter der Bezeichnung *Druckschriften für Beschriftung*. 1980 wurde die alte DIN-Schrift ersetzt und die neue Version wurde als *DIN 1451-2 Verkehrsschrift* veröffentlicht. Der Frankfurter Schriftzeichner ADOLF GROPP hatte sie neu gezeichnet. Das geschah unter der Maßgabe, dass die Schriftzeichen mithilfe der damaligen Möglichkeiten der CAD-Technologie aus Kreisen und Geraden konstruiert werden sollten. Für Schriftgestalter und Typografen stellte auch die neue Version keine deutliche Verbesserung in Sachen Schönheit oder Leserlichkeit dar.

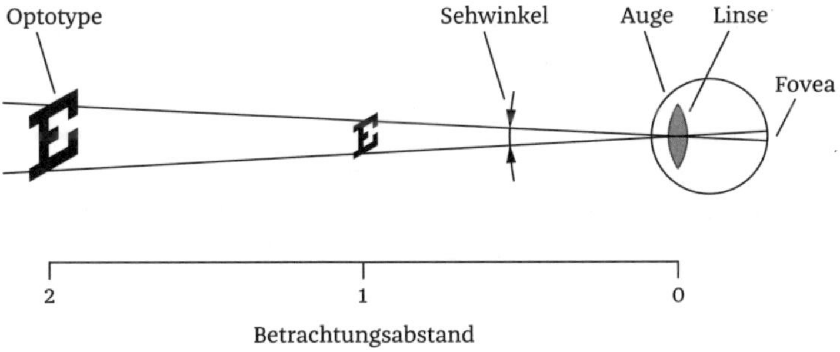

Abbildung 6. Der Sehwinkel umfasst das zu betrachtende Objekt, hier die Höhe der Optotype »E«. Halbieren wir den Betrachtungsabstand, dann braucht sie nur halb so zu groß sein, um gleich gut leserlich zu sein.

Erkennbarkeit und Leserlichkeit von Buchstaben

Welche Schlussfolgerungen können wir hieraus ziehen? Ist nun die DIN 1451 die am besten lesbare Schrift, obwohl sie nicht schön ist? Müssten alle Bücher aus der Akzidenz Grotesk gesetzt werden, obwohl wir gewohnt sind, diese in Antiqua-Schriften wie der Garamond zu lesen? Nein, zunächst müssen wir verstehen, wozu die Sehprobentafel eigentlich dient. SNELLEN fand heraus, dass bei einem Betrachtungsabstand von 4 m und einer Zeichenhöhe von etwa 6 cm ungefähr die Hälfte der befragten Personen die schwarzen Linien als voneinander getrennte Objekte wahrnehmen konnte und die Snellen-Haken sowie die Optotypen voneinander zu unterscheiden vermochte. Das Maß für die Sehschärfe basierte er auf den Sehwinkel (Abbildung 6). Dieser beschreibt den Winkel, mit dem wir ein zu betrachtendes Objekt einfassen. Sein Ursprung liegt in der Linse des Auges. Der Sehwinkel, der das »E« der Optotypen einfasst, beträgt ⁵⁄₆₀. Die Öffnung und die Strichstärke betragen ¹⁄₆₀, auch bezeichnet als eine Bogenminute, geschrieben als 1′. Die hierzu passende Sehschärfe definierte SNELLEN als Visus 1,0. Der in Bogenminuten angegebene Sehwinkel ist die Maßeinheit für eine vom Auge wahrgenommene Größe – unabhängig vom Betrachtungsabstand. Bei gleichem Sehwinkel bleibt auch die Größe der auf die Netzhaut projizierten Buchstaben gleich. Der empfindlichste Teil der Netzhaut bildet die Fovea bzw. der Gelbe Fleck, es ist der Teil der Netzhaut mit dem wir Buchstaben scharf sehen können. Der Visus ist das Maß der Dinge, wenn es um die Beschreibung der Sehstärke geht. Damit ist aber leider nicht alles gesagt. Schließlich hat nur etwa die Hälfte der Menschen einen Visus von 1,0; sonst würde keiner eine Brille benötigen. Haben wir einen Visus kleiner als 1,0, kann uns der Augenarzt mit Hilfe der Sehprobentafeln eine passende Brille verschreiben. Die Brillen sorgen dafür, dass die meisten von uns (95 %) einen Visus von mindestens 1,0 erreichen. Sind unsere

Augen nicht mehr so gut, erlangen wir mit Brille hoffentlich noch einen Visus von 0,7 – anderenfalls wird uns die Fahrerlaubnis entzogen.

Schriften auf Verkehrswegweisern betrachten wir auf einige hundert Meter, die Optotypen auf einigen Metern und Schriften in Büchern, Magazinen und auf Bildschirmen auf 30 bis 50 cm. Damit wir uns leichter vorstellen können, wie deren Größen sich zueinander verhalten, rechnen wir sie mithilfe des Sehwinkels auf einen einheitlichen Betrachtungsabstand von 40 cm um (Tabelle 1). Wie geht das? Die Höhe der Optotypen, deren Öffnung einen Sehwinkel von 1,0′ entspricht, beträgt 6 mm bei einem Betrachtungsabstand von 4 m. Das entspricht 0,6 mm bei einem normalen Leseabstand von 40 cm. Wie übertragen wir dieses Maß auf die Größe einer Schrift? Wie bereits in Abbildung 3 und Abbildung 4 gezeigt, ist die Höhe der Optotypen vergleichbar mit der Mittellänge einer Schrift. Im Schnitt ist die Kegelhöhe bzw. der Schriftgrad einer Schrift etwa zweimal so groß wie die Mittellänge, also 1,2 mm, bzw. 3,5 pt (1 pt bzw. Punkt entspricht 0,353 mm). Wer einen Visus von 1,0 hat, kann also ohne Brille die Buchstaben einer gut leserlich gestalteten Schrift in einer Größe von etwa 3,5 pt erkennen und unterscheiden. Flottes Lesen ist für die meisten Menschen bei einer so kleinen Schrift aber dennoch kaum möglich. Das liegt daran, dass sich die Sehschärfe nicht exakt linear zum Betrachtungsabstand verhält. Eine Optotype mit einer Höhe von 6 cm, die wir auf 4 m Abstand noch gut erkennen können, müsste bei einem zehnmal kleineren Abstand von 40 cm etwas größer sein als 0,6 mm. Im täglichen Leben fällt diese Abweichung allerdings nicht ins Gewicht. Lesetexte werden normalerweise in Schriftgraden von 9 bis 12 pt gesetzt, Konsultationstexte in 7 bis 9 pt. Allesamt mindestens zweimal so groß wie die Untergrenze der Erkennbarkeit, also auf der sicheren Seite.

Schriftgrößen für den geringeren Visus

Wer einen Visus von 0,7 hat, kann jedoch die Buchstaben einer Schrift in 3,5 pt nicht mehr erkennen und braucht eine Schrift, die 1,4 mal so groß ist – sprich 5,0 pt. Damit Menschen mit einem Visus von 0,7 in etwa der gleiche Lesekomfort geboten werden kann wie denjenigen mit einem Visus von 1,0, müssten die jeweiligen Schriftgrößen für Lesetext und Konsultationstext ebenfalls um das 1,4-Fache vergrößert werden (Tabelle 1).

Mittellängen für Lesetexte liegen normalerweise zwischen 1,5 und 2,0 mm, das entspricht Schriftgraden von 9 und 12 pt.

Ausgehend von 10 Punkt liegt für einen Visus von 0,7 folglich der Schriftgrad bei 14 pt. Bücher im sog. Großdruck werden in der Regel mit Schriftgraden um die 14 pt gesetzt. Letztere Anforderung konnte allerdings nicht in der Norm *DIN 1450 – Schriften, Leserlichkeit* berücksichtigt werden. Tageszeitungen und Magazine müssten so dick und schwer werden wie Bücher. Das Taschenbuch würde man nicht mehr einstecken oder in die Hand nehmen. Ein Roman wäre schwer wie das Blei, aus dem die Bücher einst gesetzt wurden und könnte nur noch auf dem Kaffeetisch betrachtet werden. Zum Glück können heutzutage fast alle Texte auch am Bildschirm eines Tablets dargestellt werden. Hier kann die Schriftgröße meistens ohne größere Probleme auf das erforderliche Maß gebracht werden. Sehbehinderte sind daher nicht mehr in dem Maße angewiesen auf Bücher »in Großdruck« wie vor einigen Jahren.

Textarten und ihre Schriften
Für die jeweiligen Textarten steht eine Vielzahl von Schriften zur Verfügung. Wenn in einem Erscheinungsbild mehrere verschiedene Textarten vorkommen und diese alle mit nur einer Schriftfamilie ausgeführt werden, muss zwangsläufig ein Kompromiss eingegangen werden. Vor allem dann, wenn dieser auch Anforderungen an Signalisationstext gerecht werden muss, bleiben nur Groteskschriften übrig. Diese sind wiederum nicht optimal geeignet für Lesetexte, und mit ihnen einzigartige Schautexte zu gestalten, ist eine Herausforderung. Werden zwei oder gar mehrere verschiedene Schriftfamilien in einem Erscheinungsbild eingesetzt, dann ist es eine Kunst, sie so zu wählen, dass sie stilistisch gesehen gut zusammenpassen oder einen geeigneten Kontrast zueinander bilden.

Schriften für Lesetext
Was können wir von den Optotypen und den sich hieraus ergebenden Erkenntnissen über die Erkennbarkeit von Strichstärken und Öffnungen lernen? Leider nicht alles, denn Auge und Gehirn verfügen über verschiedene Methoden, um Schriftzeichen wahrzunehmen, diese zu analysieren und schließlich einen Text zu lesen. Nichtsdestotrotz lassen sich mit Hilfe der Optotypen einige Phänomene erklären, die uns bei der Schriftgestaltung und in der Typografie begegnen. Um zeigen zu können, was uns die Optotypen über Schriften bei einem Schriftgrad von etwa 9 pt sagen, müssten wir sie neben einer Optotype mit einer Mittellänge von

Visus	Schriftgröße	Erkennbarkeit	Textarten		
			Signalisation	Konsultation	Lesetext
0,7	Mittellänge	0,9 mm		1,7 mm	2,2 mm
	Schriftgrad	5,0 pt		10,0 pt	13,0 pt
1,0	Mittellänge	0,6 mm	1,0 mm	1,2 mm	1,5 mm
	Schriftgrad	3,50 pt	6,0 pt	5,0 pt	9,0 pt

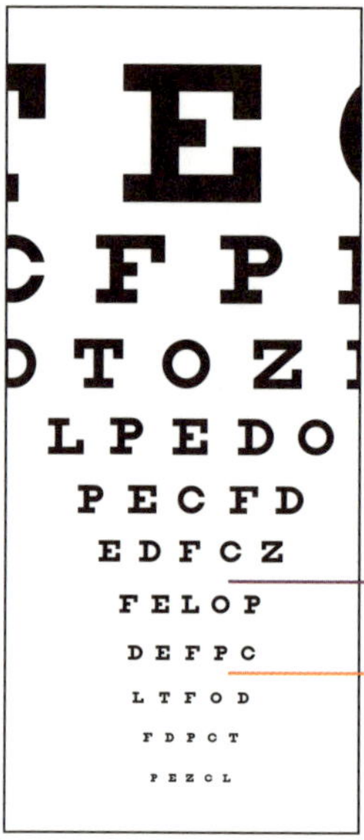

Sehwinkel	Visus	Schriftgröße		Untergrenze
Öffnung / Strichstärke	Sehschärfe	Mittellänge	Schriftgrad	
10,00′	0,1			
5,00′	0,2			
…				
1,40′	0,7	0,85 mm	5,0 pt	*Führerschein*
1,00′	1,0	0,60 mm	3,5 pt	*Erkennbarkeit*

Abbildung 7: Ausschnitt einer Sehprobentafel mit Optotypen und dem der jeweiligen Größen entsprechenden Sehwinkel und Visus. Rechts davon die Mittellänge in mm und der Schriftgrad in Punkt, bezogen auf einen Betrachtungsabstand von 40 cm. In orange die Grenze der Erkennbarkeit, in lila die sogenannte Führerscheingrenze.

0,6 mm und einer Strichstärke von 0,12 mm abbilden. Eine derart kleine Schrift lässt sich im Druck allerdings kaum darstellen; Details ließen sich zwar noch erkennen, jedoch kaum miteinander vergleichen. Aus diesem Grund haben wir die Optotypen und die Schriften etwa viermal so groß wiedergegeben. In Abbildung 9 stellen wir nun die Untergrenze der Erkennung mit einer Optotype von 2,5 mm dar, deren Strichstärke und Öffnung jeweils 0,5 mm breit ist. Vergleichen wir diese mit der Adobe Garamond Premier, dann fällt auf, dass die Stärke der Haarlinien und Serifen nah an der Erkennungsgrenze liegt – eine Erklärung dafür, dass dieser Schrift im Allgemeinen eine gute Leserlichkeit zugesprochen wird. Anders verhält es sich bei der Times New Roman: Hier wird ersichtlich, dass die Serifen und Haarlinien unter der Erkennungsgrenze liegen. Außerdem sind die Weißräume zwischen den Zeichen recht eng. Dies veranschaulicht, weshalb sie in einer derart kleinen Größe von vielen nicht als angenehm lesbar empfunden wird. Dagegen besticht die Walbaum Standard durch großzügige Weißräume, sodass sie in 9 Punkt besser aussieht als die Times. Bei der Bodoni-Antiqua wiederum haben wesentliche Merkmale wie der Bogen vom »n« lediglich die Stärke der Haarlinien, die zudem weit unter der Erkennungsgrenze liegt. Deshalb ist diese Schrift bei 9 pt als problematisch zu bezeichnen.

Tabelle 1: Untergrenzen der Schriftgrößen für Erkennbarkeit, Konsultations- und Lesetext für Menschen mit einem Visus von 0,7 bzw. 1,0 bei einem Betrachtungsabstand von 40 cm.

Schriften für Konsultationstext

Deutlicher wird der Einfluss der Untergrenze der Erkennbarkeit auf die Leserlichkeit, wenn wir das »E« der Optoptypen mit Schriften in einer Größe vergleichen, die typisch für Konsultationstext ist. Die Serifen, Haarlinien und Abstände der Garamond Premier Caption erfüllen gerade mal die anhand der Optotype visualisierten Anforderungen. Die im vorigen Abschnitt beschriebene Problematik der Times New Roman zeigt sich bei 7 pt noch deutlicher als bisher. Die Walbaum schneidet dafür erstaunlich gut ab. Die Bodoni genügt den Ansprüchen hingegen nicht. Ihre Serifen und Haarlinien sind nur halb so stark wie erforderlich – was den Erfahrungen der Typografen entspricht. Eine normale klassizistische Antiqua wie die Bodoni wird als eher ungeeignet für kleinere Schriftgrade angesehen. Logisch also, dass wir für Konsultationstext einen für kleinere Grade optimierten Schnitt brauchen.

Schriften für Signalisationstext auf Wegweisern

Dem Abschnitt »Erkennbarkeit und Unterscheidbarkeit von Buchstaben« können wir entnehmen, dass Menschen mit einem Visus ≥ 0,7 einen Führerschein bekommen können. In Umkehrschluss sollten also Mindestgrößen für Schriften auf Verkehrswegweisern gewährleisten, dass alle Autofahrer mit einem Visus ≥ 0,7 diese lesen können. Hierzu gibt es in Deutschland das Normblatt *DIN 1450 – Schriften, Leserlichkeit*. Es hat unter anderem den Anspruch, Schriften und deren Größen zu normen, damit eine gute Leserlichkeit für Menschen mit einem Visus ≥ 0,7 sichergestellt werden kann. Aus Tabelle 1 folgt, dass (bezogen auf einen Betrachtungsabstand von 40 cm) die Mittellänge bei 0,9 mm bzw. der Schriftgrad bei 5,5 pt liegen sollte. Da im Straßenverkehr die

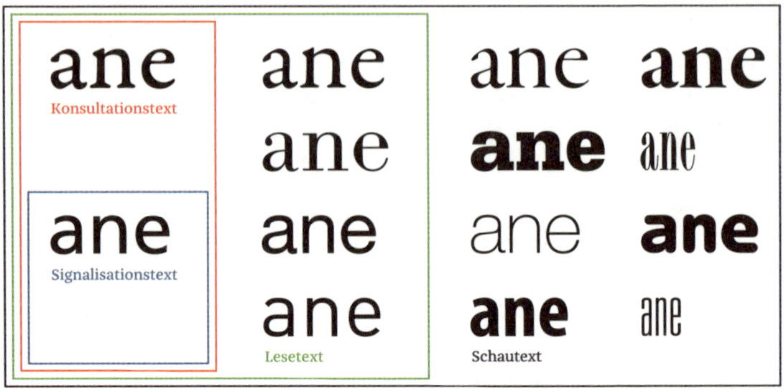

Abbildung 8: Die Textarten und einige hierfür typische Schriften.

Abbildung 9: Links: Die Schriften in Größen für Lesetext. Rechts davon die Optotype »E« und der Landolt-Ring sowie die Schriften in vierfacher Größe.

Abbildung 10: Links: Die Schriften in Größen für Konsultationstext. Rechts davon die Optotype »E« und der Landolt-Ring sowie die Schriften in vierfacher Größe.

Lesebedingungen nicht immer optimal sind, wurde die kleinste Schriftgröße etwas größer definiert: Die Mittellänge sollte 1,0 mm betragen, der Schriftgrad 6 pt. Wegweiser nehmen wir bereits auf einige hundert Meter Entfernung wahr. Wenn wir im Auto sitzen, haben wir wenig Zeit, die Texte auf Wegweisern bzw. Signalisationstext zu lesen. Gleichzeitig ahnen wir, dass sie für uns wichtige Informationen enthalten. Deswegen versuchen wir, Signalisationstext bereits dann zu lesen, wenn dieser auf unserer Netzhaut gerade mal so groß abgebildet wird, dass wir die einzelnen Schriftzeichen erkennen und unterscheiden können. Dies entspricht der Untergrenze der Erkennbarkeit. Aus diesem Grund sollten Strichstärken und Öffnungen der Schriften auf Wegweisern möglichst nah an die der Optotypen herankommen. Aus Tabelle 1 geht hervor, dass eine solche Schrift bei einem Betrachtungsabstand von 40 cm gerade mal 3,5 pt groß ist. Bei Schriften auf Autobahnwegweisern sind Mittellängen von 30 cm bzw. ein Schriftgrad von 1.800 pt nicht ungewöhnlich – die Buchstaben zählen zu den größten, denen wir begegnen. Einmal auf der Netzhaut unseres Auges abgebildet, sind es jedoch die Kleinsten, die wir versuchen zu lesen.

Signalisationstext sollte von Menschen mit einem Visus ≥ 0,7 gelesen werden können. Aus diesem Grund wurden in Abbildung 11 die Optotypen entsprechend größer dargestellt. Die Snellen, die DIN Mittelschrift und die Frutiger erfüllen alle die anhand der Optotypen dargestellten, illustrierten Anforderungen. Die Nachteile der ersten zwei Schriften haben wir bereits im Abschnitt »Buchstaben wie Optotypen – eine Versuchsreihe« erörtert. Die Frutiger schlägt sie bei weitem: Die große Laufweite und ihre groß gestalteten Öffnungen sorgen für ein ausgesprochen klares Schriftbild. Die Haarlinien der Garamond sind zwar gerade mal

Strichstärke / Öffnung 0,5 mm
sandglobe EC sandglobe Garamond Premier
sandglobe EC sandglobe Times New Roman
sandglobe EC sandglobe Walbaum Standard
sandglobe EC sandglobe Bodoni Antiqua
1,5 mm x-Höhe (± 9 pt)
6,0 mm x-Höhe (± 36 pt)

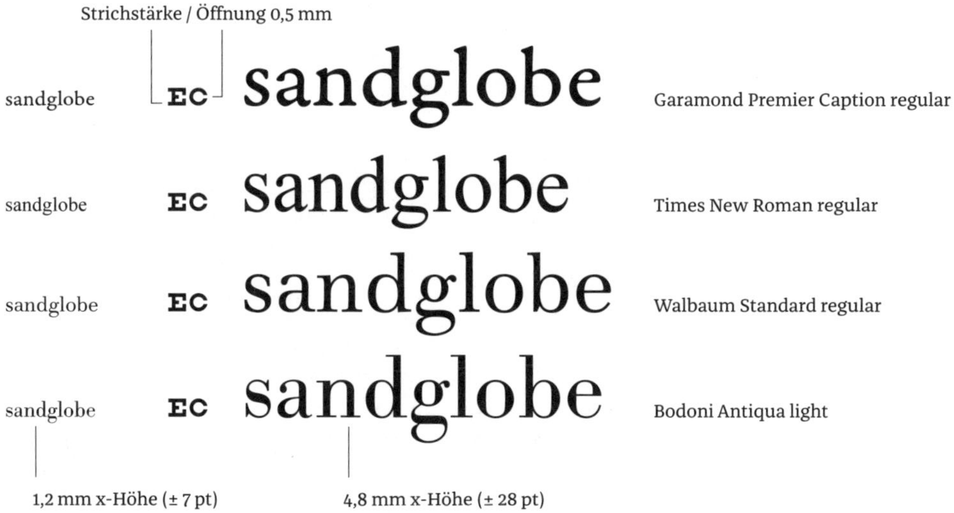
Strichstärke / Öffnung 0,5 mm
sandglobe EC sandglobe Garamond Premier Caption regular
sandglobe EC sandglobe Times New Roman regular
sandglobe EC sandglobe Walbaum Standard regular
sandglobe EC sandglobe Bodoni Antiqua light
1,2 mm x-Höhe (± 7 pt)
4,8 mm x-Höhe (± 28 pt)

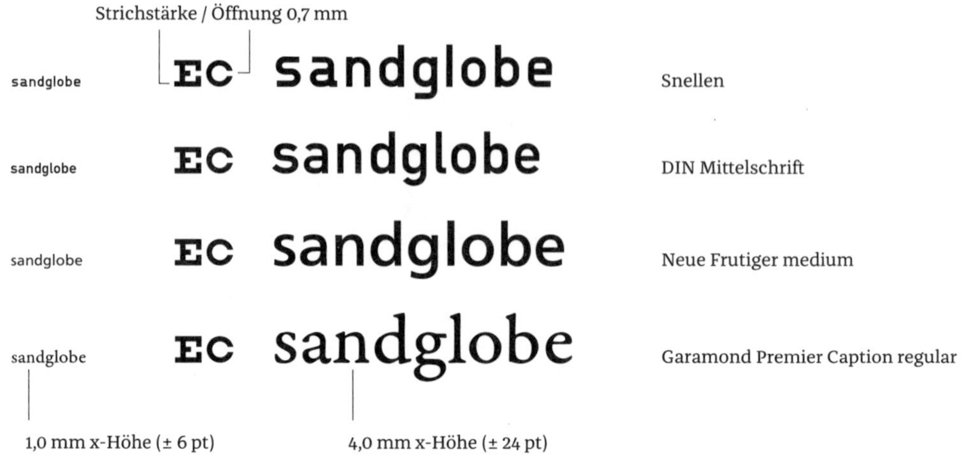

Abbildung 11: Links: Die Schriften Snellen, DIN Mittelschrift, Neue Frutiger und Garamond Premier Caption in Größen für Signalisationstext. Rechts davon die Optotype »E« und der Landolt-Ring sowie die Schriften in vierfacher Größe.

kräftig genug, ihre Serifen scheinen sich aber zu berühren. Anhand dieser Schrift wird klar, dass Antiqua-Schriften für Autobahnwegweiser ungeeignet sind.

Gibt es Schriftfamilien, die in allen Textarten gut leserlich sind?

Zusammenfassend können wir sagen: Je kleiner der Sehwinkel ist, unter dem wir eine Schrift betrachten, umso kleiner wird diese auf unserer Netzhaut abgebildet. Hiermit nähert sich die Schriftgröße allmählich der Grenze, bis zu der wir Buchstaben noch erkennen und unterscheiden können. Entsprechend müssen Strichstärken, Haarlinien, Innenräume, Öffnungen und Abstände einer Schrift sich zunehmend an die an Optotypen gestellten Anforderungen orientieren. Was können wir als Schriftgestalter hieraus lernen, wenn es darum geht, Schrift im Sinne der Wissensvermittlung zu gestalten? Zuerst besteht unsere Aufgabe darin, diese leserlich zu gestalten. Hierzu gilt es, die im Absatz »Schriften für Lesetext« besprochenen Kriterien zu berücksichtigen. Darüber hinaus sollte ein sogenannter Caption-Schnitt konzipiert werden, damit eine gute Leserlichkeit in Konsultationstexten sichergestellt werden kann. Eine der Formsprache der Familie entsprechende Groteskschrift zu entwickeln, bereichert nicht nur die Palette der Gestaltungsmöglichkeiten für Typografen, Lesetexte und Konsultationstexte zu gestalten. Diese Groteskschrift hilft auch dabei, beispielsweise Überschriften passend zum Schriftbild des Lesetextes anlegen zu können. Eine passende Groteskschrift ermöglicht ebenfalls, dass ein Leit-

sandglobe	sandglobe	Schautext
sandglobe	sandglobe	Lesetext
sandglobe	sandglobe	Konsultationstext
sandglobe	sandglobe	
sandglobe	sandglobe	Signalisationstext

Abbildung 12: Umso kleiner eine Schrift auf der Netzhaut abgebildet wird, umso geringer sollten sämtliche Kontraste gestaltet werden. Links: Adobe Garamond Premier, Display, Regular und Caption sowie The Serif und Neue Frutiger. Rechts die Schnitte Serif Display, Serif Fine und Serif sowie Slab (Serifenbetonte Linear-Antiqua bzw. Egyptienne) und Sans der neuen Schriftfamilie Edit von CHRISTOPH DUNST *(AtlasFonts). Bei Redaktionsschluss waren noch nicht alle Schnitte komplett fertiggestellt worden.*

oder Orientierungssystem mit einem Schriftbild ausgestattet werden kann, das sowohl gut leserlich ist als auch einwandfrei in die typografische Gesamtkonzeption eines Erscheinungsbildes hinein passt. Eine serifenbetonte Variante ist aus Sicht der Leserlichkeit nicht erforderlich, sie ist nur bedingt geeignet für Lese- und Konsultationstexte und für Signalisationstext meistens ungeeignet. Sie erweitert vor allem die Palette der typografischen Möglichkeiten der Schriftfamilie. Das vergleichsweise kräftigere und unkonventionelle Schriftbild eignet sich für Schautext, und ermöglicht so Überschriften, die sich deutlicher hervorheben. In Abbildung 12 zeige ich die hier beschriebenen Schnitte und Varianten einer Schriftfamilie. Mir ist bisher keine gut leserliche Schriftfamilie bekannt, die alle diese Möglichkeiten bereits in sich vereint. Die Varianten der linken Spalte sind aus unterschiedlichen Schriftfamilien zusammengestellt worden. Einblicke in Ateliers von Schriftgestaltern haben mir aber gezeigt, dass in den nächsten Jahren eine Reihe von Schriftfamilien erscheinen wird, die diese Bandbreite und weitere Varianten aufweisen werden. Die rechte Spalte bezeugt diese Entwicklung. Interessant ist der Vergleich von Neue Frutiger und Edit Sans – die asymmetrische Innenformen der Edit führen beispielsweise zu einer größeren Differenzierung von Buchstaben wie »b« und »d«, welche zu einer besseren Leserlichkeit beitragen könnte.

Was können Schrift und Typografie im Sinne der Wissensvermittlung leisten?

Handeln Typografinnen und Typografen im Sinne der Wissensvermittlung, dann verwenden diese gut leserlich gestaltete Schnitte einer oder mehrerer Schriftfamilien und berücksichtigen dabei ihre Eignung für die jeweiligen Textarten. So stellen sie sicher, dass Lesetext, Konsultationstext, Auszeichnungen,

Abbildung 13: Links: Wikipedia-Artikel, anstatt der Arial hier in der leserlicheren Verdana. Rechts: Lesbare Typografie am Beispiel der App V for Wikipedia *von* FRANK RAUSCH *in der Diogenes von* LUDWIG ÜBELE *(LudwigType).*

Hervorhebungen und Navigationselemente als solche gut erkennbar sind. Auf diese Weise wird die Struktur eines Textes sichtbar und nachvollziehbar, sodass den Leserinnen und Lesern eine mühelose Navigation durch die dargestellte Information ermöglicht wird – unter Berücksichtigung des Kontrasts zwischen Text und Hintergrund sowie des Verhältnisses von Schriftgröße, Zeilenabstand, Zeilenlänge und Laufweite zueinander. Sie sorgen dafür, dass die an sich leserlich gestalteten Schriften sowie sämtliche Weißräume in der Gesamtkomposition eine lesbare Typografie bilden. Semantische Zusammenhänge werden visualisiert, indem sie Informationen ordnen, Hierarchien und Gewichtungen verdeutlichen sowie Bezüge herstellen. Zusammengefasst können wir sagen, dass Gestalter die typografischen Stilmittel so auswählen, dass sie den Interpretationsprozess zur Verständlichkeit eines Textes unterstützen (siehe Abbildung 13). Dass Leserinnen und Leser den Text tatsächlich verstehen, können sie natürlich nicht gewährleisten, wohl aber dazu beitragen. Wenn wir mit dieser Erkenntnis auf die in der DIN 1450 enthaltenen Definitionen der Begriffe Leserlichkeit und Lesbarkeit zurückblicken, bietet es sich an, zu überlegen, in welchem Zusammenhang die Tätigkeitsfelder von Schriftgestalterinnen, Schriftgestaltern und Typografinnen, Typografen zu diesen stehen.

Leserliche Schrift und lesbare Typografie – wie können wir diese Begriffe definieren?

Laut DIN 1450 ist Leserlichkeit die »Eigenschaft einer Folge erkennbarer Zeichen, die es ermöglicht, diese Zeichen im Zusammenhang zu erfassen«. Es geht also darum, Zeichen so zu gestalten, dass sie erkennbar sind. Darüber hinaus sollten die erkennbar gestalteten Zeichen in eine Folge gebracht werden können, die es ermöglicht, sie zusammenhängend zu erfassen. Der Landolt-Ring und die Optotypen zeigen uns, dass man nicht unbedingt ein Gestalter sein muss, um gut erkennbare Zeichen gestalten zu können. Schwieriger ist es, gut erkennbare Zeichen im Zusammenhang zu gestalten. Das macht zwar jeder, der eine Serie von Piktogrammen oder ein Logo gestaltet, aber da trennt sich schon eher die Spreu vom Weizen.

Dafür zu sorgen, dass beispielsweise die Zeichen eines kompletten Alphabets mit Groß- und Kleinbuchstaben gut und als zusammengehörend erkannt sowie in beliebiger Reihenfolge angeordnet werden können – das ist die Aufgabe eines Schriftgestalters. Im Umkehrschluss können wir also sagen: Schriftgestaltung ist die Gestaltung erkennbarer Zeichen, die es ermöglicht, diese im Zusammenhang zu erfassen.

Aber wie steht es nun um die Typografie? Bereits 1981 definierte der niederländische Schriftgestalter und Typograf GERRIT NOORDZIJ die Typografie als »Schreiben mit vorgefertigter Schrift«. Demnach sind Schriftgestalterinnen und Schriftgestalter die Entwerfer einer Schrift und Typografinnen und Typografen diejenigen, die sie anwenden. Diese Definition trennt die Typografie von Lettering und Kalligrafie. Bei letzteren zeichnet bzw. schreiben Gestalterinnen und Gestalter ihre Schrift selbst, sie ist nicht vorgefertigt, also keine Type im engerem Sinne, so wie wir das von den Typenmöbeln kennen. Typografinnen und Typografen sind damit nicht länger Handwerker oder Künstler, sie werden zum Begleiter eines Produktionsprozesses im Sinne der angewandten Kunst, ein Designer eben. NOORDZIJS Definition sieht darüber weg, dass auch Kalligrafinnen und Kalligrafen und Schriftenmalerinnen und Schriftenmaler mit ihren eigens (vor-)definierten Schriften schreiben. Außerdem sind die Regeln, nach denen sie ihre Schriften anordnen, großenteils die gleichen wie die von Typografen. Seine Definition ermöglicht allerdings eine klare Trennung der Disziplinen von Schriftgestaltern und Typografen. Sie führt mich dazu, die Fragen zu stellen, ob wir Leserlichkeit und Lesbarkeit genau so scharf voneinander trennen können und inwiefern es möglich ist, dem Begriff »Typografie« eine ebenso klare Definition zu geben.

Nach DIN 1450 ist Lesbarkeit eine »Eigenschaft leserlich angeordneter Zeichenfolgen und erkennbarer Zeichen, die es ermöglicht, Information zweifelsfrei zu verstehen«. Über die Zeichenfolgen und die Zeichen haben wir bereits gesprochen, diese werden vorwiegend von Schriftgestalterinnen und Schriftgestalternn gestaltet und in Form von digitalen Schriften zur Verfügung gestellt. Auch das Aufgabenfeld der Typografinnen und Typografen ist klar umrissen: Sie sind es, die leserlich gestalteten Schriften einsetzen. Mit den typografischen Mitteln, die ihnen zur Verfügung stehen, visualisieren sie den Inhalt des Textes. Im Sinne der Wissensvermittlung geschieht dies mit dem Ziel, den Text verständlich zu machen – erst dann ist der Text lesbar. Natürlich können Schrift und Typografie mehr als das: Schrift hat Anmutungsqualität, Typografie kann emotionale Botschaften vermitteln, das Geschriebene in einen visuellen Kontext setzen, der den Inhalt überzeichnet oder das Gegenteil verkörpert und mehr. Schrift und Typografie können eine visuelle Ansprache erzeugen, die Leserinnen und Leser dazu motivieren können, die Inhalte besser zu verstehen. Denken wir an Verbotsschilder und Verkehrswegweiser, dann können sie ihnen sogar die Notwendigkeit vermitteln, einer Anweisung zu folgen. Aber: Hinsichtlich ihrer grundlegenden Funktion macht die Typografie Informationen lesbar – sie ermöglicht es den Leserinnen und Lesern, diese zu verstehen. Nichts mehr, nichts weniger. Im Sinne der Wissensvermittlung *pure sang* können wir, aufbauend auf die Definitionen der DIN 1450, Typografie folgendermaßen definieren:

Typografie ist die Gestaltung mit leserlich angeordneten Zeichenfolgen und erkennbaren Zeichen, die es ermöglicht, Information zweifelsfrei zu verstehen.

Sabine an Huef

»Vor dicken Büchern habe ich Angst …«

Ein Versuch, der Frage nachzugehen »Warum wollen Studenten überhaupt Bücher gestalten, obwohl sie diese selbst gar nicht mehr lesen?«

Alle Seminare, die ich je zum Thema Buchgestaltung angeboten habe, waren ausgebucht – immer – zumindest zu Semesterbeginn. Man mag ja meinen, die Themen Buchgestaltung und Buchtypografie seien altbacken, überholt und für eine jüngere Generation heute nicht mehr interessant und relevant. Meine Erfahrung ist eine ausnahmslos andere.

Die Akzeptanz und Beliebtheit vieler Seminaraufgaben sind nicht wirklich kalkulierbar, manchmal ist überraschenderweise eine fast philosophisch anmutende Thematik wie der Terminus *Nichts* total überbelegt. In einem anderen Semester melden sich zu einer aktuellen und politischen Fragestellung wie *Kann Gestaltung Gesellschaft verändern?* leider nur vier (!) interessierte Studierende – so ist es nun auch mir im letzten Semester einmal leider passiert.

Durchgängig ausgebucht und zum Teil überbelegt waren und sind dagegen alle meine Seminare zur Gestaltung im und um das Medium Buch. Nebensächlich, ob es sich hierbei um die Gestaltung von Fotobüchern, das explizite Lesen im Buch oder um die Frage nach der Zukunft eben dessen handelt.

Der erste Seminartermin im neuen Semester konzentriert sich meist, neben einer kurzen Vorstellung der eigenen Person, auf den persönlichen und subjektiven Blick und die Diskussion auf das zu gestaltende Thema und Medium. Und natürlich sprechen und diskutieren wir während der wöchentlichen Seminartermine über unsere Erfahrung mit dem Lesen und dem Umgang mit Büchern. Wer nun glaubt, in den Seminaren versammeln sich lauter Bücherwürmer, den muss ich hier leider enttäuschen.

Bücher werden den Gesprächen zufolge so gut wie gar nicht mehr gelesen, zu dick, zu zeitraubend, zu anstrengend! Und wenn, dann höchstens mal im Urlaub. Paradoxerweise wird diese Tatsache oftmals von den betroffenen Nicht-Lesern selbst bedauert. Dennoch empfinde ich das als wirklich merkwürdig – ein Großteil der Studierenden liest eher selten bis keine Bücher mehr, will diese aber unbedingt gestalten, und das vor allem analog in Form eines Buchkörpers mit allem was dazu gehört.

Wie werden in Zukunft Bücher aussehen, die von ›nicht lesenden‹ Buchgestaltern gestaltet werden? Warum belegen Studierende Seminare zur Buchgestaltung und Buchtypografie ohne selbst Bücher (regelmäßig und freiwillig) zu lesen? Bei genauer Betrachtung und Analyse finden sich hierfür vielfältige und vor allem interessante und wegweisende Beweggründe.

Ich werde im Folgenden versuchen, einige Gedanken zu diesen Aspekten zu sammeln, daraus folgend eine Vision und Perspektive zu formulieren und Wege für die Typografie und die Buchgestaltung und deren Lehre aufzeigen.

Etwas mit den Händen machen?

Schon seit geraumer Zeit ist in der Gestaltung ein deutlicher Trend in Richtung Vintage-Design zu beobachten. Handlettering, Kalligrafie und die analogen Drucktechniken, angeführt von Sieb- und Buchdruck, gefolgt von einer Renaissance der Risographie erfreuen sich einer unglaublichen Beliebtheit, gerade bei ganz jungen Gestaltern, Studierenden und den sogenannten *Digital Natives*. Buchbindung, Materialität bis hin zu aufwendigen Veredelungstechniken stehen bei der Buchgestaltung ganz oben auf der Prioritätenliste. Kein Wunder, so spielt sich doch nicht nur das eigene persönliche und soziale Leben weitgehend auf digitalen Oberflächen ab, sondern auch fast sämtliche Entwurfsprozesse im Studium. Recherche, Layout, Bild- und Textbearbeitung werden fast ausschließlich durch Computerprogramme bearbeitet, ebenso wie mittlerweile auch die Vorbereitung auf Theorie- und Wissenschaftsseminare. Es fällt in der Lehre der Entwurfsfächer und -projekte zunehmend schwerer, die Studierenden davon zu überzeugen, ihre Layouts und Schriftproben für papierne Medien für das Seminar und die Korrektur im Originalformat auszudrucken. »Das sah auf dem Rechner aber ganz anders aus [...]« ist zu einem meiner geflügelten Lieblingssätze geworden.

Heißt, einerseits will man zwar etwas ›mit den Händen machen‹, auf der anderen Seite hat sich die absurde Vorstellung entwickelt, dass Bildschirm und Buchseite den gleichen, oder zumindest sehr ähnlichen, formalen Kriterien und Parametern entsprechen.

»Lange Zeit habe ich gedacht, dass bei der Entwicklung des Internets gute Typografie vom Papier auf das Web übertragen werden würde. Es ist aber umgekehrt: Webtypografie sieht man mehr und mehr in Drucksachen. Wahrscheinlich kommt das, weil Typografie mehr und mehr in die Hände von Menschen kommt, die mit dem Web aufwachsen und gar nicht, oder kaum noch, in Typografie unterrichtet werden. Webentwickler zum Beispiel kommen aus einer völlig anderen Richtung, was typografische Gestaltung angeht, als Gestalter wie ich. Ab und zu denke ich, dass es Typografie und Grafikdesign, wie ich es gelernt habe, nicht mehr gibt. Diese Entwicklung ist nicht zu stoppen. Wir können sie nur so gut wie möglich begleiten und, wenn möglich, korrigieren.« antwortet der niederländische Schriftgestalter GERARD UNGER auf die Frage, ob sich die Textgestaltung in Zukunft verändern wird (an Huef & Buchlabor, 2015).

War ein Studium im Grafik-Design und der Typografie in den 1960er Jahren, wie es GERARD UNGER an der *Gerrit Rietveld Academie* in Amsterdam absolvierte, geprägt von manuellen Fertigkeiten, dem analogen Arbeiten und vor allem dem papiernen Trägermaterial, so ist das aktuelle Grafik-Design Studium weitgehend digitalisiert und in einem engen Zeitfenster zu absolvieren. Wen wundert es da, dass Studierende heute eine ausgewiesene Vorliebe zur Materialität, Haptik und Individualität entwickelt haben. Das sind selbstredend ja auch sehr gute Grundvoraussetzungen für die Beschäftigung mit der Typografie und dem Buch – zumindest gedruckt auf analogen Trägermaterialien.

Analog und Digital

Denn eines ist klar – zumindest die Quantität der gestalterischen Aufgabenstellungen für die Typografie und die Buchgestaltung im Studium und im späteren Arbeitsleben sind anspruchsvoller geworden. Auch neben dem Spaß an der Arbeit am analogen Buch und seiner Typografie sollten und müssen wir uns den gegenwärtigen und zukünftigen Herausforderungen des Mediums stellen und diese mitgestalten – analog und digital.

Das analoge Buch hat ein Gegenüber bekommen und es wird zukünftig substanziell sein, zu überlegen, was digital und was analog Sinn ergibt. Dem physischen Buch wurde durch die digitalen Medien die Schwere und die alleinige Verantwortung der Wissensvermittlung genommen (Bose, 2013) – und das ist in der Tat eine Chance – vor allem im Nachdenken über die Ausbildung von Gestaltern.

Es ist an der Zeit, dass das Konzept explizit die mediale Umsetzung und die daraus generierte Buchgestaltung bestimmen sollte – frei von den redundanten Grundsatzdiskussionen über analoge und digitale Bücher und deren typografische Gestaltung. Es werden Formalien vom Digitalen ins Analoge und umgekehrt adaptiert, jedoch fast nie medienreflektiert untersucht und genutzt. Dafür bedarf es dringend interdisziplinärer Dialoge und Diskussionen und, daraus resultierend, wissenschaftliche und visuelle Forschung.

Die komplexe Entwicklung von Typografie und Buchgestaltung, einhergehend mit der globalisierten Welt und den Fragestellungen der Digitalisierung, erfordert eine einerseits grundständige und gleichzeitig medial spezialisierte Ausbildung.

Während GERARD UNGER wahrscheinlich mit Muße gezeichnet, geschrieben, seine Layouts noch geklebt hat und sich darüber hinaus sein theoretisches Wissen durch gedruckte Bücher angeeignet hat, studieren zukünftige Gestalter meist auf digitalen Oberflächen und recherchieren im Netz. Dabei ist das selektive Lesen und Navigieren mit Volltextsuche auf dem Display selbstverständlich etwas grundlegend anderes als das lineare Lesen einer medientheoretischen Niederschrift in einem Buchkörper. Beides prägt nicht nur auf unterschiedliche Weise unser Denken (und vielleicht auch unser Handeln ...), sondern hat auch typografisch ausdrücklich vielfältige spezifische Anforderungen, die es zu studieren und zu gestalten gilt.

Lesen und Gestalten

Wünschenswert wären Gestaltungsansätze, typografische und mediale Umsetzungen, die mehr mit den potentiellen Lesern und deren Leseverhalten interagieren. Es ergibt doch keinen Sinn, immer wieder zu bedauern, dass die jungen Menschen weniger Bücher (in Gänze) lesen. Genau hier können Gestaltung und Typografie wirklich relevante Aufgaben übernehmen und so vielleicht auch einen zukunftsweisenden Beitrag zum ›Lesen‹ an sich formulieren. Texte sollten in Zukunft grundsätzlich bewusster und sinnvoller strukturiert und gestaltet werden.

Es gibt sicherlich viele Bücher, deren Inhalte kaum eine andere als die lineare typografische und im besten Fall kaum merkliche Gestalt zulässt. Doch viele Inhalte bieten an sich schon sinnvolle nichtlineare Strukturen an. Konsequent zu Ende gedacht würde ein solcher gestalterischer Umgang mit Texten und Bildern auch das Ende vieler unleserlicher Bleiwüsten bedeuten. Das betrifft übrigens digitale und analoge Umsetzungen gleichermaßen. Wir können und sollten die Leser nicht erziehen, sondern Texte und Bücher durch unser Wissen und unsere Haltung lesbarer und zeitgemäßer gestalten. Das würde der Typografie und der Buchgestaltung auf allen Oberflächen einen viel höheren Stellenwert geben – Wissensvermittlung auch durch Typografie.

Es ist an der Zeit, dass wir uns mit den unterschiedlichen Lesern und deren Wünschen und Vorstellungen beschäftigen, also wirklich untersuchen und verstehen lernen, wie und wo und zu welchem Zweck heute bevorzugt gelesen wird. Auf diese vielfältigen Bedürfnisse und Anforderungen können wir dann typografisch und gestalterisch eingehen und Texte und Bücher visuell angemessen präsentieren. Dabei können und sollten sich Erfahrungen aus der Gestaltung von analogem und digitalem Text aufeinander zu bewegen. So wie sich die Gestaltung vieler digital angebotenen Texte (*Kindle, Ibooks* etc.) auf analoge Vorbilder bezieht, könnten einige Anregungen vom Display auf das Papier übergehen (Strukturierung von Texten, aktive und passive Auszeichnungen etc.). Überaus essenziell wird dabei sein, dass wir eine visuell angemessene und sensible Gestaltung in die jeweils unterschiedlichen Medien übertragen oder übersetzen und nicht einfach weiter unreflektiert adaptieren und kopieren.

Gerade im Studium – beim Lesen vieler wissenschaftlicher Fach-, Lehr- und Theoriebücher fällt doch eklatant auf, dass diese überhaupt nicht lesbar oder strukturiert gestaltet sind. Analog wie digital. Da reicht ein kurzer Blick auf die Seiten der bekannten Verlage für eben diese wissenschaftlichen Bücher, um zu sehen, dass hier nicht nur fast alle Bücher gleich aussehen, sondern das ›sogenannte ebook‹ oftmals nur ein PDF des gedruckten Exemplars ist – zum ähnlichen oder gleichen Preis versteht sich. Da hat doch der typografisch oder buch-interessierte Student, der vielleicht gerade ein Referat vorbereitet, sofort tausend Ideen und typografische Gestaltungsansätze im Kopf. Typografie und Gestaltung (in welcher medialen Umsetzung auch immer) aus einer persönlichen Erfahrung (dem Lesen) heraus, machen nicht nur erheblich mehr Spaß und Sinn, sondern sind auch sehr viel fundierter und unverwechselbarer in der visuellen Ausdrucksweise. Mit einem solchen individualistischen Ansatz würde die typografische Gestaltung ihre aktuelle Austauschbarkeit und Beliebigkeit verlieren.

Eine Frage der Zeit ...

Wir brauchen mehr Zeit! Wahrscheinlich gilt das für fast alle Lebensbereiche, für uns Gestalter aber vor allem für die Beschäftigung mit dem Text, der Typografie und der Buchgestaltung. Mehr

Zeit zu lernen und zu lehren und oftmals auch viel mehr Zeit, um die Inhalte zu durchdringen, die wir gestalten wollen und sollen und daraus eine entsprechende visuelle Umsetzung zu entwerfen. Mehr Zeit, um vielleicht auch hier und da zu überlegen, ob einige Inhalte schon so flüchtig sind, sodass sie gar keine bewusste Gestalt benötigen?

Die beiden Verleger ANNE KÖNIG und JAN WENZEL (*Spector Books*) schreiben in einem Statement zu ihrem Vortrag für das Symposium *Was wird und was nicht* am Fachbereich Design der *Fachhochschule Dortmund*: »War das ›Nein-Sagen‹ schon immer ein zentraler Teil der verlegerischen Arbeit, so sehen wir eine der wichtigsten Aufgaben für die Zukunft des Buches darin, dieses Nein programmatischer zu verstehen: es braucht nicht mehr sondern weniger Bücher; und es braucht eine Ökologie des Buches, Regeln für ein gezügeltes Produzieren«.[1]

Die Anforderungen und Aufgaben sind für uns Gestalter immer komplexer und vielschichtiger geworden, dagegen wird die Zeit, die wir für die Aufgaben zur Verfügung gestellt bekommen, immer knapper bemessen. Es ist kaum mehr ein Innehalten, eine Reflektion möglich – manchmal sieht man unglücklicherweise seine eigene ›termin-bedingte‹ Unzulänglichkeit als Gestalter erst in der schon publizierten Arbeit.

In der filmischen Dokumentation über die Arbeit des japanischen Fotografen HIROSHI SUGIMOTO *Visions in my Mind* beschreibt SUGIMOTO selbst seinen bewusst zeitintensiven Umgang mit einer neuen fotografischen Arbeit: »Im Eingangsbereich hänge ich immer etwas auf, an dem ich gerade arbeite. Das hier ist die aktuellste Arbeit aus der Serie *Lightning Fields*. Ich habe das erste Mal einen großen Abzug davon gemacht. So kann ich eine Zeit lang sehen wie die Arbeit wirkt. Jeden Tag schaue ich darauf und kann so beurteilen wie gut sie ist« (Tappeiner, 2007).

Zeit und Reflektion als ein Parameter für die Qualität einer gestalterischen Arbeit scheint uns mehr und mehr aus dem Fokus der Betrachtung geraten zu sein und umso nötiger wird es sein, diese Komponente, auch gegen einige (ökonomische) Widerstände wieder einzufordern.

In Zeiten, in denen alles lauter, billiger und immer schneller zu werden scheint, liegt vielleicht auch in der Reduktion und der Langsamkeit der Dinge eine mögliche Wahrheit – gerade in der Buchgestaltung.

1 *was wird und was nicht*, Symposium zur Theorie und Praxis zukunftsorientierter Gestaltung, Veranstalter: Fachhochschule Dortmund, Fachbereich Design in Kooperation mit dem Deutschen Werkbund e. V., 27.–28. Oktober 2017.

Ich lese gerne Krimis – das entspannt mich. Und weil die meistens sehr, sehr hässlich, typografisch schlecht gestaltet und zusätzlich oftmals auch noch sehr dick sind, lese ich nun auch privat mehr und mehr auf meinem Tablet. Damit schone ich auch meine Regale und habe mir den Platz jetzt lieber für besondere Bücher auf, die ich unbedingt besitzen möchte. Vor ein paar Wochen, beim Blick auf meinen Nachttisch – dort lag gerade mein neues, dünnes, leichtes und leuchtendes *iPad* auf einem Stapel mehrere hundert Seiten dicker, analoger, (noch nicht gelesener) Wälzer – kam mir plötzlich ein Student in den Sinn, der auf meine Frage im Seminar, ob und was er denn so lese, geantwortet hatte: »Vor dicken Büchern habe ich Angst ...«

Roland Stieger, Petra Wöhrmann

Typografie-Basis für den Alltag

Was ist Typografie? Eine geheime Wissenschaft?

Typografie war zu Zeiten des Bleisatzes ein Wissen, das den Schriftsetzern vorbehalten war. Sie wussten, welche Schrift in welcher Größe gesetzt werden musste. Sie wussten vom ikonographischen Mehrwert einer Schrift. Welche Schrift passt zu welchem Inhalt? Die Formen einer Schrift unterstützen im Idealfall den Inhalt. Jede Schrift ist wie eine Stimme, hat einen Charakter, und ihre kleinen visuellen Unterschiede haben eine semantische Wirkung.

Durch das Aufkommen der Computer Mitte der 80er Jahre begann ein großer Wandel. Die Selbstverständlichkeit der Handschrift veränderte sich grundlegend, ihr Einsatz wurde immer geringer. Heute schreibt fast jeder mit dem Computer. Sei das mit einem Smartphone, Tablet oder Computer. So machen heute praktisch alle Leute Typografie, auch wenn sie sich dessen nicht bewusst sind. Wenn wir etwas auf dem Computer schreiben, müssen wir uns überlegen, welche Schrift wir verwenden. Oder möchte man mehrere Schriften verwenden? Wie zeichne ich Titel aus? Wie groß soll die Schrift für den Lesetext sein? Wie lang soll eine Zeile sein? Welches ist der richtige Zeilenabstand? Schreibe ich im Blocksatz oder eher im Flattersatz oder gar zentriert?

Typografie kann man heute als Wissen um die Gestaltung mit Buchstaben bezeichnen. Genauer aber umfasst sie viel mehr:

- Text in Form bringen
- Wahl der Schriften
- Schriftgröße
- Buchstabenabstand, Wortabstand, Zeilenlänge, Zeilenabstand
- Kombination mit grafischen Elementen (Linie, Punkt, Fläche, Bild)
- und deren Gestaltung in der Fläche und dem Raum

Vom Buchstaben zum Text

Beginnen wir doch ganz von vorne. Ein Buchstabe alleine hat eine semantische Bedeutung. Die Form eines Buchstabens wirkt und löst ein Gefühl aus. Ein Buchstabe erzählt jedoch noch nichts über Inhalte. Mehrere Buchstaben zusammen bilden ein Wort.

Ein Wort hat Bedeutung, mehrere Worte zusammen bilden einen Satz, formen einen Inhalt. Im Idealfall sind diese Sätze gut lesbar. Doch was macht diesen Text gut lesbar? Es ist die gute Typografie, das glückliches Zusammenspiel von Schrift(en), Schriftgröße, Buchstabenabstand, Wortabstand, Zeilenlänge, Zeilenabstand und die Platzierung im Format.

Die Wahl der Schrift

Was ist eine gute Schrift, was ist die passende Schrift? Bei der Schreibmaschine musste man sich diese Frage erst gar nicht stellen. Es gab einfach nur eine fixe Schrift, in der alle Buchstaben dieselbe Breite hatten (Monospaced). Ein »i« hatte zu viel, ein ‹M› zu wenig Raum. – Doch nach welchen Kriterien wählt man heute eine gute Schrift aus? Eine gute Schrift zu haben ist vor allem für längere Texte und deren Lesbarkeit wichtig, für kurze Texte kann man verspieltere Schriften verwenden. Was ist besser, eine Schrift mit Serifen (Füßchen) oder eine Schrift ohne Serifen? Um es etwas einfacher zu gestalten, reduzieren wir die Schriften auf drei Typen. Schriften ohne Serifen, mit Serifen und Handschriften wie zum Beispiel die Comic Sans.

Sans Serif
Serif font
Handschrift

Letztere wird häufig verwendet, wenn man der Schrift einen menschlicheren oder wärmeren Charakter geben möchte. Doch es gibt auch Schriften ohne und mit Serifen, welche diese Wärme ausstrahlen. Dies sind nicht konstruierte Schriften mit einem humanistischen Hintergrund. Deren Formen lassen noch den Hintergrund eines Schreibwerkzeuges erkennen, wie z. B. eine Feder.

Konstruiert
Humanistisch
Konstruiert
Humanistisch
Handschrift

Am besten probiert man verschiedene Schriften aus und vergleicht sie miteinander. Am Beispiel eines beliebigen Wortes wie hier ‹Fortschritt› kann man leicht feststellen, welche Schrift zum Inhalt passt.

Fortschritt
Fortschritt
Fortschritt
Fortschritt

In der deutschen Sprache kommen die Buchstaben »enisrat« am häufigsten vor. Diese Buchstaben prägen den Charakter einer Schrift am meisten. Die Buchstaben »a, e, g« haben die größten Unterschiede zwischen den verschiedenen Schrifttypen. Im Vergleich sieht man die unterschiedlichen Formprinzipien.

a a a a a
e e e e e
g g g g g

Was macht es aber nun aus, dass eine Schrift gut lesbar ist? Buchstaben müssen zusammenpassen, also ähnliche Formprinzipien haben. Sie müssen sich aber auch genügend klar unterscheiden, das ist wichtig für die Lesbarkeit. Alles beginnt mit dem Innenraum des Einzelbuchstabens.

Man sieht vor allem die Unterschiede der Innenräume von a, b, d, g, o.

codex abrogans
codex abrogans

Bei der oberen konstruierten Schrift sind die Formen ähnlicher und deshalb schwieriger zu unterschieden. Beim unteren Beispiel einer Schrift mit humanistischen Formen unterscheiden sich selbst die Innenformen von b und d bereits deutlicher.

Ein weiterer Aspekt zur besseren Lesbarkeit ist das Höhenverhältnis von Groß- und Kleinbuchstaben. Wenn die Großbuchstaben etwas kleiner sind als die Oberlängen der Kleinbuchstaben ergibt sich eine ruhigere Zeilenwirkung.

Buchstabenabstand

Der Buchstaben-Innenraum beeinflusst den Buchstabenabstand, den Wortabstand, den Zeilenabstand (der sog. Durchschuss). Ist dieser Innenraum klein, muss der Buchstabenabstand ebenfalls klein sein, ebenso der Wortabstand und schließlich der Zeilenabstand.

Stimmt der Buchstabenabstand nicht zum Innenraum – ist er zu groß – so fällt das Wortbild auseinander: Wir können nicht mehr mühelos lesen. Umgekehrt verlangt ein großer Buchstaben-Innenraum größere Buchstabenabstände, größere Wortabstände, größere Zeilenabstände. Sind diese zu klein, so ist das Lesen ebenfalls behindert. Als geübte Leser erfassen wir ganze Wortbilder, nicht Einzelbuchstaben, wie wenn man Lesen lernt. Bei einer guten Schrift muss man sich nicht um den Buchstabenabstand kümmern.

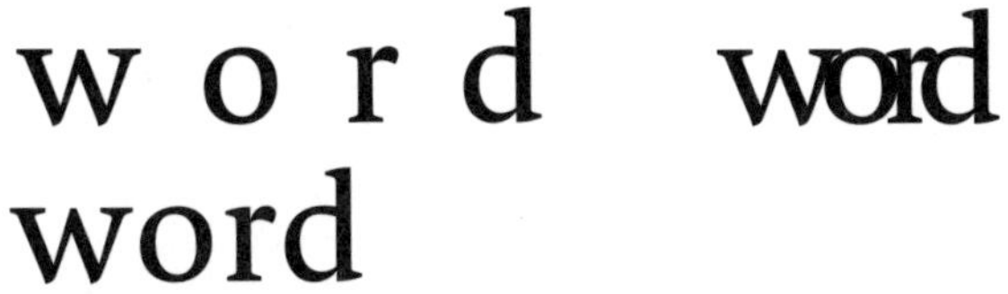

Hingegen gibt es Schriften, die zu wenig Buchstabenabstand haben. Der Abstand zwischen den Buchstaben richtet sich nach den Innenräumen der Buchstaben. Ist der Buchstabeninnenraum groß, so müssen auch die Buchstabenabstände größer sein (zum Beispiel bei einer ganz mageren Schrift). Ist der Innenraum klein, so müssen auch die Buchstabenabstände klein sein (zum Beispiel bei einer fetten Schrift).

Wortabstand
Sind die Wortabstände zu groß, lesen wir einzelne Worte, nicht jedoch den Satz.

Ich   weiss   nicht   viel   von   Patrizia.

Sind die Wortabstände zu eng, verlangsamt es den Lesefluss. Sind die Wortabstände passend zur Schrift, lesen wir angenehm.
Zeilenlänge

Ichweissnichtvielvon Patrizia.

Lange Zeilen mit wenig Zeilenabstand sind anstrengend zu lesen. Passende Zeilenabstände lassen den Text schon besser lesbar erscheinen.

Ich weiss nicht viel von Patrizia. Sie war eine Freundin meiner Schwester. Sie ritt, und das machte sie interessant für uns. Für meine Schwester und mich und später für Markus und mich. Als wir angefangen hatten, uns für Mädchen zu interessieren. Meine Schwester wäre auch gern geritten. Natürlich fanden wir die Mädchen blöd damals, und sie fanden uns kindisch, was wir wohl auch waren.

Patrizia hatte lange blonde Haare, und wenn sie sie hochgesteckt hatte, sagte Markus später immer, er liebe Patrizia. Immer nur, wenn sie ihr Haar hochgesteckt hatte. Er sagte dann wirklich: «Ich liebe Patrizia, wenn sie ihr Haar hochgesteckt hat. Ich möchte sie beim Reiten sehen.» Aber nur ich sah sie beim Reiten, einmal, als ich mit meiner Schwester mitging, die Patrizia im Reitstall abholte. Ich weiss gar nicht mehr, warum ich mit meiner Schwester

Ich weiss nicht viel von Patrizia. Sie war eine Freundin meiner Schwester. Sie ritt, und das machte sie interessant für uns. Für meine Schwester und mich und später für Markus und mich. Als wir angefangen hatten, uns für Mädchen zu interessieren. Meine Schwester wäre auch gern geritten. Natürlich fanden wir die Mädchen blöd damals, und sie fanden uns kindisch, was wir wohl auch waren.

Patrizia hatte lange blonde Haare, und wenn sie sie hochgesteckt hatte, sagte Markus später immer, er liebe Patrizia. Immer nur, wenn sie ihr Haar hochgesteckt hatte. Er sagte dann wirklich: «Ich liebe Patrizia, wenn sie ihr Haar hochgesteckt hat. Ich möchte sie beim Reiten sehen.» Aber nur ich sah sie beim Reiten, einmal, als ich mit meiner Schwester mitging, die Patrizia im Reitstall abholte. Ich weiss gar nicht mehr, warum ich mit meiner Schwester ging, wir hatten längst aufgehört, zusammen Dinge zu unternehmen. Jedenfalls fand ich Patrizia da auch sehr schön, wie sie mit dem Pferd umging, wie eine Erwachsene. Als ich Markus davon erzählte, beneidete er mich. Text von Peter Stamm: *Der Lauf der Dinge.*

Noch viel besser lesbar ist ein Text, wenn seine Zeilenlänge übersichtlich und mit genügend Zeilenabstand gesetzt wird. Als Faustregel kann man sagen, ein Zeile sollte zwischen 50 und 70 Zeichen haben.

Ich weiss nicht viel von Patrizia. Sie war eine Freundin meiner Schwester. Sie ritt, und das machte sie interessant für uns. Für meine Schwester und mich und später für Markus und mich. Als wir angefangen hatten, uns für Mädchen zu interessieren. Meine Schwester wäre auch gern geritten. Natürlich fanden wir die Mädchen blöd damals, und sie fanden uns kindisch, was wir wohl auch waren.

Patrizia hatte lange blonde Haare, und wenn sie sie hochgesteckt hatte, sagte Markus später immer, er liebe Patrizia. Immer nur, wenn sie ihr Haar hochgesteckt hatte. Er sagte dann wirklich: «Ich liebe Patrizia, wenn sie ihr Haar hochgesteckt hat. Ich möchte sie beim Reiten sehen.» Aber nur ich sah sie beim Reiten, einmal, als ich mit meiner Schwester mitging, die Patrizia im Reitstall abholte. Ich weiss gar nicht mehr, warum

Schriftgröße
Zuerst muss man wissen, dass 12 pt nicht gleich 12 pt ist. Vergleichen wir zwei Schriften miteinander: die Vectora von ADRIAN FRUTIGER und die Garamond, die auf Vorbilder aus dem 15. Jahrhundert zurückgehen. Bei der Vectora sind die Klein- und Großbuchstaben fast gleich groß. Bei der Garamond sind die Kleinbuchstaben deutlich kleiner. Wenn man also beide Schriften miteinander vergleicht, so wirkt die Garamond deutlich kleiner bei selber Schriftgröße.

Lesbarkeit
Schriftgröße, Zeilenlänge und Zeilenabstand bestimmen über die Qualität der Lesbarkeit. Und diese steht in Relation zum Format. Lange Zeilen mit wenig Zeilenabstand sind anstrengend zu lesen. Noch schwerer ist es, wenn der Text als Blocksatz mit großen Wortabständen gesetzt ist. Also wenn die Wortabstände grösser sind als der Zeilenabstand. Dann entstehen vertikale ‹Flüsse› durch den Text.

Mittelachse oder doch linksbündig?
Warum eignet sich die Mittelachse nicht für einen längeren Text? Weil der Zeilenanfang immer an einem anderen Ort steht. Das selbe gilt für einen Text, der rechtsbündig gesetzt ist. Weil wir von links nach rechts lesen, ist es einfacher, wenn der Text links immer an derselben Stelle beginnt und das Auge eine feste Orientierung links bekommt.

Ich weiss nicht viel von Patrizia. Sie war eine Freundin
meiner Schwester. Sie ritt, und das machte sie in-
teressant für uns. Für meine Schwester und mich und
später für Markus und mich. Als wir angefangen
hatten, uns für Mädchen zu interessieren. Meine
Schwester wäre auch gern geritten. Natürlich fanden
wir die Mädchen blöd damals, und sie fanden uns
kindisch, was wir wohl auch waren.
Patrizia hatte lange blonde Haare, und wenn sie sie
hochgesteckt hatte, sagte Markus später immer, er liebe
Patrizia. Immer nur, wenn sie ihr Haar hochgesteckt
hatte. Er sagte dann wirklich: «Ich liebe Patrizia, wenn
sie ihr Haar hochgesteckt hat. Ich möchte sie beim
Reiten sehen.» Aber nur ich sah sie beim Reiten, ein-
mal, als ich mit meiner Schwester mitging, die Patrizia
im Reitstall abholte. Ich weiss gar nicht mehr, warum

Block- oder Flattersatz?
Blocksatz eignet sich erst ab einer gewissen Minimalbreite, als Faustregel gilt 50 Zeichen (inkl. Leerzeichen) pro Zeile. Ansonsten sollten wir eher den Text linksbündig setzen.

Dieser schmale Text zeigt viel zu große Wortabstände und ist für einen Blocksatz zu schmal gesetzt. Hier entstehen unangenehme Lücken.

Ut One pore-
hent laccaep
udaeptati nec-
tia quideli ciisi-
ta eptatec tat-
que vel int.
Sedit ius ame
sint facipsapit
quae. Nam re
lam faccum

Dieses Beispiel ist viel besser, weil es hier 50 Buchstaben pro Zeile hat und keine großen Wortabstände entstehen.

Ut One porehent laccaep udaeptati nectia quide-
li ciisita eptatec tatque vel int. Sedit ius ame sint
facipsapit quae. Nam re lam faccum inus. At aut
mi, occus eumet idi re, qui verio ella voloren tions-
ed

Hier sehen wir den die selben Texte im linksbündigen Flattersatz. Er hat eine viel bessere Zeilenwirkung, weil die Wortabstände nun in angepasster Größe sind.

Ut One pore-
hent laccaep
udaeptati nec-
tia quideli ci-
isita eptatec
tatque vel int.
Sedit ius ame
sint facipsapit
quae. Nam re
lam faccum

Ein guter Flattersatz

Ein linksbündiger Text flattert rechts in einem guten Rhythmus: kurz - lang - kurz - lang

Die Schriftwahl ist von eminenter Bedeutung;
nicht nur im Buch, sondern auch in der täglichen
Werbung vermag sie das ‹Innere nach aussen
zu stülpen›. Über die Schriftwahl hinaus ist noch
etwas anderes wichtig: Man muss die Absicht
hinter der typografischen Form erkennen können.
Und: Typografie muss lesbar sein. Wenn man

Folgende flatternde Formen sollte man vermeiden:

Treppen

Die Schriftwahl ist von eminenter Bedeutung;
nicht nur im Buch, sondern auch in der täglichen
Werbung vermag sie das ‹Innere nach aussen zu stül-
pen›. Über die Schriftwahl hinaus ist noch etwas anderes
wichtig: Man muss die Absicht hinter der typografischen
Form erkennen können. Und: Typografie muss les-
bar sein. Wenn man aber von Typografie Lesbar-

Bäuche

Die Schriftwahl ist von eminenter Bedeutung;
nicht nur im Buch, sondern auch in der täglichen
Werbung vermag sie das ‹Innere nach aussen zu
stülpen›. Über die Schriftwahl hinaus ist noch
etwas anderes wichtig: Man muss die Absicht
hinter der typografischen Form erkennen
können. Und: Typografie muss lesbar

Linear gleichmäßig abfallen

Die Schriftwahl ist von eminenter Bedeutung;
nicht nur im Buch, sondern auch in der täglichen
Werbung vermag sie das ‹Innere nach aussen zu
stülpen›. Über die Schriftwahl hinaus ist noch et-
was anderes wichtig: Man muss die Absicht hinter
der typografischen Form erkennen können. Und:
Typografie muss lesbar sein. Wenn man aber von

Löcher

Die Schriftwahl ist von eminenter Bedeutung;
nicht nur im Buch, sondern auch in
der täglichen Werbung vermag sie das ‹Innere
nach aussen zu stülpen›. Über die Schriftwahl
hinaus ist noch etwas anderes wichtig: Man muss
die Absicht hinter der typografischen Form er-
kennen können. Und: Typografie muss lesbar sein.

Auszeichnungen
Für Auszeichnungen im Text gibt es viele Möglichkeiten:

Großbuchstaben

ICH schreibe deutsch
ich SCHREIBE deutsch
ich schreibe DEUTSCH

Der gleiche Satz meint dreimal etwas anderes. Die Auszeichnung hat den Inhalt verändert.

Kursive

Ich *schreibe* deutsch.

Kapitälchen

Seit neustem Herr
HOFMEISTER Müller, bitte!

Sperrung

Seit neustem Herr
H o f m e i s t e r Müller,
bitte!

Unterstreichung

Ich schreibe deutsch.

Farbe

Ich schreibe deutsch.

Fetter Schriftschnitt

Ich **schreibe** deutsch.

Negativ
Ich schreibe deutsch.

Titel

Für Titel kann man auch Schriften mischen, zum Beispiel ohne Serifen für Titel, mit Serifen für den Text.

Andere Schriftart für Titel
Der Text ist zum Beispiel in einer Serifenschrift gesetzt

Zahlen

Bei einer guten Schrift gibt es vier verschiedene Ziffernarten:

1. tabellarische Versal-Ziffern (Großbuchstabengröße, gleiche Breite aller Zahlen)
2. tabellarische Mediäval-Ziffern (Kleinbuchstabengröße, gleiche Breite aller Zahlen)
3. proportionale Versal-Ziffern (die Breite ist der Form angepasst, die Zahlen haben unterschiedliche Breiten, dadurch entstehen im Fließtext keine weißen Löcher)
4. proportionale Mediäval-Ziffern (wie bei 3, doch fügen sich diese Zahlen noch besser in den Text ein, weil sie den Kleinbuchstaben angepasst sind)

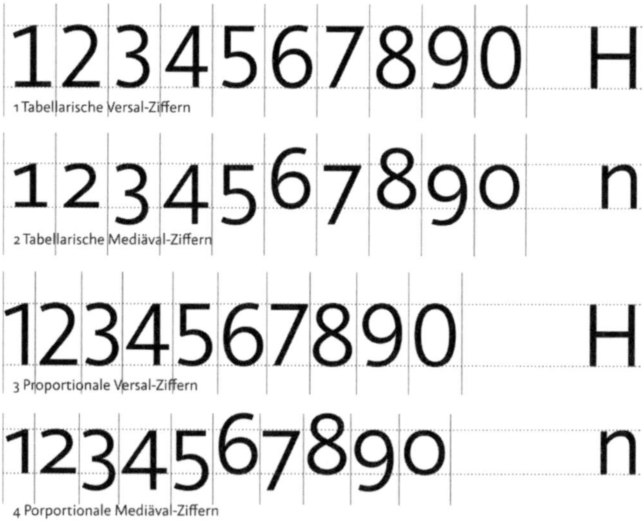

Was braucht es also für gute Typografie?
Oft ist weniger mehr. Ein Tipp: Am besten überlegt man sich, ob man mit einer Schrift und einer Schriftgröße auskommen würde. Erst wenn das gar nicht geht, ergänzt man mit weiteren Auszeichnungen. Zeilen sollen nicht zu lang sein, im Zweifelsfall lieber linksbündigen Flattersatz verwenden und bei der Schrift ein Musterwort nehmen, um verschiedene Schriften zu vergleichen, dann wird es schnell klar, was passt.

Weitere Hinweise finden sich in (Hochuli, 2015);
(Wilberg & Forssman, 2010); (Forssman & de Jong, 2004);
(Sommer, 2013); (Frick, 2017); zu Zeiten des Bleisatzes (Noordzij, 2005).

Anhang

Autorinnen und Autoren

Florian Adler *1959
Studium der Visuellen Kommunikation an der HdK (UdK) Berlin, Meisterschüler bei Prof. Helmut Lortz. Heute ist er Geschäftsführer des Designbüros adlerschmidt, Honorarprofessor für Kommunikationsdesign an der Hochschule für Technik und Wirtschaft Berlin und Mitglied im DIN Arbeitsausschuss »Schriften«. Seit 2015 leitet er das Projekt »Inklusives Kommunikationsdesign«.
www.adlerschmidt.de

Sabine an Huef
Buchgestalterin und Professorin für Kommunikationsdesign am Fachbereich Design der FH Dortmund mit dem Schwerpunkt Typografie/Konzeption sowie Entwurf und Initiatorin/Leiterin des buchlabor – Institut für Buchforschung (i. Gr.). Sie arbeitet an der Schnittstelle und den Zusammenhängen von Forschung und Gestaltung zu relevanten Themen um das Medium Buch.
www.buchlabor.net

Ulrike Borinski, Dipl.-Des. *1959
Studium der Visuellen Kommunikation an der FH Bielefeld. Nach Jahren als Typografin in der Buch- und Zeitschriftenproduktion ist sie heute Koordinatorin für Mediengestaltung und Publishing am IfV NRW mit den Schwerpunkten wissenschaftliche und didaktische Typografie. Sie ist Vorsitzende des Forum Typografie.
www.frauborinski.de

Christina Bugge, M. A. *1984
Studium des Kommunikationsdesigns an der FH Potsdam. Masterarbeit: »Eine buchstäbliche Lesehilfe – Gestaltete Lesbarkeit für die kindliche Sprach- und Sprechtherapie«. Seit 2017 arbeitet sie als freiberufliche Kommunikationsdesignerin in Berlin mit den Schwerpunkten Grafik Design, Editorial Design, Buchgestaltung, Typografie und Infografik.
www.christinabugge.com

Antonia M. Cornelius, M. A. *1989
Studium des Kommunikationsdesigns mit Schwerpunkt Schriftgestaltung und Typografie an der HAW Hamburg. Autorin von »Buchstaben im Kopf.

Was Kreative über das Lesen wissen sollten, um Leselust zu gestalten.« (Mainz, 2017). Seit 2018 promoviert sie über Einfüsse auf die Leserlichkeit von Textschriften an der Muthesius Kunsthochschule in Kiel.
www.antoniacornelius.com

Jan Filek, Dipl.-Des. *1986.
Studium des Kommunikationsdesigns an der FH Düsseldorf mit den Schwerpunkten Corporate Design und Typografie. Veröffentlichung der Diplomarbeit »Read/ability – Typografie und Lesbarkeit« im Verlag niggli. Heute tätig als Geschäftsführer des Design Studios mintley GmbH in Düsseldorf für strategische digitale Markenführung und User Experience Design.
www.janfilek.de, www.mintley.com

Clemens-G. Göller, Univ.-Lekt. MMag.art. *1984
Er studierte Grafik und Werbung am Institut für Design, anschließend Design, Architektur und Environment sowie Kunst und kommunikative Praxis am Institut für Kunstwissenschaften, Kunstpädagogik und Kunstvermittlung an der Universität für angewandte Kunst Wien. Heute ist er als Kommunikationsdesigner, Lehrer und Universitäts-Lektor tätig.
www.cggoeller.at

Rudolf Paulus Gorbach *1939
Buchdrucker, Studium der Drucktechnik und Typografie in Berlin. Geschäftsführer von Gorbach GmbH, Büro für Gestaltung und Realisierung (Schwerpunkt Buchgestaltung) sowie Gorbach-Seminare. Zahlreiche Lehraufträge zur Typografie an Hochschulen. Initiator des berufsbegleitenden Seminars »Typografie intensiv« in München. Autor und Herausgeber von Fachbüchern. War 11 Jahre Vorsitzender der tgm (Typographische Gesellschaft München).
www.gorbach-gestaltung.de, Typografie-intensiv.de

Rosalie Heinen *1987
1. Staatsexamen für das Lehramt für Sekundarstufe I. Studium der Germanistik und Biologie an der Universität zu Köln. Seit 2017 Doktorandin / Wissenschaftliche Mitarbeiterin am Institut für Didaktik der Physik an der WWU Münster. Forschungsschwerpunkte: Sprach- und Fachlernen im Physikunterricht, Verständlichkeit von Bildungsmedien, Entwicklung sprachsensibler Unterrichtsmaterialien.
rosalie.heinen@uni-muenster.de

Susanne Heinicke *1979
Studium der Physik an den Universitäten Bonn, Kapstadt und Oldenburg, Promotion in Didaktik und Geschichte der Physik. Heute ist sie Professorin für Physikdidaktik an der Universität Münster und leitet dort eine Arbeitsgruppe zum Thema sprachsensibler Physikunterricht. Ein Schwerpunkt der Arbeit ist das Erstellen von sprachsensiblen Lernmaterialien für den naturwissenschaftlichen Unterricht.
www.uni-muenster.de/Physik.DP/Heinicke.html

Verena Kiesel, M.A. *1989
Studium des Kommunikationsdesigns an der FH Würzburg-Schweinfurt und an der FH Potsdam. Masterarbeit: »Bewusstseinsbildung für Schrift im Kindesalter – Eine empirische Untersuchung«. Arbeitet als freiberufliche Kommunikationsdesignerin mit den Schwerpunkten Grafik Design, Typografie, Editorial Design und Ausstellungsgestaltung in Berlin.
www.verenakiesel.de

Saskia Kraft, Dipl.-Ing. *1987
Studium der Verlagsherstellung an der HTWK Leipzig. Heute ist sie Doktorandin an der HTWK/Universität Leipzig und Stipendiatin der Heinrich-Böll-Stiftung. Arbeitstitel des Promotionsvorhabens: »Typografie und Medienaneignung älterer Menschen aus biografischer Perspektive«.
saskia.kraft@htwk-leipzig.de

Miriam Mayrhofer, Mag. *1988
Lehramtsstudium für Englisch und Italienisch an der Universität Wien. Magisterarbeit: »English Language Teaching with Shaun Tan's The Arrival: A Case for Visual Literacy«. Sie ist heute als Fremdsprachenlehrerin in einem alternativen Wiener Schulprojekt und als Lektorin und Doktorandin an der Universität Wien in den Bereichen Literaturdidaktik und Kreativität im Fremdsprachenunterricht tätig.
miriam.mayrhofer@gmx.net

Lisa Neuhalfen, Dipl.-Des. *1963
Studium des Kommunikationsdesigns mit Schwerpunkt Buchgestaltung an der FH Mainz bei H. P. Willberg. Seit 1992 arbeitet sie als freiberufliche Gestalterin in Berlin im Bereich Grafikdesign, Buchgestaltung, Editorial Design und Typografie, und hält Vorträge zu verschiedenen typografischen Themen.
www.moretypes.com

Albert-Jan Pool *1960
Studium Grafikdesign, Typografie und Schrift an der KABK in Den Haag. Er ist Gestalter der stetig wachsenden Schriftfamilie FF DIN und unterrichtet Schriftgestaltung an der Muthesius Kunsthochschule in Kiel. Als Obmann des DIN-Ausschusses »Schrift« ist er für Normen wie DIN 1450 über Leserlichkeit und DIN 1451 über Schrift verantwortlich.
www.dutch-design.de

Michael Schlierbach *1965
Studierte Evangelische Theologie in Erlangen, Heidelberg und München. Jahreskurs Typografie bei Rudolf Paulus Gorbach. Evangelisch-Lutherischer Studierendenpfarrer in Rosenheim. Er arbeitet an der Schnittstelle von theologischer Botschaft und visueller Kommmunikation, an Bibeltypografie und kirchlichen Veröffentlichungen, am besten beschreibbar als »visuelle Homiletik«. schriftbildwort.de

Björn Schumacher, M. A. *1984
Studium des Kommunikationsdesigns an der Muthesius Kunsthochschle in Kiel. Seit 2018 führt er seine im Masterstudium angefangenen Forschungen zum Thema Leserlichkeit im Rahmen einer Promotion an der Muthesius Kunsthochschule Kiel fort. Arbeitstitel: »Leserlichkeit von Textschriften – wie wird durch Optical Scaling die Leserlichkeit beeinflusst?«
www.bjoerngrafik.de

Sabina Sieghart, Dipl.-Des. | MA *1970
Studium des Kommunikationsdesigns FH Würzburg und ANU Canberra, Master Design Research an der Hochschule der Künste Bern. Leitet Büro für Kommunikationsdesign in München, unterrichtet an der FH Salzburg und ist wissenschaftliche Mitarbeiterin an der HKB. Ihr Forschungsschwerpunkt ist »Leichte Sprache, Typografie und Angemessenheit«.
www.gestaltungsinstitut.de

Dr. phil. René Spitz *1968
Studium der Kommunikationswissenschaft, Germanistik und Geschichte an den Universitäten München und Köln. Professor für Designwissenschaft und Kommunikationsmanagement an der Rheinischen FH Köln. Forschungsschwerpunkte: HfG Ulm und die gesellschaftliche Verantwortung der Gestalter. Zahlreiche Veröffentlichungen. Designkritiker des WDR.
www.renespitz.de

Univ.-Prof. Dr. habil. Jürgen Spitzmüller *1973
Studium Germanistik und Geschichtswissenschaft an der Universität Freiburg. Forschungs- und Lehrtätigkeit an den Universitäten Zürich, Hamburg und Wien. Promotion und Habilitation in Sprachwissenschaft des Deutschen. Seit 2015 Inhaber des Lehrstuhls für Angewandte Sprachwissenschaft an der Universität Wien.
www.spitzmueller.org

Roland Stieger *1970
Lehre als Schriftsetzer, anschließend Ausbildung zum Typografischen Gestalter bei Jost Hochuli. Seit 1993 ist er Mitinhaber des Ateliers TGG Hafen Senn Stieger. 2008–2010 Ausbildung in Type Design bei André Baldinger und Hansjürg Hunziker an der ZHdK Zürich. 2017 Veröffentlichung der Schrift Alena 2017 bei www.lazydogs.de. Dozent an der Schule für Gestaltung, St. Gallen.
www.tgg.ch

Martin Tiefenthaler, Mag. art. *1956
Diplom für Malerei an der Akademie der bildenden Künste Wien. Er unterrichtet an der ›die Graphische‹ in Wien Typografie und Semiotik und leitet seit 1985 das Atelier ID IID IIIDesign. Tiefenthaler forscht und referiert über physiologische Grundlagen, Körperlichkeit und Politik von Schrift und ist Mitbegründer der tga (typographische gesellschaft austria).
www.idiidiiidesign.at

Silvia Werfel, M.A. *1958
Nach dem Abitur Schriftsetzerlehre und Studium der Fächer Buchwesen, Germanistik und Geschichte an der JGU in Mainz. Magisterarbeit über Rudolf Koch. Tätig als freie Journalistin und Fachautorin, Mitherausgeberin des »Journals für Druckgeschichte« im Fachmagazin »Deutscher Drucker« und verantwortliche Redakteurin der »Wandelhalle für Bücherfreunde«.
werfelsi@me.com

Petra Wöhrmann *1971
Studium des Kommunikationsdesigns an der TH Nürnberg und der Ecole Supérieure d'Art de Cambrai in Frankreich. Sie arbeitet heute als freiberufliche Kommunikationsdesignerin mit den Schwerpunkten Typografie/Lettering in ihrem Atelier in München. Dozentin für Typografie/Kalligraphie/Handlettering und Botschafterin der tgm (Typographische Gesellschaft München).
www.petrawoehrmann.de

Literatur

Adler, F., de Gruisbourne, T., Stolzenburg, C., Groenewold, H., Lenk, V., & Richter, S. (2017). leserlich.info - Schritte zu einem inklusiven Kommunikationsdesign. Abgerufen 1. September 2017, von http://www.dbsv.org/leserlich

Adler, F., & Neumann, S. (2013). Leserlichkeit von Schrift im Öffentlichen Raum. In J. Eckert, I. Kupferschmid, A. Uebele, P. Schäfer, I. Pfeifer, & J. Henseler (Hrsg.), Schrift und Identität: die Gestaltung von Beschilderungen im öffentlichen Verkehr. Sulgen: Niggli.

Aicher, O. (1963a). Katalog einer Wanderausstellung. Stuttgart.

Aicher, O. (1963b). Vortrag zur Eröffnung der Wanderausstellung der HfG im Landesgewerbeamt Stuttgart, 26. April 1963. Ulm, (8/9), S. 2–4.

Aicher, O. (1987). Bauhaus und Ulm. In H. Lindinger (Hrsg.), Hochschule für Gestaltung Ulm. Die Moral der Gegenstände (S.124–129). Berlin.

Aicher, O. (2005). typographie. Mainz: Hermann Schmidt Verlag.

Ainsworth, S., Bibby, P., & Wood, D. (2002). Examining the effects of different multiple representational systems in learning primary mathematics. The Journal of the Learning Sciences, 11, 25–61.

Alexander, K., & Wünsche, C. (2017). Kompetenzzentrum Informationswissenschaften » Typografie und Leserlichkeit. Abgerufen 30. August 2017, von http://kiw.hs-merseburg.de/index.php/forschung/typografie-und-leserlichkeit/

Alsleben, K. (1962). Informationstypografie. Hamburg: Schnelle.

an Huef, S., & Buchlabor (Hrsg.). (2015). Über Lesen- Kommentare: Persönliche Anmerkungen zu einem aktuellen Ereignis. Dortmund: Kettler.

Artikulationsstörungen. (2013). Abgerufen 11. Juli 2017, von https://www.dbl-ev.de/kommunikation-sprache-sprechen-stimme-schlucken/stoerungen-bei-kindern/stoerungsbereiche/sprechen/artikulationsstoerungen.html

Avgerinou, M. D. (2009). Re-Viewing Visual Literacy in the »Bain d'Images« Era. TechTrends, 53(2), 28–34.

Baines, P., & Haslam, A. (2002). Lust auf Schrift: Basiswissen Typografie. Mainz: Schmidt.

Ballstaedt, S.-P., Mandl, H., Schnotz, W., & Tergan, S.-O. (1981). Texte verstehen, Texte gestalten. München: Urban und Schwarzenberg.

Balzert, H. (1999). Lehrbuch der Softwaretechnik: Basiskonzepte und Requirements Engineering (3. Auflage). Spektrum Akademischer Verlag.

Balzert, H. (2016). Wie schreibt man ... erfolgreiche Lehrbücher und E-Learning-Kurse? (1. Auflage). Dortmund: W3L-Verlag.

Bang, M. (2000). Picture This: How Pictures Work. Chronicle Books.

Bär, J. A. (2016). Text- und Diskurshermeneutik. Muttersprache, 126(4), 281–301.

Barry, A. M. (2004). Perception theory. In K. L. Smith, S. Moriarty, K. Kenney, & G. Barbatsis (Hrsg.), Handbook of Visual Communication: Theory, Methods, and Media (S. 45–62). Mahwah, N.J: Routledge.

Barthes, R. (1977). Image, Music, Text. London: Fontana Press.

Bartnitzky, H. (2016). 500 Jahre Alphabetisierung: Auf der Suche nach sach-und zugleich kindgerechtem Schriftspracherwerb. Leseforum Schweiz. Literalität in Forschung und Praxis, 2(2016). Abgerufen von http://www.leseforum.ch/sysModules/obxLeseforum/Artikel/568/2016_2_Bartnitzky.pdf

Beck, F.-J. (2014). Lesen sehbehinderter Schülerinnen und Schüler: Diagnostik und Förderung. Marburg: Tectum-Verlag.

Beier, S. (2009). Typeface legibility: towards defining familiarity. Royal College of Art. Abgerufen von http://researchonline.rca.ac.uk/957/

Beier, S. (2012). Reading letters: designing for legibility. Amsterdam: BIS.

Beier, S. (2016). Letterform Research: an academic orphan. Visible Language. The Journal of visual communication research, 50(2), 64. Abgerufen von http://visiblelanguagejournal.com/issue/202/article/1372

Beier, S., & Dyson, M. C. (2014). The influence of serifs on 'h' and 'i': useful knowledge from design-led scientific research. Visible Language. The Journal of visual communication research, 47(3), 74–95. Abgerufen von http://visiblelanguagejournal.com/issue/158

Beier, S., & Larson, K. (2010). Design Improvements for Frequently Misrecognized Letters. Information Design Journal, 18(2), 118–137. Abgerufen von http://www.ingentaconnect.com/content/jbp/idj/2010/00000018/00000002/art00004

Bense, M. (1956). Aesthetische Information. aesthetica II. Krefeld, Baden-Baden: Agis-Verlag.

Bergerhausen, J. (2017). Nano, Mikro, Makro. In A. Pawlik & M. Tiefenthaler (Hrsg.), Subtext: Typedesign. Salenstein: niggli Verlag.

Berke, A., & Rauscher, C. (2007). Altern und Auge. Heidelberg: DOZ-Verlag.

Berlyne, D. E. (1974). The new experimental aesthetics. In D. E. Berlyne (Hrsg.), The new experimental aesthetics (S.1–25). New York: Wiley.

Bernard, M., Liao, C. H., & Mills, M. (2001). The effects of font type and size on the legibility and reading time of online text by older adults. In CHI'01 extended abstracts on Human factors in computing systems (S. 175–176). Witchita, USA: ACM.

Bessemans, A. (2012). Letterontwerp voor kinderen met een visuele functiebeperking (PhD Thesis). Academy of Creative and Performing Arts, Faculty of Humanities, Leiden University, Leiden.

Bill, M. (1946). über typografie. Schweizer Graphische Mitteilungen, (4), 193–200.

Bill, M. (1953). Vom staatlichen Bauhaus in Weimar zur Hochschule für Gestaltung in Ulm. Magnum, (1).

Bill, M. (2008). »der einfluss der zweiten industriellen revolution auf die kultur«. Referat vom 7. 3. 1957 in der Villa Hügel, Essen. In J. Bill (Hrsg.), max bill – funktion und funktionalismus: schriften 1945–1988 (S. 108–121, 111). Bern.

Billmayer, F. (2012). Leser werden User. Anforderungen an Lernmaterialien unter den Bedingungen aktueller Kommunikation. In A. Dreyer & J. Penzel (Hrsg.), Vom Schulbuch zum Whiteboard: zu Vermittlungsmedien in der Kunstpädagogik (S. 117–130). München: kopaed.

Bilz, S., & Mischler, M. (2007). Der kleine Besserwisser – Grundwissen für Gestalter (1. Auflage). Berlin: Gestalten.

Bloodsworth, J. G. (1993). Legibility of Print. Aiken: University of South Carolina.

Bock, B. M. (2015). Zur Angemessenheit Leichter Sprache: aus Sicht der Linguistik und aus Sicht der Praxis. Aptum. Zeitschrift für Sprachkritik und Sprachkultur, 11(2), 131–140.

Bock, B. M., & Fix, U. (2017). »Leichte Sprache« im Spiegel theoretischer und angewandter Forschung. (D. Lange, Hrsg.). Berlin: Frank & Timme.

Bonsiepe, G. (1968). Über eine Methode, Ordnung in der typografischen Gestaltung zu quantifizieren. ulm, (21), 24–32.

Borinski, U. (2010). Projekt: Produktion und Verteilung von elektronischen Lerneinheiten des Verbundstudiums für ePaper-Geräte 2009–2010 Teilprojekt 5: Layout und PDF-Produktion, 17.

Borinski, U. (2016, Februar 14). Die typografische Figur. Abgerufen 14. Februar 2016, von http://www.frauborinski.de/Typo-Figuren.html

Borinski, Ulrike. (2016, Februar 14). Lerneinheiten – ein Modell. Abgerufen 14. Februar 2016, von http://www.frauborinski.de/Modell_LE.html

Bose, G. K. (2013). Das Ende einer Last: Die Befreiung von den Büchern. Göttingen: Wallstein.

Bosshard, H. R., & Hochuli, J. (2012). Der Typografiestreit in der Moderne. Max Bill kontra Jan Tschichold. Sulgen, Zürich.

Bret, V. (2011, März 10). Explorable Explanations. Abgerufen 31. Januar 2018, von http://worrydream.com/ExplorableExplanations/

Breuning, W., & Kern, I. (2002). Zur Entwicklung des ganzheitlichen Lesenlernens nach Kern – ein Resümee. In A. Grömminger (Hrsg.), Geschichte der Fibel (S. 305–334). Bern, Schweiz: Interactive Factory. Abgerufen von https://www.peterlang.com/view/product/39679

Britsch, S. (2012). Image as language: Teacher-created photographs and visual literacy for English language learning. Australasian Journal of Early Childhood, 37(2), 113–121.

Bühler, K. (1999). Sprachtheorie: Die Darstellungsfunktion der Sprache. Stuttgart: Lucius & Lucius.

Bundesministerium für Bildung und Frauen Österreich (Hrsg.). (2014). Unterrichtsprinzip Medienerziehung – Grundsatzerlass. Abgerufen von https://www.bmb.gv.at/ministerium/rs/2012_04.pdf?61ed1f

Burks, C. (2016). The Young Adult Picturebook: Pictures and Imagery in the Twenty-first Century ESL Classroom (Diplomarbeit). Karl-Franzens-Universität, Graz.

Call and Response. (2017, November 16). In Wikipedia. Abgerufen von https://de.wikipedia.org/w/index.php?title=Call_and_Response&oldid=171057265

Cazden, C., Cope, B., Fairclough, N., Gee, J., Kalantzis, M., Kress, G., Cook, J. (1996). A pedagogy of multiliteracies: Designing social futures. Harvard educational review, 66(1), 60–93.
Chandler, P., & Sweller, J. (1991). Cognitive load theory and the format of instruction. Cognition and instruction, 8(4), 293–332.
Christmann, U., & Groeben, N. (1996). Textverstehen/Textverständlichkeit: Ein Forschungsüberblick unter Anwendungsperspektive. In H. P. Krings (Hrsg.), Wissenschaftliche Grundlagen der technischen Kommunikation (S. 129–189). Tübingen: Narr.
Christmann, U., & Groeben, N. (2009). Anforderungen und Einflussfaktoren bei Sach- und Informationstexten. In Lesekompetenz: Bedingungen, Dimensionen, Funktionen (3. Auflage). Weinheim: Juventa.
Cone, J. H. (1992). The Spirituals and the Blues: An Interpretation. Maryknoll, NY: Orbis Books.
Cornelius, A. M. (2017). Leserlichkeit von Textschriften. Eine empirische Untersuchung anhand des Schriftentwurfs »Legilux«. (Master Thesis). Hochschule für Angewandte Wissenschaften (HAW), Hamburg.
Crosland, H. R., & Johnson, G. (1928). The range of apprehension as affected by inter-letter hair-spacing and by the characteristics of individual letters. Journal of Applied Psychology, 12(1), 82. Abgerufen von http://psycnet.apa.org/journals/apl/12/1/82/
Dake, D. (2005). Aesthetics Theory. In K. Kenney (Hrsg.), Handbook of visual communication research: theory, methods, and media (S. 3–22). Mahwah, N.J: Erlbaum.
Dale, E., & Chall, J. S. (1995). Readability revisited. Abgerufen von https://books.google.com/books?id=2nbuAAAAMAAJ&q=isbn:1571290087&dq=isbn:1571290087
de Jong, R. (2015). Typographische Lesbarkeitskonzepte. In U. Rautenberg & U. Schneider (Hrsg.), Lesen: Ein interdisziplinäres Handbuch (S. 233–256). Berlin and Boston: De Gruyter.
Dehaene, S. (2010). Lesen: Die größte Erfindung der Menschheit und was dabei in unseren Köpfen passiert. München: Albrecht Knaus Verlag.
Department of Psychology New York University, D. G. (2016, April 25). Pelli Lab – Software. Abgerufen 19. März 2018, von http://psych.nyu.edu/pelli/software.html
Deppermann, A., & Spranz-Fogasy, T. (Hrsg.). (2002). be-deuten: Wie Bedeutung im Gespräch entsteht. Tübingen: Stauffenburg.
Deutsches Institut für Normung e. V. (Hrsg.). (2013). DIN 1450:2013-04 Schriften – Leserlichkeit. Berlin: Beuth Verlag. Abgerufen von http://ebookcentral.proquest.com/lib/th-brandenburg/detail.action?-docID=4344644
DIN Deutsches Institut für Normung e. V. (Hrsg.). (2013). DIN 1450: 2013-04 Schriften – Leserlichkeit. Berlin: Beuth Verlag. Abgerufen von http://ebookcentral.proquest.com/lib/th-brandenburg/detail.action?-docID=4344644
Dreyer, A. (2012). Mediales Wissen. Mediales Handeln. In A. Dreyer & J. Penzel (Hrsg.), Vom Schulbuch zum Whiteboard: zu Vermittlungsmedien in der Kunstpädagogik (S. 95–105). München: kopaed.

Dreyer, A., & Penzel, J. (Hrsg.). (2012). Vom Schulbuch zum Whiteboard: zu Vermittlungsmedien in der Kunstpädagogik. München: kopaed.

Duntze, O. (2005). Text und Kommentare in juristischen Drucken der frühen Neuzeit. In M. Estermann & U. Rautenberg (Hrsg.), Archiv für Geschichte des Buchwesens. Band 59. München: De Gruyter.

Dürscheid, C. (2006). Einführung in die Schriftlinguistik (3. Auflage). Göttingen: Vandenhoeck & Ruprecht.

Dyscalculics. (2013, Juli 19). Broschüre: Schriftarten für legasthene Menschen – Erster Österreichischer Dachverband Legasthenie. Abgerufen 11. Juli 2017, von http://www.legasthenie.at/broschure-schriftarten-fur-legasthene-menschen/

Dyson, M. C., & Beier, S. (2016). Investigating typographic differentiation: Italics are more subtle than bold for emphasis. Information Design Journal, 22(1), 3 – 18.

Eisele, P., & Naegele, I. (Hrsg.). (2012). Texte zur Typografie. Positionen zur Schrift. Sulgen, Zürich.

Elbracht, D. (1967). Erkennbarkeit und Lesbarkeit von Zeitschriften. Archiv für Drucktechnik, 104, 24 – 28.

Esser, B., & Wilde, C. (1989). Montessori-Schulen: Zu Grundlagen und pädagogischer Praxis (10. Auflage). Reinbek bei Hamburg: Rowohlt Taschenbuch Verlag.

Eubanks, P. (2017). Epilogue: Metaphors for language and communication. In E. Semino & Z. Demjén (Hrsg.), The Routledge Handbook of Metaphor and Language (S. 517 – 527). London: Routledge.

Filek, J. (2013). Read/ability: Typografie und Lesbarkeit. Sulgen: Niggli.

Flamm, S. (2018, Januar 12). Kinderbuchfiguren: Büüüargh! Die Zeit. Abgerufen von http://www.zeit.de/2018/03/kinderbuchfiguren-schoenheit-sams-diversitaet-rollenbilder

Fleischmann, G. (2005). max bill: typografie. In T. Buchsteiner & O. Letze (Hrsg.), max bill: maler, bildhauer, architekt, Designer (S. 244 – 246). Ostfildern-Ruit.

Forssman, F., & de Jong, R. (2004). Detailtypografie (4. Auflage). Mainz: Schmidt.

Frick, R. (2017). Satztechnische Grundlagen. Triest Verlag.

Friedrich, T., & Schweppenhäuser, G. (2010). Bildsemiotik: Grundlagen und exemplarische Analysen visueller Kommunikation. Basel: Birkhäuser.

Frøshaug, A. (1959). Visuelle Methodik. Visual Methodology. Méthodologie visuelle. ulm, (4), 57 – 68.

Frøshaug, A. (2000). Foundation course, Ulm 1953 – 61. Anthony Frøshaug: Typography & texts, 133–148.

Glaser, C. (2012). Didaktische Typografie. Eine vergleichende Analyse zu typografischen Gestaltung von Schulbüchern des Faches Deutsch. Pädagogische Hochschule, Heidelberg. Abgerufen von http://katalog.ub.uni-heidelberg.de/titel/67329068

Gombrich, E. H. (1960). Art and illusion: a study in the psychology of pictorial representation. Princeton: Princeton University Press.

Gorbach, R. P. (Hrsg.). (2000). Lesen Erkennen: ein Symposium der Typographischen Gesellschaft München. München: Typografische Gesellschaft.

Gorbach, R. P. (Hrsg.). (2006). Bilder lesen, Bilder erkennen. München: Typographischen Gesellschaft.

Gorbach, R. P. (2013). Typografie intensiv: ein Handbuch für Einsteiger und Profis (4. Auflage). München: August-Dreesbach-Verlag.

Göthling, S. (2017). Mensch zuerst – Netzwerk People First Deutschland e.V. Abgerufen 1. September 2017, von http://www.nachrichtenleicht.de/

Göthling, S., & Düber, M. (2017, Juli 6). »Dann kriegen alle graue Haare und keiner sagt: Das verstehe ich nicht.«: ein Gespräch mit Stefan Göthling (Netzwerk People First Deutschland e.V.). Abgerufen von http://dokumentix.ub.uni-siegen.de/opus/volltexte/2017/1154/

Graf, W. (1984). Theoretische Positionen zur typografischen Umsetzung didaktischer Forderungen bei der Lehrbuchgestaltung. In D. Nadolski (Hrsg.), Didaktische Typografie. S. 28 – 33. Leipzig: VEB Fachbuchverlag.

Grammel, M., & Leitgeb, M. (2016). Überschätzte Jugend? – Medienkompetenz der Digital Natives zwischen Zuschreibung und Realität (Forschungsbericht). FFH Forschungsforum der Österreichischen Fachhochschulen. Abgerufen von http://ffhoarep.fh-ooe.at/bitstream/123456789/603/1/106_144_Grammel_FullPaper_dt_Final.pdf

Greiner, L. (2013, Oktober 8). OECD-Bildungsstudie: Jeder sechste deutsche Erwachsene liest wie ein Zehnjähriger. Spiegel Online. Abgerufen von http://www.spiegel.de/lebenundlernen/job/piaac-studie-erwachsene-in-deutschland-koennen-schlecht-lesen-a-926653.html

Griffing, H., & Franz, S. I. (1896). On the conditions of fatigue in reading. Psychological Review, 3(5), 513. Abgerufen von http://psycnet.apa.org/journals/rev/3/5/513/

Groeben, N. (1978). Die Verständlichkeit von Unterrichtstexten (2. Auflage). Münster: Aschendorff.

Groeben, N. (1982). Leserpsychologie: Textverständnis – Textverständlichkeit. Münster: Aschendorff.

Groeben, N., & Hurrelmann, B. (Hrsg.). (2009). Lesekompetenz: Bedingungen, Dimensionen, Funktionen (3. Auflage). Weinheim: Juventa.

Grömminger, A. (2002). Die Fibeln nach dem zweiten Weltkrieg bis zur Gegenwart. In A. Grömminger (Hrsg.), Geschichte der Fibel (S. 109 – 135). Bern, Schweiz: Interactive Factory. Abgerufen von https://www.peterlang.com/view/product/39679

Groß, S. (1994). Lese-Zeichen: Kognition, Medium und Materialität im Leseprozeß. Darmstadt: Wissenschaftliche Buchgesellschaft.

Günther, H., & Ludwig, O. (1996). Schrift und Schriftlichkeit: ein interdisziplinäres Handbuch internationaler Forschung (Bd. 2). Walter de Gruyter.

Hartmann, C., Plöckinger, O., Töppel, R., & Vordermayer, T. (Hrsg.). (2016). Hitler, Mein Kampf: Eine kritische Edition. München: Institut für Zeitgeschichte München – Berlin IfZ.

Hartung, A. C., Schorb, B., Küllertz, D., & Reißmann, W. (2009). Alter(n) und Medien: theoretische und empirische Annäherungen an ein Forschungs- und Praxisfeld. Berlin: Vistas.

Hausendorf, H., & Kesselheim, W. (2008). Textlinguistik fürs Examen. Göttingen: Vandenhoeck & Ruprecht.

Hausendorf, H., Kesselheim, W., Kato, H., & Breitholz, M. (2017). Textkommunikation: Ein textlinguistischer Neuansatz zur Theorie und Empirie der Kommunikation mit und durch Schrift. Berlin and Boston: De Gruyter.

Hedge, T. (2000). Teaching and learning in the language classroom. Oxford: Oxford University Press.

Hegarty, M., Carpenter, P. A., & Just, M. A. (1996). Diagrams in the comprehension of scientific texts. In R. Barr, M. L. Kamil, P. B. Mosenthal, & P. D. Pearson (Hrsg.), Handbook of Reading Research (Bd. 2, S. 641–648). Mahwah, New York: Routledge.

Heller, D., & Radach, R. (2005). Leseforschung zwischen experimentellem Anspruch und ökologischer Validität. In B. Kersten (Hrsg.), Praxisfelder der Wahrnehmungspsychologie. Huber.

Helvie, F. (2013). The Bechdel Test and a Sexy Lamp: Detecting Gender Bias and Stereotypes in Mainstream Comics. Sequart Organization. Abgerufen von http://sequart.org/magazine/34150/the-bechdel-test-and-a-sexy-lamp-detecting-gender-bias-and-stereotypes-in-mainstream-comics/

Herrmann, R. (2010). Das Zwiebelschichtenmodell der Lesbarkeit. Typojournal, 2.

Herta, C., & Löser, A. (2015, Oktober 6). Deep Learning: Maschinen, die wie Menschen lernen – Golem.de. Abgerufen 31. Januar 2018, von https://www.golem.de/news/deep-learning-maschinen-die-wie-menschen-lernen-1510-116468.html

Hitler, A. (1939). Mein Kampf (47. Auflage). München: Zentralverlag der NSDAP.

Hochuli, J. (2015). Das Detail in der Typografie: Buchstabe, Buchstabenabstand, Wort, Wortabstand, Zeile, Zeilenabstand, Kolumne. Paris: Éditions B42.

Höpel, I. (2008). Bildkompetenz als pädagogische Schlüsselkompetenz – Forschungsstand und Perspektiven einer interdisziplinären Bilddidaktik. In G. Lieber (Hrsg.), Lehren und Lernen mit Bildern: ein Handbuch zur Bilddidaktik (S. 60–71). Baltmannsweiler: Schneider Hohengehren.

Hudson, J. (2016, September 14). Introducing OpenType Variable Fonts. Abgerufen 1. September 2017, von https://medium.com/@tiro/https-medium-com-tiro-introducing-opentype-variable-fonts-12ba6cd2369

Illich, I. (1996). Im Weinberg des Textes: Als das Schriftbild der Moderne entstand (1. Auflage). Frankfurt am Main: C.H.Beck.

Joost, G., & Scheuermann, A. (Hrsg.). (2008). Design als Rhetorik, Grundlagen, Positionen, Fallstudien. Berlin, Boston: Birkhäuser. https://doi.org/10.1007/978-3-7643-8348-0

Josuttis, M. (1991). Der Weg in das Leben. Eine Einführung in den Gottesdienst auf verhaltenswissenschaftlicher Grundlage. Christian Kaiser.

Joyce, J., & Stündel, D. H. (2006). Finnegans Wehg. Frankfurt/Main: Zweitausendeins.

Kapr, A. (1977). Ästhetik der Schriftkunst: Thesen und Marginalien (1. Auflage). Leipzig: Fachbuchverl.

Kapr, A. (1983). Schriftkunst : Geschichte, Anatomie und Schönheit der lateinischen Buchstaben (3. Auflage). München: Saur.

Kapr, A., & Schiller, W. (1977). Gestalt und Funktion der Typografie. Leipzig: VEB Fachbuchverlag.

Kern, A. (2008). Grafikdesign in Österreich im 20. Jahrhundert. Salzburg: Anton Pustet.

Kinross, R. (2001). Introduction. In Typography & Texts (S. 13–41). London: Hyphen Press.

Kinross, R. (2004). Modern Typography: An essay in critical history (2. Auflage). London: Hyphen Press.

Koenig, T. (1991). Information statt Persuasion. Werbung und Plakatgestaltung mit fotografischen Mitteln. In C. Wachsmann (Hrsg.), Objekt + Objektiv = Objektivität? Fotografie an der HFG Ulm 1953–1968 (S. 88–107). Ulm.

Kompetenzzentrum Logopädie in Berlin Pankow. (2017). Abgerufen 11. Juli 2017, von http://kl-berlin.de/

König, A. R. (2004). Lesbarkeit als Leitprinzip der Buchtypographie. Eine Untersuchung zum Forschungsstand und zur historischen Entwicklung des Konzeptes »Lesbarkeit« (Bd. VII). Erlangen.

Kozma, R. B., & Voogt, J. (2003). Technology, innovation, and educational change. A global perspective. a report of the Second Information Technology in Education Study, Module 2. Amsterdam: International Association for the Evaluation of Educational Achievement.

Krampen, M. (2000). Otl Aicher – 328 Plakate für die Ulmer Volkshochschule. Berlin.

Kress, G. R., & Leeuwen, T. V. (1996). Reading Images: The Grammar of Visual Design. London: Routledge.

Kretzenbacher, H. L. (1995). Wie durchsichtig ist die Sprache der Wissenschaften? In H. L. Kretzenbacher & H. Weinrich (Hrsg.), Linguistik der Wissenschaftssprache (S. 15–39). Berlin and New York: de Gruyter.

Kunzler, M. (2003). Die Liturgie der Kirche (2. Auflage). Paderborn: Bonifatius.

Kupferschmid, I. (2003). Buchstaben kommen selten allein: ein typografisches Handbuch (1. Auflage). Sulgen/Zürich: Niggli.

Learning Point Associates. (2008). 21st Century Skills: Literacy in the Digital Age (beschränkter Zugriff). Abgerufen von http://www.ncrel.org/engauge/skills/skill21.htm

Legge, G. E. (2006). Psychophysics of Reading in Normal and Low Vision (1. Auflage). Mahwah, NJ: CRC Press.

Legge, G. E., Akutsu, H., Ross, J. A., & Schuebel, K. J. (1991). Psychophysics of reading: X. Effects of age-related changes in vision. Journal of Gerontology, 46(6), 325–331.

Legge, G. E., & Bigelow, C. A. (2011). Does print size matter for reading? A review of findings from vision science and typography. Journal of Vision, 11(5), S. 8–8.

LESEN: Backe das O. (1966, April 18). Der Spiegel, 17. Abgerufen von http://www.spiegel.de/spiegel/print/d-46266489.html

Liessmann, K. P. (2016). Nur keine Komplexität: Schöne neue Sprachwelt. Abgerufen 30. August 2017, von https://www.nzz.ch/meinung/kolumnen/kolumne-rundum-leichte-sprache-schoene-neue-sprachwelt-ld.106533

Lispeln / MFS – Home. (2017). Abgerufen 11. Juli 2017, von http://www.anitakittel.de/lispeln-myofunktionelle-stoerung.html

Lomov, B. F., Geissler, H., & Klemm, P. G. (1964). Ingenieurpsychologie. Berlin: VEB Verlag der Wissenschaften.

Lund, O. (1999). Knowledge construction in typography: the case of legibility research and the legibility of sans serif typefaces. University of Reading. Abgerufen von http://ethos.bl.uk/OrderDetails.do?did=1&uin=uk.bl.ethos.301973&utm_source=buffer&buffer_share=d4594

Lutz, B. (2015). Verständlichkeitsforschung transdisziplinär: Plädoyer für eine anwenderfreundliche Wissensgesellschaft. Göttingen: Vandenhoeck & Ruprecht.

Maine, F. (2015). Dialogic readers: Children talking and thinking together about visual texts. Routledge.

Mäntele, M. (2003). Magier der Theorie. In D. Rinker (Hrsg.), Ulmer Modelle, Modelle nach Ulm (S. 82–87). Ostfildern.

Mavignier, A. (2010). der weg nach ulm. In S. Eppinger-Curdes & B. Stempel (Hrsg.), Rückblicke. Die Abteilung Visuelle Kommunikation an der hfg ulm 1953-1968 (S. 24–31). Ulm.

Mayer, R. E. (2005). The Cambridge Handbook of Multimedia Learning. Cambridge: Cambridge University Press.

Mayer, R. E., & Moreno, R. (2003). Nine ways to reduce cognitive load in multimedia learning. Educational psychologist, 38, 43–52.

Mayrhofer, M. (2014). English language teaching with Shaun Tan's The Arrival (Diplomarbeit). Universität Wien, Wien.

Mayrhofer, M., & Reichl, S. (2017). Shaun Tan's The Lost Thing: An Exercise in Looking. In C. Lütge & M. Stein (Hrsg.), Crossovers: Postcolonial Studies and Transcultural Learning. Wien: LIT.

McCarthy, M. S., & Mothersbaugh, D. L. (2002). Effects of Typographic Factors in Advertising-Based Persuasion: A General Model and Initial Empirical Tests. Psychology & Marketing, 19(7–8), 663–691.

McCloud, S. (1993). Understanding Comics: The Invisible Art. HarperCollins.

Messaris, P. (1994). Visual Literacy: Image, Mind, And Reality. Boulder: Westview Press.

Meyer, H. (2011). Unterrichtsmethoden. 2: Praxisband (14. Auflage). Berlin: Cornelsen Scriptor.

Microsoft. (2014). Introducing Reading View in IE 11 – IEBlog. Abgerufen 20. März 2018, von https://blogs.msdn.microsoft.com/ie/2014/03/04/introducing-reading-view-in-ie-11/

Moles, A. (1986a). Der Funktionalismus des Bauhauses in der Gesellschaft des Wirtschaftswunders: Die Ulmer Hochschule für Gestaltung. In M. Krampen & H. Kächele (Hrsg.), Umwelt, Gestaltung und Persönlichkeit: Reflexionen 30 Jahre nach Gründung der Ulmer Hochschule für Gestaltung (S. 85 – 104). Hildesheim.

Moles, A. (1986b). Was für Verbindungen hatten die Mitglieder der Hochschule für Gestaltung mit ihrer Institution? Welche Rolle hat sie in ihrem Leben gespielt? In M. Krampen & H. Kächele (Hrsg.), Umwelt, Gestaltung und Persönlichkeit: Reflexionen 30 Jahre nach Gründung der Ulmer Hochschule für Gestaltung (S. 34 – 41). Hildesheim.

Moles, A. A. (1971). Informationstheorie und ästhetische Wahrnehmung. Köln.

Morison, S. (1930). First Principles of Typography [Grundregeln der Buchtypographie]. Übers. v. Max Caflisch u. Kurt Gschwend. In R. von Sichowsky & H. Tiemann (Hrsg.), Typographie und Bibliophilie: Aufsätze und Vorträge über die Kunst des Buchdrucks aus zwei Jahrhunderten (S. 75 – 104). Hamburg: Maximilian-Gesellschaft.

Morris, R. A., Aquilante, K., Yager, D., & Bigelow, C. (2002). P - 13: Serifs Slow RSVP Reading at Very Small Sizes, but Don't Matter at Larger Sizes. In SID Symposium Digest of Technical Papers (Bd. 33, S. 244 – 247). Wiley Online Library. Abgerufen von http://onlinelibrary.wiley.com/doi/10.1889/1.1830242/full

Müller, J., & Spitz, R. (Hrsg.). (2014). HfG Ulm: kurze Geschichte der Hochschule für Gestaltung: Anmerkungen zum Verhältnis von Design und Politik. Zürich: Lars Müller.

Müller-Hartmann, A., & Dithfurt Schocker-von, M. (2009). English Language Teaching. Stuttgart: Klett.

Nadolski, D. (Hrsg.). (1984a). Didaktische Typografie. Leipzig: VEB Fachbuchverlag.

Nadolski, D. (1984b). Problemfeld Didaktische Typografie. In D. Nadolski (Hrsg.), Didaktische Typografie. (S. 12–13). Leipzig: VEB Fachbuchverlag.

Nadolski, D., & Mil'čin, A. Ė. (1979). Lektorieren und Redigieren von Fachliteratur (1. Auflage). Leipzig: VEB Fachbuchverlag.

Netzwerk Leichte Sprache. (2014). Leichte Sprache – Ein Ratgeber. (BMAS, Hrsg.). Bundesministeriums für Arbeit und Soziales. Abgerufen von http://www.bmas.de/DE/Service/Medien/Publikationen/a752-leichte-sprache-ratgeber.html

Neumann, S. (2011). Leserlichkeit von Schriften im öffentlichen Raum. (Bachelor-Arbeit betreut von Prof. Florian Adler). Berlin: HTW.

Newfield, D. (2011). From visual literacy to critical visual literacy: An analysis of educational materials. English Teaching: Practice & Critique, 10(1), 81 – 94.

Nielsen, J. (1997). How Users Read on the Web. Abgerufen 18. August 2017, von https://www.nngroup.com/articles/how-users-read-on-the-web/

Nikolajeva, M., & Scott, C. (2001). How Picturebooks Work. Oxon, NY: Routledge.
Noordzij, G. (1985). Aus Rede und Diskussion: Das Kind und die Schrift. München: Typographische Gesellschaft München.
Noordzij, G. (2005). The Stroke: Theory of Writing. London: Hyphen Press.
OECD, & Statistics Canada (Hrsg.). (1995). Literacy, economy, and society: results of the first international adult literacy survey. Paris, Ottawa: Organisation for Economic Cooperation and Development.
O'Neil, K. E. (2011). Reading pictures: Developing visual literacy for greater comprehension. The Reading Teacher, 65(3), 214–223.
Ovink, G. W. (1938). Legibility, atmosphere-value and forms of printing types. Leiden: AW Sijthoff.
Patmos Verlagsgruppe. (2017, Oktober 29). In Wikipedia. Abgerufen von https://de.wikipedia.org/w/index.php?title=Patmos_Verlagsgruppe&oldid=170430566
Pelli, D. G., Tillman, K. A., Freeman, J., Su, M., Berger, T. D., & Majaj, N. J. (2007). Crowding and eccentricity determine reading rate. Journal of Vision, 7(2), 20. https://doi.org/10.1167/7.2.20
Pircher, V. (2016). Visual Literacy – Bedeutung von Bilderbüchern in der (früh)kindlichen Entwicklung: Bildkompetenzen im rezeptiven Bereich in der Schuleingangsphase. (Bachelorarbeit). Pädagogische Hochschule Tirol, Innsbruck.
Plauen, E. O. (1994). Vater und Sohn. Stuttgart: Reclam.
Poltern. (2013). Abgerufen 12. Juli 2017, von https://www.dbl-ev.de/kommunikation-sprache-sprechen-stimme-schlucken/stoerungen-bei-kindern/stoerungsbereiche/sprechen/poltern.html
Pool, A. J. (2013). Funktionale Serifen? Abgerufen 1. September 2017, von https://www.designmadeingermany.de/2013/2564/
Popper, K. R. (2005). Logik der Forschung (11. Auflage). Tübingen: Mohr.
Praetor Intermedia UG. (2017). Übereinkommen über die Rechte von Menschen mit Behinderungen › UN-Behindertenrechtskonvention. Abgerufen 30. August 2017, von https://www.behindertenrechtskonvention.info/
Projekt – LeiSA. (2017). Abgerufen 30. August 2017, von http://research.uni-leipzig.de/leisa/de/
Pross, H. (1986). Umwelt, Gestaltung und Persönlichkeit auf einen Begriff von Kommunikation gebracht. In M. Krampen & H. Kächele (Hrsg.), Umwelt, Gestaltung und Persönlichkeit: Reflexionen 30 Jahre nach Gründung der Ulmer Hochschule für Gestaltung (S. 46–52). Hildesheim.
Pyke, R. L. (1926). The legibility of print. HM Stationery Office.
Quijano, M. (2003). Ist der Weg das Ziel? In D. Rinker (Hrsg.), Ulmer Modelle, Modelle nach Ulm (S. 54–71). Ostfildern.
Rattemeyer, V., & Helms, D. (Hrsg.). (1990). Typographie kann unter Umständen Kunst sein: Friedrich Vordemberge-Gildewart – Typographie und Werbegestaltung. Wiesbaden.
Rausendorff, D. (1978). Lesen – leichter gemacht. Börsenblatt, (142), 316–319.

Rautenberg, U., & Schneider, U. (Hrsg.). (2015). Lesen: Ein interdisziplinäres Handbuch. Berlin and Boston: De Gruyter.

READSEARCH. (2017). Abgerufen 1. September 2017, von http://readsearch.be/

Reddy, M. J. (1995). The Conduit Metaphor: A case of frame conflict in our language about language. In A. Ortony (Hrsg.), Metaphor and Thought (S. 164–201). Cambridge: Cambridge University Press.

referenzieren – Synonyme bei OpenThesaurus. Abgerufen 11. November 2017, von https://www.openthesaurus.de/synonyme/referenzieren

Rehe, R. (1971). Psychologische Studien und ihre Bedeutung für die Typografie von heute. Druckspiegel, 26(3), 152.

Rettenbacher, J. (2015). Metaphors We Teach by Pictorial Metaphors for Teaching »Visual Literacy« in the EFL Classroom – Collection of Self-Designed Tasks (Diplomarbeit). Universität Salzburg, Salzburg.

Reynolds, L. (1979). Progress in Documentation: Legibility Studies: their Relevance to present-day Documentation Methods. Journal of Documentation, 35(4), 307–340. Abgerufen von http://www.emeraldinsight.com/doi/abs/10.1108/eb026686

Richard Seewald. (2017, Dezember 28). In Wikipedia. Abgerufen von https://de.wikipedia.org/w/index.php?title=Richard_Seewald&oldid=172359621

Rinker, D., Quijano, M., & Reinhardt (Hrsg.). (2003). ulmer modell – modelle nach ulm: hochschule für gestaltung 1953–1968. Ostfildern-Ruit.

Rodenberg, J. (1959). Größe und Grenzen der Typographie: Betrachtungen über typographische Grundfragen, wie sie sich in der Buchkunst der letzten siebenzig Jahre widerspiegeln. Stuttgart: C. E. Poeschel.

Röhrbein, M. (1984). Zum Einfluss typografischer Textstrukturierung auf den Aneignungsprozess. In D. Nadolski (Hrsg.), Didaktische Typografie. (S. 193–199). Leipzig: VEB Fachbuchverlag.

Rose, G. (2001). Visual Methodologies: An Introduction to the Interpretation of Visual Materials. London: Sage.

Rowsell, J. (2013). Working with multimodality: Rethinking literacy in a digital age. Routledge.

Santa Maria, J. (2016). Webtypografie. Heidelberg: dpunkt.verlag.

Sassoon® fonts – for Schools, Teachers, Parents, Publishers, Designers products. (2016, Juni 9). Abgerufen 11. Juli 2017, von http://www.sassoonfont.co.uk/

Schmidt, A. (1993). Abend mit Goldrand: eine MärchenPosse (4. Auflage). Frankfurt/Main: Fischer.

Schmidt, A. (2010). Bargfelder Ausgabe. Werkgruppe 4 Bd. 1 1: Das Spätwerk Zettel's Traum. Berlin: Suhrkamp.

Schnotz, W. (2006). Was geschieht im Kopf des Lesers? Mentale Konstruktionsprozesse beim Textverstehen aus der Sicht der Psychologie und der kognitiven Linguistik. In H. Blühdorn, E. Breindl, & U. H. Wassner (Hrsg.), Text – Verstehen: Grammatik und darüber hinaus (S. 222–238). Berlin and New York: de Gruyter.

Schorb, B., Hartung, A., & Reißmann, W. (Hrsg.). (2009). Medien und höheres Lebensalter: Theorie – Forschung – Praxis. Springer VS.

Schriftspracherwerb. (2018, Januar 6). In Wikipedia. Abgerufen von https://de.wikipedia.org/w/index.php?title=Schriftspracherwerb & oldid=172664228

Schumacher, B. (2017). Schriftgestaltung und Leserlichkeit. Welche Eigenschaften einer Schrift führen zu einer guten Leserlichkeit? (Master Thesis). Muthesius Kunsthochschule, Kiel.

Seelbinder, L. R. (2016). Didaktische Typografie in Print- und Digitalmedien (Bachelorarbeit). Beuth Hochschule für Technik, Berlin. Abgerufen von https://issuu.com/lena-see/docs/didaktische_typografie_seelbinder_k

Seidl, M. (2007). Visual Culture: Bilder lesen lernen, Medienkompetenz erwerben. Der fremdsprachliche Unterricht Englisch, 87, 2–7.

Seufert, T., & Brünken, R. (2004). Supporting coherence formation in multimedia learning. A theoretical framework and first experimental results. In P. Gerjets, P. A. Kirschner, J. Elen, & R. Joiner (Hrsg.), Instructional design for effective and enjoyable computer-supported learning. Proceedings of the first joint meeting of the EARLI SIGs Instructional Design and Learning and Instruction with Computers (S. 138–147). Tübingen: Knowledge Media Research Center.

Shannon, C. E. (1948). A Mathematical Theory of Communication. Bell System Technical Journal, 27, 379–423, 623–656.

Shannon, C. E., & Weaver, W. (1949). The Mathematical Theory of Communication. Urbana: University of Illinois Press.

Six, U., & Gimmler, R. (2013). Medienkompetenz im schulischen Kontext. In I. C. Vogel (Hrsg.), Kommunikation in der Schule (S. 96–117). Bad Heilbrunn: Klinckhardt.

Sommer, M. (2013). Typografische Grundlagen. Triest Verlag.

Spiekermann, E. (2004). ÜberSchrift. Mainz: Hermann Schmidt Verlag.

Spitz, R. (2015). ›Design is not a Science‹: Otl Aicher's Constitutional Putsch at the HfG Ulm and His Credo for the Social Responsibility of Designers. Design Issues, 31(1), 7–17.

Spitzmüller, J. (2010). Typografische Variation und (Inter-)Medialität: Zur kommunikativen Relevanz skripturaler Sichtbarkeit. In A. Deppermann & A. Linke (Hrsg.), Sprache intermedial: Stimme und Schrift, Bild und Ton (S. 97–126). Berlin and New York: de Gruyter.

Spitzmüller, J. (2012). Typografie. In C. Dürscheid (Hrsg.), Einführung in die Schriftlinguistik (4. Auflage, S. 207–238). Göttingen: Vandenhoeck & Ruprecht.

Spitzmüller, J. (2013). Graphische Variation als soziale Praxis: Eine soziolinguistische Theorie skripturaler ›Sichtbarkeit‹. Berlin and Boston: De Gruyter.

Spitzmüller, J. (2016). Typographie. In C. Dürscheid (Hrsg.), Einführung in die Schriftlinguistik (5. Auflage, S. 209–241). Göttingen: Vandenhoeck & Ruprecht.

Staatsbibliothek, B. (Hrsg.). (2009). Als die Lettern laufen lernten – Medienwandel im 15. Jahrhundert. Inkunabeln aus der Bayerischen Staatsbibliothek München. Wiesbaden: Reichert, L.

Stetter, C. (1999). Schrift und Sprache. Frankfurt am Main: Suhrkamp.

Stöckl, H. (2004). Typographie: Gewand und Körper des Textes – Linguistische Überlegungen zu typographischer Gestaltung. Zeitschrift für Angewandte Linguistik, 41, 5–48.
Stop Stottern. (2008). Stottern: Stottertherapie – das Stotterer-Training gegen Stottern. Abgerufen von https://www.youtube.com/watch?v=k69QoEHT9kA&spfreload=10
Stottern. (2017). Abgerufen 11. Juli 2017, von http://www.bvss.de/index.php?option=com_content&view=article&id=149%20&Itemid=2
Sweller, J. (1988). Cognitive load during problem solving: Effects on learning. Cognitive science, 12(2), 257–285.
Sweller, J. (2005). Implications of cognitive load theory for multimedia learning. In R. E. Mayer (Hrsg.), The Cambridge handbook of multimedia learning. Cambridge: Cambridge University Press.
Sweller, J., Ayres, P., & Kalyuga, S. (2011). Cognitive Load Theory (Bd. 1). New York: Springer-Verlag.
Tamari, I. J. (2012). Das Volk der Bücher: Eine Bücherreise durch sechs Jahrhunderte jüdischen Lebens. München: Oldenbourg Wissenschaftsverlag.
Tappeiner, M. A. (2007). Hiroshi Sugimoto – Visions in My Mind.
Teistler, G. (2002). Fibeln als Dokumente für die Entwicklung der Alphabetisierung. In A. Grömminger (Hrsg.), Geschichte der Fibel (S. 109–135). Bern, Schweiz: Interactive Factory. Abgerufen von https://www.peterlang.com/view/product/39679
Terhart, E. (2009). Didaktik: eine Einführung. Stuttgart: Reclam.
Thiele, J. (2005). Der Beitrag der Fibeln des Dritten Reiches zur Vermittlung der nationalsozialistischen Ideologie: eine kritische Analyse ihrer Inhalte (PhD Thesis). Universität Oldenburg. Abgerufen von http://oops.uni-oldenburg.de/153/2/thibei05.pdf
Thier, A. (2014). Visual Literacy – la quinta competenza linguistica? Il romanzo grafico nell'insegnamento dell'italiano come lingua straniera (Diplomarbeit). Universität Graz, Graz.
Tiefenthaler, M. (2016). Versuchsreihe am Institut für Angewandte Psychologie. unveröffentlicht, Universität Wien.
Tiemann, B. (Hrsg.). (1999). Die Buchkultur im 15. und 16. Jahrhundert. Hamburg: Maximilian-Gesellschaft.
Tinker, M. A., & Paterson, D. G. (1928). Influence of type form on speed of reading. Journal of Applied Psychology, 12(4), 359–368.
Tschichold, J. (2001). Erfreuliche Drucksachen durch gute Typographie: Eine Fibel für jedermann. Augsburg: MaroVerlag.
Unger, G. (2003). Legible? Emigre, 65, 100–111.
Van Dijk, T. A., & Kintsch, W. (1983). Strategies of discourse comprehension. Academic Press New York.
von Kornatzki, P., & Müller, R. (1994). Die Abteilung Visuelle Kommunikation an der Hochschule für Gestaltung. 1951 bis 1968. HQ 29, (2/1994), 58–77.

Wachsmann, C. (1991). Wort-Verlust oder Die Herrschaft der Bilder. Die Abteilung Information an der HfG. In C. Wachsmann (Hrsg.), Objekt + Objektiv = Objektivität? Fotografie an der HFG Ulm 1953–1968 (S. 54–75). Ulm.

Waller, R. (1987). The Typographic Contribution to Language: Towards a model of typographic genres and their underlying structures (PhD thesis). University of Reading, Reading. Abgerufen von http://www.robwaller.org/RobWaller_thesis87.pdf

Waller, R. H. (1979). Typographic access structures for educational texts. In Processing of visible language (S. 175–187). Springer. Abgerufen von https://link.springer.com/chapter/10.1007/978-1-4684-0994-9_11

Walther, E. (2003). Unsere Jahre in Ulm: 1953 bis 1958, 1965 und 1966. In D. Rinker (Hrsg.), Ulmer Modelle, Modelle nach Ulm (S. 90–93). Ostfildern.

Warde, B. (1991). Printing Should Be Invisible. In P. A. Bennett (Hrsg.), Books and Printing: A treasury for typophiles (S. 109–114). Savannah, Georgia: Frederic C. Beil.

Wehde, S. (2000). Typographische Kultur: Eine zeichentheoretische und kulturgeschichtliche Studie zur Typographie und ihrer Entwicklung. Tübingen: Niemeyer.

Weidemann, K. (1997). Wo der Buchstabe das Wort führt: Ansichten über Schrift und Typographie (2. Auflage). Ostfildern: Cantz.

Weidemann, K. Die Zehn Gebote zur Typographie von Kurt Weidemann. Abgerufen 30. August 2017, von http://www.designmadeingermany.de/2011/10185/

Weidner, T., & Rader, H. (Hrsg.). (2012). Typographie des Terrors: Plakate in München von 1933 bis 1945. Heidelberg.

Wendt, D. (1965). Die Aufstellung eines geeigneten Lesetextes zur Untersuchung der Lesbarkeit von Schriften und die Abschätzung des erforderlichen Stichprobenumfangs. Bericht über Vorversuche. (Bd. 2). Hamburg: Psychologisches Institut der Universität Hamburg.

Wendt, D. (1966). Untersuchungen zur Lesbarkeit von Druckschriften. Parallelisierung zweier Lesetexte aus der Übersetzung des Tinker Speed of Reading Tests zur Ermöglichung zeitbegrenzter anstelle arbeitsbegrenzter Lesetests. Gruppen- statt Einzelversuche. (Bd. 3). Hamburg: Psychologisches Institut der Universität Hamburg.

Wendt, D. (1967). Methoden der Versuchsdurchführung und Datenverarbeitung. Untersuchung zur Lesbarkeit von Druckschriften. (Bd. 4). Hamburg: Psychologisches Institut der Universität Hamburg.

Wendt, D. (1969). Einflüsse von Schriftart (Bodoni vs. Futura), Schriftneigung und Fettigkeit auf die erzielbare Lesegeschwindigkeit mit einer Druckschrift. Ergebnisbericht. (Bd. 5). Hamburg: Psychologisches Institut der Universität Hamburg.

Wendt, D. (1971). Anmutungsqualitäten von Druckschriften. Druck-Print, 3.

Wendt, D. (1984). Experimentelle Untersuchungen zur Verbesserung der Lesbarkeit von Schulbüchern. In D. Nadolski (Hrsg.), Didaktische Typografie. (S. 193–199). Leipzig: VEB Fachbuchverlag.

Wendt, D. (1992). Lesbarkeit von Druckschriften. In P. Karow (Hrsg.), Schrifttechnologie: Methoden und Werkzeuge. Springer-Verlag.

Wendt, D. (2000). Lesbarkeit von Druckschriften. In R. P. Gorbach (Hrsg.), Lesen Erkennen. München: Typographische Gesellschaft München.

Werfel, S. (2002). Schulbuchgestaltung. Weniger ist mehr. Börsenblatt für den Deutschen Buchhandel, (57), (S. 14–16).

Wiater, W. (2002). Das Schulbuch als Gegenstand pädagogischer Forschung. In Historische Schulbücher der Sondersammlung Cassianeum in der Universitätsbibliothek Augsburg. [CD-ROM-Ausgabe des Katalogs] (S. 8–25). Augsburg: Univ.-Bibl.

Willberg, Hans Peter. (2000). Typolemik: Streiflichter zur Typographical Correctness. Mainz: Hermann Schmidt Verlag.

Willberg, Hans Peter. (2001). Wegweiser Schrift: erste Hilfe für den Umgang mit Schriften (4. Auflage). Mainz: Schmidt.

Willberg, Hans Peter, & Forssman, F. (2005). Lesetypographie (4. Auflage). Mainz: Schmidt.

Willberg, Hans Peter, & Forssman, F. (2010). Lesetypografie (5. Auflage). Mainz: Schmidt.

Wittgenstein, L. (1994). Wittgenstein Wiener Ausgabe. (M. Nedo, Hrsg.). Wien: Springer.

Wittkämper, W. (2005). Lesen und Medien im Alter – eine medienbiografische Studie mit einem mediengeragogischen Ansatz (Thesis). Universität zu Köln.

Wittkämper, W. (2009). Lesen im höheren Lebensalter – auch ein geragogisches Handlungsfeld. In Medien und höheres Lebensalter (S. 211–223). Springer.

Wright, P. (1984). Die Funktion bestimmt die Struktur bei der Gestaltung von Tabellen in technischer Literatur. In Didaktische Typografie (S. 240–248). Leipzig.

Yu, D., Akau, M. M., & Chung, S. T. (2012). The mechanism of word crowding. Vision research, 52(1), 61–69.

Zachrisson, B. (1965). Studies in the legibility of printed text. Almqvist & Wiksell, Stockholm.

Dank

Die Herausgeber Ulrike Borinski und Rudolf Paulus Gorbach danken:
Dieter Nadolski, auf dessen Werk »Didaktische Typografie« wir uns beziehen dürfen:
Den Mitgliedern der internationalen Arbeitsgemeinschaft »Typografie in der Wissensvermittlung« für zahlreiche Anregungen;
den Autorinnen und Autoren, die uns die die für dieses Buch geschriebenen Beiträge zur Veröffentlichung überlassen haben;
für die Satzvorbereitung Jan Filek, Düsseldorf und für die technische Beratung Dagmar Natalie Gorbach, Augsburg;
der Monotype GmbH, Bad Homburg, Jens Jeschke, für die Schrift »Franziska Pro«;
den Bildautorinnen und Bildautoren für die Überlassung der Abdruckrechte an die Autorinnen und Autoren, besonders Oliver Duntze und Ittai Tamari;
den Korrektorinnen Astrid Baldauf, Utting, Annette Schulte, Krefeld, und Birgit Walter, Neustadt;
ReproLine Mediateam, Unterföhring, für die Bildoptimierung;
der Papierfabrik Cordier (Schleipen), Bad Dürkheim, für das Inhaltspapier;
Winter & Company, Eimeldingen, für das Einbandmaterial;
der Druckerei Kösel, Altusried-Krugzell, für Druck und Bindung;
dem Startnext-Team der tgm, Michi Bundscherer, Alain Wohlfahrt und Linda Reiter, für die Besorgung der Rest-Finanzierung.

Startnext-Dank

Zur Finanzierung dieser Publikation hat die Typographische Gesellschaft München (tgm) eine Crowdfounding-Kampagne initiiert (www.startnext.com/lesbar).
Den zahlreichen Unterstützer*innen danken wir recht herzlich.

Gold Sponsoren
Forum Typografie
Albert-Jan Pool

Unterstützer*innen
Florian Adler
Simon Atzbach
Heiko Becker
Stefan Berndt
Nora Bilz
Binusauria
Stefan Bogner
B. Bruckner
Susanne Brudermüller M.A.
Christina Bugge
Michael Bundscherer
Ralf Christe
Robert K. Dengscherz
Roland Dill
Dinah
Nicolas Dostal
Stefan Dumont
Peter Duniecki
Dr. Thomas Emmrich
Franca Fosco
Pierre Funck
Martina Gaigg
Manuel Galle
Katharina Gattermann
Monika Gause
Daniel Geese
Clemens-G. Göller
Andreas Görres
Manuela Gößnitzer
Felicitas Grabner
Ines Graus | blickfisch Buch- und Ausstellungsgestaltung
Heike Grebin
Sandra Grünberg
Nora Gummert-Hauser
D. H.
Jörg Hagemann
Annegret Hänsel, UNIKATUM Kinder- und Jugendmuseum, Leipzig
Mariya Harbalieva
Mickey Heinen
Heise Medienwerk GmbH & Co. KG
Walter Hellmann
Vincent Herb
Nina Hiebl, MA
Yannik Hödl
Kurt Höretzeder
Waltraud Hofbauer
Alessandro Holler
Tim Jahn
Janina Jentz
Thomas Alexander Jeschke
Antje Johanning-Radziene
Andreas Joska
Anita Kern
Verena Kiesel
Peer Koop
Thomas Kunz
Stephan Kurz
@atelierlang
Simon Lemmerer
Christina Leyerer
Karin Lichte
Jaap A. J. Lieverse
Tobias Linne
Jens Luniak – www.luniak.net
MESH
mintley GmbH
Petra Mitterstieler
Motmot
Petra Müller-Hillebrand
Titus Nemeth
Nicolai
Sina Nikolajew
Tobias Peier
Paul Plunger
Angela Prendl
Christoph Rastbichler
Linda Reiter
Annett Riechert
Jens Oliver Robbers
Karsten Rohrbeck
Jakob Runge
Daniel Schaffer
Gestaltungsbüro Schultes
Roland Schweizer
Benjamin Spitschan
Station. Making the internet a better place.
Hofmeister Stauder. Büchermacher, Berlin
Alexandra Stender
Wolfgang Stief
Nik Thoenen
Tipogris Books and Brands
Zsuzsa Toth
tga typographische gesellschaft austria
Sabine Ufer
Michael Wagner
Tobias Weh
Sarah Wehinger
Ursula Welsch
Marc Weymann
Dorothee Whittaker
Alain Wohlfarth
Michael Wolff
Susanne Zippel
Katherina Zöllner
Kurt Zumbrunn

Impressum

Dieses Buch entstand 2019 aus einer Initiative der internationalen Arbeitsgemeinschaft »Typografie in der Wissensvermittlung«, mit Beteiligung der folgenden Verbände: Typographische Gesellschaft München e. V., Forum Typografie e. V., Sigmaringen, und typographische gesellschaft austria, Wien und erscheint im Triest Verlag, Zürich 2019.

Herausgegeben von Ulrike Borinski und Rudolf Paulus Gorbach
Buchgestaltung durch Rudolf Paulus Gorbach
Typoscript durch Ulrike Borinski
Gesetzt aus der Franziska Pro (Jakob Runge)
Satz durch Jan Filek und Rudolf Paulus Gorbach
Korrektorat durch Astrid Baldauf, Annette Schulte und Birgit Walter

Repro-Optimierung durch ReproLine Mediateam Achter, München
Werkdruckpapier geglättet, holzfrei, bläulichweiss »Fly« von der Papierfabrik Cordier Spezialpapier GmbH (Schleipen), Bad Dürkheim
Einband- und Vorsatzmaterial Wibalin®Natural von Winter & Company, Eimeldingen
Druck und Bindung durch Kösel GmbH & Co. KG, Altusried-Krugzell

ISBN 978-3-03863-039-5